Werner Deinert · Elektrische Lokomotiven

Elektrische Lokomotiven

von Reichsbahnrat Dipl.-Ing. Werner Deinert

Zweite, erweiterte und überarbeitete Auflage
unter besonderer
Berücksichtigung der Neubaulokomotiven
Baureihe E 11/E 42

Mit 317 Bildern und 11 Anlagen

trans press
classics

Einbandgestaltung: Sven Rauert
Foto: Dirk Endisch

ISBN 978-3-613-71790-9

1. Auflage 2026 (Reprint der 2. Auflage von 1965, erschienen unter dem Titel »Elektrische Lokomotiven«)

Sie finden uns im Internet unter:
http://www.transpress.de

Anmerkung zum Nachdruck: Dieses Buch erschien erstmals 1961 unter dem Titel »Elektrische Lokomotiven für Vollbahnen«. Die vorliegende Ausgabe ist ein Nachdruck der 2. Auflage aus dem Jahr 1965, die bereits den Titel »Elektrische Lokomotiven« trug. Inhalt und Rechtschreibung blieben unverändert.

Druck und Bindung: HUNTER Books Gmbh, 63184 Mainaschaff
Printed in Germany

VORWORT
zur ersten Auflage

Die in der Deutschen Demokratischen Republik ständig steigende Produktion an industriellen und landwirtschaftlichen Gütern stellt an das gesamte Verkehrswesen hohe Anforderungen. Die Deutsche Reichsbahn als der wichtigste Verkehrsträger kann diese großen Aufgaben nur erfüllen, wenn der gesamte Fahrzeugpark ebenso wie die baulichen und sicherungstechnischen Anlagen auf den neuesten technischen Stand gebracht wird.

Aus diesem Grunde muß auch die Dampflokomotive, die in betrieblicher und wirtschaftlicher Hinsicht den hohen Anforderungen nicht mehr entspricht, in Kürze durch moderne Triebfahrzeuge abgelöst werden. Hier kommt neben dem Einsatz von Dieseltriebfahrzeugen dem weiteren Ausbau der elektrischen Zugförderung und der Entwicklung leistungsfähiger elektrischer Lokomotiven eine besondere Bedeutung zu.

Daher ist auch erforderlich, bei der Ausbildung der Eisenbahner die modernen Zugförderungsarten wesentlich mehr als bisher zu berücksichtigen. Denn nur hochqualifizierte Kader mit einem umfangreichen Wissen und Können werden künftig in der Lage sein, die großen Aufgaben zu meistern.

Die nachstehenden Abhandlungen beschäftigen sich ausschließlich mit elektrischen Lokomotiven für Vollbahnen, die ihre Antriebsenergie dem Fahrdraht entnehmen. Industriebahnlokomotiven, Oberleitungstriebwagen und elektrisch angetriebene Fahrzeuge, die als Energiequelle Speicherbatterien oder einen Dieselmotor mitführen, bleiben hier unberücksichtigt und sollen später in besonderen Fachbüchern behandelt werden.

Das vorliegende Buch weist auf die große Bedeutung der elektrischen Zugförderung hin und behandelt den Aufbau der elektrischen Lokomotiven. Es soll die Nachwuchskräfte mit den theoretischen und praktischen Grundlagen vertraut machen und sie zum gründlichen Studium und schöpferischen Arbeiten anregen. Durch Gegenüberstellung des Alten mit dem Neuen soll es aber auch den erfahrenen Praktiker über die ständigen Verbesserungen und Weiterentwicklungen der elektrischen Lokomotiven unterrichten und den neuesten technischen Stand im Weltmaßstab aufzeigen.

Dank gebührt all denen, die mich durch Ratschläge unterstützten und Bildmaterial zur Verfügung stellten. An die Leser ergeht die Bitte, auf eventuell vorhandene Mängel hinzuweisen und Wünsche zu äußern, die bei einer späteren Auflage berücksichtigt werden können.

Der Verfasser

VORWORT

zur zweiten Auflage

Die große Nachfrage nach dem vorliegenden Fachbuch veranlaßte Autor und Verlag, eine zweite, überarbeitete und erweiterte Auflage herauszugeben.
Auf Grund der im Perspektivplan des Verkehrswesens bis 1970 vorgesehenen Traktionsumstellung, bei der auf die elektrische Zugförderungsart ein beträchtlicher Anteil entfällt, wird für die Ausbildung sowie für die Umschulung zum Ellokführer ausreichend Qualifizierungsliteratur benötigt. Der neu aufgelegte Titel wird diesen dringenden Bedarf an Lehrbüchern auf dem Gebiete der Elektrifizierung decken helfen. Als Fachschullehrbuch informiert es sowohl Studenten als auch Praktiker über die Entwicklung im elektrischen Fahrzeugpark während der letzten Jahre.

Die Konzeption der ersten Auflage wurde weitgehend beibehalten. Die inhaltliche Erweiterung erstreckt sich vor allem auf Baubeschreibungen, Bedienungsweise und Unterhaltung der Baureihe E 11/E 42 der Deutschen Reichsbahn. Eingehend werden die Aggregate und Einrichtungen der Neubaulokomotiven E 11/E 42 behandelt sowie auch die im Bau befindlichen 50-Hz-Lokomotiven bei der Deutschen Reichsbahn vorgestellt.

An dieser Stelle sei besonders Herrn Dr. Ing. Kahler Dank ausgesprochen, der durch seine wertvollen Hinweise und Ratschläge wesentlich zur Vervollkommnung des Titels beitrug.

Verfasser und Verlag

INHALTSVERZEICHNIS

1. Einführung

1.1. Geschichtliche Entwicklung des elektrischen Zugbetriebes

1.1.1. Erste Versuche mit elektrisch angetriebenen Fahrzeugen

Kohle ist ein wertvoller Rohstoff, der bei der Herstellung der unterschiedlichsten Waren vielseitig verwendet wird. Der Bedarf an Kohle steigt ständig an, während die Kohlenvorräte auf der Welt laufend abnehmen. Demgegenüber wird die in den Wasserkräften vorhandene Energie für die Stromerzeugung zur Zeit noch viel zu wenig genutzt. So ist es erklärlich, daß die Bestrebungen, Fahrzeuge durch elektrische Energie anzutreiben, schon recht alt sind und etwa bis in die Jahre zurückreichen, in denen die Dampflokomotive in Deutschland ihren Einzug hielt.

Bereits im Jahre 1834 baute der Potsdamer Physiker Jacobi ein Boot, das er in dem damaligen Petersburg auf der Newa erprobte. Er wurde durch einen Elektromotor und galvanische Elemente angetrieben. Wenige Jahre später konstruierten die Amerikaner Davenport und Cook eine kleine elektrische Lokomotive, die sich jedoch ebensowenig durchsetzen konnte wie ein elektrisches Triebfahrzeug, das der Schotte Davidson im Jahre 1838 auf der Strecke Edinburgh—Glasgow in Betrieb nahm.

Im Jahre 1840 beschäftigte sich dann der Frankfurter Mechanikermeister Johann Philipp Wagner, der Erfinder des Wagnerschen Hammers, mit dem Bau einer elektrischen Lokomotive. In seiner Werkstatt in Fischbach (Nassau) setzte er auf einer kleinen ovalen Versuchsstrecke ein elektrisches Fahrzeug in Betrieb, das bei einer Eigenmasse von knapp 20 kg einen angehängten Wagen mehrere Stunden mit einer gleichbleibenden Geschwindigkeit von etwa 7 km/h gezogen haben soll. Wagner erregte damit viel Aufsehen, und der damalige Deutsche Bund versprach ihm eine Belohnung von 100 000 Gulden, wenn ihm der Bau einer brauchbaren elektrischen Lokomotive gelänge. Als Wagner daraufhin nach dem Vorbild seiner Modellbahn ein großes Triebfahrzeug baute, bewegte sich dieses jedoch nicht von der Stelle, da die eingebauten galvanischen Elemente zu schwer waren und zum Antrieb eines großen Fahrzeugs nicht ausreichten. Die Öffentlichkeit stellte Wagner als einen Betrüger hin, seine Erfindung geriet bald in Vergessenheit.

Ebensowenig bewährten sich Fahrzeuge, die der Leipziger Mechaniker Stöhrer mit elektromagnetischen Antriebsmaschinen und den dazugehörigen Batterien ausrüstete und im Jahre 1841 auf der Strecke Leipzig–Dresden erprobte. Auch die im Jahre 1865 von den Franzosen Bellet und Reuvre durchgeführten Versuche, die Elemente neben dem Gleis aufzustellen und dem Fahrzeug den Strom über eine Fahrleitung zuzuführen, verliefen ergebnislos, da die Stromquelle zu schwach war.

Erst die Erfindung des elektrodynamischen Prinzips durch Werner von Siemens im Jahre 1866 und die dadurch bedingte stürmische Entwicklung der gesamten Elektrotechnik schufen die Grundlage für eine wirtschaftliche elektrische Zug-

förderung. Im Jahre 1876 führte der russische Ingenieur A. F. Pirotzki Versuche mit einem kleinen elektrischen Triebwagen durch, den er auf einer kurzen Strecke bei Sestrorezk einsetzte. Der Strom wurde wahrscheinlich über eine Fahrleitung von einer stationären Maschine zugeführt, die nach dem Siemens-Prinzip arbeitete. Durch die Fahrschienen wurde der Strom zurückgeleitet. Die Versuche wurden später im damaligen Petersburg fortgesetzt.
Die erste elektrische Eisenbahn, die über den Versuchsbetrieb hinauskam und bereits dem öffentlichen Verkehr diente, war eine Ausstellungsbahn, die am 31. Mai 1879 auf der Berliner Gewerbeausstellung dem Verkehr übergeben wurde. Die Lokomotive war nach Entwürfen von Siemens von der Firma Siemens & Halske erbaut worden und ist heute noch im Deutschen Museum in München zu sehen (Bild 1). Der zweipolige Gleichstrommotor war ein Reihenschluß-Kom-

Bild 1.
Erste elektrische Lokomotive von Werner von Siemens

mutatormotor und hatte eine Leistung von etwa 2,2 kW. Er war in Fahrtrichtung angeordnet und übertrug die Antriebskraft über Stirn- und Kegelräder auf die Treibachse. Die Fahrtrichtung wurde durch ein mechanisches Wechselgetriebe geändert, da die Änderung der Motordrehrichtung durch Umpolen der Wicklung noch unbekannt war. Die Leistung dieses kleinen Triebfahrzeugs reichte aus, um drei Wagen mit je sechs Fahrgästen mit einer Geschwindigkeit von 7 km/h zu befördern (Bild 2). Bei einer Leerfahrt erreichte diese kleine Lokomotive sogar eine Höchstgeschwindigkeit von 13 km/h.
Dem Triebfahrzeug wurde Gleichstrom mit einer Spannung von 150 V über eine isolierte Flacheisenschiene zugeführt, die hochkant stehend zwischen den Fahrschienen angeordnet war. Für die Stromabnahme verwendete man anfangs Kontaktrollen, später kleine Drahtbürsten, die das Flacheisen von beiden Seiten berührten. Die Dynamomaschine, die den Strom erzeugte, wurde nur dann in Betrieb gesetzt, wenn der Zug fahren sollte.
Die Ausstellungsbahn hatte eine Spurweite von 490 mm und war etwa 300 m lang. Fast 90 000 Personen wurden in nur vier Monaten mit dieser Ausstellungsbahn

befördert und waren darüber begeistert, daß diese kleine Lokomotive ohne Zischen, Puffen und Fauchen ruhig ihre Kreise zog und niemanden durch Rauch und Ruß belästigte.

Bild 2. Ausstellungsbahn auf der Berliner Gewerbeausstellung

1.1.2. Erste elektrische Straßenbahn

Ermutigt durch die guten Erfahrungen, die man mit der Ausstellungsbahn gesammelt hatte, schlug Siemens vor, in Berlin eine elektrische Schnellbahn einzurichten. Er ließ sich bei diesem Vorschlag davon leiten, daß eine elektrische Bahn viel leistungsfähiger ist als der bisherige Dampfbetrieb, und daß man durch Verteilung der Zugkraft auf mehrere Achsen eine höhere Anfahrbeschleunigung erreichen kann. Als weiteren Vorteil führte er an, daß die elektrische Bahn wegen ihrer völligen Rauchfreiheit das ideale Nahverkehrsmittel sei, das beliebig über oder unter der Erde verkehren kann.

Obgleich Siemens weder bei der Regierung noch bei der Fachwelt für seine weitsichtigen Pläne Verständnis fand, verfolgte er die Idee, den elektrischen Zugbetrieb einzuführen, beharrlich weiter. Als dann auch von staatlicher Seite seine Pläne abgelehnt wurden, entschloß er sich, auf eigene Kosten die Strecke zwischen Lichterfelde und Südende für den elektrischen Zugbetrieb auszurüsten. Als diese meterspurige Bahn von etwa 2 km Länge am 16. Mai 1881 dem öffentlichen Verkehr übergeben wurde, war sie die erste elektrische Straßenbahn der Welt (Bild 3).

Der Gleichstrommotor war quer zur Fahrtrichtung am unteren Teil des gefederten Wagenkastens aufgehängt. Durch einen riemenartigen Antrieb aus Wickelfederschnüren konnte das Federspiel ausgeglichen werden. Die Fahrtrichtung wurde hier zum ersten Male dadurch verändert, daß man durch Verstellen der Bürsten am Kommutator die Drehrichtung des Motors wechselte. Der Wagen hatte eine Motorleistung von etwa 3,7 kW und erreichte bei voller Besetzung mit 26 Personen eine Geschwindigkeit bis zu 40 km/h. Dadurch wurde diese erste Straßenbahn bei den Fahrgästen sehr schnell beliebt. Nach der ersten Probefahrt schrieb Siemens an seinen Bruder in London: „Gestern ist unsere elektrische Bahn in Lichterfelde mit großem Glanz eröffnet worden. Der Eisenbahnminister erklärte unter dem

Bild 3. Erste elektrische Straßenbahn

Eindruck dessen, was er hier zu sehen bekam, daß er jetzt an den Ernst und die große Zukunft der elektrischen Lokomotive glaube." Zum ersten Male erhielt Siemens für seine neue Entwicklung eine öffentliche Anerkennung.

In den nächsten Jahren wurden viele vorhandene Pferdebahnen umgebaut und zahlreiche neue elektrische Straßenbahnen gegründet. Wenig später setzte man auch in Bergwerken elektrische Triebfahrzeuge ein.

Bei der ersten Straßenbahn in Lichterfelde verwendete man die eine Fahrschiene für die Zuführung und die andere für die Rückleitung des Stromes (Gleichstrom 180 V). Dabei war es erforderlich, die beiden Schienen gegeneinander und gegen Erde durch Holzschwellen zu isolieren und Holzräder mit stählernen Radreifen zu verwenden. Bei feuchter Witterung traten große Energieverluste auf, auch verursachte diese recht einfache Art der Stromzuführung einige schwere Unfälle. Trat zum Beispiel an einem Übergang ein Pferd mit zwei Füßen gleichzeitig

auf die Fahrschienen, so wurde es sofort getötet. Bei der Anlage weiterer Straßenbahnen ordnete man daher eine besondere, gegen Berührung geschützte Stromschiene an, die jedoch an Wegübergängen zum Hindernis wurde.
Als dann die Firma Siemens & Halske im Jahre 1882 eine elektrische Grubenlokomotive für die Bergwerke Zauckerode und Neu-Staßfurt lieferte, wurde der Strom über eine doppelpolige Oberleitung zugeführt (Bild 4). Diese wurde auch

Bild 4. Elektrische Grubenbahn aus dem Jahre 1882

angewendet, als etwa zur gleichen Zeit die neue Straßenbahn Charlottenburg – Spandauer Berg in Betrieb genommen wurde. Die Hin- und Rückleitung des Stromes erfolgte durch zwei parallele Drähte, auf denen ein kleiner Kontaktwagen vom Fahrzeug nachgeschleppt wurde. Dieser entgleiste aber oft in Weichen und Kreuzungen, so daß man auch dieses System der Stromzuführung nicht lange beibehielt.
Als im Jahre 1884 für den Ausflugsverkehr in der Nähe von Wien die erste elektrische Straßenbahn gebaut und auch eine Straßenbahn von Frankfurt (Main) nach Offenbach in Betrieb genommen wurde, verwendete man für die zweipolige Fahrleitung geschlitzte Kupferrohre, in denen ein kleines Kontaktschiffchen entlangglitt (Bild 5).
Da diese etwa 20 mm dicken Rohre das Straßenbild verunzierten, untersagten manche Stadtverwaltungen die Genehmigung für den Bau von Oberleitungen. Daraufhin verlegte man in einigen Großstädten, zum Beispiel in Budapest, Berlin und Dresden, die Stromzuführung in einen unterirdischen Schlitzkanal, der unter

einer Doppelfahrschiene angeordnet war (Bild 6). Bei Regen und Schnee erwies sich jedoch diese Anlage als äußerst störanfällig und wurde aus diesem Grunde bald wieder aufgegeben.
Es war daher ein großer Erfolg, als man im Jahre 1888 für die Zuführung des Stromes erstmalig einen dünnen Fahrdraht verwendete. Der Strom wurde durch eine Kontaktrolle abgenommen, wie sie heute noch bei einigen Straßenbahnen

Bild 5. Straßenbahn Frankfurt (Main) – Offenbach mit Schlitzrohr-Fahrleitung

verwendet wird. Zur Rückleitung des Stromes dienten die Fahrschienen. Der im Jahre 1889 von R e i c h e l (Siemens) entwickelte Schleifbügel wurde erstmalig bei der Lichterfelder Straßenbahn erprobt (Bild 7). Er ist der Vorgänger des heute allgemein gebräuchlichen Scherenstromabnehmers. Auf Grund der guten Erfolge mit den bereits vorhandenen Straßenbahnen entschloß man sich, weitere Straßenbahnen und Überlandbahnen im Ausland sowie in den verschiedenen Teilen Deutschlands zu eröffnen. So führte als erste deutsche Großstadt Halle im Jahre 1891 den elektrischen Straßenbahnbetrieb ein. Bald darauf folgten weitere Städte, zum Beispiel im Jahre 1892 Bremen. Im Juli 1893 fuhr die erste „Elektrische" in Dresden vom Schloßplatz über Blasewitz nach Loschwitz. Dagegen wurde erst im Jahre 1896 der elektrische Straßenbahnbetrieb im Berliner Stadtgebiet endgültig eingeführt.

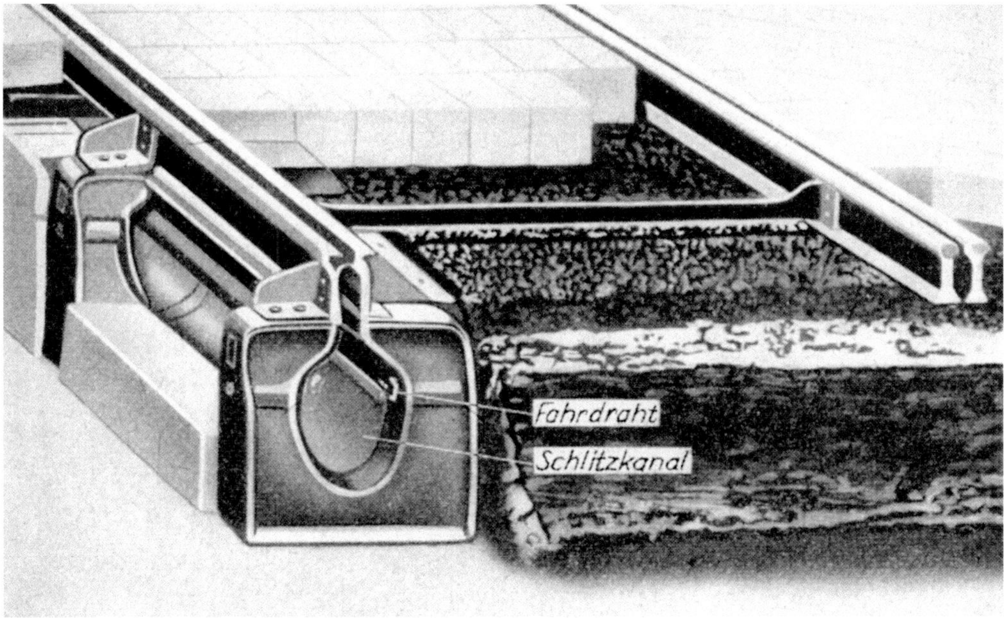

Bild 6. Unterirdische Stromzuführung mit Schlitzkanal

Bild 7. Straßenbahn mit Bügelstromabnehmern

Mit zunehmendem Verkehr machte man sich auch Gedanken über den wirtschaftlichsten Stromverbrauch; und es war ein großer Erfolg, als im Jahre 1894 die Barmenbergbahn als erste Bahn mit Stromrückgewinnung in Betrieb genommen wurde. Durch Einführung der Wendepole war es inzwischen gelungen, die Spannung und damit auch die Leistung der Fahrmotoren zu erhöhen. Man konnte nun mit Aussicht auf Erfolg an größere Aufgaben herangehen und baute die erste elektrische Überlandbahn von Düsseldorf nach Krefeld. Auch für den Schnellverkehr in Großstädten schien der elektrische Zugbetrieb besonders geeignet, da hier und besonders auf Tunnelstrecken die Rauchentwicklung der Dampflokomotiven sehr unangenehm empfunden wurde. Es war ein großes Ereignis, als im Jahre 1896 die Untergrundbahn in Budapest als erste unterirdische Schnellbahn Europas in Betrieb genommen wurde, die übrigens heute noch ohne wesentliche Änderung ihren Dienst verrichtet. Bald darauf begann man auch mit dem Bau der Stammstrecke Warschauer Brücke – Knie mit Abzweig am Gleisdreieck zum Potsdamer Platz. 1902 fuhr in Berlin die erste elektrische Hochbahn.

1.1.3. Anfänge der elektrischen Zugförderung auf öffentlichen Fernbahnen

An die Elektrifizierung von Fernbahnen wagte man sich zunächst nicht heran. Es fehlten noch die technischen Voraussetzungen, um schwere Züge mit hohen Fahrgeschwindigkeiten über weite Strecken zu befördern. Trotz erfolgreicher Entwicklungsarbeiten in Europa wurden die ersten elektrischen Lokomotiven in Amerika hergestellt und auf der Chikagoer Weltausstellung im Jahre 1893 gezeigt. Zwei Jahre später konnte auf einer 2,4 km langen Strecke der Baltimore–Ohio-Bahn zum erstenmal ein planmäßiger elektrischer Zugbetrieb mit 650 V Gleichstrom aufgenommen werden. Da Gleichstrom jedoch nicht transformiert werden kann und die Fahrdrahtspannung daher in ihrer Größe begrenzt ist, tritt bei weiten Entfernungen ein starker Spannungsabfall auf. Dieser kann nur durch großen Fahrleitungsquerschnitt und geringe Unterwerksabstände in erträglichen Grenzen gehalten werden.

Wegen dieser Mängel wurden in Deutschland auch Versuche mit Wechselstrom durchgeführt. Hier ist es möglich, die Spannung in der Fahrleitung hoch zu wählen und auf dem Fahrzeug selbst durch einen Transformator auf den für die Fahrmotoren günstigsten Wert herabzusetzen.

Zur Klärung der zahlreichen noch offenstehenden Fragen legte die Firma Siemens & Halske bereits in den Jahren 1891/92 auf ihrem Werkgelände in Charlottenburg eine Versuchsstrecke an. Man verwendete Drehstrom von 550 V, der über zwei Oberleitungsdrähte und die Fahrschienen der Lokomotive zugeführt wurde. Bald darauf ging man zu höheren Spannungen über, und im Jahre 1897 errichtete die Firma Siemens & Halske in Groß-Lichterfelde eine neue Versuchsbahn, bei der man die Fahrdrahtspannung von 10 000 V in der Lokomotive auf eine Motorspannung von 650 V herabsetzte (Bild 8). Die dreipolige Oberleitung war neben der Strecke verlegt.

Im Jahre 1899 wurde dann die erste elektrische Lokomotive Europas in den Dienst gestellt, die von der Schweizer Lokomotiv- und Maschinenfabrik Winterthur und der

Bild 8. Drehstrom-Versuchslokomotive 10 000 V, Lichterfelde 1898

Bild 9.
Erste europäische Fernbahnlokomotive, Baujahr 1899

Firma Brown, Boverie & Cie. gebaut worden war (Bild 9). Sie wurde in der Schweiz auf der etwa 40 km langen Strecke Burgdorf – Thun eingesetzt, die mit einer Fahrdrahtspannung von 750 V und einer Frequenz von 40 Hz betrieben wurde. Die Lokomotive hatte zwei Drehstrommotoren zu je 110 kW und legte bis zum Jahre 1933 rund 600 000 km zurück. Das Original ist im Deutschen Museum in München ausgestellt.

Um die Jahrhundertwende setzte man auch in Deutschland die Versuche mit Drehstrom fort und gründete unter Beteiligung der Allgemeinen Elektrizitäts-Gesellschaft (AEG) und der Siemens-Schuckert-Werke (SSW) die „Studiengesellschaft für elektrische Schnellbahnen". Ihre Aufgabe war es, alle noch offenstehenden Fragen, zum Beispiel auch auf dem Gebiet der Fahrdynamik, zu klären. Als Versuchsstrecke wurde die etwa 23 km lange Militärbahn von Marienfelde nach Zossen für elektrischen Betrieb mit Drehstrom ausgebaut. Man wählte drei seitliche Oberleitungen und eine Fahrdrahtspannung von 10 kV. Zum Einsatz kamen außer einer Lokomotive (Bild 10) zwei Triebwagen, in denen der hochgespannte Strom durch einen Umspanner auf eine Motorspannung von 1000 V herabgesetzt wurde (Bild 11). Jeder Wagen hatte zwei dreiachsige Drehgestelle und war mit vier Drehstrom-Fahrmotoren zu je 500 kW Höchstleistung bei 45 Hz ausgerüstet.

Bei Versuchsfahrten im Oktober 1903 konnte die für die damalige Zeit recht beachtliche Höchstgeschwindigkeit von 210 km/h erreicht werden. Diesem Erfolg gebührt besondere Anerkennung, da es trotz der ständigen technischen Verbesserung

Bild 10. Drehstromlokomotive 10 000 V, V_{max} = 150 km/h, Baujahr 1902

Bild 11. Elektrischer Schnelltriebwagen, V_{max} = 210 km/h, Baujahr 1903

auf dem Gebiete der elektrischen Zugförderung innerhalb der nächsten 50 Jahre nicht gelang, diesen Rekord zu brechen.

Auch in Italien wurden seinerzeit mehrere Drehstromstrecken angelegt, bei denen zwei Phasen durch Oberleitungen zugeführt, für die Zuleitung der dritten Phase jedoch die Schienen verwendet wurden. Dadurch wurde zwar die Brauchbarkeit des Systems nachgewiesen, doch veranlaßten die immer noch vorhandenen zwei Fahrleitungen, besonders beim Befahren von Kreuzungen und Weichen, erhebliche Störungen.

Außerdem ist der Drehstrom-Asynchronmotor wegen seiner starren Drehzahlcharakteristik und der schlechten Steuerbarkeit für den schweren Bahnbetrieb nicht geeignet. Hierfür braucht man Motoren, die eine wirtschaftliche Geschwindigkeits- und Zugkraftsteuerung zulassen.

Bei der Elektrifizierung der Valtelina-Bahn in Oberitalien wählte man anfangs eine Fahrdrahtspannung von 1000 V, die später auf 3000 V erhöht wurde. Die Frequenz betrug erst 15 Hz, später $16\frac{2}{3}$ Hz. Aus dieser Bahn entstand in den folgenden Jahren das einzige größere mit Drehstrom betriebene Eisenbahnnetz der Welt.

Auf der Suche nach einem Stromsystem, das die Vorteile des Gleichstrom-Reihenschlußmotors und die Transformierbarkeit des Drehstroms in sich vereinigt, entschloß man sich auf Veranlassung von W i t t f e l d , nunmehr auch Versuche mit

Einphasenwechselstrom durchzuführen. Eine etwa 4 km lange Probestrecke von Berlin-Niederschöneweide nach Spindlersfeld wurde im Jahre 1903 eröffnet und mit Einphasenwechselstrom von 6 kV und 25 Hz betrieben. Man verwendete Triebwagen mit Fahrmotoren der Bauart Winter-Eichberg. Es waren Einphasen-Kommutatormotoren mit je 74 kW Leistung in Tatzlagerbauart. Hier benutzte man auch erstmalig die Kettenfahrleitung, die sich später allgemein durchsetzte. Die auf dieser Strecke gesammelten Erfahrungen bewiesen die Vorteile dieses Stromsystems, so daß bald leistungsfähigere Lokomotiven mit etwa 750 kW Leistung gebaut wurden. Inzwischen hatte auch der Schweizer Ingenieur Behn-Eschenburg den Einphasenwechselstrom-Reihenschlußmotor mit Wendepol-Parallelwiderstand entwickelt, der sich besser als alle anderen Konstruktionen bewährte und bis heute die führende Motorbauart geblieben ist. Die erste elektrische Lokomotive, die mit den von Behn-Eschenburg entwickelten Motoren ausgerüstet war, wurde bereits im Jahre 1905 auf der Schweizer Strecke Seebach – Wettingen in Betrieb genommen. Sie war damit die erste Einphasenwechselstromlokomotive der Welt (15 kV, 15 Hz).

Da sie sich so gut bewährte, wurden bald weitere Stadt- und Vorortbahnen auf elektrischen Betrieb umgestellt, wie zum Beispiel die Hamburger Stadtbahnstrecke Blankenese – Ohlsdorf, die mit Einphasenwechselstrom von 6,3 kV und 25 Hz betrieben wurde. Wenig später wurde auch auf der Hamburger Hafenbahn der elektrische Zugbetrieb eingerichtet, jedoch mit einer Fahrdrahtspannung von nur 3 kV und 25 Hz.

Als dann im Jahre 1905 auf der Lokalbahn Murnau – Oberammergau mit Einphasenwechselstrom von 5,5 kV und $16\frac{2}{3}$ Hz gute Betriebsergebnisse erzielt wurden (Bild 12), beschloß man wenige Jahre später, auch auf den Strecken Freilassing – Berchtesgaden, Mittenwald – Garmisch und auf der Wiesentalbahn im Schwarzwald den elektrischen Zugbetrieb einzuführen. Nach dieser umfangreichen Umstellung in Süddeutschland, die durch den Ausbau der Wasserkräfte begünstigt wurde, stand Deutschland an führender Stelle der Bahnelektrifizierung in Europa.

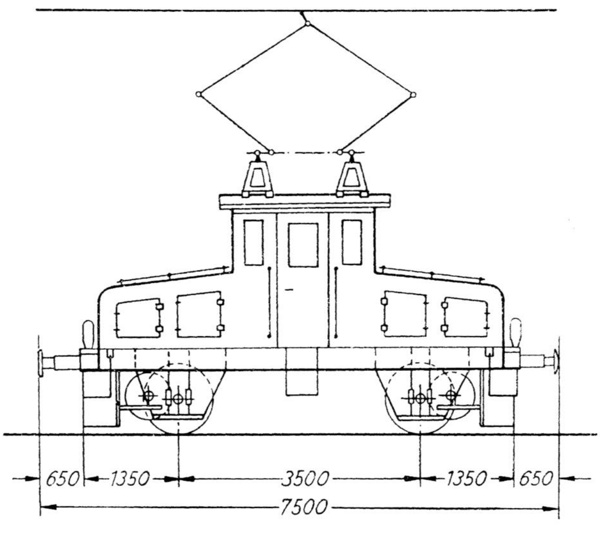

Bild 12.
Einphasenwechselstromlokomotive der Strecke Murnau – Oberammergau, Baujahr 1905

Auch die Entwicklung leistungsfähiger Lokomotiven hatte inzwischen beachtliche Fortschritte gemacht. So baute die Firma AEG im Jahre 1906 die erste Einphasenwechselstrom-Güterzuglokomotive Deutschlands, die bei einer Eigenmasse von 63 t eine Höchstgeschwindigkeit von 50 km/h erreichte (Bild 13). Diese Lokomotive

Bild 13. Erste Einphasenwechselstrom-Güterzuglokomotive Deutschlands, Leistung 660 kW, Baujahr 1906

wurde später auf der Hafenbahn Altona eingesetzt und war bis zum Jahre 1932 in Betrieb. Heute ist sie im Verkehrsmuseum in Nürnberg zu sehen.

Die guten Betriebsergebnisse, die man auf den elektrifizierten Bahnen sammeln konnte, und besonders die große Wirtschaftlichkeit des elektrischen Zugbetriebs ließen es ratsam erscheinen, auch einige stark belastete Strecken des mitteldeutschen Industriegebiets auf elektrische Zugförderung umzustellen. Bereits im Jahre 1911 waren die Arbeiten so weit abgeschlossen, daß auf dem Abschnitt Bitterfeld – Dessau der elektrische Zugbetrieb aufgenommen werden konnte. Innerhalb der nächsten drei Jahre wurde diese Strecke bis Leipzig und Magdeburg ausgedehnt und auch der Abschnitt Leipzig – Halle elektrifiziert. Der erste Weltkrieg verzögerte jedoch die Inbetriebnahme dieser Strecken, die erst im Jahre 1922 stattfand.

Im Jahre 1914 begann man auch mit der Einführung des elektrischen Zugbetriebs im damaligen Schlesien, da auf den schwierigen Streckenabschnitten der Riesengebirgsbahn der Einsatz von elektrischen Lokomotiven besonders zweckmäßig erschien. Wenn auch die weitere Elektrifizierung durch den ersten Weltkrieg vorübergehend unterbrochen wurde, so führten die guten Erfahrungen, die man mit der elektrischen Zugförderung sammeln konnte, doch dazu, daß viele bis dahin dampfbetriebene Strecken auf elektrischen Zugbetrieb umgestellt wurden.

Ende des Jahres 1925 war das elektrisch betriebene Netz der Deutschen Reichsbahn auf etwa 700 km Streckenlänge angewachsen, und es bestand das Bestreben, die vier weit auseinanderliegenden Netze in Mitteldeutschland, Schlesien, Bayern und Baden miteinander zu verbinden. Der am 1. April 1920 durchgeführte Zusammenschluß der deutschen Länderbahnen zur Deutschen Reichsbahn bot hierfür eine günstige Voraussetzung. Im Jahre 1936 wurde mit der Elektrifizierung der Strecke Nürnberg – Leipzig begonnen, von welcher der Teilabschnitt Nürnberg – Saalfeld im Mai 1939 dem Betrieb übergeben werden konnte. Als dann Ende 1940 auf der gesamten ungefähr 345 km langen Strecke der elektrische Zugbetrieb aufgenommen wurde, traten die Vorteile der elektrischen Zugförderung klar in Erscheinung. Infolge der höheren Fahrgeschwindigkeit erreichte man eine beträchtliche Verkürzung der Reisezeit, eine größere Zugdichte und auf den starken Steigungen des Thüringer Waldes höhere Schlepplasten. Durch den zweiten Weltkrieg wurden dann jedoch die weiteren Bauvorhaben vereitelt, und es war nicht mehr möglich, die Hauptstadt Berlin an das elektrisch betriebene Netz anzuschließen.
Im Jahre 1945 betrug die Betriebslänge der mit Einphasenwechselstrom und $16\frac{2}{3}$ Hz betriebenen Bahnen:

in Süddeutschland	1460	Streckenkilometer
in Mitteldeutschland	495	„
in Schlesien	390	„
insgesamt:	2345	Streckenkilometer

Dieser Streckenlänge entsprach, da es sich meist um zwei- und mehrgleisige Strecken handelte, eine Gleislänge von insgesamt 6452 km.
Die Weiterentwicklung der elektrischen Lokomotiven brachte neben einer ständigen Steigerung der Leistung und der Geschwindigkeit eine beträchtliche Erhöhung der Betriebssicherheit, und so ist es verständlich, daß sich der elektrische Zugbetrieb mit großer Schnelligkeit bald in fast allen Ländern der Welt durchsetzte.

1.1.4. Jetziger Stand der elektrischen Zugförderung

Infolge der Auswirkungen des zweiten Weltkrieges betrug im Jahre 1946 das elektrisch betriebene Netz Deutschlands nur etwa 1500 Streckenkilometer. In der Deutschen Demokratischen Republik wurde in den Jahren 1953/54 mit den Vorarbeiten für den Wiederaufbau der elektrischen Zugförderung begonnen. Am 1. September 1955 konnte man die Strecke Halle (Saale) – Köthen (35,8 km) für den elektrischen Zugbetrieb freigeben, der Ende 1956 bis Magdeburg ausgedehnt wurde. Im Laufe des Jahres 1958 wurden die Strecke Roßlau – Dessau – Bitterfeld – Leipzig und der Abschnitt Leipzig – Halle auf elektrischen Betrieb umgestellt, so daß sich ein zusammenhängendes Netz von etwa 200 Streckenkilometer ergab. Im Jahre 1959 folgten die Strecken Halle – Weißenfels und Merseburg – Mücheln. Im Anschluß daran wurde mit der Elektrifizierung des Sächsischen Dreiecks (Leipzig – Altenburg – Zwickau – Karl-Marx-Stadt – Dresden – Riesa – Leipzig) und einiger Nebenstrecken (zum Beispiel Böhlen – Espenhain und Neukieritzsch – Borna) begonnen. Der erste Teilabschnitt konnte bereits im Jahre 1961 auf elektrischen Zugbetrieb umgestellt werden. Nachdem im Mai 1963 die elektrische Zugförderung bis Zwickau ausgedehnt worden war und noch einige andere Strecken hinzugekommen waren, umfaßte das elektrisch betriebene Netz Ende 1964 rund 500 Streckenkilometer.

Im Jahre 1965 wird der elektrische Betrieb auf der „Rübeland-Bahn" im Harz und auf weiteren Strecken in Sachsen und Thüringen aufgenommen; außerdem ist die Umstellung einiger Hauptstrecken im nördlichen Raum vorgesehen. Durch eine gute Vorbereitung und verstärkte Mechanisierung dieser Arbeiten wird es möglich sein, das Tempo wesentlich zu beschleunigen.

Tafel 1:

Elektrischer Zugbetrieb in Europa (in Streckenkilometer)
Stand: Ende 1962 (laut Jahrbuch des Eisenbahnwesens, Folge 14)

Land	Betriebslänge insgesamt	davon elektrisch betriebene Stecken Gleichstrom	1 ~ 16⅔ Hz	1 ~ 50 Hz	Drehstrom	Sonstige u. Privat	insgesamt	%
VR Albanien	167	—	—	—	—	—	—	—
Belgien	5 447	1 042	—	—	—	708	1 750	32,2
VR Bulgarien	4 159	—	—	156	—	—	156	3,7
Dänemark	4 170	67	—	—	—	—	67	1,6
Deutsche Demokratische Republik	16 174	333	337	23	—	—	693	4,3
Deutsche Bundesrepublik	35 820	60	4 865	—	—	511	5 436	15,1
Finnland	5 397	—	—	—	—	—	—	—
Frankreich	41 499	4 928	60	2 656	—	291	7 935	19,2
Griechenland	2 592	27	—	—	—	—	27	1,0
Großbritannien	31 008	2 188	—	667	—	22	2 877	9,2
Irland	3 143	—	—	—	—	—	—	—
Italien	21 239	7 129	34	—	810	1 864	9 837	46,1
Jugoslawien	11 892	319	8	—	—	—	327	2,7
Liechtenstein	9	—	9	—	—	—	9	100,0
Luxemburg	370	19	—	117	—	—	136	36,8
Monaco	4	—	—	—	—	—	—	—
Niederlande	3 250	1 624	—	—	—	—	1 624	50,0
Norwegen	4 409	—	1 921	—	—	—	1 921	43,5
Österreich	6 582	265	2 032	—	—	—	2 297	34,8
VR Polen	26 827	1 370	—	—	—	—	1 370	5,1
Portugal	3 604	33	—	143	—	—	176	4,9
Rumänische VR	11 030	58	—	—	—	—	58	0,5
Schweden	14 450	167	7 365	—	—	—	7 532	52,1
Schweiz	5 170	1 007	4 014	8	23	—	5 052	97,9
Spanien	17 846	3 017	—	—	47	—	3 064	17,2
Tschechoslowakische Sozialistische Republik	13 139	1 114	—	59	—	—	1 173	8,9
Ungarische VR	8 894	137	—	385	—	—	522	5,9
Türkei (europäischer Teil)	340	—	—	28	—	—	28	8,2
Gesamt (ohne europ. Teil der Sowjetunion)	298 631	24 904	20 645	4 242	880	3 396	54 067	18,1
		46,0 %	38,2 %	7,9 %	1,6 %	6,3 %	100 %	

Die Tafel 1 gibt eine Übersicht über den Stand der Elektrifizierung in den einzelnen Ländern Europas. Da es sich bei den elektrisch betriebenen Strecken jedoch im allgemeinen um Strecken mit sehr hoher Verkehrsdichte handelt, ist der Anteil der elektrischen Zugförderung an der gesamten Verkehrsleistung bedeutend größer als der prozentuale Anteil der Streckenlänge.
Tafel 1 zeigt, daß in der Schweiz die Elektrifizierung inzwischen abgeschlossen wurde. Auch in anderen Ländern mit geringen Kohlevorräten, die aber reich an Wasserkräften sind, ist das elektrisch betriebene Netz stark angewachsen. Bei der Deutschen Bundesbahn stieg der Anteil der elektrifizierten Strecken auf 15,1 %, die Verkehrsleistung der elektrischen Lokomotiven in Bruttotonnenkilometern sogar auf mehr als 50 %.
Besonders beachtenswert ist das starke Anwachsen des elektrischen Zugverkehrs in der Sowjetunion. Gemäß dem Ausspruch Lenins: „Sowjetmacht + Elektrifizierung = Kommunismus" begann man dort in einem bisher unbekannten Tempo mit der Elektrifizierung und stellte mehr als 2000 km in einem Jahr auf elektrischen Zugbetrieb um. Die Strecke Moskau — Baikalsee ist mit 5500 km die längste elektrisch betriebene Eisenbahnstrecke der Welt und läßt die Vorteile dieser neuen Zugförderungsart klar erkennen. Mit einer Streckenlänge von etwa 20 000 km verfügt die Sowjetunion heute über das größte elektrisch betriebene Netz der Welt.
Tafel 2 läßt den Anteil der elektrisch betriebenen Strecken der einzelnen Erdteile erkennen (Stand Ende 1962).
Dabei erscheint der Anteil der elektrisch betriebenen Strecken am gesamten Streckennetz mit 7,3 % sehr gering. Trotz der vielen betrieblichen und wirtschaftlichen Vorteile der elektrischen Zugförderung darf man jedoch die ungewöhnlich hohen Anlagekosten nicht übersehen, auf die es zurückzuführen ist, daß im allgemeinen nur auf besonders stark belasteten Strecken der elektrische Zugbetrieb wirtschaftlich ist (siehe Abschnitt 1.4.3.).

Tafel 2:

Elektrischer Zugbetrieb in den einzelnen Erdteilen
Stand: Ende 1962 (laut Jahrbuch des Eisenbahnwesens, Folge 14)

Erdteil	Betriebslänge insgesamt Strecken-km	davon elektrisch betrieben Strecken-km	%
Europa (ohne Sowjetunion)	298 631	54 067	18,1
Afrika	75 220	4 005	5,3
Asien (einschließlich Sowjetunion)	311 705	29 211	9,4
Australien/Neuseeland	47 725	934	2,0
Nord- und Mittelamerika	470 354	4 088	0,9
Südamerika	103 295	3 237	3,1
Gesamt	1 306 930	95 542	7,3

1.1.5. Betriebsprogramm der Deutschen Reichsbahn

Auf dem Gebiet der Deutschen Demokratischen Republik liegen die bereits elektrifizierten oder später für den elektrischen Zugbetrieb vorgesehenen Strecken überwiegend im Flachland. Nur einige Strecken in der Nähe des Erzgebirges, des Thüringer Waldes sowie die Rübeland-Bahn im Harz weisen Steigungen von mehr als 15 ‰ auf.

Mit der Modernisierung des Verkehrswesens ist man unter anderem auch bestrebt, die Fahrzeit der Reisezüge und besonders auch der Güterzüge zu kürzen und gleichzeitig die Zugfolge zu erhöhen. Dadurch kann sich die mittlere Auslastung der Güterzüge verringern und die maximale Zugmasse auf etwa 2000 t beschränken.

Legt man die Höchstgeschwindigkeit der Schnellzüge mit 140 km/h fest, so ergibt sich folgendes Leistungsprogramm:

Schnellzüge von	600 t auf 0 ‰	Steigung mit	140 km/h	
	600 t auf 5 ‰	Steigung mit	120 km/h	
	600 t auf 10 ‰	Steigung mit	90 km/h	
	600 t auf 25 ‰	Steigung mit	70 km/h	
Personenzüge von	500 t auf 5 ‰	Steigung mit	90 km/h	
	400 t auf 25 ‰	Steigung mit	70 km/h	kurzzeitig
Güterzüge von	1800 t auf 0 ‰	Steigung mit	100 km/h	
	1800 t auf 5 ‰	Steigung mit	60 km/h	

Ermittelt man für dieses Leistungsprogramm nach den im Abschnitt 8.2. genannten Formeln die Fahrwiderstände, so erkennt man, daß die elektrischen Lokomotiven mindestens vier Treibachsen besitzen und eine Stundenleistung von etwa 2500 bis 3000 kW aufweisen müssen.

Ein großer Teil der in Anlage 5 genannten Altbaulokomotiven entsprach dieser Forderung. Mehr als 100 Stück wurden vollkommen aufgearbeitet und erfüllen trotz ihres hohen Durchschnittsalters bis heute ihre Aufgabe zur vollen Zufriedenheit.

Die ständige Erweiterung des elektrischen Zugbetriebs erforderte aber den Neubau elektrischer Lokomotiven. Man war bemüht, mit möglichst wenigen Bauarten auszukommen, um die Beschaffung und Unterhaltung einfacher und billiger zu gestalten. Gleichzeitig wurde durch Standardisierung der Austausch einzelner Bauteile oder Baugruppen angestrebt.

Der VEB Lokomotivbau-Elektrotechnische Werke (LEW) „Hans Beimler" in Hennigsdorf bei Berlin entwickelte die vierachsige Neubaulokomotive Baureihe E 11, von der die ersten zwei Baumuster im Jahre 1960 der Deutschen Reichsbahn zur Erprobung übergeben wurden. Bei einer Höchstgeschwindigkeit von 120 und später 140 km/h ist diese Lokomotive in erster Linie für den Schnellzugdienst bestimmt. Als nach Abstellen kleiner Mängel im Jahre 1962 die Serienfertigung einsetzte, waren die Neubaufahrzeuge eine willkommene Ergänzung und Auffrischung des gesamten Lokomotivparks.

Aus dieser Schnellzuglokomotive Baureihe E 11 entstand im Jahre 1963 lediglich durch Verändern der Getriebeübersetzung zwischen Fahrmotorritzel und Großrad die Güterzuglokomotive Baureihe E 42. Fast ausnahmslos konnten der gesamte mechanische Teil und auch die elektrische Ausrüstung übernommen werden, lediglich an der Bremse, am Fortschaltrelais und an den Meßinstrumenten waren einige kleine Änderungen erforderlich.

Mit einer Stundenleistung von 2920 kW sind diese Neubaulokomotiven der Baureihe E 11/E 42 durchaus in der Lage, das obengenannte Leistungsprogramm zu erfüllen. Aus den als Anlage 3 und 4 gebrachten Leistungstafeln ist ersichtlich, welche Zugmasse die Baureihe E 11 im D-Zug- und Güterzugdienst oder die Baureihe E 42 im Personenzug- und Güterzugdienst bei unterschiedlichen Steigungen befördern kann. Die Leistungs- und Zugkraftkennlinien dieser beiden Lokomotiven sind aus den Bildern 199 und 200 zu erkennen. Sind in Ausnahmefällen besonders schwere Güterzüge auf starken Steigungen zu befördern, so werden zwei Lokomotiven der Baureihe E 42 vorgespannt. Da viele Neubaulokomotiven mit einer Mehrfachsteuerung ausgerüstet sind, ist es dann ohne weiteres möglich, die gesamte elektrische Ausrüstung der Zuglokomotive von der Vorspannlokomotive zu bedienen.

Da es jedoch vorkommen kann, daß für eine bestimmte Aufgabe die Zugkraft einer Lokomotive mit vier Treibachsen nicht ausreicht, zwei Lokomotiven mit insgesamt acht Treibachsen jedoch nicht ausgelastet sind und daher unwirtschaftlich arbeiten, beabsichtigt man, das Typenprogramm später durch eine sechsachsige Lokomotive zu ergänzen. Diese Baureihe E 51 ist für den schweren Güterzugdienst bestimmt und wird eine Stundenleistung von 4800 kW aufweisen. Ihre Höchstgeschwindigkeit soll 100 km/h betragen.

Neben diesen Wechselstromlokomotiven für $16\frac{2}{3}$ Hz entwickelte der VEB Lokomotivbau-Elektrotechnische Werke (LEW) „Hans Beimler", Hennigsdorf, in den letzten Jahren auch 50-Hz-Lokomotiven, von denen die ersten beiden Baumuster im Jahre 1961 dem Betrieb zur Erprobung übergeben wurden. Dabei handelt es sich um eine schwere Güterzuglokomotive mit sechs angetriebenen Achsen.

Diese beiden Versuchslokomotiven haben sich gut bewährt und dienten als Vorbild für die Neuentwicklung der Baureihe E 251. Diese ebenfalls sechsachsige Lokomotive wird ab 1965 auf einer Gebirgsstrecke im Harz, der Rübelandbahn, eingesetzt. Da hier in erster Linie schwere Güterzüge zu befördern sind und die Strecke Steigungen bis 63 ‰ aufweist, wurde die Stundenleistung gegenüber den Baumustern auf 3660 kW erhöht (siehe Abschnitt 7.5.).

LEW „Hans Beimler", Hennigsdorf, arbeitet zur Zeit auch an der Neuentwicklung einer vierachsigen 50-Hz-Gleichrichterlokomotive. Die Konstrukteure berücksichtigen hierbei auch die Empfehlungen der OSShD (Organisation für die Zusammenarbeit der Eisenbahnverwaltungen aller sozialistischen Länder) und die Empfehlungen der Sektion 3 des RGW (Rat für Gegenseitige Wirtschaftshilfe).

Diese Lokomotive wird bei einer Masse von 84 t eine Höchstgeschwindigkeit von 160 km/h erreichen und mit einer Stundenleistung von 3360 kW die leistungsstärkste vierachsige 50-Hz-Lokomotive in den sozialistischen Ländern sein.

Für den Konstrukteur elektrischer Lokomotiven besteht grundsätzlich die Forderung,

durch Einbau möglichst zahlreicher standardisierter und konstruktionstechnisch einfacher Bauelemente die Entwicklungs- und Herstellungskosten zu senken,

durch Wahl eines geeigneten Laufwerks gute Laufeigenschaften auch bei hohen Fahrgeschwindigkeiten (160 km/h) zu garantieren,

durch Verwenden ausgereifter Bauelemente einen hohen Gesamtwirkungsgrad zu erreichen,

durch Einbau leistungsfähiger Fahrmotoren und relativ leichter Ausrüstungsteile ein günstiges Verhältnis Masse/Leistungseinheit zu ermöglichen,

durch Verwenden von korrosionsbeständigen Werkstoffen (zum Beispiel nichtrostendem Stahl, Leichtmetallen, Plasten) und durch Einbau von wartungs- und verschleißarmen Triebwerksteilen (zum Beispiel Wälzlagern) die Unterhaltungskosten zu senken,

durch eine feinstufige Leistungssteuerung eine hohe Reibungszugkraft zu erreichen und

durch einfache Bedienung und Wartung der Lokomotive und weitgehende Automatisierung der Zugkraft- und Bremssteuerung den Lokomotivführer zu entlasten.

1.2. Gegenüberstellung der verschiedenen Stromsysteme

Aus der Darstellung der Entwicklung des elektrischen Zugbetriebes ging bereits hervor, daß man anfangs ausschließlich Gleichstrombahnen anlegte. Später führte man Versuche mit Drehstrom durch, die jedoch wegen der komplizierten Fahrleitung nicht recht befriedigten. Kurz nach der Jahrhundertwende gelang es, durch Verbesserung der Fahrmotoren auch mit Einphasenwechselstrom recht beachtliche Erfolge zu erzielen. Während man anfangs niedrige Frequenzen, das heißt 25 Hz, später 15 Hz und zuletzt $16\frac{2}{3}$ Hz anwendete, führte man später auch Versuche mit Einphasenwechselstrom der Industriefrequenz (50 Hz) durch, um die Stromversorgung der Eisenbahn unmittelbar aus dem Landesnetz zu ermöglichen. Alle vier Stromarten waren für Bahnzwecke geeignet und hatten gewisse Vorteile. Sie wiesen jedoch auch beträchtliche Mängel auf, so daß es damals nicht leicht war, das für die elektrische Zugförderung günstigste Stromsystem zu erkennen. Technische, betriebliche und volkswirtschaftliche Gesichtspunkte mußten dabei berücksichtigt werden. Neben der unbedingten Forderung nach Betriebssicherheit und Wirtschaftlichkeit sollten die elektrischen Lokomotiven, den ständig wechselnden Betriebsverhältnissen entsprechend, noch anderen Ansprüchen genügen. Man verlangte:

1. hohes Anlaufmoment und große vorübergehende Überlastbarkeit der Motoren,
2. feinstufige und weitgehende Steuerbarkeit von Zugkraft und Geschwindigkeit,
3. guten Wirkungsgrad und bei Wechselstrom hohen Leistungsfaktor bei allen Belastungen und Geschwindigkeiten,
4. geringe Masse der Fahrmotoren und der sonstigen elektrischen Ausrüstung,

5. einfache Bedienung und leichte Zugänglichkeit aller Teile,

6. Schonung der Radreifen und Bremsklötze durch elektrische Bremsung.

Mit der Klärung dieser Probleme wurde die „Studiengesellschaft für elektrische Schnellbahnen" beauftragt. Sie hatte außerdem die Aufgabe, durch praktische Versuche die erreichbare Höchstgeschwindigkeit zu ermitteln. Auch in anderen Ländern wurden umfangreiche Erprobungen mit den verschiedenen Stromsystemen durchgeführt, wobei für den gesamten elektrischen Bahnbetrieb wichtige Erkenntnisse gesammelt und entscheidende technische Verbesserungen erreicht wurden. Es ist daher zweckmäßig, unter den obengenannten Gesichtspunkten die einzelnen Stromsysteme miteinander zu vergleichen und das Charakteristische jeder Stromart klar herauszustellen.

1.2.1. Gleichstrom

Aus der geschichtlichen Entwicklung des elektrischen Zugbetriebs ist bekannt, daß bei den ersten Versuchsbahnen ausschließlich Gleichstrom verwendet wurde. Da es sich seinerzeit nur um geringe Leistungen und kurze Streckenlängen handelte, genügte dieses Stromsystem durchaus den gestellten Anforderungen. Es hat sich bis heute bei sämtlichen elektrisch betriebenen Nahverkehrsmitteln erhalten. Fast alle Straßenbahnen arbeiten mit Gleichstrom von 600 V, während Stadt-, Vorort- und Überlandbahnen im allgemeinen eine höhere Fahrdrahtspannung (bis 1200 V) verwenden.
Für die Elektrifizierung von Fernbahnen war Gleichstrom jedoch zunächst nicht geeignet, da es sich hier um große Entfernungen und wesentlich höhere Leistungen handelte. Gleichstrommotoren konnten damals nur für Spannungen bis 600 V und eine Leistung von 30 kW gebaut werden. Verwendete man bei einer Fahrdrahtspannung von 600 V eine kupferne Fahrleitung von 100 mm^2 Querschnitt, so mußte man bei einer Übertragung von 100 kW bereits nach einer Entfernung von 5 km einen Spannungsabfall von 120 V in Kauf nehmen. Um die dadurch erforderliche große Anzahl von Speisepunkten zu vermeiden, erhöhte man bei Fernbahnen die Fahrdrahtspannung zunächst auf 1500 V, später auf 3000 V. Eine weitere Steigerung ist aber nicht ohne weiteres möglich, da Gleichstrom bekanntlich nicht transformiert werden kann und den Fahrmotoren bei der höchsten Schaltstufe die volle Fahrdrahtspannung zugeführt wird. Wählt man als oberste Grenze für die Motorspannung etwa 1500 V, so ergibt sich bei Hintereinanderschalten zweier Motoren eine Fahrdrahtspannung von 3000 V. Diese kann auf maximal 4000 V gesteigert werden, doch ergeben sich dann bereits gewisse Schwierigkeiten bei der Herstellung der Schaltgeräte.
Diese Spannungsbeschränkung bedingt bei schweren elektrischen Lokomotiven mit großer Leistung hohe Stromstärken, so daß große Fahrdrahtquerschnitte von 300 bis 400 mm^2 erforderlich sind. Da der größte Fahrdrahtquerschnitt etwa 150 mm^2 beträgt, müssen dann zwei Fahrleitungen verlegt werden. Dadurch ergibt sich bei Gleichstrombahnen ein hoher Kupferbedarf, der bei einem Querschnitt von 400 mm^2 je 1 km Doppelgleis etwa 8 t ausmacht. Dennoch beträgt bei 3000 V

und 1000 A der Spannungsabfall auf eine Entfernung von 10 km immer noch etwa 20 %, so daß es nicht ratsam ist, den Abstand der Unterwerke über 20 bis 25 km hinaus zu steigern.

Ein weiterer Nachteil des Gleichstromsystems besteht darin, daß sich bei der Stromrückführung leicht sogenannte „vagabundierende Ströme" bilden, die außerhalb der Fahrschienen fließen und zu schweren Schäden an unterirdischen Kabeln und Rohrleitungen führen. Gegen diese elektrolytische Korrosion gibt es zwar eine Reihe von Gegenmaßnahmen, doch diese sind mit einem hohen Kostenaufwand verbunden.

Von den Gleichstrommotoren ist der Reihenschlußmotor für Bahnzwecke besonders geeignet. Er arbeitet zuverlässig und erfordert niedrige Anschaffungs- und Unterhaltungskosten. Außerdem weist er ein kräftiges Anzugsmoment und eine mit steigender Belastung sinkende Drehzahl auf. Er paßt sich somit ideal der Zugkrafthyperbel an.

Ein weiterer Vorteil besteht darin, daß das Motormoment spannungsunabhängig ist. Der Reihenschlußmotor entwickelt also auch bei stark verminderter Fahrdrahtspannung die erforderlichen Beschleunigungsmomente, wobei allerdings die Drehzahl gegenüber der Normalcharakteristik etwa proportional zur Spannung zurückgeht.

Der Reihenschlußmotor ist somit der ideale Bahnmotor, und auch bei starker Belastung ist ein Liegenbleiben der Lokomotive auf der Strecke nicht zu befürchten. Diese guten Eigenschaften weisen andere Gleichstrommotore ohne zusätzliche Steuereinrichtungen nicht auf.

Die Leistung des Gleichstrommotors läßt sich, von der zur Zeit noch in Entwicklung stehenden Impulssteuerung abgesehen, jedoch nur durch Vorschalten von Widerständen oder durch Feldschwächung verändern, das heißt, auch bei Anwendung der Reihen-Parallelschaltung ist seine Steuerung nur in zwei Dauerfahrstufen verlustlos. Die Kommutierung ist verhältnismäßig einfach und bereitet im Gegensatz zu Wechselstrommotoren keinerlei Schwierigkeiten. Ein weiterer Vorteil ist die hohe Überlastbarkeit des Gleichstrommotors und die Möglichkeit der Stromrücklieferung beim elektrischen Bremsen.

Auch die Stromversorgung ist verhältnismäßig einfach, da sie kein eigenes Bahnstromnetz erfordert und bei Verwendung von Gleichrichtern direkt aus dem Landesnetz erfolgen kann. Bei Störungen ist es ohne weiteres möglich, mehrere Speiseabschnitte miteinander zu verbinden.

Das Gleichstromsystem ist daher zur Zeit in der ganzen Welt verhältnismäßig stark verbreitet und wird, wie aus Tafel 1 zu ersehen ist, bei 46 % aller elektrischen Bahnen Europas angewendet. Mit einer Fahrdrahtspannung von 3000 V arbeiten die Eisenbahnen in der Sowjetunion, in der Volksrepublik Polen, in der Tschechoslowakischen Sozialistischen Republik, in Italien, Belgien, Südafrika und Südamerika, während Gleichstrom von nur 1500 V Spannung die Bahnen in Frankreich, England, Indien, Holland und Japan verwenden. Außerdem werden die Stadtbahnen in Berlin und Hamburg und einige Nebenbahnen in den beiden deutschen Staaten mit Gleichstrom von 600 bis 1200 V betrieben.

1.2.2. Drehstrom

Um die Mängel des Gleichstromsystems zu vermeiden, führte man bereits seit dem Jahre 1891 umfangreiche Versuche mit Drehstrom durch. Dabei wurde der Strom durch zwei voneinander isolierte Fahrleitungen und die Fahrschienen der Lokomotive zugeführt. Bei der Versuchsstrecke Marienfelde – Zossen wurden sogar drei Fahrleitungen verwendet, die übereinander seitlich vom Gleis angeordnet waren. Die Fahrdrahtspannung betrug hierbei, ebenso wie bei einer Fernbahn in Mittelitalien, 10 000 V, bei einem größeren Netz in Norditalien beträgt sie jedoch nur 3600 V. Da die komplizierte Fahrleitung an Kreuzungen und Weichen zu vielen betrieblichen Schwierigkeiten führte und die Unterhaltungskosten dementsprechend hoch waren, konnte sich dieses Stromsystem nicht durchsetzen.
Hinzu kommt, daß auch der Drehstrom-Synchronmotor mit seiner starren Drehzahlcharakteristik und mangelhaften Steuerbarkeit erhebliche Nachteile aufweist. Da sein Drehmoment schon bei geringem Spannungsabfall in der Fahrleitung beträchtlich absinkt und daher der zulässige Spannungsabfall 10 bis 15 % der Nennspannung nicht übersteigen darf, sind große Fahrdrahtquerschnitte und geringe Unterwerksabstände erforderlich. Der Drehstrommotor ist trotz seines robusten, kommutatorlosen Aufbaus, seiner geringen Masse und seiner Verwendbarkeit für höhere Leistungen und Betriebsspannungen als Bahnmotor nicht gut geeignet.
Da bei Drehstrom eine Stromrücklieferung in das Netz bei Talfahrten relativ einfach ist, versprach dieses System auf steilen Alpenstrecken wirtschaftliche Vorteile. Es wurde lange Zeit auf einigen italienischen Strecken angewendet, doch konnte es sich auch hier wegen der zahlreichen Mängel nicht behaupten. Man stellte daher einen großen Teil dieser Strecken auf 3000-V-Gleichstrom um und erreichte dabei gleichzeitig größere Höchstgeschwindigkeiten und höhere Zugkräfte.

1.2.3. Einphasenwechselstrom $16\frac{2}{3}$ Hz

Günstigere Ergebnisse zeigten Versuche mit Einphasenwechselstrom, die um die Jahrhundertwende in Deutschland durchgeführt wurden. Diese Stromart übernimmt vom Gleichstromsystem die einpolige Fahrleitung und den Kommutatormotor mit Reihenschlußcharakteristik. Sie ist ihm aber dadurch überlegen, daß die Fahrdrahtspannung bis auf 15 000 V und mehr gesteigert werden kann. Bei diesen hohen Spannungen wird die von der elektrischen Lokomotive benötigte Leistung bei verhältnismäßig niedrigen Strömen übertragen, wodurch die Möglichkeit besteht, mit einem Fahrdrahtquerschnitt von nur 80 bis 100 mm^2 auszukommen und den Abstand der Unterwerke auf 60 bis 80 km und gegebenenfalls darüber zu steigern.
Im Stufentransformator der Lokomotive wird die Spannung dann auf eine zweckmäßige Motorspannung gesenkt, so daß es möglich ist, die Leistung der Fahrmotoren fast verlustlos zu steuern und somit die Geschwindigkeit der Lokomotive den jeweiligen Betriebsverhältnissen anzupassen.
Bei den Wechselstrom-Reihenschlußmotoren größerer Leistungen bereitete jedoch

zunächst die Kommutierung gewisse Schwierigkeiten, besonders wenn der Landesstrom mit der üblichen Frequenz von 50 Hz verwendet werden sollte. Durch das wechselnde Magnetfeld im Motor entsteht nämlich in der Ankerwicklung eine Induktionsspannung. Besonders ungünstig wirkt sich diese vom Erregerfeld induzierte Spannung in der Ankerspule aus, die während der Stromwendung durch Kohlebürsten überbrückt, das heißt kurz geschlossen wird. Die Bürsten überdecken nämlich stets zwei bis drei Lamellen des Kommutators (siehe Abschnitt 3.5.2.).

Während des Kurzschlusses entsteht durch die Induktionsspannung ein relativ hoher Strom, der nur durch den Bürstenquerwiderstand begrenzt wird. Das hat ein starkes Bürstenfeuer, eine größere Abnutzung der Bürsten und eine hohe Erwärmung des Kommutators zur Folge.

Da die Induktionsspannung von der Stärke und Frequenz des Erregerfeldes abhängt, mußte man die Frequenz so weit herabsetzen, wie das wegen der damit verbundenen Vergrößerung der Generatoren und Transformatoren vertretbar war. Andererseits durfte mit Rücksicht auf die Verwendung dieses Stromes für Beleuchtungszwecke die Frequenz auch nicht zu niedrig sein. Man legte daher zunächst eine Probestrecke mit einer Frequenz von $50/2 = 25$ Hz an und führte auch Versuche mit einer Frequenz von $50/3 = 16\frac{2}{3}$ Hz durch. Als diese besonders günstige Ergebnisse zeigten, kamen im Jahre 1912 auf Vorschlag von W i t t f e l d die damaligen Staatsbahn-Verwaltungen von Preußen, Bayern und Baden überein, bei der Elektrifizierung weiterer Strecken in Zukunft einheitlich Einphasenwechselstrom mit einer Spannung von 15 kV und einer Frequenz von $16\frac{2}{3}$ Hz zu verwenden. Sie schufen damit eine wichtige Voraussetzung für den späteren Zusammenschluß der einzelnen Bahnnetze.

Die Wechselstrommotoren arbeiten genauso zuverlässig wie die Gleichstrommotoren, sie sind diesen sogar noch aus Gründen, die in der Spannungsfestlegung bedingt sind, durch eine geringe Masse je Leistungseinheit überlegen. Neben der gleichartigen Charakteristik stimmen die Wechselstrommotoren auch hinsichtlich ihrer Unempfindlichkeit gegen Spannungsschwankungen mit den Gleichstrommotoren überein. Sie sind allerdings komplizierter im Aufbau und dadurch etwas teurer. Auch macht sich infolge der ungünstigen Kommutierung öfter ein Überdrehen des Kommutators und ein Auswechseln der Bürsten erforderlich.

Ein weiterer Nachteil ist, daß man bei Einphasenwechselstrom niedriger Frequenz ein eigenes Bahnstromnetz und meist auch besondere Kraftwerke oder Umarterwerke oder zumindest eigene Bahnmaschinen in den Kraftwerken der Landesversorgung braucht (siehe Abschnitt 1.3.).

Umfangreiche Versuche haben gezeigt, daß dieses Stromsystem mit einer Fahrdrahtspannung von 15 kV und einer Frequenz von $16\frac{2}{3}$ Hz besonders für schweren Fernbahnbetrieb geeignet ist. Es hat sich in Deutschland, Norwegen, Schweden, in der Schweiz und Österreich bestens bewährt, so daß zur Zeit auf etwa einem Drittel sämtlicher elektrisch betriebener Eisenbahnstrecken Europas diese Stromart verwendet wird. Auch in den Vereinigten Staaten von Amerika werden mehrere stark belastete Bahnstrecken mit Einphasenwechselstrom niedriger Frequenz, jedoch mit 11 kV und 25 Hz betrieben.

1.2.4. Einphasenwechselstrom 50 Hz

Trotz der befriedigenden Ergebnisse mit Gleichstrom und Einphasenwechselstrom $16\frac{2}{3}$ Hz fehlte es nie an Versuchen, den Industriestrom des Landesnetzes mit der Regelfrequenz von 50 Hz für Bahnzwecke zu verwenden. Bereits im Jahre 1904 baute die schweizerische Firma Oerlikon eine Probelokomotive, bei welcher der Einphasenwechselstrom von 50 Hz in einem auf der Lokomotive untergebrachten Motorgenerator in Gleichstrom umgeformt wurde. Auch die von dem ungarischen Ingenieur K a n d ó im Jahre 1917 entworfene elektrische Lokomotive, die mit einem Umformer zur Phasenspaltung und mit Drehstrommotoren arbeitete, lieferte günstige Betriebsergebnisse. Hierauf aufbauend wurde von den Ungarischen Staatsbahnen die Strecke Budapest – Hegyeshalom mit 50 Hz, 16 kV elektrifiziert und der elektrische Betrieb 1932 aufgenommen.

Im Jahre 1935 richtete dann die Deutsche Reichsbahn auf der 55,6 km langen eingleisigen Höllentalbahn bei Freiburg i. Breisgau einen Probebetrieb mit einer Fahrdrahtspannung von 20 kV ein. Diese sehr kurvenreiche und steile Strecke im Schwarzwald (Steigungen bis 55‰, das heißt 1 : 18) schien besonders geeignet, um die Brauchbarkeit des 50-Hz-Systems für Bahnzwecke zu untersuchen.

Auf dieser Strecke waren bisher Dampflokomotiven der Baureihe 85 mit der Achsfolge 1'E 1' (siehe Abschnitt 1.5.) im Einsatz und beförderten eine Zugmasse von 180 t mit einer Geschwindigkeit von 24 km/h. Die neuen elektrischen Lokomotiven mit der Achsfolge Bo' Bo' sollten bei der gleichen Zugmasse eine Geschwindigkeit von 60 km/h erreichen.

Die deutsche Industrie erhielt die Möglichkeit, den elektrischen Teil der Lokomotiven nach eigenen Vorschlägen auszuführen.

Zum Einsatz kamen vier elektrische Lokomotiven, die von den Firmen AEG (Betriebs-Nr. E 244 01), BBC (E 244 11), SSW (E 244 21) und Krupp (E 244 31) entwickelt worden waren. Sie ähnelten in ihrem Aufbau der Baureihe E 44 (siehe Bild 251), wichen in ihrer elektrischen Ausrüstung jedoch grundsätzlich voneinander ab (siehe Abschnitt 5. und Anlage 9). Im Jahre 1950 lieferte die Firma AEG noch eine fünfte elektrische Lokomotive für die Höllentalbahn mit der Betriebs-Nr. E 244 22. Sämtliche Lokomotiven wurden unter schwierigsten Betriebsverhältnissen gründlich erprobt und bewiesen die grundsätzliche Brauchbarkeit des 50-Hz-Systems, obgleich sie noch eine Reihe von Mängeln hatten.

Als die Deutsche Bundesbahn den elektrischen Zugbetrieb auch auf die Rheintallinie ausdehnte und in Freiburg ein Unterwerk errichtete, wurde im Mai 1960 die Höllentalbahn auf Einphasenwechselstrom $16\frac{2}{3}$ Hz umgestellt. Dadurch konnten die Frequenztrennstellen im Bahnhof Freiburg wegfallen und der Maschinendienst wesentlich vereinfacht werden.

Damit fanden auch die Versuche auf der Höllentalbahn ihren Abschluß, mit denen die Deutsche Reichsbahn eine für die ganze Welt wertvolle Pionierarbeit geleistet hatte. Später wurden auch in anderen Ländern Großversuche mit Einphasenwechselstrom 50 Hz durchgeführt, so zum Beispiel in Frankreich, in der Sowjetunion und in der Ungarischen Volksrepublik. Hierbei bewiesen elektrische Lokomotiven mit Quecksilberdampf- oder Halbleitergleichrichtern und Gleich-

strommotoren sowie auch Lokomotiven mit 50-Hz-Einphasen-Reihenschluß-Kommutatormotoren erneut die Vorteile des 50-Hz-Systems. Günstige Ergebnisse zeigten auch Versuche mit Ignitrons, die im Jahre 1931 erfunden, während des Krieges in Amerika weiterentwickelt und im Jahre 1949 erstmalig in Triebfahrzeuge eingebaut wurden. Ignitrons sind einanodige Gleichrichter mit einer besonderen Zündeinrichtung, die den 50-Hz-Wechselstrom der Fahrleitung in Gleichstrom umwandeln (siehe Abschnitt 5.3.2.).
Für die Entwicklung der 50-Hz-Lokomotiven haben auch die neuesten Erfolge mit Halbleitergleichrichtern große Bedeutung. Wie umfangreiche Versuche beweisen, arbeiten diese bei geringer Masse und kleinem Platzbedarf äußerst betriebssicher und sind im Aufbau viel einfacher als die bisher verwendeten Einrichtungen. Recht zahlreich sind also die konstruktiven Möglichkeiten, die bei diesen „Umarter-Lokomotiven" bestehen, um den aus dem Fahrdraht entnommenen Einphasenwechselstrom mit 50 Hz durch Umformung in umlaufenden Aggregaten oder durch Umrichtung in ruhenden Einheiten für Bahnzwecke nutzbar zu machen. Die dann für den Antrieb verwendeten Drehstrom- oder Gleichstrommotoren zeigen in ihrer Charakteristik gewisse Vorteile und lassen je nach Aufbau der Lokomotive eine größere Anfahrleistung, eine geringere Masse des Motors, eine bessere Steuerbarkeit oder sonstige Vorzüge erkennen. So wiesen zum Beispiel die französischen Eisenbahnen im Jahr 1955 durch ausführliche Untersuchungen, dargelegt in den „Liller Dokumenten", nach, daß die Anlagekosten bei Verwendung von Industriestrom hoher Frequenz etwa 25 % niedriger liegen als bei Gleichstrom mit 3 kV.
Da diese Vorteile jedoch durch einen wesentlich komplizierteren Aufbau der Lokomotive und demzufolge auch höhere Unterhaltungskosten erkauft werden müssen, konnte sich das 50-Hz-System bisher noch nicht allgemein durchsetzen. Hinzu kommt, daß auch die Stromversorgung gewisse Schwierigkeiten bereitet, da im Landesnetz Dreiphasenstrom zur Verfügung steht und für Bahnzwecke Einphasenstrom gebraucht wird. Trotz dieser Einschränkungen steht fest, daß Einphasenwechselstrom von hoher Frequenz für die Elektrifizierung von Eisenbahnen ständig an Bedeutung gewinnt. Der wichtigste Grund hierfür ist, daß der in dem Landesnetz verfügbare Drehstrom unmittelbar als Bahnstrom verwendet wird, und daß die ortsfesten Anlagen dadurch wesentlich einfacher und billiger werden als bei Einphasenwechselstrom mit einer Frequenz von 16⅔ Hz.

1.2.5. Zusammenfassung

Vergleicht man die einzelnen Stromsysteme miteinander, so erkennt man, daß jedes gewisse Vor- und Nachteile aufweist. Auch wenn sich die Deutsche Reichsbahn im Jahre 1941 in einem „Gutachten über die Wahl des Stromsystems für die Elektrifizierung von Fernbahnen" eindeutig für Einphasenwechselstrom mit 16⅔ Hz entschied, darf man nicht übersehen, daß die Entwicklung der letzten Jahre immer mehr die Vorteile des 50-Hz-Systems herausstellte. Dieses System ist für Bahnen mit geringem bis mittelstarkem Verkehrsvolumen wirtschaftlicher und besonders für solche Länder geeignet, die über ein leistungsfähiges Drehstromnetz verfügen und erst mit der Elektrifizierung ihrer Eisenbahnstrecken beginnen.

Die Umstellung von einem anderen Stromsystem auf Einphasenwechselstrom mit 50 Hz kommt nur für solche Länder in Frage, bei denen das bisher angewendete System (z. B. Gleichstrom 1500 V) den erhöhten Anforderungen nicht mehr genügt. Wenn sich die Sowjetunion dazu entschlossen hat, anstelle des bisherigen Gleichstromsystems in Zukunft Einphasenwechselstrom mit 25 kV und 50 Hz zu verwenden, so ist einer der bestimmenden Gründe hierfür, daß die Unterwerke gleichzeitig zur Versorgung der angrenzenden Gebiete mit Elektrizität und somit zur Elektrifizierung der Landwirtschaft dienen sollen.

Wo aber ein leistungsfähiges Wechselstromnetz mit einer Frequenz von 16⅔ Hz bereits vorhanden ist, reichen die Vorteile des 50-Hz-Systems nicht aus, um die Nachteile des Zwei-Frequenz-Betriebes oder. gar die Umstellung von 16⅔ auf 50 Hz zu rechtfertigen. Aus diesem Grunde liegt auch für die Deutsche Reichsbahn zunächst keine Veranlassung vor, das seit vielen Jahren bewährte Stromsystem aufzugeben. Um jedoch später gegebenenfalls eine Umstellung auf 50 Hz zu erleichtern, werden bereits jetzt alle neu zu elektrifizierenden Strecken gegen 25 kV isoliert. Ebenso wird bei Umbauten und Generalreparaturen von Überbauten auf elektrifizierten oder elektrifizierungswürdigen Strecken das Lichtraumprofil für eine Fahrdrahtspannung von 25 kV ausgelegt.

1.3. Stromversorgung

Die für den elektrischen Zugbetrieb benötigte Energie wird entweder in besonderen Bahnkraftwerken erzeugt oder aus dem öffentlichen Landesnetz entnommen. In diesem Falle ist es jedoch erforderlich, den Industriestrom zunächst noch in die für den Bahnbetrieb gewählte Stromart und Frequenz oder Phasenzahl umzuwandeln. Da in einem industrialisierten Land der Bahnbedarf nur etwa 5 bis 8 % der gesamten Stromerzeugung beträgt, kann er im allgemeinen vom Landesnetz mit übernommen werden.

Da Wasserkraftwerke viel wirtschaftlicher sind als Wärmekraftwerke, ist das Vorhandensein ergiebiger Wasserkräfte für die Einführung des elektrischen Zugbetriebes von erheblicher Bedeutung. Dampfkraftwerke sind nur wirtschaftlich, wenn billige Brennstoffe zur Verfügung stehen und durch keine allzu hohen Transportkosten verteuert werden.

Um Betriebsstörungen durch Stromausfall zu vermeiden, soll ein großes Bahnstromversorgungsnetz nach Möglichkeit von verschiedenartigen Stromquellen gespeist werden. Es ist zweckmäßig, Wasserkraft-, Dampfkraft- und Umarterwerke zur Stromerzeugung heranzuziehen, die sich wirtschaftlich gegenseitig ergänzen. So wurde zum Beispiel bis zum Jahre 1945 der Strombedarf der Deutschen Reichsbahn zu 62 % aus Wasserkraftwerken, zu 6 % aus Dampfkraftwerken und zu 32 % aus Umarterwerken gedeckt.

1.3.1. Primärerzeugung von Bahnstrom

Als zu Beginn dieses Jahrhunderts der elektrische Zugbetrieb in Deutschland aufgenommen wurde, war es erforderlich, die hierfür benötigte elektrische Energie in bahneigenen Kraftwerken zu erzeugen, da noch kein leistungsfähiges und weitverzweigtes Landesnetz vorhanden war. Als dann jedoch in den dreißiger Jahren für die allgemeine Landesversorgung ein weitverzweigtes Verbundnetz mit modernen Großkraftwerken zur Verfügung stand, konnte erstmalig die für Bahnzwecke benötigte Energie aus dem Drehstromnetz bezogen werden.

Die Deutsche Reichsbahn hat in Muldenstein ein bahneigenes Kraftwerk. Es verfügt über drei Einphasen-Turbosätze und zwei Umformersätze 50 Hz/16⅔ Hz mit einer Gesamtleistung von 53,9 MW. Die Generatorspannung von 6 kV wird in den Kraftwerktransformatoren auf eine Spannung von 60 oder 110 kV heraufgesetzt, um die Übertragungsverluste möglichst klein zu halten (Bild 14). Dann wird der Bahnstrom, das heißt Einphasenwechselstrom mit einer

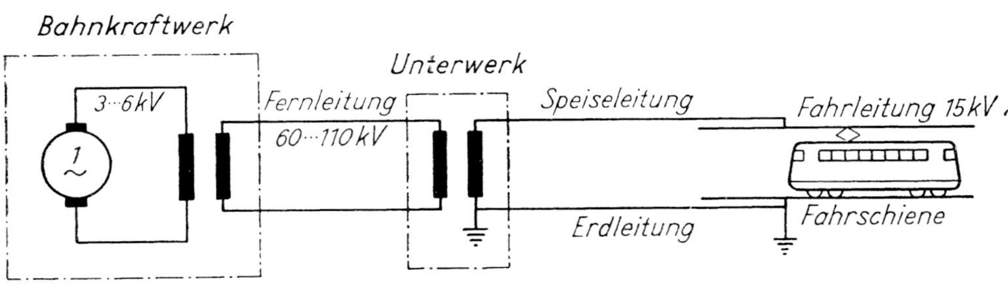

Bild 14. Stromverlauf bei Erzeugung von Einphasenwechselstrom im bahneigenen Kraftwerk

Frequenz von 16⅔ Hz, über ein eigenes Fernleitungsnetz den Unterwerken zugeführt, Diese sind wieder mit Umspannern ausgerüstet, um die hohe Spannung der Fernleitungen auf die Fahrdrahtspannung von 15 kV herabzusetzen. Es ist darauf zu achten, daß die Frequenz von 16⅔ Hz mit einer Genauigkeit von ± 2 % eingehalten wird und daß auch nur geringe Spannungsschwankungen auftreten.

Vorteilhaft ist, daß für die gesamte Energieübertragung von den Klemmen der Generatoren im Kraftwerk bis zu den Klemmen der Fahrmotoren auf der Lokomotive keine einzige umlaufende Maschine verwendet wird.

Derartige Bahngeneratoren weisen infolge der einphasigen Wicklung eine schlechtere Materialausnutzung auf als 50-Hz-Generatoren, auch benötigen sie wegen der begrenzten Drehzahl ein Untersetzungsgetriebe zwischen Dampfturbine und Generator (3000 : 1000 min^{-1}). Außerdem sind 16⅔-Hz-Generatoren wesentlich schwerer und erfordern höhere Baukosten.

Andererseits besteht auch die Möglichkeit, den Energiebedarf der elektrischen Bahnen durch den Bau von Gemeinschaftskraftwerken zu decken. Diese besitzen außer den Generatoren für die Erzeugung des Landesstromes noch einige Bahngeneratoren. Die für den Antrieb erforderlichen Turbosätze erhalten den Dampf aus einer gemeinsamen Kesselanlage.

Auch ist es möglich, ein Kraftwerk mit Gemeinschaftsturbosätzen auszurüsten, die gleichzeitig Drehstrom mit 50 Hz und Einphasenwechselstrom mit 16⅔ Hz erzeugen. Beide Generatoren werden von einer gemeinsamen Turbine angetrieben. Da der Bedarf an Drehstrom im allgemeinen größer ist, empfiehlt es sich, Generatoren unterschiedlicher Leistung zu verwenden. Der Bahngenerator ist durch ein Getriebe und eine hydraulische Kupplung mit dem Drehstrom-Generator verbunden. Dadurch ist es möglich, die Abgabe an das Landesnetz oder an das Bahnstromnetz dem jeweiligen Bedarf anzupassen.

Bei allen drei bisher genannten Möglichkeiten der Stromversorgung sind die Verluste gering. Der Wirkungsgrad zwischen Abgang Kraftwerk und Abgang Unterwerk beträgt etwa 93 %.

1.3.2. Sekundäre Stromversorgung über Umarterwerke

Neben dieser Primärerzeugung von Bahnstrom besteht noch die Möglichkeit, die für den elektrischen Zugbetrieb benötigte Energie aus dem Landesnetz zu beziehen und sie in besonderen Werken entsprechend ihrem Verwendungszweck umzuarten. Voraussetzung hierfür ist, daß das öffentliche Netz über entsprechende Reserven verfügt und der Strom jederzeit preisgünstig angeboten wird.

Verwendet man für dieses Umarten rotierende Maschinen, zum Beispiel Motorgeneratoren oder Einankerumformer, so spricht man von Umformung. Diese Maschinen erfordern hohe Anlagenkosten, bedürfen einer ständigen Wartung und Unterhaltung und weisen besonders bei Teillast einen ungünstigen Wirkungsgrad auf.

Vorteilhafter ist das Umarten mit Hilfe von ruhenden Elementen, wie Quecksilberdampfgefäßen, Ignitrons oder dergleichen. Dieses Verfahren bezeichnet man mit Gleichrichtung. Besondere Bedeutung kommt neuerdings den Halbleiter-Gleichrichtern zu, die auf Germanium- oder Siliziumbasis arbeiten (siehe Abschnitt 5.3.).

Um den ständig steigenden Strombedarf der elektrischen Bahnen decken zu können, wird die Deutsche Reichsbahn in Kürze zur gemischten Energieversorgung übergehen, das heißt, den Strom zum Teil im Bahnkraftwerk Muldenstein erzeugen und zum anderen Teil über Umformerwerke aus dem Landesnetz beziehen.

Bei Gleichstrombahnen ist die primäre Stromerzeugung im allgemeinen nicht üblich, und man bevorzugt die sekundäre Stromversorgung über Gleichrichter-Unterwerke.

Am einfachsten ist die Energieversorgung der Bahnen, die mit Einphasenwechselstrom und einer Frequenz von 50 Hz arbeiten. Die Fahrleitung kann dann, ähnlich wie bei 16⅔ Hz, über Transformatoren direkt an das öffentliche Landesnetz angeschlossen werden. Dadurch liegen die Kosten für die Stromversorgung sehr niedrig und rechtfertigen die bei diesem Stromsystem meist wesentlich höheren Anschaffungs- und Unterhaltungskosten der Lokomotiven.

Die Einphasentransformatoren für Wechselstrom mit 50 Hz können in den einzelnen Unterwerken abwechselnd an je zwei verschiedene Hauptleiter oder auch in Scott-Schaltung an die drei Hauptleiter des Drehstromnetzes angeschlossen werden. Die Belastung des Netzes ist allerdings einphasig, was zu Schwierigkeiten führen kann. Diese entstehen dadurch, daß das Landesnetz Dreiphasenstrom (Drehstrom) liefert, während der Bahnbetrieb Einphasenstrom benötigt. Da es jedoch kaum möglich ist, die Einphasenentnahme so auf das Drehstromnetz zu verteilen, daß eine gleichmäßige Belastung aller drei Phasen erreicht wird, entsteht eine sogenannte „Netzunsymmetrie". Die Folgen einer unsymmetrischen Netzbelastung sind eine höhere Erwärmung der Wicklungen des Drehstromgenerators sowie zusätzliche Verluste in den von dem betreffenden Drehstromnetz gleichzeitig gespeisten Asynchronmotoren.

Aus diesem Grunde darf der Strombedarf der Eisenbahn nicht mehr als ein Drittel der gesamten Leistung des speisenden Drehstromnetzes betragen. Bei Phasenaufteilung ist es außerdem notwendig, die Fahrleitung in einzelne, voneinander durch Schutzstrecken getrennte Streckenabschnitte zu unterteilen.

1.3.3. Stromzuführung

Bei sämtlichen Stromsystemen haben die Unterwerke nicht nur den Zweck, die hohe Übertragungsspannung auf die Fahrdrahtspannung herabzusetzen, sondern sie sind zugleich Schaltstellen für die gesamten Fahrleitungsanlagen. Die Fahrleitungen haben die Aufgabe, den Lokomotiven die elektrische Energie auch bei hohen Geschwindigkeiten störungsfrei zuzuführen. Dies ist jedoch nur bei ebener Fahrdrahtlage möglich, die durch die heute allgemein übliche Vielfach- oder Kettenaufhängung weitgehend erreicht wird. Dabei ist der Fahrdraht mit Hängern an einem Tragseil aufgehängt, das aus verzinktem Stahl oder Bronze besteht. Der Fahrdraht wird auf geraden Streckenabschnitten und in Gleisbogen mit großem Halbmesser im Zickzack geführt, um eine Rillenbildung im Schleifstück des Stromabnehmers zu vermeiden. Damit auch bei wechselnden Temperaturen eine einwandfreie Fahrdrahtlage erreicht wird, spannt man den Fahrdraht und das Tragseil durch Spanngewichte nach.

Der allgemein übliche Rillenfahrdraht besteht aus hart gezogenem Elektrolytkupfer. Der Fahrdrahtquerschnitt ist aus Bild 15 ersichtlich. Er beträgt bei Hauptgleisen 100 mm² und bei Nebengleisen 80 mm². Versuche mit Stahl-Aluminium-Fahrdraht zeigten bisher im Dauerbetrieb keine günstigen Ergebnisse. Die Fahrleitungsmaste werden als Stahlmaste oder neuerdings auch aus Stahl- und Spannbeton hergestellt. Die Verluste, die bei der Stromverteilung auftreten, betragen etwa 7 bis 9 % der übertragenen Energiemengen.

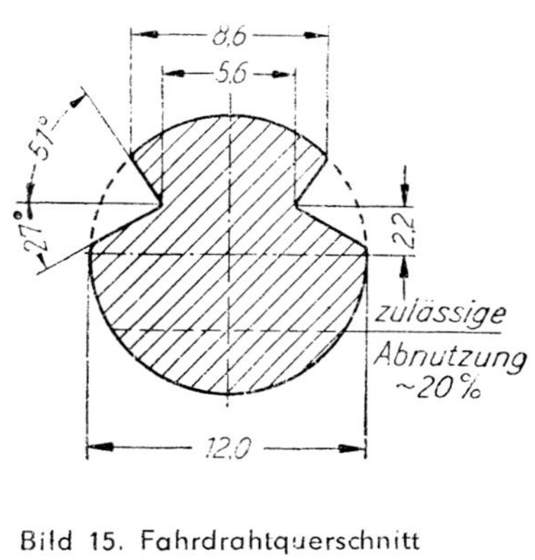

Bild 15. Fahrdrahtquerschnitt

1.4. Vergleich des elektrischen Zugbetriebes mit Dampf- und Dieselbetrieb

Ein moderner wirtschaftlicher Eisenbahnbetrieb bedingt eine Strukturwandlung auf dem Gebiet der Zugförderung, das heißt eine Umstellung des bisherigen Dampfbetriebes auf elektrischen Zugbetrieb oder Dieselbetrieb. Alle drei Zugförderungsarten sind ausgereift und betriebssicher; ihnen fallen nach den jeweiligen örtlichen Betriebs- und Streckenverhältnissen bestimmte Aufgabengebiete zu.

Die Entscheidung über den prozentualen Anteil der Traktionsarten an der gesamten Zugförderungsleistung richtet sich nach den bei den einzelnen Bahnen zum Teil recht unterschiedlichen spezifischen Verhältnissen. Um die für die Volkswirtschaft günstigste Lösung zu finden, muß man die Energielage, das Profil und die Durchlaßfähigkeit der Strecken, das Transportvolumen sowie die technischen Besonderheiten der Traktionsarten und deren Kosten berücksichtigen.

1.4.1. Vorteile des elektrischen Zugbetriebes

Bei diesen Betrachtungen soll nach energetischen, betrieblichen, betriebswirtschaftlichen und sonstigen Vorteilen der elektrischen Zugförderung gegenüber der Dampf- und Dieseltraktion unterschieden werden. Stellt man diese Vorteile den Nachteilen des elektrischen Zugbetriebes gegenüber, so erhält man ein klares Bild, unter welchen Verhältnissen die Elektrifizierung einer Strecke zu empfehlen ist.

1.4.1.1. Energetische Vorteile

Der Rohstoff Kohle als Energieträger des Dampfbetriebes wird zur Zeit nicht nur immer knapper und damit teurer, sondern er wird auch volkswirtschaftlich immer wertvoller.

Während der Veredelung dieses wichtigen Rohstoffes durch Verkoken usw. eine besondere Bedeutung zukommt, ist seine Verbrennung im Lokomotivkessel mit einem sehr schlechten thermischen Wirkungsgrad nicht mehr zu verantworten. Nur etwa 6 bis 8 % der mit der Kohle zugeführten Energie können am Zughaken nutzbar gemacht werden. Außerdem ist die Leistung der Dampflokomotive von der Wärmeerzeugung in der Feuerbüchse, das heißt von der Kohlengüte und der körperlichen Leistungsfähigkeit des Heizers abhängig. Im Gegensatz dazu entnimmt die elektrische Lokomotive ihre gesamte Energie dem Fahrdraht, so daß derartige Einschränkungen nicht bestehen. Auch der Gesamtwirkungsgrad, gerechnet vom Kraftwerk bis zum Zughaken der elektrischen Lokomotive, liegt bedeutend höher.

Der Wirkungsgrad eines modernen Kraftwerkes, der sich im einzelnen aus dem Kesselwirkungsgrad, dem thermischen Wirkungsgrad der Dampfausnutzung, dem Turbinen- und Generator-Wirkungsgrad und dem Umspanner-Wirkungsgrad unter Abzug des Anteils der Hilfsbetriebe zusammensetzt, beträgt je nach Größe und

Einrichtung etwa 25 bis 35 %. Berücksichtigt man die Verluste, die bei der Energieübertragung entstehen, und zwar

Fernleitungsverluste	3 %
Unterwerksverluste einschließlich Eigenverbrauch	2 . . . 3 %
Fahrleitungsverluste	2 . . . 3 %
insgesamt	7 . . . 9 %,

so ergibt sich für die Energieübertragung ein Gesamtwirkungsgrad von 91 bis 93 %.

Außerdem muß man noch den Wirkungsgrad der elektrischen Triebfahrzeuge berücksichtigen. Für die größte Stundenleistung, die normalerweise bei etwa 75 bis 80 % der Fahrzeughöchstgeschwindigkeit erreicht wird, rechnet man mit folgenden Werten:

Wirkungsgrad des Transformators . .	97,7 %
Wirkungsgrad der Fahrmotoren . . .	91 . . . 93 %
Wirkungsgrad der Getriebe	95 . . . 96 %
Wirkungsgrad Rad/Schiene	98 %
insgesamt	83 . . . 85 %.

Für die Hilfs- und Nebeneinrichtungen sind etwa 3 bis 4 % der installierten Leistung abzurechnen, so daß der Wirkungsgrad einer elektrischen Lokomotive, bezogen auf die Stundenleistung, ungefähr 80 bis 82 % beträgt. Von einem Triebfahrzeug wird jedoch nicht immer die volle Leistung verlangt. Bei der halben Stundenleistung, also bei kleinerem Strom, sinkt der Wirkungsgrad wegen der bei der Entlastung ansteigenden Drehzahl und den damit anwachsenden Eisenverlusten auf etwa 72 % und bei einem Drittel auf etwa 70 % ab, so daß über den gesamten Belastungsbereich mit einem mittleren Wirkungsgrad von 70 bis 75 % gerechnet werden kann.

Somit ergibt sich für den elektrischen Zugbetrieb eine thermische Kohlenausnutzung von

$$\begin{aligned}\eta_{gesamt} &= \eta_{Dampfkraftwerk} \cdot \eta_{Energieübertragung} \cdot \eta_{Triebfahrzeug}\\ &= (0{,}25 \ldots 0{,}35) \cdot (0{,}91 \ldots 0{,}93) \cdot (0{,}70 \ldots 0{,}75)\\ &= 0{,}159 \ldots 0{,}244\end{aligned}$$

Bei Stromentnahme aus einem Wärmekraftwerk kann also im Mittel mit einem Gesamtwirkungsgrad von etwa 20 % gerechnet werden. Nutzt man den aus den Turbinen austretenden Abdampf noch für Heizzwecke aus, so steigt der Wirkungsgrad auf insgesamt 35 % an. Wird die Energie jedoch aus einem Wasserkraftwerk bezogen, dann liegt der Gesamtwirkungsgrad selbst bei Annahme eines relativ geringen Turbinenwirkungsgrades bei etwa 50 %. Vergleicht man damit den Gesamtwirkungsgrad bei Dampflokomotivbetrieb, so ergibt sich, daß sogar in Ländern, in denen keine Wasserkräfte zur Verfügung stehen, 60 bis 70 % des bisherigen Brennstoffbedarfes durch Elektrifizierung eingespart werden können.

Daß es sich hierbei um beträchtliche Mengen handelt, geht am besten daraus hervor, daß zum Beispiel in der Sowjetunion der Brennstoffbedarf der Eisenbahnen annähernd 30 % der gesamten Kohlenförderung beträgt und bei der Deutschen Reichsbahn 30 % der importierten Steinkohle und etwa 9 Mill. t Braunkohlenbriketts im Jahr verbraucht werden. Untersuchungen in Ländern, in denen bereits ein großer Teil der vorhandenen Strecken elektrisch betrieben wird, haben je Streckenkilometer eine jährliche Einsparung von etwa 430 bis 500 t Steinkohle ergeben. Man kann also durch die Elektrifizierung sehr beachtliche Kohlenmengen für andere Zwecke einsparen, was auch für die Deutsche Demokratische Republik von großer volkswirtschaftlicher Bedeutung ist.

Doch nicht nur in bezug auf die Kohlenmenge, auch hinsichtlich der Güte der Brennstoffe bietet der elektrische Zugbetrieb zahlreiche Vorteile. Während man mit Rücksicht auf die hohe Kesselbeanspruchung auf der Dampflokomotive nur hochwertige Brennstoffe, das heißt, Steinkohle oder Braunkohlenbriketts verfeuern kann, ist in einem stationären Kraftwerk auch die Verwendung von Brennstoffen mit geringem Heizwert und feiner Körnung möglich. Von den bisher im Dampflokomotivbetrieb verfeuerten hochwertigen Brennstoffen werden also große Mengen für eine wirtschaftlichere Ausnutzung frei.

Da der Energiebedarf in der ganzen Welt ständig ansteigt und demzufolge auch immer größere Brennstoffmengen benötigt werden, ist man gezwungen, neue Energiequellen nutzbar zu machen, zum Beispiel die bisher nur wenig genutzten Wasserkräfte stärker als bisher für die Stromerzeugung heranzuziehen.

Auch durch den Einsatz von Diesellokomotiven ist es möglich, feste Brennstoffe einzusparen. Die Energie wird wie bei der Dampflokomotive auf dem Triebfahrzeug umgewandelt. Da ein moderner Dieselmotor mit Aufladung einen hohen thermischen Wirkungsgrad (32 bis 34 %) erreicht und auch bei Teillast wirtschaftlich arbeitet, rechnet man bei der Dieseltraktion mit einem Gesamtwirkungsgrad von etwa 24 bis 26 %. Für den Einsatz von Diesellokomotiven bestehen besonders im Rangierdienst günstige Voraussetzungen, da durch 1 t Dieselkraftstoff etwa 10 bis 12 t Steinkohle ersetzt werden. Führt man auch auf elektrifizierten Strecken die Rangierarbeiten mit Hilfe von Diesellokomotiven durch, so spart man die sehr hohen Kosten für die Verdrahtung sämtlicher Bahnhofs- und Anschlußgleise ein und vermeidet zugleich die starke Verschmutzung der Fahrleitung und Isolatoren durch den Rauch der Dampflokomotiven.

Auch ist es wirtschaftlich, den Nebenbahn- und leichten Zubringerdienst auf Dieseltraktion umzustellen, da hier das Verbrauchsverhältnis Dieselöl : Steinkohle etwa 1 : 30 bis 1 : 40 beträgt, so daß noch größere Einsparungen an festen Brennstoffen möglich sind.

Zum Beispiel bei der Deutschen Bundesbahn wirkte sich der Strukturwandel in der Zugförderung so aus, daß in der Zeit von 1952 bis 1962 der Verbrauch an Steinkohle von 9,34 auf 6,02 Mill. t zurückging, während der Verbrauch an elektrischer Energie von 650 auf 2440 Mill. kWh und der Verbrauch an Dieselöl von 24,2 auf 202,2 Tsd t anstiegen. Durch Umstellung einer größeren Anzahl von Dampflokomotiven auf Ölfeuerung nahm außerdem der Verbrauch an minderwertigem Heizöl stark zu und erreichte im Jahre 1962 eine Höhe von 212 Tsd t.

Die elektrische Traktion hat auch den Vorteil, daß alle Triebfahrzeuge sowie der größte Teil der stationären elektrischen Anlagen auch später, wenn andere Energiequellen zur Umwandlung in elektrische Energie zur Verfügung stehen, weiter benutzt werden können. Bei den bisher projektierten Atomlokomotiven besteht nämlich der Nachteil, daß der Kernreaktor mit seinem Panzer ungewöhnlich schwer wird und sehr viel Platz beansprucht, so daß er auf einem Triebfahrzeug mit der üblichen Spurweite nur schwierig unterzubringen ist. Es erscheint daher zweckmäßiger, die Kernenergie in stationären Kraftwerken zur Stromerzeugung zu verwenden und auf elektrischen Zugbetrieb überzugehen.

1.4.1.2. Betriebliche Vorteile

Vergleicht man die Leistungseigenschaften einer elektrischen Lokomotive mit denen einer Dampf- oder einer Diesellokomotive etwa gleicher Reibungslast, so ergeben sich beachtliche Unterschiede. Für diese Gegenüberstellung seien die Neubaulokomotive Baureihe E 11, die Dreizylinder-Heißdampf-Rekolokomotive der Baureihe 22 und die Diesellokomotive V 180 ausgewählt. Ihre wichtigsten Daten sind:

		elektrische Lokomotive BR E 11	Dampflokomotive BR 22	Diesellokomotive BR V 180
Achsfolge[1]		Bo′ Bo′	1′D 1′	B′ B′
Masse der betriebsfähigen Lok	t	82,5	165,5[2]	78,0
Reibungslast	Mp	82,5	74,0	78,0
Nennleistung	kW	2 920	1 250	1 325
maximale Anfahrzugkraft	Mp	22,4	14,6	25,8
max	km/h	120	110	120

[1] Erläuterung siehe Abschnitt 1.5.
[2] Einschließlich Tender bei $^2/_3$ Vorräten.

Die elektrische Lokomotive bezieht ihre Antriebsenergie in unbegrenzter Menge aus dem Fahrdraht. Ihre Stundenleistung beträgt im allgemeinen etwa 2000 bis 4000 kW und steigt in Ausnahmefällen bis 10 000 kW an. Wie aus dem Abschnitt 3.5.4. und Bild 195 hervorgeht, liegt ihre Anfahrleistung weit über der Stunden- und der Dauerleistung, so daß die Haftreibung voll ausgenutzt werden kann.
Im Gegensatz dazu hängt die Leistung einer Dampflokomotive nicht nur von den Abmessungen der Dampfmaschine und der Reibungslast, sondern auch von der Leistungsfähigkeit des Kessels ab und beträgt selten mehr als 1500 kW.
Bild 16 läßt erkennen, daß bei einer Dampflokomotive die indizierte Leistung zunächst entsprechend der Haftwertgrenzleistung steil ansteigt, später mit Rücksicht auf die begrenzte Kesselleistung etwas zurückbleibt, bis sie dann bei einer Geschwindigkeit von etwa 75 km/h steil abfällt, was durch die starke Drosselung des Dampfes in den Dampfkanälen bei hohen Geschwindigkeiten bedingt ist.
Da der Leistungsbedarf, der zur Überwindung der Triebwerksreibung und des Laufwiderstandes benötigt wird, mit zunehmender Geschwindigkeit stark ansteigt, bleibt die am Zughaken abgegebene effektive Leistung bei hohen Geschwindigkeiten hinter der indizierten Leistung stark zurück.

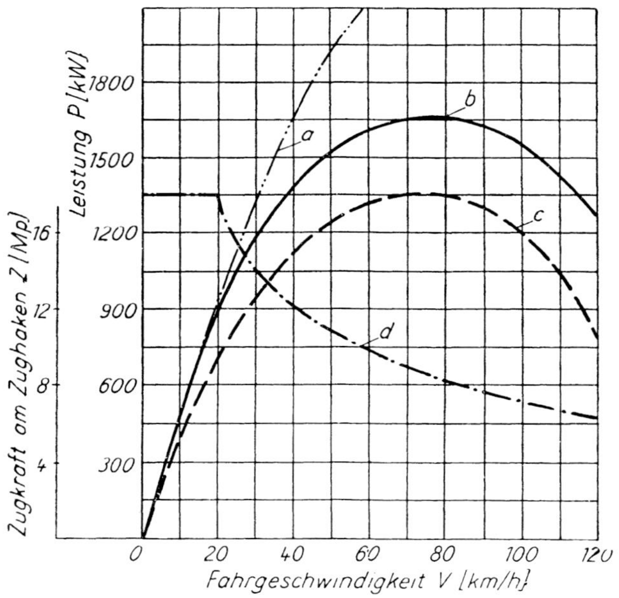

Bild 16.
Leistungsschaubild einer Dampflokomotive
a Haftwertgrenzleistung
b indizierte Leistung
c effektive Leistung
d Zugkraft am Zughaken

Der Leistungsunterschied zwischen Dampflokomotive und elektrischer Lokomotive ist im Bild 16a durch Schraffur gekennzeichnet, so daß die Überlegenheit der elektrischen Lokomotive deutlich erkennbar ist.

Dabei ist zu beachten, daß die Dampflokomotive ihren Energieerzeuger, den Dampfkessel, sowie die notwendigen Vorräte an Kohle und Wasser ständig mit sich führt. Dadurch wird die tote Masse, die außer der nutzbaren Reibungslast mitgeschleppt werden muß, stark erhöht. Sie verteilt sich auf die Lauf- und Tenderachsen, beträgt bei den Dampflokomotiven der Baureihe 22 insgesamt 91,5 t und macht somit mehr als die Hälfte der Masse der betriebsfähigen Lokomotive aus.

Die elektrische Lokomotive braucht keine Betriebsvorräte mitzuschleppen und wird bei Anwendung der modernen Leichtbauweise und Schweißtechnik so leicht ausgeführt, daß sie ohne Laufachsen auskommt. Daher ist auch die Masse einer elektrischen Lokomotive nur etwa halb so groß wie die einer Dampflokomotive vergleichbarer Größe, und es können anstelle des schweren Tenders ein oder mehrere Wagen mit Nutzlast befördert werden. Die je Leistungseinheit aufzuwendende Masse, das heißt die Masse der betriebsfähigen Lokomotive in t im Verhältnis zur Dauerleistung in kW, beträgt bei Dampflokomotiven einschließlich Tender etwa 100 bis 120 kg/kW, bei einer elektrischen Lokomotive dagegen nur 20 bis 40 kg/kW.

Die höhere Leistung der elektrischen Triebfahrzeuge wirkt sich besonders durch eine bedeutend größere Anfahrbeschleunigung aus, die auch dem Reisenden angenehm auffällt. Um einen Zug mit einer Masse von 500 t, das sind etwa 12 D-Zug-Wagen, in der Ebene vom Stillstand auf eine Geschwindigkeit von 120 km/h zu beschleunigen, benötigt zum Beispiel eine elektrische Lokomotive der Baureihe E 18 nur eine Strecke von 4,7 km und eine Zeit von 4,3 min. Die neue

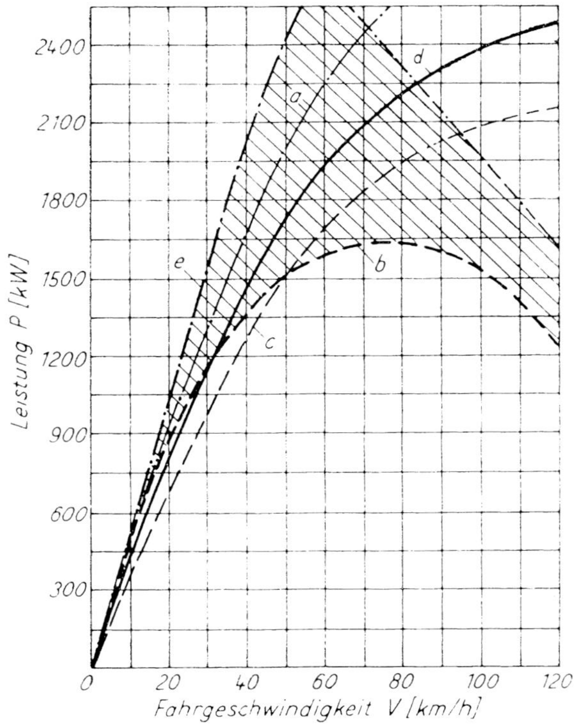

Bild 16a.
Vergleich der Leistungskennlinien einer Dampflokomotive und einer elektrischen Lokomotive etwa gleicher Reibungslast

- a Haftwertgrenzleistung
- b indizierte Leistung der Dampflokomotive
- c Dauerleistung der elektrischen Lokomotive
- d Stundenleistung der elektrischen Lokomotive
- e Anfahrleistung der elektrischen Lokomotive

Schnellfahrlokomotive der Deutschen Bundesbahn Baureihe E 03 soll mit einem 300 t schweren Zug ihre Höchstgeschwindigkeit von 200 km/h bereits nach einem Anfahrweg von 5400 m und einer Anfahrzeit von etwa 150 s erreichen (siehe Bild 264).

Die hohe Leistung und Überlastbarkeit der elektrischen Lokomotiven kommen außerdem durch eine große Bergfreudigkeit zum Ausdruck, so daß auch bei großen Steigungen meist auf eine Vorspann- oder Schiebelokomotive verzichtet werden kann. So beförderte zum Beispiel die E 18 einen Zug mit einer Masse von 360 t auf der etwa 13 km langen Steilrampe bei Probstzella (Steigung 1 : 40) mit einer Fahrgeschwindigkeit von 90 bis 95 km/h.

Die Umstellung auf elektrischen Zugbetrieb ermöglicht also eine wesentlich höhere Reisegeschwindigkeit, besonders bei Gebirgsstrecken und auf ebenen Strecken mit kurzer Haltestellenentfernung. Auf Grund von Erfahrungen rechnet man im Personenverkehr mit einer Erhöhung der Reisegeschwindigkeit um etwa 25 % und im Güterverkehr um etwa 40 %. So war es zum Beispiel durch Elektrifizierung der 5 500 km langen Strecke von Moskau bis zum Baikalsee möglich, den Güterverkehr um 70 % zu steigern und die Reisezeit der Reisezüge um 13 Stunden zu kürzen. Daraus ergibt sich eine erhebliche Steigerung der Verkehrsdichte und damit der Durchlaßfähigkeit der Strecken ohne Erweiterung der vorhandenen Gleisanlagen.

Im Gegensatz zur elektrischen und zur Dampflokomotive ist eine Diesellokomotive nicht überlastbar. Sie benötigt eine mechanische, elektrische oder hydraulische

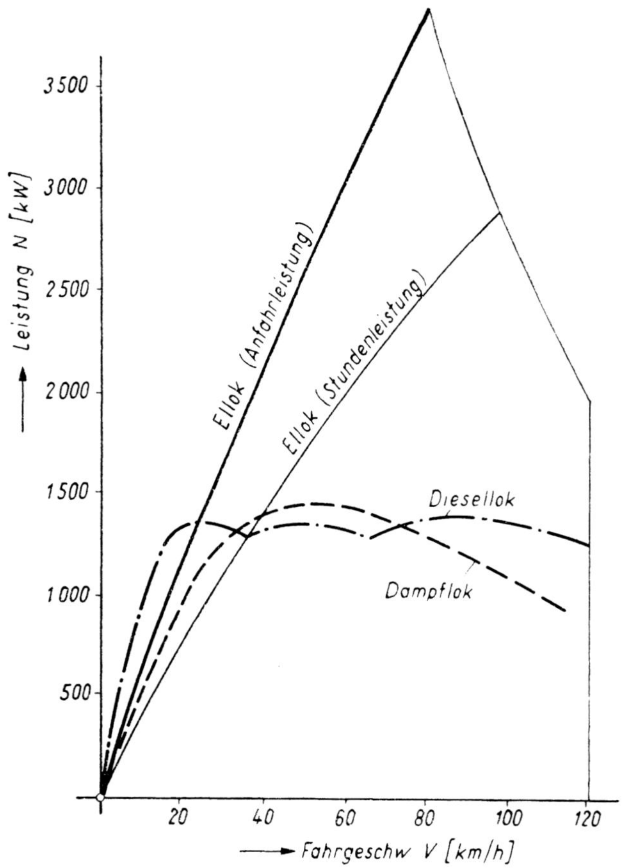

Bild 17.
Vergleich der Leistungskennlinien

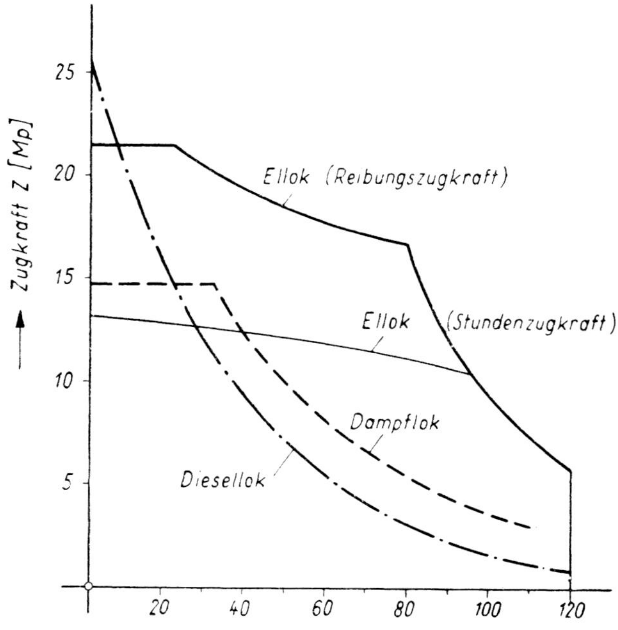

Bild 17a.
Vergleich der Zugkraftkennlinien

Kraftübertragungsanlage, um das Drehmoment des Motors entsprechend den Anforderungen des Eisenbahnbetriebes umzuwandeln. Eine Diesellokomotive mit Strömungsgetriebe weist, wie aus Bild 17 hervorgeht, über einen großen Geschwindigkeitsbereich eine etwa gleichbleibende Leistung auf.
Die Zugkraftkennlinie der Diesellokomotive fällt hyperbolisch ab und liegt wesentlich unter der Zugkraftkurve der elektrischen Lokomotive (Bild 17a). Vorteilhaft ist, daß man eine Diesellokomotive mit hydraulischer Kraftübertragung im niedrigen Geschwindigkeitsbereich bis herab zu etwa 15 % der Höchstgeschwindigkeit einsetzen kann, während eine elektrische Lokomotive nur bis zu etwa 25 % der Höchstgeschwindigkeit wirtschaftlich arbeitet.
Zugunsten der elektrischen und der Diesellokomotive spricht auch, daß sie jederzeit betriebsbereit sind und vor und nach der Fahrt nur eine kurze Rüstzeit benötigen, während jede Dampflokomotive vor Inbetriebnahme mehrere Stunden für das Anheizen und nach der Fahrt eine längere Zeit für das Wassernehmen, Bekohlen, Ausschlacken, Drehen usw. braucht. Auch der etwa alle zwei bis drei Wochen durch das Auswaschen des Kessels bedingte Ausfall der Dampflokomotive tritt bei der elektrischen und bei der Diesellokomotive nicht auf, so daß hier der Ausnutzungsfaktor und somit auch die jährliche Laufleistung viel höher liegen.
So ist es auch verständlich, daß man nach der Traktionsänderung mit einer bedeutend geringeren Anzahl von Lokomotiven auskommt. Nach Erfahrungswerten genügen anstelle von zehn Dampflokomotiven etwa sechs elektrische Lokomotiven, bei gebirgigen Strecken und guter Auslastung der elektrischen Lokomotiven liegt das Verhältnis sogar noch bedeutend günstiger, etwa 10 : 3. Bei Dieseltraktion rechnet man mit einem Austauschverhältnis von etwa 10 : 7.

Obgleich die modernen Lokomotiven in ihrem Aufbau wesentlich komplizierter sind als die Dampflokomotiven, erreichen sie doch eine höhere, störungsfreie Laufleistung. Dies ist darauf zurückzuführen, daß sie überwiegend Wälzlager, erprobte Antriebe und ausgereifte Bauteile für die elektrische Ausrüstung verwenden, während bei Dampflokomotiven Bedienungsfehler des Kessels oder Luft- und Speisepumpenschäden häufig zu Störungen Anlaß geben.

Während die Lauflänge einer Dampflokomotive durch die Menge der mitgeführten Betriebsstoffe begrenzt ist, sind bei der elektrischen Lokomotive wirtschaftliche Langläufe ohne zeitraubenden Lokomotivwechsel und ohne betriebsbelastende Rangierfahrten möglich. Bei Diesellokomotiven sind die Betriebsstoffvorräte im allgemeinen so reichlich bemessen, daß die Lauflänge nicht eingeschränkt wird. Auch kann man bei den modernen Traktionsarten mit nur wenigen universell verwendbaren Lokomotivtypen auskommen, wodurch die Beschaffung der Triebfahrzeuge wesentlich vereinfacht, die Herstellungskosten gesenkt und eine wirtschaftliche Lokomotivkupplung erreicht werden.

Durch Einbau einer Mehrfachsteuerung besteht bei modernen Lokomotiven die Möglichkeit, mehrere Einheiten von einem Führerstand aus zu bedienen oder bei Wendezugbetrieb die Lokomotive am hinteren Ende des Zuges zu belassen und von einem Steuerabteil an der Spitze des Zuges aus zu bedienen. Von Vorteil ist weiterhin, daß moderne Lokomotiven meist symmetrisch aufgebaut sind und somit in beiden Fahrtrichtungen gleich gute Laufeigenschaften zeigen, also nicht gedreht zu werden brauchen. Erwähnt sei noch, daß die elektrische Lokomotive bei starker Kälte eine größere Betriebssicherheit aufweist und daß auch die elektrische Zugheizung im Vergleich zur Dampfheizung nicht einfrieren kann.

1.4.1.3. Betriebswirtschaftliche Vorteile

Umfangreiche und einen längeren Zeitraum umfassende Untersuchungen verschiedener Eisenbahnverwaltungen haben gezeigt, daß die Zugförderungskosten bei elektrischem Zugbetrieb wesentlich geringer sind als bei Dampfbetrieb. Sie betragen bei der Deutschen Reichsbahn nur etwa 50 % der Kosten, die bei Dampfbetrieb anfallen. Auch bei der Dieseltraktion liegen die Betriebskosten um etwa 20 bis 30 % niedriger, so daß besonders im Verschiebedienst und auf Nebenbahnen beachtliche Einsparungen möglich sind.

Auch in der Werkstatt sind die modernen Lokomotiven wesentlich billiger; eine elektrische Lokomotive benötigt nur etwa 50 bis 60 % der Unterhaltungskosten einer Dampflokomotive. Auch die Behandlungs- und Pflegekosten im Bahnbetriebswerk liegen bedeutend niedriger. So braucht zum Beispiel eine Diesellokomotive für die Reinigung und die Übernahme von Treibstoff, Wasser und Sand nur etwa 30 % der Behandlungskosten einer Dampflokomotive.

Da der Brennstoffbedarf eines Wärmekraftwerkes viel gleichmäßiger ist als der einer Dampflokomotive, kann man im stationären Betrieb eine mechanische Feuerung verwenden, den Heizer also von der schweren körperlichen Anstrengung entlasten. Daher ist auch für das Fahrpersonal der Dienst auf einer modernen Lokomotive angenehmer und gesünder, während es sonst der Strahlungswärme des Kessels und den Witterungseinflüssen ausgesetzt ist.

Da bei einer elektrischen oder Diesellokomotive kein Kessel die Sicht behindert und der Lokomotivführer die ganze Strecke übersehen kann, ist Einmann-Bedienung möglich, vorausgesetzt, daß eine Sicherheitsfahrschaltung (siehe Abschnitt 3.7.7.) vorhanden ist, die bei Dienstunfähigkeit des Lokomotivführers den Zug selbsttätig zum Halten bringt. In Verbindung mit den bereits genannten betrieblichen Vorteilen, wie höhere tägliche Laufleistung und Verkürzung der Rüstzeit, ergibt sich eine beachtliche Personaleinsparung.

Als weiterer Vorteil der modernen Lokomotiven sei noch erwähnt, daß kein Funkenflug mehr vorhanden ist, der Feld- und Waldbrände verursachen könnte. Die bisher als Entschädigung gezahlten Beträge werden eingespart. Auch die Verschmutzung des Schotterbettes entfällt, die laufend große Ausgaben für die Instandsetzung des Oberbaus erfordert.

Die neuzeitlichen Lokomotiven schonen die Gleisanlagen durch bessere Bogenläufigkeit und Wegfall des mangelhaften Massenausgleichs der schweren hin- und hergehenden Triebwerksteile. Bei elektrischem Zugbetrieb kann man durch Anwenden der elektrischen Bremsung die Radreifen schonen und in großem Umfang Bremsklötze einsparen (siehe Abschnitt 3.6.) Unter gewissen Umständen ist sogar Nutzbremsung möglich, das heißt Stromrücklieferung in das Netz, was sich besonders bei längeren Talfahrten sehr wirtschaftlich auswirkt.

Es sei auch erwähnt, daß nach der Traktionsänderung ein großer Teil der vorhandenen Lokomotivbehandlungsanlagen, zum Beispiel Kohlenkräne, Kohlenbansen, Schlackengruben, Wasseraufbereitungsanlagen, entfallen kann, wodurch beträchtliche Mittel eingespart werden. Außerdem erübrigen sich die umfangreichen Transporte an Lokomotivkohle von der Grube zu den einzelnen Bahnbetriebswerken. Dadurch werden die Strecken entlastet und zahlreiche Güterwagen für andere Zwecke frei.

1.4.1.4. Sonstige Vorteile

Außer den obengenannten energetischen, betrieblichen und betriebswirtschaftlichen Vorteilen gibt es noch andere Gesichtspunkte, die zugunsten der modernen Traktionsarten sprechen. So werden zum Beispiel Reisende und Anlieger nicht mehr durch Qualm und Ruß belästigt. Da auch die Korrosion an den Stahlbauten stark zurückgeht, behalten die Bahnhofshallen und der Wagenpark längere Zeit ein freundliches und verkehrswerbendes Aussehen. Wichtig ist auch, daß es bei modernen Lokomotiven keine Rauchgase gibt, die bei Dampfbetrieb häufig das Lokomotivpersonal am rechtzeitigen Erkennen der Signale hindern und besonders in langen Tunneln recht störend wirken. Daß eine elektrische Lokomotive auch bei großer Leistungsabgabe weniger Lärm verursacht, wird von den Anliegern besonders in Großstädten und engen Gebirgstälern angenehm empfunden und erleichtert auch dem Lokomotivpersonal die Aufnahme akustischer Signale.

1.4.2. Nachteile des elektrischen Zugbetriebes

Diesen zahlreichen und teils recht beachtlichen Vorteilen des elektrischen Zugbetriebes stehen jedoch auch einige schwerwiegende Nachteile gegenüber, auf die es zurückzuführen ist, daß viele Länder bisher nur einen kleinen Teil ihres Streckennetzes elektrifiziert haben. Hier sind zunächst die hohen Anlagenkosten zu nennen, die bei Umstellung einer vorhandenen Strecke auf elektrischen Zugbetrieb anfallen. Außer der Errichtung von Kraft- und Unterwerken und dem Bau von Fern- und Fahrleitungen erfordert das vergrößerte Lichtraumprofil die Veränderung zahlreicher Brücken, Tunnel und sonstiger ortsfester Anlagen. Hinzu kommen die Beschaffungskosten für neue elektrische Lokomotiven, die etwa das 1,7- bis 2fache einer Dampflokomotive vergleichbarer Größe betragen. Außerdem ist zu berücksichtigen, daß bei Elektrifizierung einer Strecke mit Wechselstrom die vorhandenen Schwachstrom-Freileitungen der Fernmeldeanlagen derart gestört werden, daß man Kabel verwenden muß. Die Gesamtkosten, die bei Elektrifizierung einer bisher dampfbetriebenen Strecke anfallen, sind also ungewöhnlich hoch. Sie betragen, wenn man die Erfahrungen verschiedener mitteleuropäischer Bahnen zugrunde legt, bei Umstellung eines Netzes mittlerer Größe auf Einphasenwechselstrom 15 kV, $16\frac{2}{3}$ Hz annähernd eine Million MDN je Streckenkilometer.
Legt man einen Energieverbrauch von etwa 700 bis 1000 MWh je Streckenkilometer und Jahr zugrunde, so gliedern sich bei Einphasenwechselstrom $16\frac{2}{3}$ Hz die Gesamtkosten wie folgt:

1. Fahrzeuge	50 ... 60 %
2. Ortsfeste Anlagen	
Stromversorgung im Kraftwerk	10 ... 15 %
Fernleitungen	1 ... 3 %
Unterwerke	3 ... 5 %
Fahrleitungen	9 ... 12 %
3. Bauliche Veränderungen	
Profilfreimachung	3 ... 6 %
Sicherungs- und Fernmeldeanlagen	4 ... 7 %
Licht- und Kraftanlagen	1 ... 2 %
Werkstättenänderungen	2 ... 4 %
4. Allgemeine Kosten	4 %
	100 %

Aus Abschnitt 1.2. ist bereits bekannt, daß bei Einphasenwechselstrom 50 Hz die Triebfahrzeuge teurer, die Kraft- und Unterwerke jedoch billiger werden. Im Gegensatz dazu sind bei Gleichstrombahnen die Anschaffungskosten für die Lokomotiven niedriger und die Kosten für die Unterwerke und Fahrleitungen beträchtlich höher.

Der elektrische Zugbetrieb hat weiterhin den Nachteil, daß die elektrischen Lokomotiven nicht überall eingesetzt werden können und stets von den Fahrleitungen abhängig sind, die häufig das Landschaftsbild beeinträchtigen. Da meist nur wenige Strecken elektrisch betrieben werden, sind Umleitungen bei Betriebsunregelmäßigkeiten meist schwierig, und wenn nicht mehrere Dampf- oder Diesellokomotiven als Reserve zur Verfügung stehen, ruht bei Stromausfall der gesamte Zugbetrieb.

Auch ist es erforderlich, die auf elektrischen Strecken verkehrenden Reisezugwagen zusätzlich mit elektrischer Heizung auszurüsten. Zum Schluß sei noch auf die erhöhte Unfallgefahr hingewiesen, die besonders bei gleichzeitigem Dampfbetrieb zu beachten ist und schon manches Opfer gefordert hat (siehe Abschnitt 8.5.).

1.4.3. Auswertung

Stellt man nun die Vor- und Nachteile einander gegenüber, so erkennt man, daß eine Elektrifizierung nicht für jede beliebige Strecke in Frage kommt. Die Kosten für die Umstellung eines bereits vorhandenen Streckennetzes sind derart hoch, daß sie sich nur bei einer dicht befahrenen und entsprechend stark belasteten Strecke bezahlt machen. Als „elektrifizierungswürdig" bezeichnet man eine Strecke, wenn ihr Energieverbrauch größer ist als 300 000 bis 350 000 kWh/Streckenkilometer und Jahr. Dieser Verbrauch wird jedoch erst bei einer täglichen Streckenbelastung von 30 000 bis 40 000 Bruttotonnen, in beiden Richtungen zusammengenommen, erreicht. Diese entspricht etwa 8 Schnellzügen, 20 Personenzügen und ungefähr 25 Güterzügen mittlerer Auslastung. Sind jedoch starke Steigungen zu überwin-

den oder stehen Wasserkräfte zur Verfügung, so ist die Elektrifizierung eines Streckenabschnittes schon bei geringerer Belastung gerechtfertigt.
Vom betrieblichen und wirtschaftlichen Standpunkt aus ist also der elektrische Zugbetrieb für stark belastete oder gebirgige Strecken geeignet und besonders wirtschaftlich in Gegenden, in denen billige Brennstoffe oder Wasserkräfte zur Verfügung stehen.
Dabei sind lange, durchgehende Hauptstrecken zu bevorzugen und der Einsatz der Lokomotiven im Dreieck- oder Ringverkehr anzustreben. Dadurch ist es möglich, die technischen Einsatzmöglichkeiten der elektrischen Lokomotive voll auszunutzen und hohe tägliche Einsatzzeiten mit entsprechend großen Laufleistungen zu erreichen.
Im Gegensatz zur elektrischen Zugförderung ist der Dieselbetrieb im Bereich der niedrigen Streckenbelastungen und auch im Rangierdienst besonders wirtschaftlich. Der Einsatz von Dieselfahrzeugen ist daher auf Nebenbahnen, einzelnen Stichstrecken oder räumlich begrenzten Netzen mit einer geringen Streckenbelastung zu empfehlen. Infolge der schnellen Einsatzbereitschaft der Dieselfahrzeuge wirken sich dann auch die großen täglichen Betriebspausen nicht mehr so unwirtschaftlich wie bisher bei der Dampftraktion aus.
Es ist damit zu rechnen, daß nach Abschluß der Traktionsumwandlung bei der Deutschen Reichsbahn ein Netz von etwa 4000 Streckenkilometern elektrifiziert sein wird, auf dem etwa 70 % der gesamten Zugförderungsleistung bewältigt werden.

1.5. Einteilung und Bezeichnung der elektrischen Lokomotiven

Sämtliche elektrische Lokomotiven der Deutschen Reichsbahn und der Deutschen Bundesbahn sind durch den Buchstaben E gekennzeichnet und nach Stromart und Gattung eingeteilt. Ähnlich wie bei Dampflokomotiven verwendet man für ihre Numerierung Betriebsnummern, die sich aus einer Stamm- und einer Ordnungsnummer zusammensetzen. Aus der Stammnummer konnte man anfangs, ebenso wie bei Dampflokomotiven, die Hauptgattung erkennen, und zwar erhielten

Schnellzuglokomotiven mit $V_{max} > 90$ km/h die Stamm-Nr. 01 . . . 29,
Personenzuglokomotiven mit V_{max} zwischen 70 und 90 km/h die Stamm-Nr. 30 . . . 59
und Güterzuglokomotiven mit $V_{max} < 70$ km/h die Stamm-Nr. 60 . . . 99.

Diese Einteilung wird jedoch zur Zeit nicht mehr streng eingehalten, da neue elektrische Lokomotiven im allgemeinen als Mehrzwecklokomotiven gebaut werden, das heißt für die Beförderung von Schnellzügen, Personen- und Güterzügen geeignet sind und außerdem im allgemeinen eine Höchstgeschwindigkeit von mehr als 90 km/h besitzen.
Elektrische Lokomotiven, die mit Einphasenwechselstrom und einer Frequenz von $16\frac{2}{3}$ Hz betrieben werden, haben stets eine zweistellige Stammnummer. Bei Gleichstrombahnen wird dieser Nummer die Ziffer 1 vorangestellt. 50-Hz-Lokomotiven erhalten die Vorziffer 2, zum Beispiel E 244 11, und Mehrfrequenz-Lokomotiven

die Vorziffer 3. Die Ordnungsnummer ist eine zwei- oder dreistellige Zahl. Die Betriebsnummern sind an allen vier Seiten der Lokomotive angebracht, und außerdem sind an jeder Längsseite der Eigentümer „Deutsche Reichsbahn“, die Heimatdirektion und das zuständige Bahnbetriebswerk angegeben.

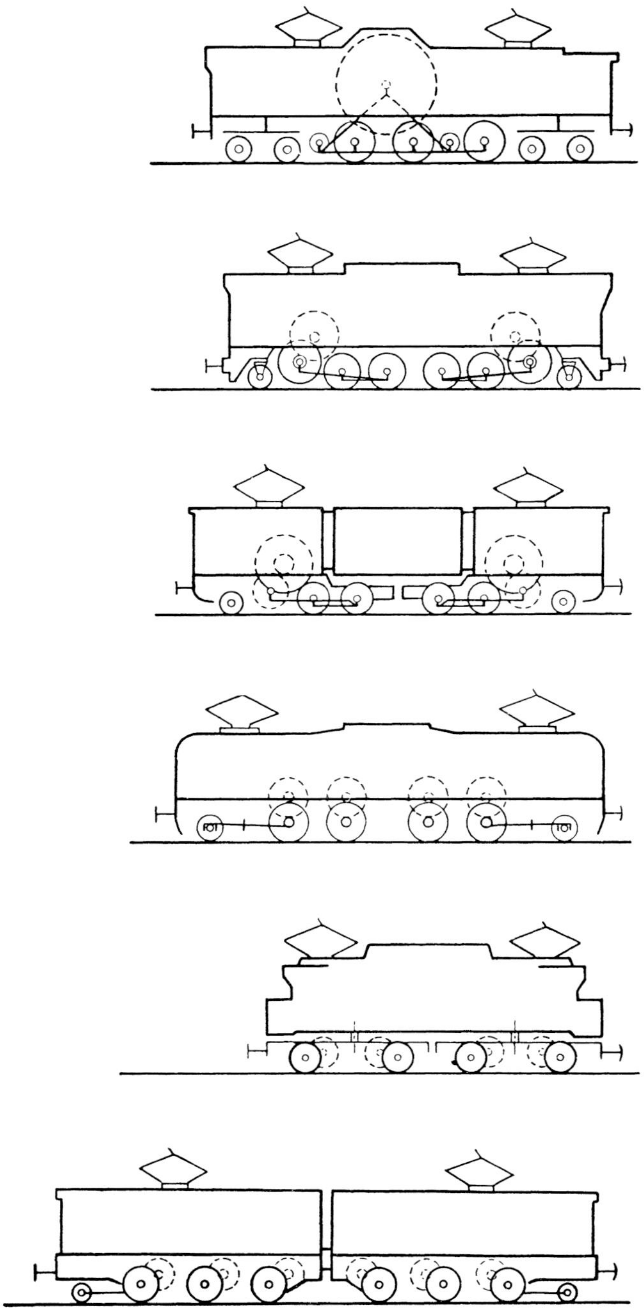

Bild 18.

Schematische Darstellung verschiedener Lokomotivtypen

a Achsfolge 2′C 2′, zum Beispiel E 06

b Achsfolge 1′BB 1′, zum Beispiel E 75

c Achsfolge (1B) (B1), zum Beispiel E 77

d Achsfolge 1′Do 1′, zum Beispiel E 18

e Achsfolge Bo′Bo′, zum Beispiel E 44

f Achsfolge 1′Co + Co1′, zum Beispiel E 95

Die Achsfolge wird wie bei Dampflokomotiven nach den Richtlinien des Vereins Mitteleuropäischer Eisenbahnverwaltungen durch arabische Ziffern und große lateinische Buchstaben gekennzeichnet. Dabei werden die Zeichen für einzelne Achsen oder Achsgruppen, die in einem Lenk- oder Drehgestell gelagert sind, mit einem Beistrich versehen, wenn es sich nur um eine Ziffer oder um einen Buchstaben handelt. Umfassen diese Zeichen jedoch mehr als eine Ziffer oder einen Buchstaben, so ist es üblich, diese in Klammern zu setzen. So erhält zum Beispiel eine elektrische Lokomotive mit zwei Drehgestellen und drei fest im Rahmen gelagerten Kuppelachsen, die von einem großen hochgelegenen Fahrmotor angetrieben werden, die Bezeichnung 2′C2′ (Bild 18 a).
Werden jedoch bei einer elektrischen Lokomotive mit durchgehendem Rahmen insgesamt vier Achsen durch zwei hochliegende Fahrmotoren angetrieben und befindet sich an jedem Ende noch eine, in einem besonderen Gestell gelagerte Laufachse, so gibt man dieser Lokomotive die Bezeichnung 1′BB 1′. Hierbei wird jedoch vorausgesetzt, daß die beiden Gruppen nicht durch Kuppelstangen miteinander verbunden sind (Bild 18 b). Sind aber bei gleichem Antrieb und bei gleicher Achsfolge die beiden Treibachsen und auch die Laufachse in einem Gestell zusammengefaßt, so bringt man dies durch die Bezeichnung (1 B) (B 1) zum Ausdruck (Bild 18 c). Hat eine elektrische Lokomotive jedoch für jede Treibachse einen eigenen Fahrmotor, so erhält der Großbuchstabe zusätzlich eine kleine Null. Handelt es sich also um eine elektrische Lokomotive, bei der in einem durchgehenden Rahmen vier Treibradsätze mit Einzelachsantrieb gelagert sind und die an jedem Ende eine Laufachse hat, so lautet die Bezeichnung 1′Do 1′ (gebräuchlich ist die Aussprache eins, do, eins) (Bild 18 d).
Im Gegensatz dazu erhält eine elektrische Lokomotive ohne Laufachsen, bei der sämtliche vier Treibachsen mit Einzelachsantrieb in Drehgestellen untergebracht sind, die Bezeichnung Bo′ Bo′ (Bild 18 e). Setzt sich eine elektrische Lokomotive aus mehreren Teilen zusammen, die durch eine Kurzkupplung miteinander verbunden sind, so wird dies durch ein „+" zum Ausdruck gebracht. Für eine schwere Güterzuglokomotive mit sechs einzeln angetriebenen Achsen und einer Laufachse an jedem Ende lautet die Bezeichnung 1′Co + Co1′ (Bild 18 f).

1.6. Umgrenzung des lichten Raumes und Begrenzung der Triebfahrzeuge bei elektrischem Zugbetrieb

Die Eisenbahn-Bau- und Betriebsordnung (BO) gilt für alle dem allgemeinen und öffentlichen Verkehr dienenden Eisenbahnen. Sie besitzt Gesetzeskraft und enthält wichtige Vorschriften für die Bahnanlagen und den Eisenbahnbetrieb und unter anderem auch grundlegende Bestimmungen für die elektrische Zugförderung. Diese müssen gewissenhaft beachtet werden, um einen sicheren und unfallfreien Betrieb zu gewährleisten. Der Abschnitt III der BO betrifft „Fahrzeuge" und enthält alle Vorschriften, die für den ordnungsgemäßen Bau und die betriebssichere Unterhaltung der Lokomotiven und Wagen erlassen wurden. Die §§ 27 bis 44 betreffen insbesondere die Regelfahrzeuge, die in den öffentlichen Zugverkehr eingestellt werden dürfen. In diesen Paragraphen sind die Begrenzung der Fahrzeuge, ihre Achslast und ihre Ausrüstung mit Zug- und Stoßvorrichtungen, Tragfedern, Bremsen usw. im einzelnen genau festgelegt.

Die größte Breite und Höhe der Fahrzeuge werden durch die Begrenzungslinien für Fahrzeuge bestimmt. Man unterscheidet die Begrenzungslinie I, die im § 28 der BO, Anlage E, festgelegt ist und die Begrenzungslinie II nach Anlage F. Beide werden sowohl für Lokomotiven, Tender und Triebwagen (linke Hälfte), als auch für Wagen (rechte Hälfte) im Stillstand bei Mittelstellung im geraden Gleis angegeben. Für elektrische Triebfahrzeuge, die auf Strecken mit Oberleitung und einer Fahrdrahtspannung von 15 kV verkehren, gilt die im Bild 19 a dargestellte Begrenzungslinie nach Anlage G. Dabei dürfen die Stromabnehmer in der höchsten und tiefsten Arbeitsstellung die durch gestrichelte Linien dargestellte Begrenzung nicht überschreiten. Für gesenkte Stromabnehmer gilt die ausgezogene Linie als oberste Grenze.

Unter Beachtung eines entsprechenden Sicherheitsabstandes ergibt sich aus den Begrenzungslinien für Fahrzeuge die Umgrenzungslinie des lichten Raums, bis zu der von außen her feste Bauwerke, wie Gebäude, Brücken, Rampen, Tunnel usw. an das Gleis heranreichen dürfen. Sie wird für nicht elektrifizierte Strecken durch den § 11 der BO, Anlage B, für elektrifizierte Strecken mit einer Fahrdrahtspannung von 15 kV durch die Anlage C genau festgelegt (Bild 19 b). Diese Umgrenzungslinie weicht nur im oberen Teil von dem Regellichtraum für nicht elektrifizierte Strecken ab und hält einen Raum von 3040 mm Breite für den Durchgang der Stromabnehmer frei. In beiden Fällen werden gerade Strecken oder Gleisbögen mit einem Halbmesser R $\geqq$ 250 m vorausgesetzt. Die linke Hälfte des gezeichneten Regellichtraums gilt für durchgehende Hauptgleise und für sonstige Ein- und Ausfahrgleise von Zügen mit Beförderung von Reisenden, während die rechte Hälfte für alle übrigen Gleise Gültigkeit hat.

Die Linie C—D bedeutet, daß diese Seitenräume an Bahnhofsgleisen bei sämtlichen Gegenständen, an Hauptgleisen der freien Strecke bei Kunstbauten sowie bei Signalen, die zwischen den Hauptgleisen der freien Strecke stehen, frei zu halten sind. Die Linie A — B gibt die frei zu haltenden Seitenräume an Hauptgleisen der freien Strecke bei sämtlichen übrigen Gegenständen an.

Wird eine bisher mit Dampf betriebene Strecke elektrifiziert, so darf bei vorhandenen Brücken und Tunneln der lichte Raum bis auf die strichpunktierte Linie eingeschränkt werden. In den für den Durchgang der Stromabnehmer frei gehaltenen Raum dürfen Bauteile für die Aufhängung der Fahrleitung sowie die Fahrleitung hineinragen.

Bild 19 c zeigt die neue Umgrenzungslinie 1-SM/DR. Sie wurde durch Zusammenarbeit der Eisenbahnen der sozialistischen Länder von der internationalen Eisenbahnorganisation OSShD festgelegt und entsprechend den Verhältnissen der Deutschen Reichsbahn geringfügig abgeändert. Diese Linie gilt für gerade Strecken und Gleisbögen mit einem Krümmungshalbmesser R $>$ 4000 m und weicht vor allem im oberen Teil von der bisherigen Umgrenzungslinie laut BO ab. Dadurch

Ist es möglich, durch Einsatz von Wagen mit größerem Querschnitt und somit größerem Rauminhalt die Wirtschaftlichkeit der Transporte zu steigern.
Zunächst sollen die wichtigsten, dem internationalen Verkehr dienenden Hauptstrecken auf die neue Umgrenzungslinie 1-SM/DR umgestellt werden. Sie gilt jedoch auch für die übrigen Haupt- und Nebenbahnen und wird dort bei Neubauten und bei allen größeren Erneuerungsarbeiten an bestehenden Eisenbahnanlagen zugrunde gelegt. Die linke Hälfte des Bildes 19 c gilt wieder für die

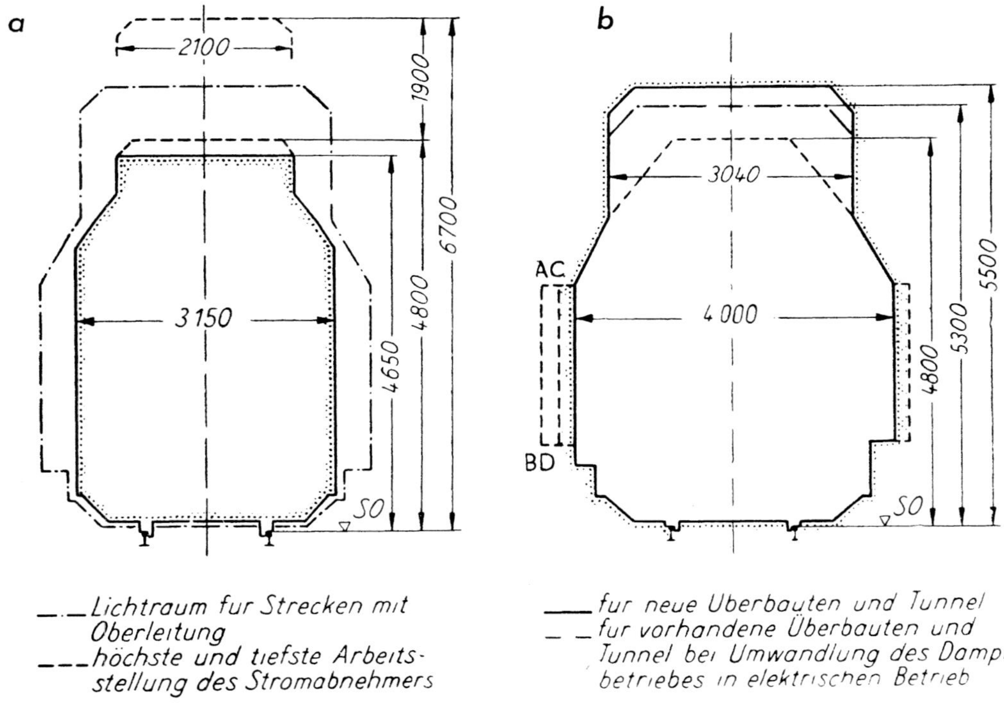

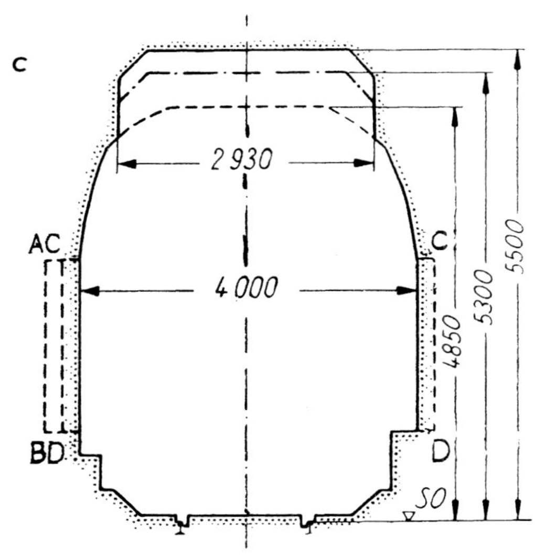

Bild 19.

Begrenzungslinie für elektrische Triebfahrzeuge und Lichtraumprofil

a Begrenzungslinie für elektrische Triebfahrzeuge laut BO
b Umgrenzungslinie laut BO (Regellichtraum)
c Umgrenzungslinie 1–SM/DR

durchgehenden Hauptgleise und alle sonstigen Ein- und Ausfahrgleise von Zügen mit Beförderung von Reisenden, während die rechte Hälfte für alle übrigen Gleise Gültigkeit hat.
Um später einmal die Möglichkeit zu haben, von Einphasenwechselstrom 16⅔ Hz auf 50 Hz überzugehen, wird neuerdings beim Bau der Fahrleitungen eine mögliche Spannung von 25 kV zugrunde gelegt. Eine Veränderung der Regelmaße der Umgrenzungslinien wird dadurch jedoch nicht erforderlich, da es laut VDE 0115 möglich ist, den Schutzabstand zwischen den stromführenden und geerdeten Teilen von bisher 300 mm auf 200 mm zu verringern. Es ergeben sich nach Anlage 8 der Dv 970 lediglich geringfügige Zuschläge zur Mindestforderung beim Umbau vorhandener Bauwerke.

2. Aufbau des mechanischen Teiles

Der mechanische Teil jeder elektrischen Lokomotive hat die Aufgabe, das Drehmoment der Fahrmotoren auf die Treibräder zu übertragen und die gesamte elektrische Ausrüstung aufzunehmen. Diese soll die elektrische Energie, die dem Fahrzeug durch den Fahrdraht zugeführt wird, in mechanische Energie umsetzen. Sie umfaßt zugleich alle Einrichtungen, die zur Überwachung der Fahrmotoren, zur Leistungssteuerung, zum Verändern der Fahrtrichtung und überhaupt zur Durchführung eines ordnungsgemäßen Betriebes erforderlich sind.
Im Gegensatz zur Dampflokomotive, deren grundsätzlicher Aufbau sich in den letzten hundert Jahren kaum verändert hat, weichen die Bauformen der elektrischen Lokomotiven in den einzelnen Zeitepochen stark voneinander ab. Dies ist zum Teil darin begründet, daß man anstelle des früher gebräuchlichen Stangenantriebes heute allgemein Einzelachsantriebe bevorzugt. Es ist jedoch auch auf die neue Erkenntnis zurückzuführen, daß Laufachsen nicht unbedingt erforderlich sind, um eine gute Bogenläufigkeit und einen ruhigen Lauf auch bei hohen Fahrgeschwindigkeiten zu erreichen.
Will man jedoch auf Laufachsen völlig verzichten, um die Herstellungs- und Unterhaltungskosten zu senken, so muß man die Gesamtmasse der Lokomotive soweit vermindern, daß sie von den angetriebenen Achsen aufgenommen werden kann.
Bei einer neuzeitlichen elektrischen Drehgestellokomotive beträgt der Anteil der elektrischen Ausrüstung etwa die Hälfte der Gesamtmasse und kann in dem ständigen Streben nach Leistungssteigerung kaum vermindert werden. Daher ist es erforderlich, beim mechanischen Teil von allen Möglichkeiten des Leichtbaus Gebrauch zu machen und durch geschickte Schweißkonstruktionen die Masse des Rahmens und des Wagenkastens soweit wie möglich herabzusetzen, ohne die Stabilität der tragenden Teile und damit die Betriebssicherheit zu beeinträchtigen.
Aus Bild 18 sind die einzelnen Lokomotivtypen bereits bekannt, die zugleich die Entwicklung in den einzelnen Zeitepochen widerspiegeln.

2.1. Fahrgestell

Das Fahrgestell einer elektrischen Lokomotive besteht ebenso wie das einer Dampflokomotive aus dem Laufwerk und dem Rahmen. Letzterer trägt den Wagenkasten, in dem sich die Führerstände und der Maschinenraum mit der gesamten elektrischen Ausrüstung befinden.

2.1.1. Laufwerk

Beim Laufwerk der elektrischen Lokomotiven unterscheidet man Lauf-, Treib- und Kuppelradsätze einschließlich ihrer Führung und Lagerung im Rahmen.

2.1.1.1. Radsätze

Die Radsätze elektrischer Lokomotiven entsprechen im Prinzip denen der Dampflokomotiven. Sie bestehen aus der Achswelle, den beiden Radsternen und den Radreifen. Die Achswellen werden aus SM-Stahl geschmiedet und allseitig be-

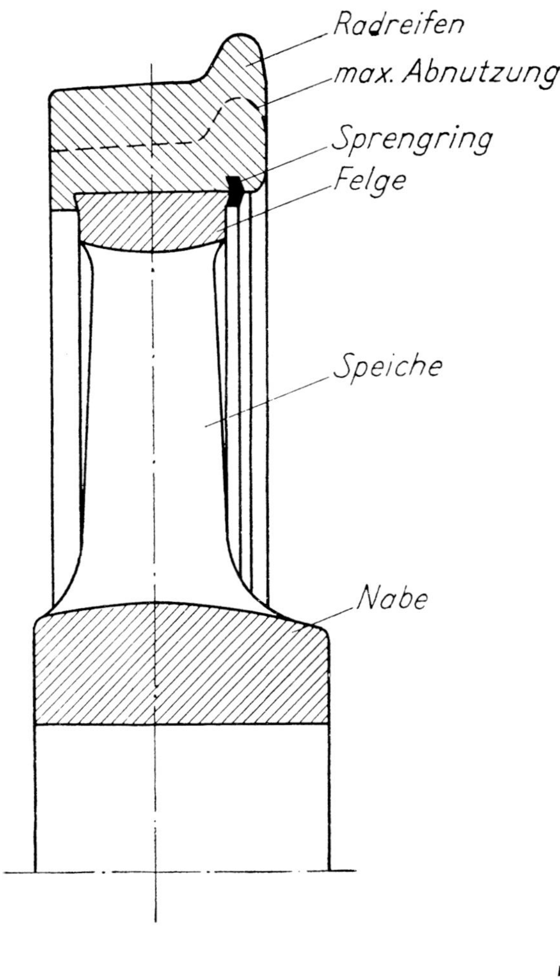

Bild 20.
Schnitt durch ein Treibrad

arbeitet. Bei den Neubaulokomotiven der Baureihe E 11/E 42 sind sie hohl gebohrt, um Masse einzusparen. Die Radkörper aus Stahlguß – man unterscheidet Radnabe, Speichen und Felge – werden mit einem Druck von 400 bis 600 kp/mm Nabensitzdurchmesser auf die Achse aufgepreßt, das entspricht einer Kraft von etwa 100 bis 140 Mp. Die Radreifen jedoch werden auf die Radkörper warm aufgezogen und erhalten durch Aufschrumpfen einen festen Sitz. Ein Sprengring aus Flußstahl dient zur weiteren Sicherung und soll bei einem Bruch des Radreifens verhindern, daß sich einzelne Teile vom Rad lösen (Bild 20).
Anstelle der Räder mit aufgeschrumpften Radreifen bevorzugt man neuerdings im Ausland immer mehr die Vollräder (Monoblock-Räder), bei denen Radkörper und Radreifen in einem Stück gewalzt werden (siehe Bild 22 b).
Bei älteren elektrischen Lokomotiven mit Stangenantrieb werden die Kurbelzapfen in die Speichen der Treib- und Kuppelräder eingepreßt. Der Laufkreisdurchmesser der Laufachsen schwankt zwischen 850 und 1000 mm. Während man für die Treibräder älterer Lokomotiven mit Rücksicht auf den Platzbedarf des elastischen Antriebes einen Durchmesser bis zu 1600 mm wählte, geht man neuerdings auch bei hohen Geschwindigkeiten nicht über 1350 mm hinaus. Die Masse eines Laufradsatzes beträgt rund 1000 kg, die eines Treibradsatzes etwa 2500 kg. Der Treibradsatz einer Neubaulokomotive der Baureihe E 11/E 42 wiegt mit Achslagern, Fahrmotor und Zahnradschutzküsten etwa 7700 kg.

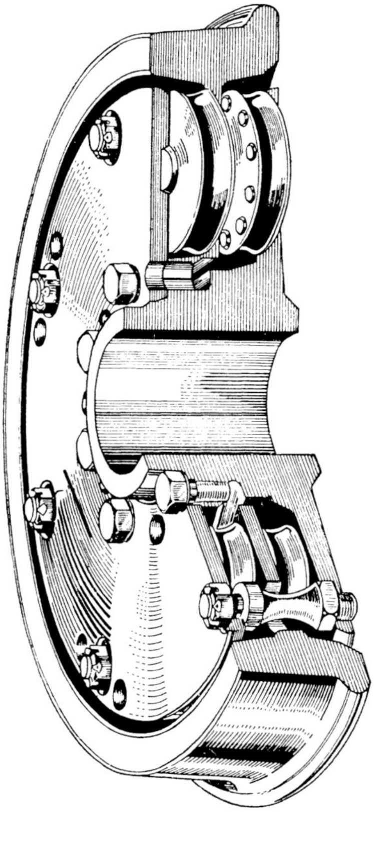

Bild 21.
Schnitt durch ein gummigefedertes SAB-Rad

Das Streben nach guten Laufeigenschaften, nach einer besseren Geräuschdämpfung und nach einem möglichst geringen Verschleiß an Rad und Schiene führte in letzter Zeit zu einer verstärkten Anwendung von gummigefederten Radsätzen. Sie bieten gerade für elektrische Lokomotiven mit direktem Tatzmotorantrieb besondere Vorteile, da bei diesen, wie im Abschnitt 2.3.2.2. näher erläutert wird, die großen ungefederten Massen sich sehr schädlich auf den Oberbau auswirken.

Zwar besteht auch dort die Möglichkeit, durch Einbau einer Hohlwelle und durch Zwischenschalten einer Gummifederung die harten Stöße abzuschwächen, jedoch erfordern die in den Abschnitten 2.3.2.2.2. und 2.3.2.2.3. behandelten elastischen Tatzmotorantriebe wesentlich höhere Baukosten als der direkte Tatzmotorantrieb.

Von den gummigefederten Radsätzen hat sich das SAB-Rad besonders bewährt. Es wurde im Jahre 1933 von der schwedischen Firma Svenska Aktiebolaget Broms-

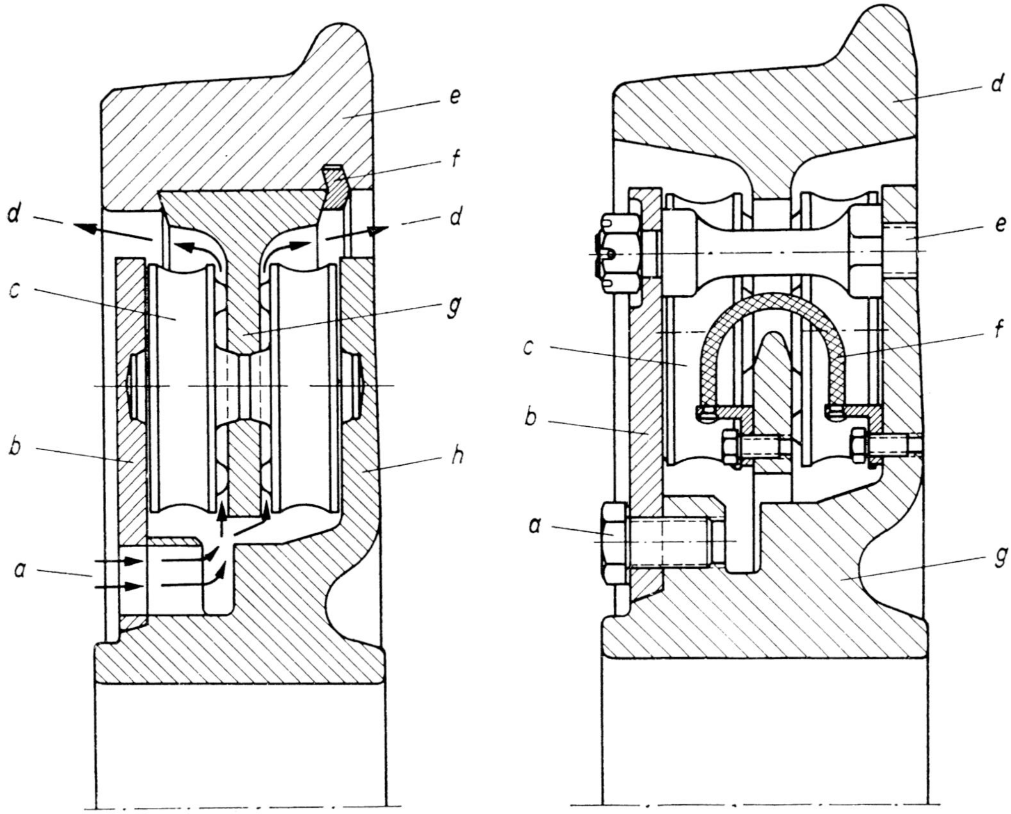

Bild 22. Schnitt durch ein SAB-Rad

a) Rad mit aufgeschrumpftem Radreifen

- a Kühlluft-Eintritt
- b äußere Seitenscheibe
- c Gummipuffer
- d Kühlluft-Austritt
- e aufgeschrumpfter Radreifen
- f Sprengring
- g Mittelscheibe
- h innere Seitenscheibe (Nabenscheibe)

b) Vollrad

- a Nabenschraube
- b äußere Seitenscheibe
- c Gummipuffer
- d Monoblock-Scheibe
- e Abstandbolzen
- f Strombrücke (Kupferlitze)
- g innere Seitenscheibe (Nabenscheibe)

regulator in Malmö entwickelt und auf Grund praktischer Erfahrungen laufend verbessert. Inzwischen konnten SAB-Räder in Tausende von Nahverkehrswagen, aber auch in Triebfahrzeuge mit einer Achslast bis zu 23 Mp erfolgreich eingebaut werden. Im Jahre 1964 wurde auch die Neubaulokomotive E 11 001 der Deutschen Reichsbahn mit SAB-Rädern ausgerüstet.
Den grundsätzlichen Aufbau eines solchen gummigefederten Rades zeigt Bild 21, während Bild 22 nähere Einzelheiten an einem üblichen Rad mit aufgeschrumpftem Radreifen bzw. an einem Vollrad erkennen läßt. Die eingezeichneten Pfeile zeigen den Weg der Kühlluft an.
Die Nabe mit dem innenliegenden Teil der Radscheibe bildet mit dem außen liegenden Teil und der Felge keinen gemeinsamen Radkörper mehr, sondern diese Teile werden getrennt ausgeführt (Bild 23). Die kraftschlüssige Verbindung übernehmen Gummipuffer, die zu beiden Seiten der mittleren Scheibe angeordnet sind und mit axialer Vorspannung eingebaut werden. Ihre Zahl richtet sich nach

Bild 23. Aufbau eines SAB-Rades

dem Raddurchmesser und der Achslast und schwankt zwischen 2 · 8 und 2 · 32 Stück je Rad. Auch die Größe der Gummipuffer und die Weichheit des Gummis können entsprechend den gegebenen Bedingungen geändert werden.
Die einzelnen Bauteile werden durch zwei Scheiben zusammengehalten, von denen die innere an die Nabe angegossen, die äußere fest mit der Nabe verschraubt wird. Als Verbindungselement dienen sechs bis zwölf kräftige Abstandbolzen.
Die Gummipuffer werden aus Weichgummi hergestellt und haben beiderseits anvulkanisierte Bleche (Bild 24). Die kegelförmige Erhebung in der Mitte dient zur Zentrierung und greift auf beiden Seiten in konische Löcher der Scheiben ein. Das Blech, das an einer der Seitenscheiben anliegt, hat zwei Ohren, die zur Befestigung dienen. Dadurch wird der Zusammenbau erleichtert und ein Drehen der Gummipuffer verhindert.

Das andere Blech, das an der Mittelscheibe anliegt, hat nach außen hin mehrere Warzen. Dadurch entsteht zwischen Gummipuffer und Mittelscheibe ein Abstand, der wärmeisolierend wirkt. Zugleich wird dadurch während der Fahrt eine kräftige Luftkühlung möglich, die verhindern soll, daß die eigene Walkwärme des Gummis oder die durch die Klotzbremse bedingte Erwärmung des Radreifens zu einer Beschädigung der Gummipuffer führt.

Bild 24. SAB-Gummipuffer

Sämtliche Gummipuffer werden auf Schub beansprucht und nehmen gemeinsam alle auftretenden vertikalen und horizontalen Stöße auf. Dadurch kann der Radreifenverschleiß wesentlich herabgesetzt werden. Da die Gummifedern bei Treibrädern auch Kräfte in Drehrichtung aufnehmen, tragen sie zur Schonung des gesamten Antriebes wesentlich bei.
Praktische Erfahrungen bei anderen Bahnen haben gezeigt, daß die SAB-Räder sehr geringe Unterhaltungskosten erfordern und daß die Gummifedern nach etwa zehnjährigem Einsatz nur unbedeutende Alterungserscheinungen aufweisen. Unter ungünstigen Bedingungen, das heißt einer Achslast von 23 Mp und einer Höchstgeschwindigkeit von 120 km/h, konnten SAB-Räder mit Klotzbremse ohne Auswechseln der Gummipuffer eine Laufleistung von mehr als 600 000 km erreichen.

2.1.1.2. Achslager

Bei dem heute allgemein üblichen Außenrahmen liegen die Achsschenkel an den Enden der Achswelle. Sie tragen die Achslager, auf die sich unter Zwischenschalten der Federung der Rahmen abstützt. Man unterscheidet Gleit- und Rollenachslager. Gleitlager bestehen aus dem Achslagergehäuse, der Lagerschale und der Schmierung. Die meist aus Rotguß bestehenden Lagerschalen sind mit einem Lagermetall ausgegossen, damit günstige Reibungsverhältnisse entstehen und die Achsschenkel möglichst wenig angegriffen werden (Dünnguß). Der Einguß ist an beiden Lagerseiten nach außen hochgezogen, damit der Schenkelbund auch beim seitlichen

Anlaufen nur mit Lagermetall in Berührung kommt. Das Gehäuse ist im unteren Teil meist als Ölwanne ausgebildet und enthält das Schmierpolster, das durch eine Feder von unten an den Achsschenkel gedrückt wird.
Bei elektrischen Lokomotiven mit Außenrahmen bevorzugt man im allgemeinen das Peyinghauslager (Bild 25). Auch hier dient der untere Teil des Gehäuses als Ölbehälter, jedoch entfällt das Schmierpolster. An der Stirnseite des Schenkels sind zwei Schleuderschaufeln befestigt, die während der Fahrt in das Öl eintauchen und kleine Mengen davon auf die vorgekragte obere Lagerschale befördern. Von dort fließt es durch Bohrungen auf den Achsschenkel. Mehrere Spritzringe führen das vom Schenkel abtropfende Öl in den Ölbehälter zurück.

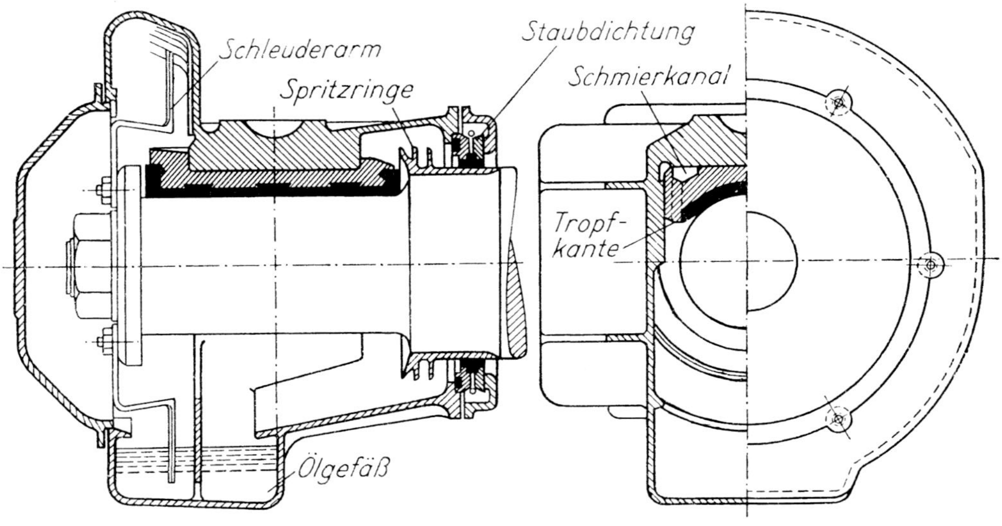

Bild 25. Peyinghauslager

Die meisten Altbaulokomotiven, zum Beispiel die Baureihen E 04, E 17, E 18 und E 44 sind mit Peyinghauslagern ausgerüstet. Sie sind an der ringförmigen Wulst leicht zu erkennen und haben den Vorteil, daß sie auch während der Fahrt auftretende harte Stöße ohne Schaden aufnehmen können.
Bei neuen elektrischen Lokomotiven werden anstelle der Gleitachslager im allgemeinen Rollenachslager verwendet (Bild 26). Es sind meist Pendelrollenlager, da diese stets eine freie Einstellbarkeit der Achse gewährleisten. Bei Außenlagern ist die Montage einfach. Der Innenlaufring wird durch eine geschlitzte Spannhülse mit Mutter auf dem Achsschenkel befestigt oder, zum Beispiel in einem Ölbad, auf etwa 100 °C angewärmt und dann auf den Achsschenkel aufgeschrumpft. Die einzelnen Rollen werden jeweils in einem Käfig geführt, so daß stets der richtige Abstand von Rolle zu Rolle erhalten bleibt. Für die Schmierung verwendet man Fett, das beim Zusammenbau eingebracht wird und nur bei der vorgeschriebenen Ausbesserung erneuert werden darf. Eine Unterhaltung der Wälzlager im Betrieb ist also nicht erforderlich.

Der Bahnwiderstand ist wesentlich kleiner als bei Gleitlagern. Während bei diesen die Reibungszahl der Ruhe $\mu = 0{,}13$ beträgt, kann sie bei Rollenachslagern mit $\mu = 0{,}0035$ angenommen werden. Auch für den Zustand der Bewegung und Fahrgeschwindigkeiten über 65 km/h liegt die Reibungszahl für Gleitlager mit $\mu = 0{,}004$ wesentlich höher als bei Rollenachslagern mit $\mu = 0{,}0012$. Außerdem zeichnen sich Wälzlager durch sehr geringen Verschleiß und unbedingte Betriebssicherheit aus. Zum Schutze der Rollen gegen Stromübergang werden an dem Gehäuse besondere Erdstromkontakte angebracht.

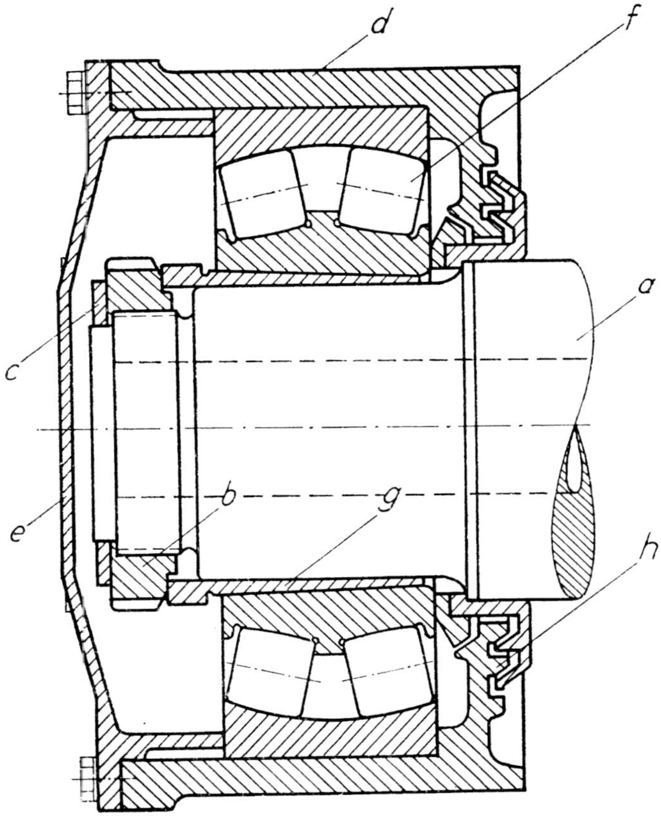

Bild 26. Rollenachslager

a Achsschenkel
b Verschlußmutter
c Sicherung
d Achslagergehäuse
e Deckel
f Pendelrollenlager
g konische Spannhülse
h Labyrinthdichtung

Die Neubaulokomotiven der Baureihe E 11/E 42 sind mit zweireihigen Pendelrollenlagern ausgerüstet. Die Achsschenkel haben einen Durchmesser von 180 mm und eine Bohrung von 80 mm.

Die Achslagergehäuse werden in der üblichen Art im Hauptrahmen oder im Drehgestellrahmen geführt. Die Gleitplatten der Achshalter sind auswechselbar. Eine Nachstellvorrichtung mit Stellkeil ist im allgemeinen nur bei älteren elektrischen Lokomotiven mit Stangenantrieb zu finden.

Eine möglichst spielfreie und parallele Führung der Achsen erreicht man dadurch, daß man die Achslagergehäuse mit zylindrischen Zapfen versieht und diese mit Hilfe von Silentblocks im Drehgestellrahmen lagert (siehe Bild 67).

Auch Achslenker haben sich für diesen Zweck bestens bewährt. Die Achslagergehäuse sind dabei an 600 bis 700 mm langen Hebeln befestigt, die etwa horizontal liegen und mit dem Drehgestellrahmen gelenkig verbunden sind. Diese Achslenker übertragen sämtliche Zug- und Bremskräfte von der Achse auf den Drehgestellrahmen, sind also in Längsrichtung steif. Sie ermöglichen jedoch ohne Einschränkung das vertikale Federspiel und lassen auch eine gewisse Seitenbeweglichkeit zu.
Als Werkstoff für die Achslenker verwendete man bisher St 52. Neuerdings zeigten Versuche mit glasfaserverstärktem Kunststoff gute Ergebnisse. Diese Ausführung ist völlig verschleißfrei, da man die Lenkerhebel in Silentblocks lagert und keine aufeinander gleitenden Flächen vorhanden sind. Durch exzentrische Gummi-Metallbüchsen erreicht man eine leichte Nachstellbarkeit.

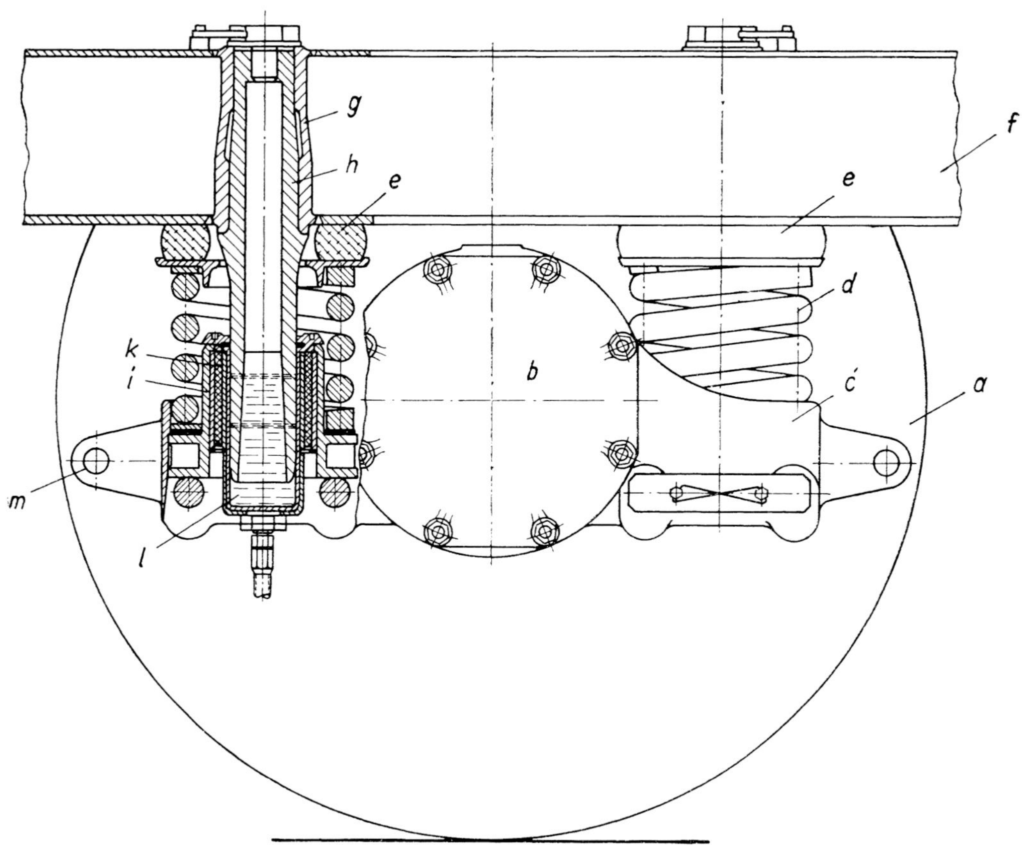

Bild 27. Spielfreie Führung eines Radsatzes

a Treibrad
b Achslagergehäuse
c seitliche Konsole
d Schraubentragfeder
e Gummiring
f Drehgestellangträger
g Buchse
h Führungszapfen
i Führungsbuchse
k Silentblock
l Ölfüllung
m Auge für Anhebelasche beim Aufgleisen

Bei den Neubaulokomotiven der Baureihen E 11/E 42 besitzen die aus Stahlguß hergestellten Achslagergehäuse seitliche Konsolen für die Aufnahme der Tragfedern (siehe Bilder 35 und 61).
Eine spielfreie Führung der Achslager und somit einen ruhigen Lauf der Lokomotive erreicht man durch senkrecht stehende, hohlgebohrte Führungszapfen, die in die Drehgestell-Langträger eingepreßt und durch Schrauben gesichert sind (Bild 27). Diese gleiten in Führungsbuchsen, die innerhalb der Schraubenfedern liegen und fest mit den Konsolen der Achslager verbunden sind. Eine besondere Ölschmierung sorgt für einen möglichst geringen Verschleiß der gleitenden Teile.
Die Zug-, Stoß- und Bremskräfte werden elastisch und spielfrei durch Silentblocks übertragen. Diese umgeben konzentrisch die Führungsbuchsen und bestehen aus zwei geschliffenen Stahlzylindern und einem dazwischenliegenden 14 mm dicken Gummizylinder.

2.1.1.3. Tragfedern

Um den Oberbau zu schonen und die gesamte elektrische Ausrüstung vor Erschütterungen und Stößen zu schützen, sind sämtliche elektrischen Lokomotiven mit entsprechend bemessenen Achstragfedern ausgerüstet. Neuere Drehgestell-Lokomotiven besitzen zusätzlich noch Wiegefedern, deren konstruktive Ausführung sehr unterschiedlich sein kann.

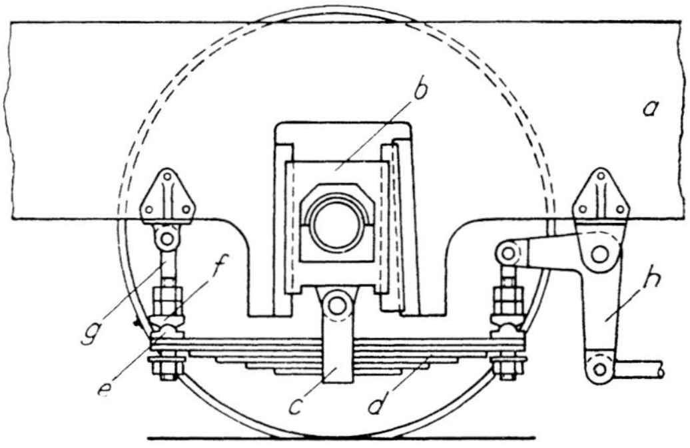

Bild 28.
Anordnung der Blattfedern unter dem Achslager

- a Rahmen
- b Achslagergehäuse
- c Achslagergehänge
- d Tragfeder
- e Sattelscheibe
- f Druckplatte
- g Spannschraube
- h Ausgleichhebel

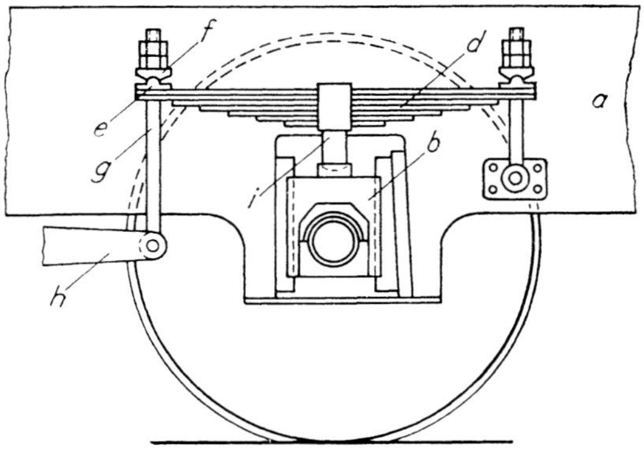

Bild 29.
Anordnung der Blattfedern über dem Achslager

- a Rahmen
- b Achslagergehäuse
- d Tragfeder
- e Sattelscheibe
- f Druckplatte
- g Spannschraube
- h Ausgleichhebel
- i Federstütze

Früher verwendete man meist Blattfedern, die unter oder über dem Achslagergehäuse angeordnet wurden (Bilder 28 und 29). Sie waren durch Federspannschrauben mit dem Rahmen und durch Federausgleichhebel untereinander verbunden. Dicke, Länge und Anzahl der Federblätter richteten sich nach der geforderten Federcharakteristik. Da Blattfedern jedoch eine verhältnismäßig große Eigendämpfung haben und bei kleinen Stößen nicht ansprechen, bevorzugt man heute im allgemeinen Schraubenfedern. Manchmal verwendet man auch Federsätze, bei denen zwei oder drei Schraubenfedern ineinanderstecken. Man gewinnt dadurch Platz und auch die Möglichkeit, die Charakteristik der Federung in weiten Grenzen zu verändern. Da Schraubenfedern nur eine sehr geringe Eigendämpfung aufweisen, sind zusätzlich Stoßdämpfer einzubauen.

Neuerdings setzt sich auch die reine Gummifederung immer stärker durch. Sie ermöglicht gegenüber den bisher üblichen Stahlfedern eine beträchtliche Einsparung an Masse und zeichnet sich durch einfachen Aufbau und niedrige Unterhaltungskosten aus.

Eine besonders gute Federung erreicht man durch die Kombination von Blatt- und Schraubenfedern oder von Stahl- und Gummifedern. Es ist zu beachten, daß auch bei Hintereinanderschalten mehrerer Federgruppen das gesamte Federspiel durch die Pufferhöhe über SO begrenzt wird, für die laut BO bestimmte Toleranzen festliegen.

Während Bild 30 die Kombination einer Blattfeder mit einer Gummifeder erkennen läßt, zeigt Bild 35 ein Drehgestell der Neubaulokomotiven, bei dem für die Achsfederung Schrauben- und Gummiringfedern, für die Wiege dagegen Blattfedern verwendet werden.

Bild 30.
Anordnung der Gummifedern

Bei den Neubaulokomotiven der Baureihen E 11 und E 42 stützt sich der Oberrahmen auf den Wiegebalken der Drehgestelle und den darunterliegenden Blattfedern ab. Diese sind in Längs- und Querrichtung pendelnd an den Drehgestell-Langträgern aufgehängt, so daß der Oberrahmen bei Seitenausschlägen quer zum Gleis eine gute Rückstellung erhält.

Die Federbunde der Blattfedern stützen sich über Kugeldruckpfannen und Kugelstücke gegen die Wiege ab und sind durch die unterhalb der Wiege angeordneten Federbalken miteinander verbunden. Das Federspiel zwischen dem Achslager und dem Drehgestellrahmen beträgt 35 mm, während das Spiel zwischen dem Drehgestell und dem Oberrahmen nur 25 mm ausmacht.

2.1.2. Mittel zur Verbesserung des Fahrzeuglaufes

Es ist bekannt, daß jedes Schienenfahrzeug während der Fahrt störende Bewegungen aufweist. Sie sind auf ungenaue Gleislage, abgenutzte Radreifen und Schienen, auf das Seitenspiel zwischen Spurkranz und Schienenkopf und andere Einflüsse zurückzuführen. Sie zeigen sich besonders beim Befahren von Gleisbögen, treten aber auch bei hohen Fahrgeschwindigkeiten im geraden Gleis auf und können durch die Tragfedern, Stoßdämpfer und andere Einrichtungen nur gemildert, aber nicht beseitigt werden. Man unterscheidet das „Nicken", das dann auftritt, wenn ein Fahrzeug mit kurzem Radstand über einen schlechten Schienenstoß fährt, sowie das seitliche „Wanken", das auf Unebenheit e i n e r Schiene zurückzuführen ist. Das sogenannte „Schlingern" entsteht dadurch, daß infolge des Seitenspieles zwischen Rad und Schiene die Spurkränze der vorderen Achse einmal am linken und einmal am rechten Schienenkopf anlaufen. Das Fahrzeug beschreibt dann eine Sinuslinie. Je größer bei einer elektrischen Lokomotive mit durchgehendem Rahmen der feste Achsstand ist, das heißt der Abstand der beiden fest im Rahmen gelagerten Endachsen, desto geringer sind im allgemeinen die überhängenden Massen und um so ruhiger läuft das Fahrzeug in der Geraden. Um eine gute Bogenläufigkeit zu erreichen, darf jedoch der feste Achsstand ein bestimmtes Maß nicht überschreiten. Beim Befahren enger Gleisbögen wird es daher zweckmäßig sein, bei drei- und mehrachsigen Fahrzeugen mit durchgehendem Rahmen die Spurkränze der mittleren Radsätze zu schwächen. Auch kann man durch Seitenverschiebbarkeit dieser Achsen ein Zwängen zwischen Spurkranz und Schienenkopf vermeiden, muß dann jedoch bei elektrischen Lokomotiven mit Stangenantrieb auch die Kurbelzapfen für die Treib- und Kuppelstangen entsprechend verlängern. Trotz dieser Maßnahme ergeben sich in engen Gleisbögen an der führenden Achse hohe Anlaufdrücke, die zu einem starken Verschleiß von Spurkranz und Schienenkopf führen.

2.1.2.1. L e n k a c h s e n

Aus diesem Grunde war es bei älteren elektrischen Lokomotiven mit Stangenantrieb üblich, an jedem Ende eine oder mehrere Laufachsen vorzusehen. Diese sind nicht fest im Hauptrahmen gelagert, sondern in besonderen Lenk- oder Drehgestellen untergebracht, so daß sie sich radial einstellen können. Dadurch verbessern sie die Bogenläufigkeit und tragen zugleich den Teil der Lokomotivlast, der infolge der beschränkten Achslast nicht mehr von den Treibachsen aufgenommen werden kann.
Am gebräuchlichsten ist das von der Dampflokomotive her bekannte Bissel-Lenkgestell. Hier ist die Laufachse in einem eigenen Gestell gelagert, das durch eine Deichsel um einen im Hauptrahmen angebrachten Drehzapfen nach beiden Seiten

ausschwenken kann. Der auf die Laufachse fallende Anteil der Lokomotivlast wird durch Stützzapfen auf zwei Pfannen übertragen, die in einem seitenbeweglichen Gleitstück auf dem Lenkgestell liegen. Dadurch wird die Seitenbeweglichkeit der Laufachse nicht behindert (Bild 31). Das Lenkgestell wird durch Schraubenfedern, die beim seitlichen Ausschlagen angespannt werden, in Mittellage gehalten bzw.

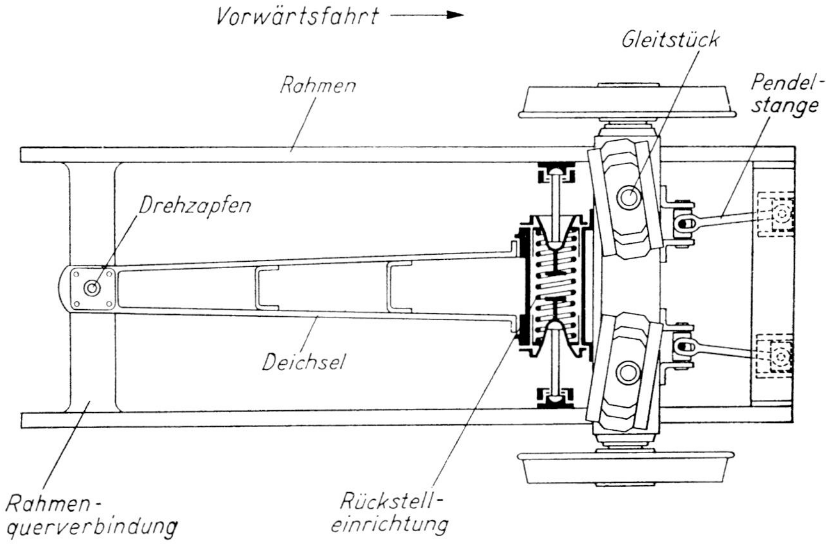

Bild 31. Bisselgestell mit Rückstelleinrichtung

nach dem Befahren von Gleisbögen in diese zurückgeführt. Die Federn üben auch eine entsprechende Richtkraft auf den Hauptrahmen aus und drängen ihn ohne Stöße in den Gleisbogen ab. Dadurch ist es möglich, die erste fest im Rahmen gelagerte Achse von allzu hohen Anlaufdrücken zu entlasten.

Ein anderes einachsiges Lenkgestell ist die Adamsachse, die bei Dampflokomotiven häufig am hinteren Ende des Rahmens, bei elektrischen Lokomotiven allerdings seltener anzutreffen ist (Bild 32). Sie wird dort angewendet, wo tiefliegende Ausrüstungsteile, bei Dampflokomotiven zum Beispiel der Aschkasten, den Einbau einer Deichsel nicht zulassen. Auch hier ist die Laufachse in einem durchgehenden Lenkgestell gelagert, das beide Achslagergehäuse miteinander verbindet. Der Hauptrahmen stützt sich wieder über Sattelstücke und Gleitplatten auf das Lenkgestell ab. Dieses hat vorn und hinten kreisbogenförmige Gleitflächen und läuft in ebenso geformten Achslagerführungen, so daß auch die Adamsachse um einen gedachten Drehpunkt ausschwenken und sich genau wie das Bisselgestell im Gleisbogen radial einstellen kann. Auch hier ist meist noch eine Rückstellvorrichtung vorhanden, die nach dem Befahren von Krümmungen den Radsatz in die Mittellage zurückführt und das Schlingern der Lokomotive bei hohen Fahrgeschwindigkeiten einschränkt.

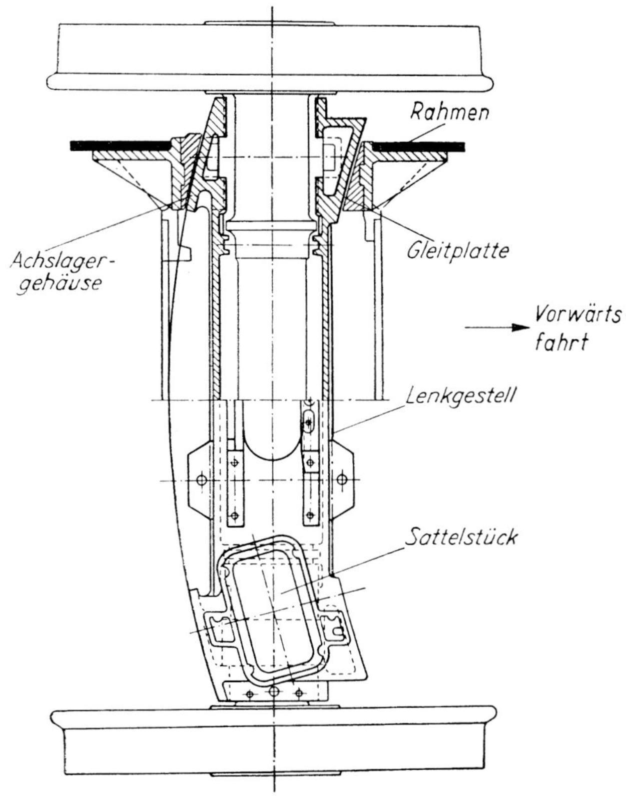

Bild 32.
Adamsachse

2.1.2.2. Drehgestelle

Außer den vorgenannten einachsigen Lenkgestellen gibt es noch Drehgestelle, in denen zwei Laufachsen, eine Laufachse und eine Treibachse oder auch zwei Treibachsen zusammengefaßt sind. Das Laufdrehgestell entspricht der üblichen Ausführung. Sein Achsstand beträgt 1,5 bis 2,0 m. Der Drehzapfen überträgt einen Teil der Lokomotivlast auf den Drehgestellrahmen, der sich über Blatt- und Schraubenfedern auf die beiden Laufachsen abstützt. Das Lager des Drehzapfens ist kugelig und wird meistens seitenbeweglich angeordnet, das heißt, es kann sich 60 bis 100 mm quer zur Fahrtrichtung verschieben. Eine Rückstellvorrichtung sorgt dafür, daß im Gleisbogen der Führungsdruck nicht nur von den beiden Laufachsen, sondern auch von der nachfolgenden Treibachse aufgenommen wird.
Gute Laufeigenschaften ermöglicht auch das Krauss-Helmholtz-Gestell, das eine am Ende liegende Laufachse mit einer benachbarten Treib- oder Kuppelachse verbindet. Die Laufachse wird, ähnlich wie die Bissel-Achse, von einem Lenkgestell mit Innenlagern aufgenommen und mit einer Rückstellvorrichtung versehen. Ein oder mehrere Stützzapfen übertragen den entsprechenden Anteil der Last über Gleitstücke auf die Laufachse, ohne deren Seitenbeweglichkeit einzuschränken. Auch die Deichsel ist vorhanden, jedoch wird das freie Ende nicht mit einem Drehzapfen am Rahmen, sondern bei Dampflokomotiven mit der Treibachsmitte ver-

bunden. Dieses Lenkgestell wird von einem Drehzapfen geführt, der fest im Hauptrahmen gelagert ist.
Da die Laufachse nach beiden Seiten auf einem Kreisbogen etwa 125 mm seitlich ausschwenken kann, die Treibachse jedoch nur 2 · 15 mm oder maximal 2 · 25 mm seitlich verschiebbar ist, muß die Lagerschale, die den Drehzapfen umschließt, wieder seitlich ausweichen können und mit einer Rückstellvorrichtung versehen sein.
Bei elektrischen Lokomotiven mit Einzelachsantrieb ist diese einfache Bauart jedoch nicht möglich, da die Treibachse zwischen den Rädern von einer Hohlwelle umgeben wird (Bilder 33 und 34). Diese ist, wie später im Abschnitt 2.3.2.3. erläutert wird, erforderlich, um das Drehmoment vom gefederten Motor auf die ungefederte

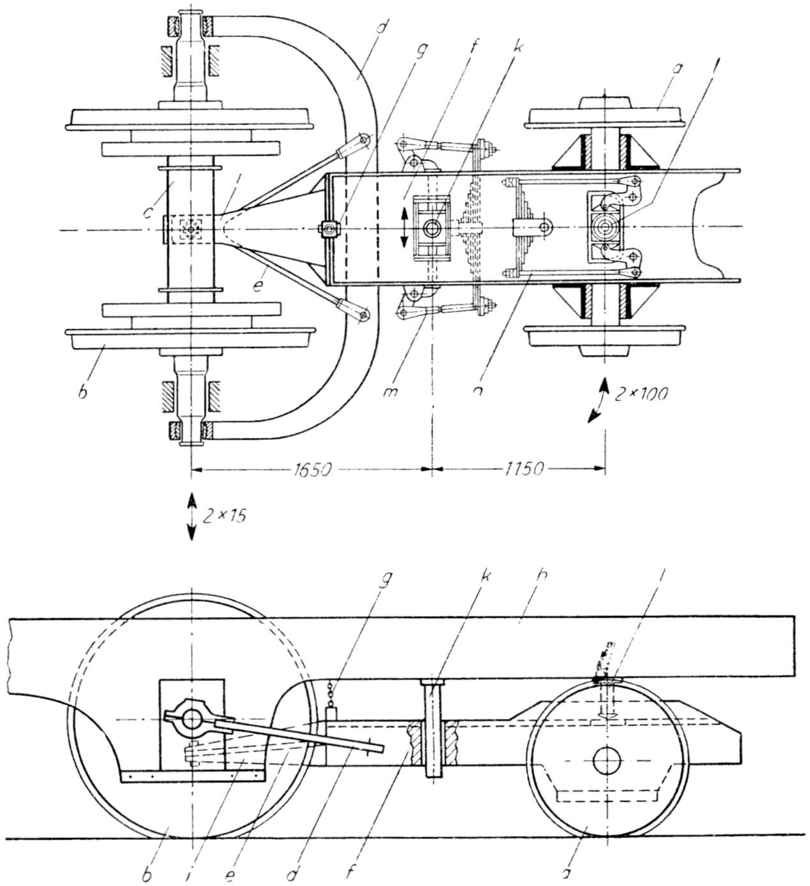

Bild 33. Krauss-Helmholtz-Drehgestell für elektrische Lokomotiven mit Einzelachsantrieb

a Laufradsatz
b Treibradsatz
c Hohlwelle
d Bügel
e Gabel
f Lenkgestell
g Pendel
h Hauptrahmen
i Deichsel
k Drehzapfen
l Stützzapfen
m Rückstellvorrichtung der Drehpfanne
n Rückstellvorrichtung der Stützpfanne

Achse übertragen zu können. Man verlängert daher die Achswelle über die beiden außenliegenden Achsschenkel hinaus und verbindet nach einem Vorschlag von Kleinow (AEG) die beiden äußeren Enden durch einen kräftigen Bügel aus Flachstahl, der um die Räder herumgreift. An diesem ist noch eine dreieckförmige Gabel angebracht, so daß die Verbindung mit dem Lenkgestell ungefähr 300 mm unter Mitte Treibachse liegt. Das Lenkgestell ist über ein Pendel, das an einer Öse angreift, mit dem Hauptrahmen verbunden und gehört daher zu den gefederten Massen.

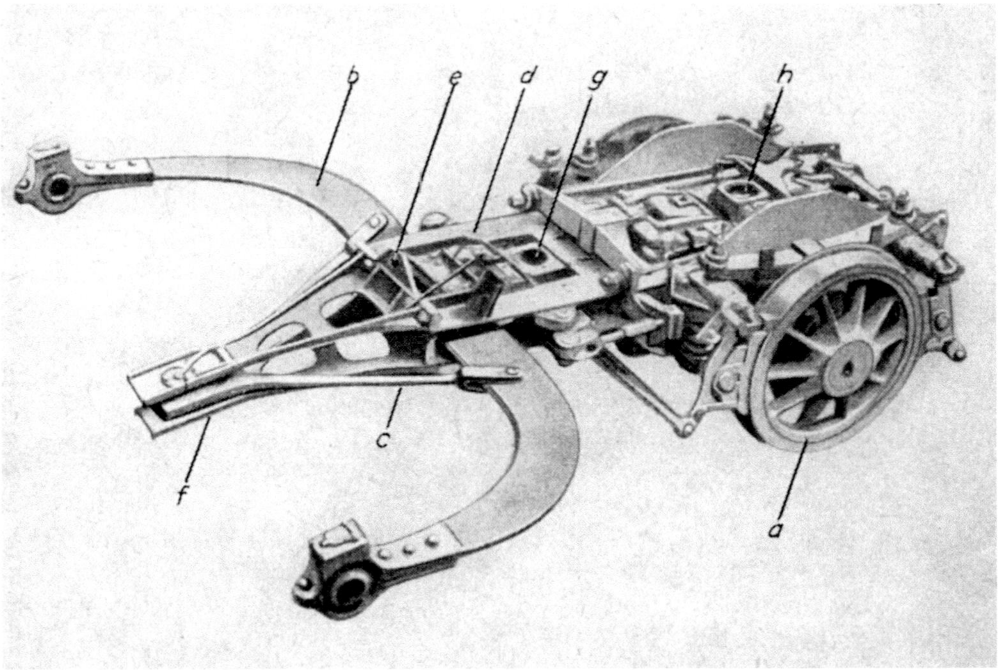

Bild 34. Krauss-Helmholtz-Drehgestell für elektrische Lokomotiven mit Einzelachsantrieb

a Laufradsatz
b Bügel
c Gabel
d Lenkgestell
e Öse für Pendel
f Deichsel
g Lager für Drehzapfen
h Pfanne für Stützzapfen

Weicht bei dieser Bauart die Laufachse nach rechts aus, so geht das freie Ende der Deichsel nach links und bewirkt über den Bügel eine Seitenverschiebung der Treibachse. Das Achslagergehäuse bewegt sich nur noch senkrecht in der Achslagerführung. Durch die Rückstellvorrichtung erreicht man ein stoßfreies Einfahren in Gleisbögen und geringe Anlaufdrücke. Diese Drehgestelle sind bei den elektrischen Lokomotiven der Baureihen E 04, E 17, E 18 und E 19 an jedem Fahrzeugende zu finden. Da die beiden letztgenannten Typen für Höchstgeschwindigkeiten von 140 und 180 km/h entwickelt wurden und auch bei diesen hohen Fahrgeschwindigkeiten einen ruhigen Lauf aufweisen sollen, wurde die geführte Länge der Lokomotive dadurch vergrößert, daß man die Rückstellfedern des nachlaufenden Drehgestells durch eine Druckluftvorrichtung verstärkte. Dadurch konnte die Schlin-

gerbewegung der Lokomotiven bei Schnellfahrten wesentlich eingeschränkt werden, ohne die gute Bogenläufigkeit bei Rangierfahrten zu beeinträchtigen.
Während die Krauss-Helmholtz-Gestelle eigentlich keine echten Drehgestelle sind, da die beiden Achsen zwar in ihrer Seitenbewegung zwangsläufig verbunden, aber in verschiedenen Gestellen gelagert sind, gibt es auch Drehgestelle, bei denen die Lauf- und die Treibachse in einem eigenen, vom Hauptrahmen getrennten Gestell vereinigt sind. In diesem Falle ist der Motor der Treibachse dann entweder im Drehgestell untergebracht, oder er ist im Hauptrahmen gelagert und mit der Treibachse über eine bewegliche Kupplung verbunden. Diese überträgt das Drehmoment und gleicht außerdem das vertikale Federspiel und die Seitenbewegung der Drehgestelle aus.
Bei älteren Lokomotiven war es üblich, an jedem Ende eine oder mehrere Laufachsen vorzusehen, um die überschüssige Last aufzunehmen und den Bogenlauf zu verbessern (zum Beispiel Achsfolge 1′ Do 1′). Durch Anwendung der modernen Technik konnte bei neueren Konstruktionen die Masse des mechanischen und elektrischen Teiles so weit verringert werden, daß man auf Laufachsen verzichtete. Dadurch kann man die gesamte Masse der betriebsfähigen Lokomotive für die Erzeugung der Haftreibung zwischen Rad und Schiene ausnutzen. Um eine ausreichende Bogenläufigkeit und auch gute Laufeigenschaften in der Geraden bei hoher Geschwindigkeit zu erreichen, wählt man für das Laufwerk zwei Triebdrehgestelle.
Bild 35 zeigt das zweiachsige Triebgestell einer elektrischen Lokomotive mit der Achsfolge Bo′ Bo′. Während für die Achsfederung Schrauben- und Gummifedern verwendet werden, stützt sich die Wiege, ähnlich wie beim Reisezugwagen-Drehgestell Görlitzer Bauart, auf Blattfedern ab.
Für größere Leistungen werden elektrische Lokomotiven mit dreiachsigen Drehgestellen gebaut, so daß sich die Achsfolge Co′ Co′ ergibt (Bild 36). Lokomotiven,

Bild 35. Zweiachsiges Triebdrehgestell

Bild 36. Dreiachsiges Triebdrehgestell

bei denen sich der Kasten auf ein zweiachsiges und ein dreiachsiges Drehgestell abstützt (Achsfolge Bo′ Co′), sind nur selten zu finden (siehe Bild 308).

Zweiachsige Drehgestelle neigen bei hohen Geschwindigkeiten in der Geraden leicht zum Schlingern. Man verbessert daher die Laufeigenschaften durch folgende Maßnahmen:

1. Möglichst geringe überhängende Massen, indem man die Fahrmotoren zwischen den Achsen anordnet;
2. möglichst spielfreie Lagerung der Achsen im Drehgestellrahmen. Man erreicht sie durch Führung der Rollenachslager in zylindrischen Zapfen mit Silentblocks (siehe Bilder 27 und 67);
3. Anordnung der Zug- und Stoßvorrichtung am Hauptrahmen. Dadurch wird der zwanglose Lauf der Drehgestelle nicht behindert;
4. möglichst großer Abstand der Drehzapfen und geringe überhängende Massen des Lokomotivkastens;
5. verbesserte Abstützung des Lokomotivkastens durch Pendelstützen, Wiegen, federnde Hilfsstützzapfen oder ähnliche Einrichtungen.

Bei den Neubaulokomotiven der Deutschen Reichsbahn ist der Drehgestellrahmen als massesparende, kastenförmige Schweißkonstruktion ausgeführt und besteht aus Blechen von 10 bis 15 mm Dicke. In den mittleren Querträger ist der Drehzapfen eingepreßt. Er ragt nach unten in das Drehzapfenlager der Wiege hinein.

Das kugelförmige Lager ist zweiteilig, wird in auswechselbaren Gleitplatten geführt und ermöglicht bei Kurven- und Weichendurchfahrten eine Seitenbewegung des Drehgestells gegenüber dem Oberrahmen von 2 · 30 mm.

Der Drehgestellrahmen überträgt die durch die Fahrmotoren erzeugte Zugkraft über die Drehzapfen und die mit dem Oberrahmen fest verschraubten Wiegen zur Zug- und Stoßvorrichtung. Da sich der Oberrahmen über die vier Stützböcke auf

den Wiegen abstützt, übernehmen die Drehzapfen in vertikaler Richtung keine Kräfte.
In jedem Drehgestell sind zwei Fahrmotoren untergebracht. Sie stützen sich mit den Tatzen auf die Achsen auf, während die gegenüberliegende Seite unter Zwischenschalten von Gummifedern am mittleren Drehgestellquerträger befestigt ist.
Die Neubaulokomotiven der Deutschen Reichsbahn weisen auch bei hohen Fahrgeschwindigkeiten gute Laufeigenschaften auf. Der kleinste befahrbare Kurvenradius beträgt 140 m, die kleinste befahrbare Weichenneigung 1 : 7. Das vollständige Triebgestell einer Lokomotive der Baureihe E 11 / E 42 wiegt etwa 20 t.
Bei älteren Lokomotiven sind die beiden Drehgestelle entweder nur durch den Hauptrahmen miteinander verbunden oder sie sind außerdem miteinander gekuppelt. Die häufig verwendeten Kurzkupplungen sind ähnlich aufgebaut wie die Tenderkupplungen bei Dampflokomotiven. Die Zugkräfte werden durch ein Kuppeleisen, die Druckkräfte durch gefederte Stoßpuffer übertragen.
Bei neueren Lokomotiven bevorzugt man elastische Ausgleichkupplungen, die durch Diagonal- und Längsverbindungen bei Kurvenfahrt die radiale Einstellung der Achsen begünstigen und Spießgang vermeiden sollen. Derartige Kupplungen tragen wesentlich zur Verbesserung des Bogenlaufs bei und setzen den Verschleiß der Radreifen im geraden Gleis stark herab. Im Gegensatz dazu haben andere Kupplungstypen den Zweck, beim Anziehen schwerer Züge eine allzu große Entlastung einzelner Achsen zu vermeiden.
Auch bei den Neubaulokomotiven der Deutschen Reichsbahn sind die beiden Drehgestelle über eine elastische Diagonalverbindung miteinander gekuppelt. Diese besteht aus einem Federtopf, einem teleskopartigen Gestänge und einer Schraubenfeder, die sowohl bei Druck- als auch bei Zugbeanspruchung als Dämpfungsglied wirkt.
Bei elektrischen Lokomotiven besteht auch die Möglichkeit, mit Hilfe der graphischen Verfahren von R o y und V o g e l nachzuprüfen, ob ein Befahren von Weichenstraßen und engen Gleisbögen ohne Zwängen und allzu hohe Anlaufdrücke an den Schienen möglich ist. Drehgestell-Lokomotiven zeichnen sich durch gute Laufeigenschaften aus. Versuche, die in den letzten Jahren mit Drehgestell-Lokomotiven ohne Laufachsen durchgeführt wurden, bewiesen, daß bei zweckmäßiger Ausbildung des Laufwerks und richtiger Abstützung des Wagenkastens ein ruhiger Lauf sogar noch bei Geschwindigkeiten über 300 km/h erreicht wird.

2.1.3. Mechanische Bremsen

Alle elektrischen Triebfahrzeuge sind genau wie Dampf- und Diesellokomotiven mit mechanischen Bremsen ausgerüstet. Diese haben den Zweck, den Lauf der Lokomotive und des angehängten Zuges bis zum Stillstand zu verzögern und auch stillstehende Fahrzeuge auf Gefällestrecken gegen unbeabsichtigtes Abrollen zu sichern. Darüber hinaus findet man bei einigen elektrischen Triebfahrzeugen noch elektrische Bremsen, die besonders auf Strecken mit starkem Gefälle gewisse Vorteile aufweisen (siehe Abschnitt 3.6.).

2.1.3.1. Druckluftbremse

Sämtliche elektrischen Lokomotiven sind mit einer Druckluftbremse ausgerüstet, die in ihrem Aufbau der Bremseinrichtung einer Dampflokomotive entspricht. Es soll daher an dieser Stelle darauf verzichtet werden, auf Einzelheiten der verschiedenen Bremssysteme einzugehen. Gebräuchlich sind Klotzbremsen, bei denen ein oder mehrere gußeiserne Bremsklötze durch ein Bremsgestänge an die Lauffläche der Radreifen gepreßt werden. Um eine einseitige Belastung der Achslager zu vermeiden, ist es zweckmäßig, jedes Rad durch zwei möglichst gegenüberliegende Bremsklötze abzubremsen.
Die Bremswirkung ist abhängig von der Größe der Berührungsfläche, der Klotzkraft und dem Reibwert zwischen Klotz und Rad. Um die durch die BO vorgeschriebenen Bremswege nicht zu überschreiten, werden bei elektrischen Lokomotiven im allgemeinen sämtliche Achsen abgebremst. Die Summe der einzelnen Bremsklotzkräfte, das heißt die maximale Bremsklotzkraft, beträgt bei Güterzuglokomotiven ungefähr 70 % ihrer Gesamtlast. Bei schnellfahrenden Lokomotiven liegt dieser Wert bedeutend höher. So steigerte man zum Beispiel bei den Lokomotiven der Baureihe E 18 die Abbremsung der Treibräder auf 180 % und die der hinteren Laufachse auf 150 % der Achslast.
Die Bremswirkung kann nicht beliebig erhöht werden, da die Klotzreibung keinesfalls größer werden darf als die Haftreibung zwischen Rad und Schiene. Da der Reibwert der gußeisernen Bremsklötze auf den stählernen Radreifen bei abnehmenden Geschwindigkeiten schnell ansteigt, ist es üblich, noch besondere Fliehkraftbremsregler einzubauen. Diese werden von einer Achse angetrieben und setzen bei einer Fahrgeschwindigkeit von etwa 55 km/h bis zum Stillstand die Abbremsung auf den üblichen Wert von etwa 80 % herab. Drehgestell-Lokomotiven besitzen im allgemeinen zwei voneinander unabhängige Bremsgestänge.
Die Neubaulokomotiven der Baureihe E 11 sind mit einer indirekt wirkenden selbsttätigen und einer direkt wirkenden nichtselbsttätigen Druckluftbremse Bauart Kssbr mZ ausgerüstet. Die erstgenannte ist eine Einkammer-Druckluftbremse und wird mit Hilfe des Führerbremsventils bedient. Der von einem Einfach-Steuerventil beaufschlagte Druckübersetzer läßt beim Bremsen Luft aus der Hauptluftbehälterleitung in die vier Bremszylinder einströmen, die unterhalb des Oberrahmens zwischen den Drehgestellen angeordnet sind. Der Kolbendurchmesser beträgt einheitlich 14″. Die Höhe des vollen Bremsdruckes wird durch einen geschwindigkeitsabhängigen Fliehkraftbremsdruckregler bestimmt.
Ein Umstellhahn dient dazu, das Tempo des Druckanstiegs in den Bremszylindern entsprechend der Verwendung der Lokomotive zu verändern. Man unterscheidet

für sehr schnell fahrende Züge	die Stellung SS,
für normale Schnellzüge	die Stellung S,
für Personenzüge	die Stellung P,
für Güterzüge	die Stellung G.

In den Stellungen P und G wird der Einfluß des Fliehkraftreglers ausgeschaltet.
Diese selbsttätige Bremse kann die Lokomotive bei den Stellungen SS oder S und einer Fahrgeschwindigkeit über 55 km/h bis zu 195 % der Lokomotivlast ab-

bremsen. Der Luftüberdruck in den Bremszylindern beträgt dann maximal 6,5 kp/cm^2. Bei einer Fahrgeschwindigkeit unter 55 km/h wird durch den Fliehkraftbremsdruckregler ein Druckübersetzer betätigt, der den maximalen Luftdruck in den Bremszylindern auf 2,8 kp/cm^2 herabsetzt, so daß nur etwa 82 % der Lokomotivlast abgebremst werden.
Die Bremswirkung läßt sich durch stufenweises Senken des Luftdruckes in der Hauptluftleitung feinstufig erhöhen, ein stufenweises Lösen der Bremse ist nicht möglich.
Die andere, allerdings nicht selbsttätig wirkende Bremse wird mit Hilfe des Zusatzbremsventils betätigt. Sie wird bei leerfahrenden Lokomotiven verwendet und läßt ebenfalls sehr hohe Bremskräfte zu.
Die Bremseinrichtungen der Neubaulokomotive BR E 42 sind ähnlich aufgebaut. Wegen der geringeren Höchstgeschwindigkeit wurde der Kolbendurchmesser der vier Bremszylinder auf 12″ herabgesetzt. Mit der indirekt wirkenden Zugbremse werden in P- und G-Stellung des Umstellhahns und bei einer Fahrgeschwindigkeit von 0 bis 110 km/h etwa 88 % und mit der direkt wirkenden Zusatzbremse etwa 106 % der Lokomotivlast abgebremst.
Die zum Bedienen der Bremseinrichtung benötigte Druckluft von 8,5 bis 10,0 kp/cm^2 Überdruck wird durch einen Kompressor erzeugt. Dieser arbeitet meist zweistufig und kann als Kolbenkompressor oder auch als Rotationskompressor ausgebildet sein (siehe Abschnitt 3.7.4.).

2.1.3.2. Handbremse

Außer der Druckluftbremse muß jede elektrische Lokomotive laut BO noch eine Handbremse besitzen. Es ist im allgemeinen eine Spindelbremse, die von jedem Führerstand aus durch ein Handrad betätigt werden kann. Eine verhältnismäßig hohe Übersetzung ermöglicht ausreichend große Bremskräfte. Die Bremse wird stets durch Drehen im Uhrzeigersinn angezogen. Sie wirkt auf dasselbe Bremsgestänge wie die Druckluftbremse und dient im allgemeinen nur als Feststellbremse.
Auch bei den Neubaulokomotiven BR E 11/E 42 ist auf jedem Führerstand noch eine Spindelbremse mit Handrad vorhanden. Sie wirkt jeweils auf das gegenüberliegende Drehgestell und kann maximal 24 % der Lokomotivlast abbremsen. Legt man gleichzeitig beide Handbremsen an, so kann man die Bremswirkung auf das Doppelte steigern.

2.1.3.3. Schleuderschutzbremse

Die Schleuderschutzbremse ist ebenfalls eine Druckluftbremse. Ihre Aufgabe ist es jedoch nicht, den fahrenden Zug zu verzögern oder anzuhalten, sondern sie hat den Zweck, das Schleudern der Treibachsen bei schweren Anfahrten zu verhindern. Sie wird also bei arbeitenden Fahrmotoren angestellt, was sonst streng verboten ist. Sobald der Lokomotivführer durch das Geräusch auf das Schleudern einzelner Achsen aufmerksam gemacht wird oder am Strommesser das plötzliche Absinken der Stromaufnahme des einen oder anderen Fahrmotors erkennt, betätigt er die

Schleuderschutzbremse, ohne eine niedrigere Fahrstufe einzuschalten. Da in diesem Falle Druckluft von nur 1 kp/cm^2 Überdruck vom Hauptluftbehälter in die Bremszylinder einströmt, ist die Bremswirkung nur gering, doch sie genügt, um das Schleudern zu beseitigen.

Die Schleuderschutzbremse wird durch einen am Platz des Lokomotivführers angeordneten Fußtastschalter eingeschaltet.

Wird bei Mehrfachtraktion mit Hilfe der Mehrfachsteuerung die Zuglokomotive von einer Vorspannlokomotive aus gesteuert, so kann der Lokomotivführer das Schleudern einzelner Achsen nicht immer rechtzeitig erkennen. Für diesen Fall wurden bei einigen Lokomotiven der Baureihe E 11 Schleuderanzeigevorrichtungen eingebaut, die das Schleudern dem Lokomotivpersonal auf dem Führerstand der führenden Lokomotive melden. Auch wurden automatische Schleuderschutzeinrichtungen entwickelt, die die Steuerung dann solange zurückschalten, bis das Schleudern aufhört.

2.1.4. Rahmen

Auf dem Laufwerk ruht der Rahmen. Er ist bei den älteren elektrischen Lokomotiven ähnlich aufgebaut wie der Rahmen der Dampflokomotiven und besteht aus zwei Rahmenwangen, die durch mehrere Querverbindungen versteift werden.

Bild 37. Rahmen für elektrische Lokomotiven älterer Bauart, oben mit aufgesetztem Wagenkasten

Im Gegensatz zu den elektrischen Lokomotiven mit Stangenantrieb, die ausschließlich Innenrahmen verwenden, ist bei elektrischen Lokomotiven mit Einzelachsantrieb im allgemeinen der Außenrahmen gebräuchlich, da der gesamte Raum zwischen den Rädern für die Unterbringung der großen Fahrmotoren benötigt wird. Genau wie bei Dampflokomotiven gibt es auch hier Barren- und Blechrahmen, doch werden letztere mit einer Wanddicke von 20 bis 30 mm weit häufiger verwendet. Der Rahmen der E 18 ist zum Beispiel aus 26 mm dicken Blechen zusammengeschweißt und hat eine Masse von 12,5 t (Bild 37). Die beiden Rahmenwangen sind durch starke Bleche verbunden, die teils senkrecht, zum Teil auch waagerecht angeordnet sind. Sie tragen wesentlich zur Versteifung des Rahmens bei und nehmen zugleich den Trafo, die Fahrmotoren und andere Teile der elektrischen Ausrüstung auf. Bei Drehgestell-Lokomotiven ist der Brückenrahmen, der den Kastenaufbau trägt, auf die beiden Drehgestellrahmen aufgesetzt. Er besteht bei älteren Lokomotiven ebenfalls aus zwei Langträgern, die durch zahlreiche Querversteifungen verbunden sind. Bei Neukonstruktionen ist der Brückenrahmen jedoch durchweg aus dünnen Blechen zusammengeschweißt (Bild 38). Er soll nämlich nicht nur ausschließlich als Tragkonstruktion für die elektrische Ausrüstung und den aufgesetzten Kastenaufbau dienen, sondern er wird durch kraftschlüssiges Verschweißen mit dem Lokomotivkasten zu einer gemeinsam tragenden Konstruktion verbunden. Aus diesem Grunde werden die Bleche, welche die senkrechten Kräfte aufnehmen, meist in die Ebene der Seitenwände des

Bild 38. Brückenrahmen während der Herstellung (Unterseite nach oben)

Kastenaufbaus verlegt und durch zahlreiche, verhältnismäßig dünne Bleche versteift. Auch die Querverbindungen, welche die Drehzapfen tragen, werden eingeschweißt und lediglich die Pufferträger werden angeschraubt, um ein leichtes Auswechseln bei Beschädigungen zu ermöglichen.
Bei den Neubaulokomotiven besteht der Oberrahmen aus zwei äußeren Hauptlangträgern und zwei inneren Hilfslangträgern, die durch zahlreiche Querträger miteinander versteift sind. Die Stege der I-Profile haben zwecks Masseeinsparung große Ausschnitte. Die den Trafo tragenden Querverbindungen und die beiden Stützträger über Mitte Drehgestell sind als Kastenträger ausgeführt.
Der Rahmen ist über die ganze Länge seiner Oberfläche mit einem 4 mm dicken Blech abgedeckt. Dieses hat lediglich einige Aussparungen, um die Zugänglichkeit zu den Kommutatorklappen der Fahrmotore zu ermöglichen und Kabel und Luftkanäle hindurchzuführen.
Der Oberrahmen ist so stabil gebaut, daß er einem Pufferstoß von 200 Mp standhält. Er wiegt einschließlich Bodenblech etwa 8,2 t.
Auch die Drehgestellrahmen werden neuerdings nicht mehr als Blechrahmen ausgeführt, sondern man bevorzugt Kastenrahmen, die aus dünnen, nur etwa 6 mm dicken Blechen zusammengeschweißt werden (siehe Bilder 35 und 36). Dadurch kann trotz hoher Steifigkeit die Masse des wagenbaulichen Teiles zugunsten der elektrischen Ausrüstung beträchtlich verringert werden. Bei einigen älteren Bauarten wurde der Hauptrahmen unterteilt, so daß auch für schwere Güterzuglokomotiven mit mehr als sechs Achsen noch eine gute Bogenläufigkeit gesichert war (zum Beispiel E 95 mit der Achsfolge 1'Co + Co1').
Am Rahmen sind die Zug- und Stoßvorrichtungen befestigt. Sie entsprechen der bei Dampflokomotiven üblichen Ausführung, so daß es sich erübrigt, an dieser Stelle auf Einzelheiten näher einzugehen. Alle wesentlichen Maße werden durch die „Technischen Vereinbarungen über den Bau und den Betrieb von Hauptbahnen (TV)" und die BO im einzelnen genau vorgeschrieben. Bei Drehgestell-Lokomotiven sind die Zug- und Stoßvorrichtungen im allgemeinen am Brückenrahmen angebracht. Es gibt jedoch auch Ausführungen, bei denen diese Teile am Drehgestellrahmen befestigt sind, zum Beispiel Baureihe E 44, E 93 und E 94. In diesem Falle müssen die Drehzapfen sämtliche Längskräfte aufnehmen, falls die beiden Drehgestelle nicht durch eine besondere Kupplung miteinander verbunden sind.

2.2. Lokomotivkasten

Der Kasten sitzt bei einteiligen Fahrzeugen auf dem Rahmen, bei Drehgestell-Lokomotiven auf der Brücke. Er ist im allgemeinen einteilig, nur bei älteren Lokomotiven bestand der Kasten manchmal aus mehreren Teilen, die dann durch Faltenbälge miteinander verbunden waren (zum Beispiel Baureihe E 77, siehe Bild 18, oder Baureihe 91, siehe Bild 54). Der Kasten nimmt im allgemeinen an den beiden Enden die Führerstände auf, während in dem mittleren Teil die gesamte elektrische Ausrüstung untergebracht wird. Bei manchen älteren elektrischen Loko-

motiven sind verschiedene Zubehörteile an den Stirnseiten in kleinen Vorbauten untergebracht, die jedoch nur halbhoch sind und daher die Sichtverhältnisse nicht beeinträchtigen (siehe Bilder 243 bis 247 und 251 bis 254). Um den Luftwiderstand, der besonders bei Geschwindigkeiten über 100 km/h einen beträchtlichen Teil der aufgewendeten Energie verbraucht, möglichst klein zu halten, gab man früher bei Schnellzuglokomotiven dem Kastenaufbau eine windschnittige Form (siehe Bilder 101 und 248). Bei neueren Konstruktionen ist es dagegen im internationalen Lokomotivbau üblich, nur die Kanten des Kastenaufbaus abzurunden und den oberen Teil der Stirnwand leicht nach hinten zu neigen (siehe Bilder 255 bis 262). Dadurch wird zwar der Luftwiderstand an der vorderen Stirnwand vergrößert, doch es ergeben sich günstigere Strömungsverhältnisse zwischen der Lokomotive und dem ersten Wagen.
Zugleich erhält man die Möglichkeit, einen geräumigeren Führerstand mit breiten Stirnscheiben vorzusehen und gewinnt außerdem auf dem Führertisch genügend Platz, um alle Bedienungseinrichtungen und Meßinstrumente übersichtlich anzuordnen.
Im Ausland findet man vereinzelt auch elektrische Lokomotiven, bei denen der Führerstand in der Mitte des Lokomotivkastens angeordnet ist (siehe Bilder 297 bis 299). Dadurch entfällt zwar beim Wechsel der Fahrtrichtung der Weg durch den Maschinenraum, doch muß man dafür eine schlechte Zugänglichkeit der in den Vorbauten untergebrachten elektrischen Ausrüstung und eine schwierige und zu dichte Lagerung der beiden Stromabnehmer in Kauf nehmen.

2.2.1. Aufbau des Kastens

Die Konstruktion der Lokomotivkästen hat in den letzten Jahren eine beträchtliche Änderung erfahren. Während es früher allgemein üblich war, für die Seitenwände ein Winkeleisengerippe zu verwenden und dieses mit Blechen zu verkleiden (Bild 39), werden heute die Seitenwände zum Tragen mit herangezogen und mit dem Rahmen und dem Dach fest verschweißt (Bild 40). Das Dach ist daher auch nicht mehr abnehmbar, sondern hat lediglich mehrere große Ausschnitte, um die schweren Bauteile, wie den Transformator und eventuell auch die Fahrmotoren mit dem Kran ein- und ausbauen zu können. Anstelle des Kastengerippes aus Profilstählen werden Spanten eingebaut, die aus dünnen Blechen hergestellt werden und dem Kasten eine hohe Steifigkeit verleihen. Um beim Anheben der Lokomotive ein Verbiegen des Rahmens und ein Beschädigen des Kastens zu vermeiden, sind oft besondere Aufhängeösen vorgesehen. Das aus leichten Stahlprofilen bestehende Kastengerippe ist außen mit 1,5 bis 2 mm dicken Blechen beplankt. Die Führerhäuser sind innen mit Sperrholz- oder Holzfaserplatten abgedeckt.
Neuerdings wird auch versuchsweise anstelle der Bekleidungsbleche glasfaserverstärktes Polyesterharz verwendet. Dadurch können hochwertige Tiefziehbleche eingespart, die Masse des Wagenkastens gesenkt, die Geräusche im Führerhaus vermindert und auch die Wärmeisolation verbessert werden. Auch ist damit zu rech-

Bild 39. Rahmen einer elektrischen Lokomotive mit Kastengerippe (ältere Bauart)

Bild 40. Lokomotivkasten während des Baus

nen, daß nach Abschluß der Versuche der Arbeitsaufwand und somit die Kosten für die Herstellung der Aufbauten geringer werden.
Bei den Neubaulokomotiven der Baureihe E 11/E 42 ist der Lokomotivkasten in Stahlblech-Leichtbauweise ausgeführt und mit dem Oberrahmen zu einer selbsttragenden Schweißkonstruktion zusammengefügt. Das Dach hat drei große Ausschnitte, die durch abnehmbare Dachhauben abgedeckt sind. Diese sind so verwindungssteif, daß sie mit der aufgebauten Dachausrüstung (Stromabnehmer, Hauptschalter usw.) angehoben werden können. Die größte in der Mitte liegende Dachhaube ist nochmals unterteilt, um den Ausbau des Luftverdichters zu erleichtern.
Die Masse des leeren Lokomotivkastens beträgt 12,3 t.

2.2.2. Abstützung des Lokomotivkastens

Bei der Abstützung des Brückenrahmens auf die Drehgestelle ist darauf zu achten, daß sich die Last des Kastenaufbaus gleichmäßig auf die einzelnen Achsen verteilt und daß auch die Bogenläufigkeit in keiner Weise eingeschränkt wird. Falls die beiden Drehzapfen die Last auf die Drehpfannen der Drehgestelle übertragen, so werden meist noch seitliche Gleitstücke vorgesehen, die nur einen kleinen Teil der Last übernehmen und ein seitliches Kippen des Kastens verhindern sollen. Die Drehzapfenlager sind im allgemeinen seitenbeweglich und mit einer Rückstellvorrichtung versehen.
Es besteht jedoch auch die Möglichkeit, den Lokomotivkasten über seitliche Pendelstützen abzufangen. Der Drehzapfen wird in diesem Falle nicht durch vertikale Kräfte belastet und dient lediglich zur Führung. Wird ein dritter Stützpunkt vorgesehen, so befindet sich dieser in der Mitte der Rahmenenden. Alle Abstützungen sind mit nachstellbaren Federn ausgerüstet.
Bei den Neubaulokomotiven stützt sich der Oberrahmen über vier kastenförmig ausgebildete Stützböcke, die jeweils an die beiden Stützträger angeschweißt sind, auf die Wiegebalken der Drehgestelle und die darunterliegenden Blattfedern ab.
Da der Zughaken reichlich 1000 mm über der Schienenoberkante liegt, wirkt bei Lokomotiven mit durchgehendem Rahmen, bedingt durch die Zugkraft, ein Drehmoment auf die Lokomotive ein, so daß die vorderen Achsen entlastet und die hinteren Achsen zusätzlich belastet werden. Bei laufachslosen Lokomotiven mit Stangenantrieb ändert sich dadurch an der gesamten Reibungslast nichts, so daß auch die Zugkraft in voller Höhe erhalten bleibt. Bei Lokomotiven mit Einzelachsantrieb neigen jedoch die vorderen Treibachsen infolge der Entlastung zum Schleudern, und die Zugkraft fällt merklich ab.
Bei Drehgestell-Lokomotiven liegen die Verhältnisse ähnlich. Auch hier wirkt am Oberrahmen die Zugkraft nach hinten gerichtet in Höhe des Zughakens und die Antriebskraft an den Drehzapfen nach vorn. Da die Höhe des Drehzapfens über Schienenoberkante kleiner ist als der Abstand des Zughakens von der Schienenoberkante, übt die Zugkraft auf den Oberrahmen wiederum ein Kippmoment aus, das die vordere Abstützung entlastet und die hintere Abstützung zusätzlich belastet.

Auch in jedem Drehgestell tritt noch ein Moment auf, da die Treibachsen in Höhe der Achslager eine nach vorn gerichtete Kraft auf den Drehgestellrahmen ausüben, die dann von den höher liegenden Drehzapfen auf den Oberrahmen übertragen wird.
Diesen Momenten, die die Zugkraft der Lokomotive stark beeinträchtigen, kann man unter anderem durch Tiefanlenkung der Kastenabstützung und durch möglichst niedrige Anordnung der Drehzapfen entgegenwirken.

2.2.3. Führerstand

Im allgemeinen befindet sich an jedem Lokomotivende ein Führerstand. Er ist über seitliche Trittstufen zu erreichen, die Türen schlagen nach innen auf. Die Führerstände sind hell und geräumig, sie können ausreichend gelüftet und geheizt werden

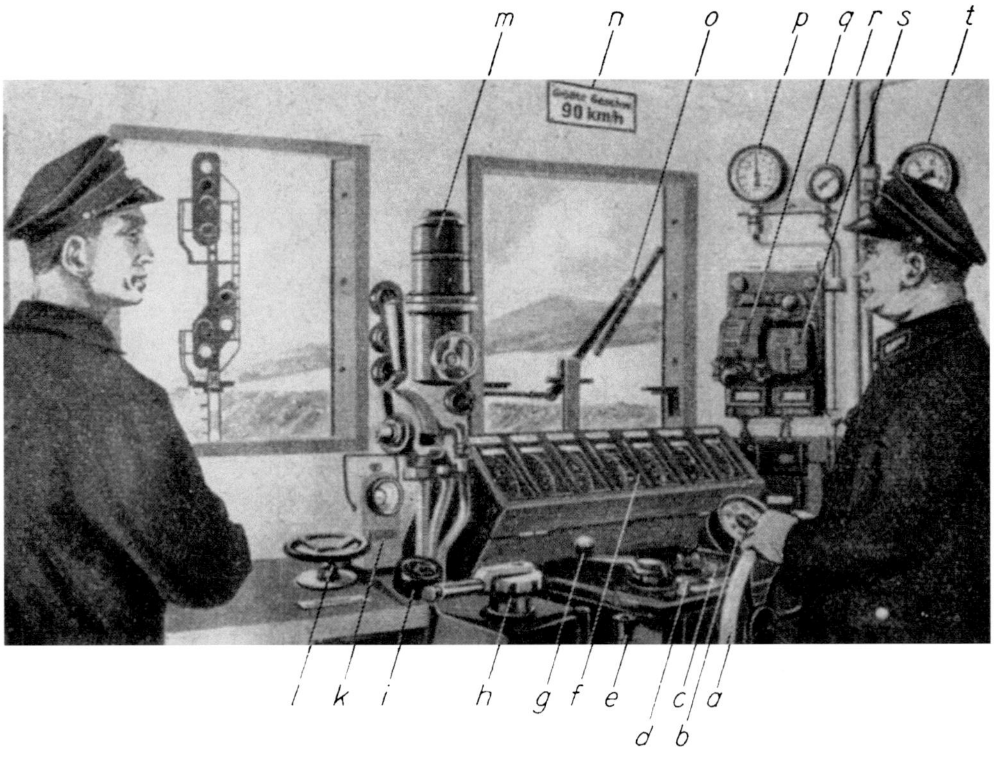

Bild 41. Führerstand einer elektrischen Lokomotive (ältere Bauart)

a Handrad
b Geschwindigkeitsmesser
c Fahrstufenanzeiger
d Schnellabschaltknopf
e Sifa-Knopf
f Meßinstrumente für Fahrdrahtspannung, Gesamtstrom, Motorstrom, Bremsstrom usw.
g Fahrtrichtungswender
h Führerbügelventil
i Abblendschalter für Signalleuchten
k Handlampe
l Elektrische Zugheizung
m Antrieb für Scheibenwischer
n Tafel für zulässige Höchstgeschwindigkeit
o Scheibenwischer
p Manometer für Hauptluftleitung
q Handschalter für Lüfter
r Manometer für Hauptluftbehälter
s Handschalter für Luftpresser
t Manometer für Bremszylinder

und bieten somit zu jeder Jahreszeit dem Lokomotivpersonal günstige Arbeitsbedingungen. Große Fenster in den Stirn- und Seitenwänden ermöglichen eine einwandfreie Streckenübersicht. Sämtliche Instrumente und Bedienungshebel sind auf der in Fahrtrichtung rechten Seite des Führerstandes angeordnet (Bild 41). Bei neueren Lokomotiven sind sie so eingerichtet, daß sie auch im Sitzen bequem abgelesen und bedient werden können. Den Aufbau eines modernen Führerstandes zeigt Bild 42.
Bei den Neubaulokomotiven der Deutschen Reichsbahn sind die Führerstände innen mit Sprelacart verkleidet, einem Schichtpreßstoff, der leicht zu reinigen ist und den Führerständen ein helles und freundliches Aussehen verleiht.
Auf der linken Seite des Führerstandes ist ein Schreibpult mit Leuchte angeordnet. Darunter befinden sich mehrere Ablegeschubfächer und ein Werkzeugschrank.

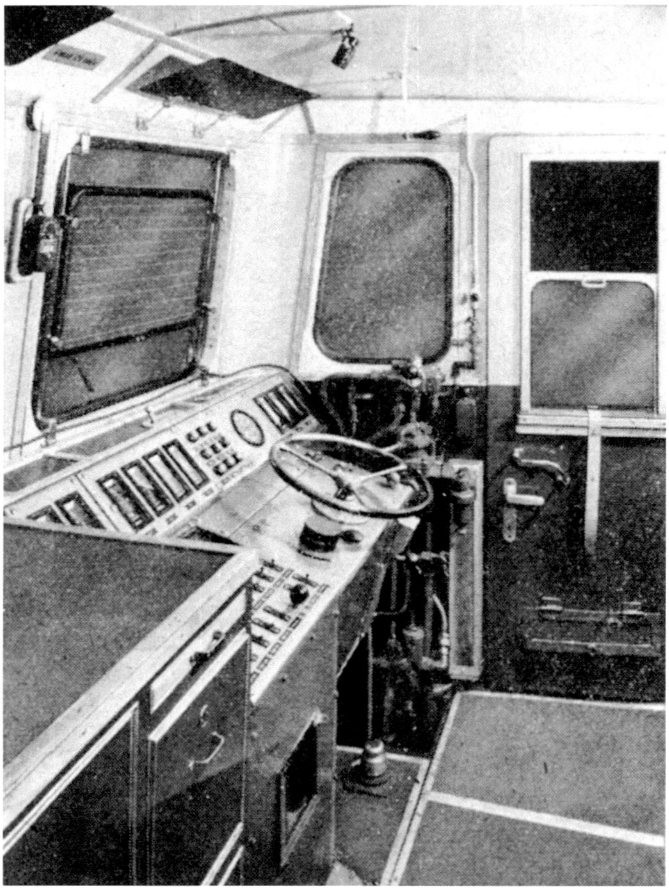

Bild 42.
Führerstand der Neubaulokomotive Baureihe E 11/E 42

2.2.4. Maschinenraum

Der Maschinenraum ist durch Zwischenwände abgeteilt und kann von ein oder zwei seitlichen Durchgängen aus betreten werden. Er nimmt die gesamte elektrische Ausrüstung der Lokomotive und einen großen Teil der Hilfseinrichtungen auf. Das Dach trägt die Stromabnehmer, den Hauptschalter und andere Ausrüstungsteile. In die obere Hälfte der Seitenwände des Maschinenraums sind Luftjalousien eingebaut, durch die die Kühlluft für den Transformator und die Fahrmotoren angesaugt wird. Die erforderliche Luftmenge ist recht erheblich und beträgt im Sommer etwa 20 bis 25 m^3/s.

Durch mehrmalige Umkehr der Strömungsrichtung vermeidet man das Ansaugen von Staub, Laub und sonstigen Verunreinigungen. Auf der Innenseite sind die Luftjalousien meist noch mit einem Drahtgeflecht abgedeckt, damit weder Schnee noch Insekten eindringen können.

Während bei den älteren Lokomotiven die Schlitze waagerecht liegen, werden neuerdings senkrecht stehende Lamellen eingebaut. Diese sind abgewinkelt und so angeordnet, daß sich ihre freien Schenkel überdecken. Die dadurch erzielte Düsenwirkung bietet einen größeren Schutz gegen Verunreinigungen.

Bei den Neubaulokomotiven kann der eine Seitengang auch während der Fahrt betreten werden. Der andere dient nur als Montage- und Kontrollgang. Von ihm aus sind alle, auch die Hochspannung führenden Schaltgeräte, frei zugänglich und nicht durch Gitter oder Kappen gegen Berühren geschützt. Dieser Gang darf nur bei gesenkten Stromabnehmern und ausgeschaltetem Hauptschalter betreten werden. Seine Türen sind ständig verschlossen und zusätzlich elektrisch verriegelt. Um Unfälle zu vermeiden, können sie nur mit dem Schaltgriff des Stromabnehmer-Wahlschalters geöffnet werden.

2.3. Triebwerk

Das Triebwerk hat die Aufgabe, das Drehmoment des Motors auf eine oder mehrere miteinander gekuppelte Achsen zu übertragen. Da der Elektromotor bereits eine Drehbewegung aufweist, braucht diese nur weitergeleitet zu werden. Es ist nicht wie bei den Dampflokomotiven erforderlich, eine hin- und hergehende Bewegung in eine drehende zu verwandeln. Dennoch werden besonders bei schnellfahrenden Lokomotiven sehr hohe kinematische und dynamische Forderungen an das Triebwerk gestellt, die im folgenden angeführt sind.

1. Um die Gleisanlagen zu schonen und einen ruhigen Lauf der Lokomotive auch bei hohen Geschwindigkeiten zu erreichen, ist es erforderlich, einen möglichst großen Teil der Lokomotivlast abzufedern und die ungefederten Massen so klein wie irgend möglich zu halten. Der Fahrmotor soll deshalb im abgefederten Teil, also im Haupt- oder Drehgestellrahmen, untergebracht werden.
2. Das Triebwerk, das den gefederten Motor mit dem ungefederten Radsatz verbindet, darf den vertikalen Bewegungen keinen inneren Widerstand entgegensetzen. Es muß so konstruiert sein, daß es das Federspiel ausgleicht und die Achsfederung so wenig wie möglich beeinträchtigt.

3. Außerdem wird verlangt, daß der Fahrmotor durch das Triebwerk in seinen Abmessungen nicht beschränkt wird und im Vergleich zu seiner Größe und zu seiner Masse eine möglichst große Leistung aufweist. Das setzt jedoch voraus, daß die zulässige Ankerumfangsgeschwindigkeit ausgenutzt wird, die durch die Fliehkraft begrenzt ist und maximal etwa 60 bis 70 m/s beträgt.
4. Auch darf der Antrieb die Seitenbewegung des Radsatzes nicht einschränken, da durch eine gewisse Querelastizität des Rades der Verschleiß am Radreifen und Schienenkopf weitgehend herabgesetzt wird.
5. Außerdem soll der Antrieb winkelecht sein, das heißt, die Motorwelle darf sich auch bei einem großen Federspiel gegenüber der Achswelle nicht verdrehen.
6. Weiterhin dürfen die Antriebsteile bei ständiger oder stoßweiser Versetzung gegen die Achswelle keine äußeren Massenkräfte hervorrufen, die sich als Unwucht auswirken.
7. Der Antrieb soll drehelastisch sein, das heißt, die Motorwelle soll beim Anfahren gegenüber der Achswelle um einen bestimmten Winkel voreilen können, um die Kommutatorlamellen der Fahrmotore zu schonen. Gleichzeitig sollen die pulsierenden Drehmomentschwankungen ausgeglichen werden, die sich beim Einphasenwechselstrommotor nachteilig auswirken.
8. Das Triebwerk soll möglichst einfach aufgebaut sein, die Herstellungskosten der Lokomotive nicht wesentlich verteuern, unbedingt betriebssicher arbeiten und möglichst ohne Wartung und Schmierung auskommen.

Es ist verständlich, daß während der jetzt mehr als 75jährigen Entwicklung der elektrischen Lokomotiven verschiedenartige Antriebe erprobt worden sind. Während bei der ersten kleinen Lokomotive von S i e m e n s die Achsen über ein Kegelradgetriebe von dem in Fahrtrichtung liegenden Motor angetrieben wurden, ordnete man später die Fahrmotoren stets parallel zu den Achsen an und stellte die gegenseitige Verbindung durch Seile, Drahtwendeln und Ketten her. Da diese Antriebe jedoch alle nicht befriedigten, wurden dann verschiedene Arten von Stangenantrieben ausprobiert, bis sich die Erkenntnis durchsetzte, daß für leistungsfähige und schnellfahrende elektrische Lokomotiven nur noch der Einzelachsantrieb in Frage kommt.
Trotz zahlreicher Versuche muß heute festgestellt werden, daß alle bisherigen Ausführungen den obengenannten Bedingungen nur annähernd entsprechen, und daß es bisher nicht gelang, alle Forderungen in einem idealen Triebwerk zu vereinigen.

2.3.1. Stangenantrieb

Der Stangenantrieb zählt zu den ältesten Antriebsarten und wurde von den Dampflokomotiven übernommen. Bei allen Stangenantrieben werden mehrere Radsätze unmittelbar oder über ein Vorgelege von ein oder zwei Motoren oder Motorgruppen angetrieben. Man unterscheidet hier Treibstangen, die an der

Motor- oder Vorgelegekurbel angelenkt sind, und Kuppelstangen, die die einzelnen angetriebenen Radsätze miteinander verbinden. Stangenantriebe werden heute nur noch in Sonderfällen gebaut, sie sollen jedoch kurz erwähnt werden, da sich aus ihrem Aufbau gewisse grundsätzliche Fragen leicht erklären lassen.

2.3.1.1. Stangenantrieb ohne Vorgelege

Diese Ausführung setzt voraus, daß der Motor stets mit der gleichen Drehzahl umläuft wie die Treibachse. Beide sind durch eine Treibstange miteinander verbunden.

2.3.1.1.1. Einfacher Stangenantrieb

In Bild 43 ist dieser Antrieb schematisch dargestellt. Es ist leicht zu erkennen, daß im vorliegenden Fall die Stange keine Kräfte übertragen kann, sobald die Stellung der Kurbeln mit der Verbindungslinie der Kurbelmitten zusammenfällt. Man muß also, um die durch den Kurbeltrieb bedingten Totpunktlagen überwinden zu können, auf jeder Seite ein derartiges Triebwerk anordnen und die beiden Kurbeln gegeneinander um 90° versetzen. Es gibt keine hin- und hergehenden Massen wie beim Triebwerk der Dampflokomotive. Die Fliehkräfte der umlaufenden Massen, zu denen die Treib- und Kuppelzapfen und auch die Treib- und Kuppelstangen gehören, können durch Gegengewichte ausgeglichen werden. Daher ist es üblich, das Kurbelblatt auf der dem Zapfen gegenüberliegenden Seite als Gegengewicht auszubilden. Bei allen Stangenantrieben sind die Fahrmotoren im Rahmen, also im abgefederten Teil der Lokomotive gelagert. Da infolge der geringen Drehzahl die Abmessungen des Motors verhältnismäßig groß werden, liegt bei einem leistungsfähigen Motor die Ankerwelle recht hoch, das heißt, die Treibstange nimmt eine ziemlich steile, fast senkrechte Lage ein (Bild 43 a). Während das untere Ende am Zapfen des ungefederten Treibrades befestigt ist, steht das obere Ende mit dem Kurbelzapfen des gefederten Motors in Verbindung, muß also dem senkrechten Federspiel folgen können. Dies ist jedoch ohne Längenänderung der Treibstange nicht möglich, da das obere Stangenende lediglich einen Kreis um den Zapfen am Treibrad mit einem Halbmesser gleich der Stangenlänge beschreiben

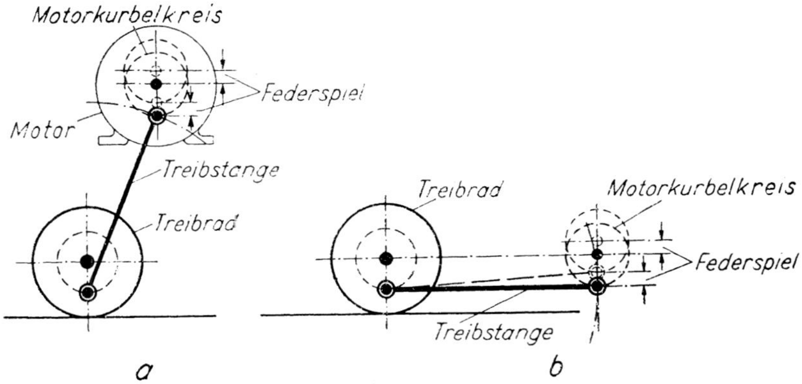

Bild 43. Einfacher Kurbeltrieb (Schema)

kann. Dieser Antrieb entspricht also nicht den Bedingungen und kommt daher für eine praktische Verwendung auch nicht in Frage.

Wesentlich günstiger sind jedoch die Voraussetzungen, wenn die Treibstange bei tief angeordnetem Motor fast waagerecht liegt (Bild 43 b). In diesem Fall weicht nämlich der Kreis um den Zapfen am Treibrad nur wenig ab von der senkrechten Bewegung der Motorkurbel, die durch das Federspiel bedingt ist. Dieser Antrieb, der in gewisser Hinsicht einen Vergleich mit der Dampflokomotive zuläßt, entspricht also den Bedingungen und wird auch in der Praxis angewendet.

2.3.1.1.2. Stangenantrieb mit Blindwelle

Will man jedoch einen großen Motor verwenden, der im Lokomotivkasten gelagert und daher jederzeit gut zugänglich ist, so verwendet man eine sogenannte Blindwelle, die in Höhe der Treibachsmitten fest im Rahmen gelagert ist (Bild 44).

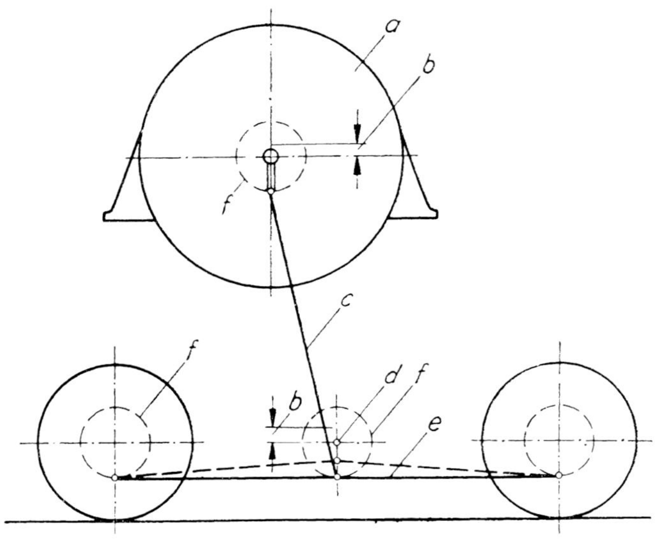

Bild 44. Stangenantrieb mit Blindwelle (Schema)
a Fahrmotor
b Federspiel
c Treibstange
d Blindwelle
e Kuppelstange
f Kurbelkreis

Die Treibstange verbindet dann zwei Kurbelzapfen miteinander, die beide im gefederten Teil liegen, so daß es unwichtig ist, ob sie senkrecht oder waagerecht angeordnet ist. Von der Blindwellenkurbel aus werden die Treibräder durch zwei waagerecht liegende Kuppelstangen angetrieben, die durch leichtes Neigen jederzeit in der Lage sind, das Federspiel auszugleichen.

Ein solches Triebwerk, das heißt Stangenantrieb ohne Vorgelege mit einer Blindwelle, wurde erstmalig bei einer 2′ B 1′-Schnellzuglokomotive angewendet, die im Jahre 1911 auf der Strecke Dessau – Bitterfeld eingesetzt wurde (Bild 45). Auch die elektrischen Lokomotiven der Baureihen E 36 (Achsfolge 1′C2′), E 60^1 (1′C) und E 62 (1′C1′), die in den Jahren 1912 bis 1914 entwickelt wurden, waren mit einem derartigen Stangenantrieb ausgerüstet.

Bild 45. Schnellzuglokomotive mit einfachem Stangenantrieb

2.3.1.1.3. Zweistangenantrieb

Wird jedoch ein derartiger Antrieb für eine elektrische Lokomotive mit großer Leistung gewählt, so fallen mit Rücksicht auf die großen Treibkräfte die Zapfen, die Blindwelle und auch sämtliche Stangen verhältnismäßig schwer aus. Man verwendet daher bei großen Leistungen zweckmäßig den Zweistangenantrieb, dessen Aufbau aus Bild 46 zu erkennen ist. Am Motorkurbelzapfen greifen dann zwei Treibstangen an, und diese bilden ein Dreieck mit den Kuppelstangen, die sämtliche angetriebenen Radsätze miteinander verbinden. Da man in diesem Falle auch eine zweite Blindwelle verwendet, können sämtliche Zapfen und Stangen

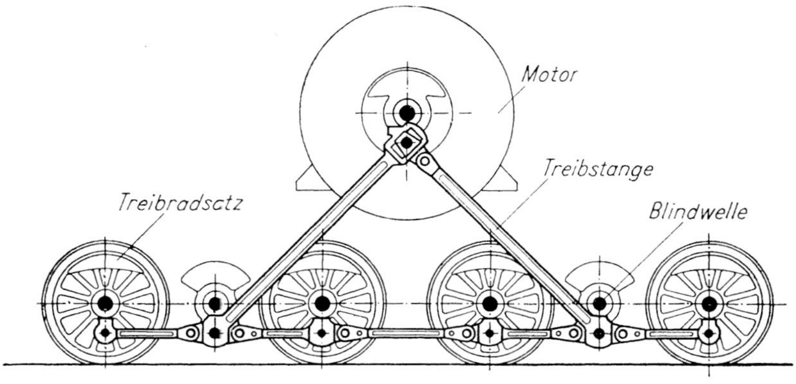

Bild 46. Zweistangenantrieb

bedeutend leichter ausfallen, und auch die Motorwelle wird günstiger beansprucht. Einen solchen Aufbau finden wir bei der Deutschen Reichsbahn erstmalig bei der Gattung EP 235, der späteren Baureihe E 50, einer im Jahre 1917 entwickelten Personenzuglokomotive (V_{max} = 90 km/h) mit der Achsfolge 2'D1' und bei der Baureihe E 06, einer im Jahre 1922 gebauten Schnellzuglokomotive (V_{max} = 110 km/h) mit der Achsfolge 2'C2' (Bild 47).

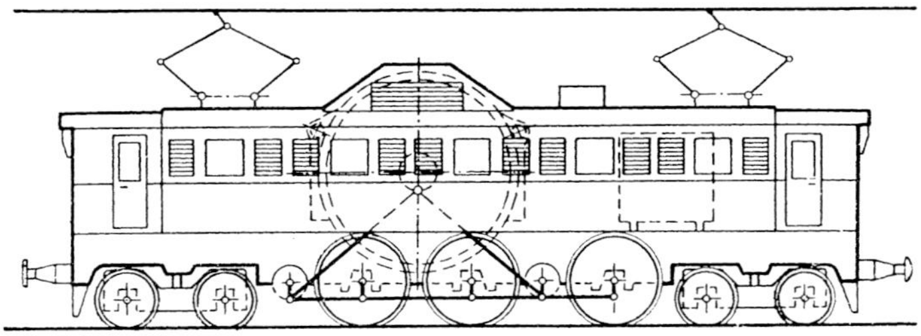

Bild 47.
Schnellzuglokomotive mit Zweistangenantrieb, Baujahr 1922

Für langsamfahrende Güterzuglokomotiven ist dieses Triebwerk ohne Vorgelege jedoch nicht geeignet, da es schwierig ist, die maximale Ankerumfangsgeschwindigkeit (60 bis 70 m/s) auszunutzen, ohne die Drehzahl des Motors, die bekanntlich der Umdrehung der Treibräder entspricht, zu sehr zu steigern. Diese ist nämlich mit Rücksicht auf die großen Fliehkräfte der Stangen und die Lebensdauer der Stangenlager begrenzt und soll bei der größten Fahrgeschwindigkeit n = 350 min^{-1} bis maximal 400 min^{-1} nicht übersteigen. Wählt man die Ankerumfangsgeschwindigkeit v_A = 58 m/s, so ergibt sich für den

$$\text{Ankerdurchmesser } d = \frac{v_A \cdot 60}{\pi \cdot n} = \frac{58 \cdot 60}{\pi \cdot 400} = 2{,}80 \text{ m}$$

Ein Ankerdurchmesser von 2,80 m entspricht jedoch einem Durchmesser des Motorgehäuses von etwa 3,50 m, und es ist mit Rücksicht auf das Umgrenzungsprofil der Lokomotive nicht einfach, einen solch großen Motor unterzubringen. Berücksichtigt man dann noch, daß der Treibraddurchmesser D aus konstruktiven Gründen nicht kleiner gewählt werde kann als 1000 mm, so erhält man eine gute Ausnützung des Motors erst bei einer

$$\text{Fahrgeschwindigkeit } V = \frac{D \cdot \pi \cdot 400 \cdot 60}{1000} = 75 \text{ km/h}$$

Diese wird jedoch im Güterzugdienst nur selten erreicht. Im Schnellzug- und Personenzugdienst besteht die Möglichkeit, durch Vergrößerung des Treibraddurchmessers auf etwa 1600 mm eine gute Ausnützung der Fahrmotoren zu erreichen.
Die Vereinigung der gesamten Lokomotivleistung in einem einzigen Fahrmotor führt zwar zu einem einfachen und übersichtlichen Aufbau der elektrischen Lokomotiven, doch ist die Herstellung eines solchen Motors recht teuer und auch die Unterhaltung in den Werkstätten sehr schwierig. So wies zum Beispiel der Fahrmotor der E 06 als größter Einphasenlokomotivmotor mit einer Stundenleistung von 2780 kW einen Ankerdurchmesser von 2,80 m und einen Gehäusedurchmesser von 3,50 m auf, während der etwas kleinere Motor der E 50 eine Stundenleistung von

2400 kW abgab und ohne Getriebe und Zahnradschutzkasten etwa 24 t wog. Dabei ist noch zu berücksichtigen, daß beim Schadhaftwerden des Antriebsmotors die gesamte Lokomotive ausfällt.
Im Dresdner Verkehrsmuseum ist das Triebwerk einer elektrischen Lokomotive der Baureihe E 50 (alt) ausgestellt. Der Besucher erhält hier ein klares Bild von der Größe des Motors, den Abmessungen der Stangen, der Lage der Blindwelle und der Anordnung der Gegengewichte.

2.3.1.1.4. Zweimotorenantrieb

Die Mängel des vorgenannten Stangenantriebs konnten auch dadurch nicht beseitigt werden, daß man die gesamte Leistung auf zwei Fahrmotoren aufteilte. Bild 48 zeigt eine leichte Personenzuglokomotive (450 kW) mit der Achsfolge 1'C1', wie sie im Jahre 1911 auf der Strecke Dessau — Bitterfeld und nachher auf der Wiesentalbahn eingesetzt wurde. Dabei arbeiten die beiden Fahrmotoren über je eine Blindwelle auf eine gemeinsame Stangengruppe.

Bild 48. Personenzuglokomotive mit Zweimotorenantrieb, Baujahr 1911.

Bild 49 zeigt das Triebwerk einer neueren elektrischen Lokomotive mit etwa 3000 kW. Hierbei treibt jeder Fahrmotor ohne Vorgelege über eine Blindwelle nur eine Achsgruppe an, so daß sich die Achsfolge 2'BB2' ergibt.

2.3.1.2. Stangenantrieb mit Vorgelege

Wesentlich zweckmäßiger ist es jedoch, anstelle eines großen Zentralmotors mehrere kleinere, schnellaufende Motoren zu verwenden, die über ein Zahnrad-Vorgelege die Achsen antreiben. Dabei ist es nicht erforderlich, daß jede Achse von einem besonderen Motor angetrieben wird. Das kleine Zahnrad, das Ritzel, sitzt

Bild 49. Fahrwerk einer elektrischen Lokomotive mit zwei getrennten Triebwerken

im allgemeinen auf der Motorwelle, während das große Zahnrad auf die Vorgelegewelle aufgekeilt ist. Die Untersetzung richtet sich nach der größten Drehzahl des Motors, der höchsten Fahrgeschwindigkeit und dem Treibraddurchmesser und schwankt zwischen 1 : 2,5 und 1 : 4,9. Ganzzahlige Verhältnisse, zum Beispiel 1 : 3 oder 1 : 4 sind nicht üblich, um das Aufeinandertreffen derselben Zähne nach wenigen Umdrehungen zu vermeiden.

Die Zahnräder oder die Zahnkränze werden aus hochwertigem Stahl hergestellt, und es empfiehlt sich, die Zähne nach dem Fräsen zu härten und zu schleifen, um eine möglichst große Lebensdauer zu erzielen. Die gerade Verzahnung ist einfach und billig, hat jedoch den Nachteil, daß bei doppelseitigem Antrieb die Zähne eventuell nicht gleichmäßig belastet werden. Man bevorzugt dann die Schrägverzahnung und wählt für beide Vorgelege die entgegengesetzte Zahnneigung, so daß sich die Seitenkräfte aufheben. Der Motorwelle mit den beiden Ritzeln gibt man ein gewisses Seitenspiel und erreicht dadurch eine gleichmäßige Belastung der beiden Vorgelege. Schrägverzahnung ermöglicht auch ein besseres Aneinanderschmiegen der Zahnflanken und dadurch einen geräuschärmeren Lauf und eine geringere Abnutzung.

Um harte Stöße, die in Drehrichtung auftreten und besonders beim Anfahren einzelne Zähne stark belasten, zu vermeiden, wurde bei einigen Lokomotivbauarten in die Vorgelege eine besondere Federung eingebaut. Diese kann in dem Ritzel, aber auch in dem Großrad untergebracht werden (Bild 50). Der Zahnkranz ist dann etwas drehbar gegenüber der Zahnradnabe oder der Welle, auf der das Zahnrad sitzt. Die Kraft wird dadurch drehelastisch über Stahl- oder Gummifedern übertragen, die diese Teile miteinander verbinden.

Bild 50.
Drehfederung des Großrades

Um die Zähne gut schmieren zu können und Schäden durch Fremdkörper zu vermeiden, wird das Vorgelege in einem dicht schließenden Schutzkasten untergebracht. Dieser wird mehrteilig aus Blech oder Leichtmetall hergestellt und ist teilweise mit Öl gefüllt, um durch eine ständige Schmierung der Zahnflanken eine möglichst lange Lebensdauer der Zahnräder zu erreichen.
Bei den kombinierten Zahnrad-Stangenantrieben sitzt der Motor oder der Doppelmotor mit der Vorgelegewelle meist in einem gemeinsamen Stahlgußgehäuse, das mit dem Rahmen fest verbunden und somit vollkommen abgefedert ist.

2.3.1.2.1. Kuppelantrieb

Die einfachste Art ist der Kuppelantrieb mit Vorgelege (Bild 51). Dabei werden die Treibräder mit Hilfe von waagerecht liegenden Kuppelstangen von der Vorgelegewelle aus angetrieben, die gleichzeitig die Aufgaben einer Blindwelle übernimmt. Nachteilig ist dabei, daß wegen der Profilfreiheit der Durchmesser des Vorgelegezahnrades wesentlich kleiner sein muß als der Treibraddurchmesser, so daß nur kleine Motoren verwendet werden können. Im Fahrzeugpark der Deutschen Reichsbahn fand dieser Antrieb zum Beispiel bei den elektrischen Lokomotiven der Baureihen E 33 (1'C1') und E 42 (B'B') Anwendung, die in den Jahren 1923/24 erstmalig gebaut wurden.

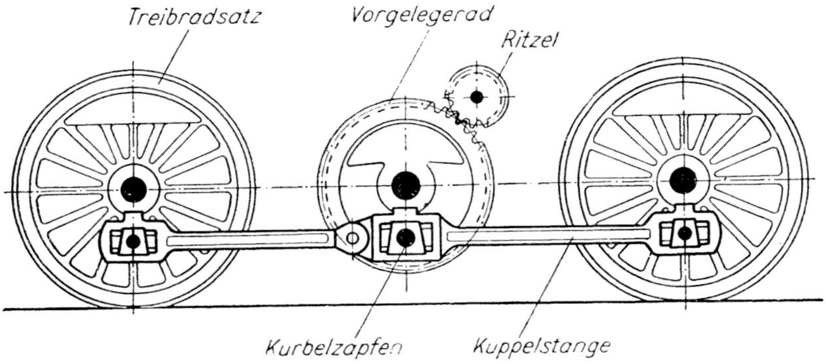

Bild 51. Kuppelantrieb mit Vorgelege

2.3.1.2.2. Kurbelschleifenantrieb

Um leistungsfähigere Motoren und somit ein größeres Vorgelegezahnrad einzubauen, ist der Kurbelschleifenantrieb nach Bild 52 am zweckmäßigsten. Bei diesem liegt die Vorgelegewelle um etwa 100 bis 150 mm höher als die Treibradmitte. Die Zapfen der beiden Treibachsen sind dann auf jeder Seite durch eine dreieckförmige Kurbelschleife (Schlitzkuppelstange) verbunden. Das mittlere Lager umfaßt den Vorgelegekurbelzapfen, der sich in einer Aussparung der Stange in senkrechter Richtung frei bewegen kann. Dieser Antrieb wurde zum Beispiel bei den B'B'-Lokomotiven der Baureihen E 70 und E 71 und den C'C'-Lokomotiven der Baureihe E 99 angewendet, von denen ein Teil bis zum Jahre 1959 in Betrieb war. Im Dresdner Verkehrsmuseum ist eine Lokomotive der Baureihe E 71 mit Kurbelschleifenantrieb ausgestellt.

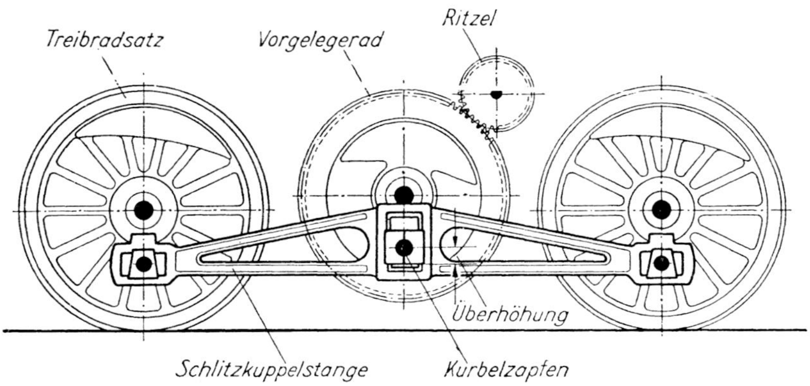

Bild 52. Kurbelschleifenantrieb

2.3.1.2.3. Schrägstangenantrieb

Eine weitere Überhöhung und damit den Einbau noch größerer und leistungsfähigerer Motoren gestattet der Schrägstangenantrieb nach Bild 53. Die Treibstange liegt hierbei nicht waagerecht, sondern etwas schräg und wird daher möglichst lang ausgeführt. Sie endet unten in einer Gabel und ist an die Kuppelstange angelenkt. Im Fahrzeugpark der Deutschen Reichsbahn ist diese Triebwerksanordnung bei den elektrischen Lokomotiven der Baureihen E 61 (Achsfolge D), E 63 (C), E 75 (1'BB1') und E 77 (1B) (B1) zu finden. Eine elektrische Lokomotive der Baureihe E 91 zeigt Bild 54, eine schwere Güterzuglokomotive der Schweizerischen Bundesbahn Bild 55.

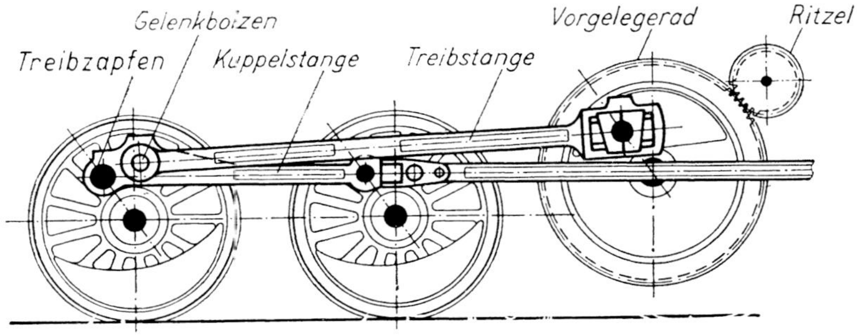

Bild 53. Schrägstangenantrieb

Bild 54. Elektrische Lokomotive der Baureihe E 91 mit Schrägstangenantrieb

Bild 55. Schwere Güterzuglokomotive mit Schrägstangenantrieb

2.3.1.2.4. Antrieb mit hochliegendem Motor

Es besteht jedoch auch bei Stangenantrieben mit Vorgelege die Möglichkeit, die Antriebsmotoren mit den Vorgelegezahnrädern hoch im Lokomotivkasten zu lagern, so daß der Durchmesser des großen Zahnrades vom Treibraddurchmesser völlig unabhängig wird (Bild 56). An den Kurbelzapfen der Vorgelegewelle greifen dann an beiden Seiten die Treibstangen an, die die Leistung über eine Blindwelle und über Kuppelstangen auf die Treibräder übertragen. Bei der Deutschen Reichsbahn haben diese Anordnung die elektrischen Lokomotiven der Baureihen E 32

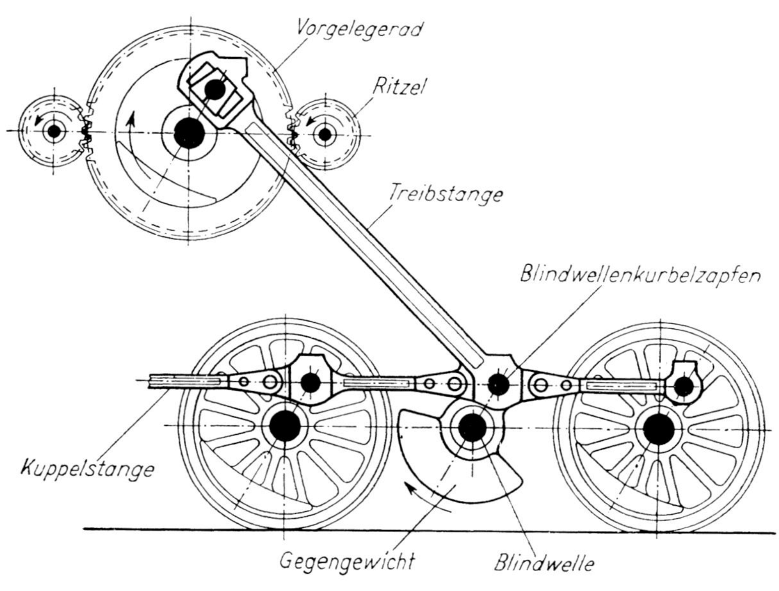

Bild 56. Stangenantrieb mit Vorgelege und Blindwelle

(1'C1') und E 52 (2'BB2'). Die letztgenannte Lokomotive hat also zwei gleiche Triebwerke, von denen jedes die Hälfte der gesamten Lokomotivleistung zu übertragen hat. Bei besonders leistungsfähigen Lokomotiven besteht auch hier die Möglichkeit, hochliegende Vorgelegemotoren und Zweistangenantrieb zu verwenden, wie er im Abschnitt 2.3.1.1.3. beschrieben wurde.
Bei sämtlichen Stangenantrieben ist streng darauf zu achten, daß alle Stichmaße genau eingehalten werden, da es sonst zu Zerrungen der Stangen und zu Stößen kommt, die eine starke Lagerabnutzung, einen unruhigen Lauf der Lokomotive und unter Umständen sogar schwere Zerstörungen zur Folge haben können. Das Spiel zwischen Zapfen und Stangenlagerbohrung darf nicht zu groß sein; denn bei jeder Umdrehung wechselt die Richtung der Kraft in der Stange, und der Kurbelzapfen schlägt dann bei jeder Umdrehung zweimal gegen das Stangenlager. Da auch die Stangen nicht völlig starr sind, sondern infolge der wechselnden Beanspruchung und der großen Zentrifugalkräfte ein wenig durchfedern, können leicht Schüttelschwingungen auftreten, die sämtliche Triebwerksteile sehr stark beanspruchen. Aus diesem Grunde werden in letzter Zeit schnellfahrende elektrische Lokomotiven mit großer Leistung nicht mehr mit Stangenantrieben ausgerüstet, auch wenn diese gegenüber den elektrischen Lokomotiven mit Einzelachsantrieb weit weniger zum Schleudern neigen.

2.3.2. Einzelachsantrieb

Neuzeitliche elektrische Triebfahrzeuge werden grundsätzlich mit Einzelachsantrieben ausgerüstet, das heißt, jede Treibachse wird von einem Motor oder einer Motorengruppe angetrieben. Daher hat eine solche Lokomotive stets mehrere kleinere Motoren, wodurch es möglich ist, die Anschaffungs- und Unterhaltungskosten wesentlich zu senken. Bei Ausfall eines Motors kann der Zug dann mit geringerer Leistung, das heißt mit niedrigerer Geschwindigkeit weiterbefördert werden. Auch besteht die Möglichkeit, mit einem etwas größeren Fahrmotor sämtliche Achsen eines zwei- oder dreiachsigen Drehgestells anzutreiben.

2.3.2.1. Antrieb durch Achsmotor

Dieser Antrieb ist außerordentlich einfach und wurde schon in den Anfangsjahren der elektrischen Zugförderung, vor allem in Amerika, verwendet. Es gibt verschiedene Ausführungen, die nachfolgend behandelt werden.

2.3.2.1.1. Direkter Achsmotorantrieb

Der rotierende Teil des Motors, der Anker, sitzt dabei fest auf der Achswelle und überträgt das Drehmoment auf die Achse, ohne daß irgendwelche Getriebeteile erforderlich sind (Bild 57). Wegen der außerordentlichen Einfachheit wurde dieser Antrieb bei den ersten elektrischen Triebfahrzeugen gern angewendet, doch zeigten sich bald sehr schwerwiegende Mängel. Da der Abstand zwischen Anker und Ständer möglichst klein und stets gleich sein muß, konnte man auch das Motorgehäuse nicht im gefederten Rahmen aufhängen, so daß die ungefederten Massen durch die gesamte Motormasse beträchtlich vergrößert wurden. Mit Rücksicht auf die Bodenfreiheit der Lokomotive waren die Fahrmotoren in ihren Abmessungen stark beschränkt. Da der Ankerdurchmesser nur etwa 70 % des Treibraddurchmessers betragen durfte, wurde die zulässige Ankerumfangsgeschwindigkeit bei

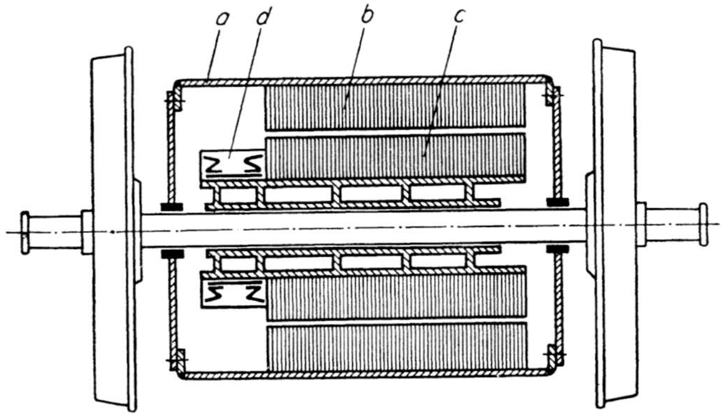

Bild 57.
Achsmotor (Schema)
a Motorgehäuse
b Ständer
c Läufer
d Kommutator

weitem nicht erreicht, wodurch die Motoren schlecht ausgenutzt wurden. Als weiterer Nachteil kam hinzu, daß sich auch die tiefe Schwerpunktlage dieses Antriebs auf die Laufeigenschaften der Lokomotiven sehr nachteilig auswirkte, da die Schienenköpfe große horizontale Stöße aufnehmen mußten. Man ging daher bereits um die Jahrhundertwende von diesem Antrieb ab.

2.3.2.1.2. Achsmotorantrieb mit gefederter Hohlwelle

Bei diesem Antrieb wurden die ungefederten Massen dadurch vermindert, daß man den Motor im gefederten Fahrgestell aufhängte und der Anker auf einer Hohlwelle saß, welche die Achswelle mit einem allseitigen Spiel umschloß. Bild 58 zeigt einen horizontalen Schnitt durch diesen Antrieb. Das Drehmoment wurde dann von

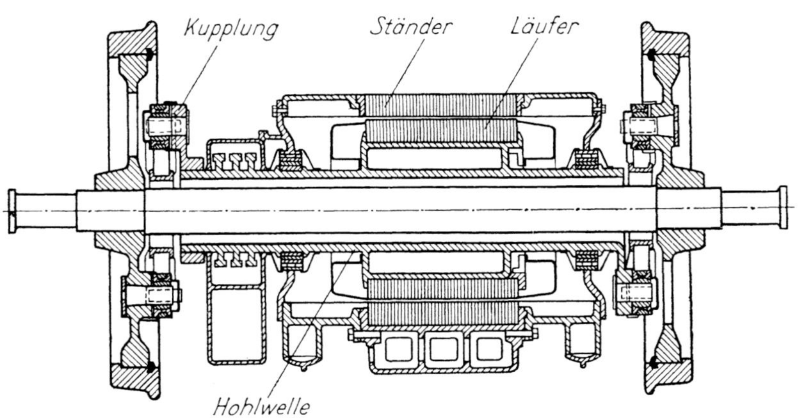

Bild 58. Achsmotor mit gefederter Hohlwelle

der Hohlwelle auf den Radsatz durch eine allseitig bewegliche Kupplung übertragen, die in der Lage war, das Federspiel auszugleichen.
Bild 59 zeigt eine Federkupplung, die von der Firma AEG für die Schnelltriebwagen entwickelt wurde, die im Jahre 1903 auf der Strecke Marienfelde–Zossen eine Geschwindigkeit von über 200 km/h erreichten. Diese Kupplung besteht auf jeder Seite aus sechs radial stehenden Blattfedern, von denen entsprechend der

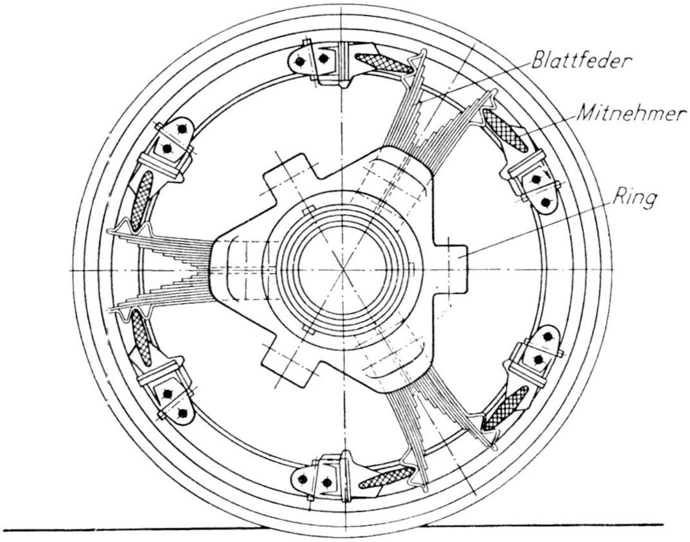

Bild 59.
Federkupplung für Achsmotor

Fahrtrichtung jeweils drei das Drehmoment auf den Radsatz übertragen. Die Federn sind in einem dreiteiligen, auf der Hohlwelle sitzenden Ring gelagert und stützen sich gegen besondere Mitnehmer an den Treibrädern ab. Auch bei dieser Ausführung ist kein Untersetzungsgetriebe vorhanden. Daher konnte auch der Antrieb durch Achsmotoren mit gefederter Hohlwelle die steigenden Anforderungen nicht länger erfüllen, und er ist heute nicht mehr anzutreffen. Für elektrische Lokomotiven mit Einzelachsantrieb werden nur noch Tatzlager- oder Gestellmotoren verwendet.

2.3.2.2. Antrieb durch Tatzlagermotor

Der Tatzlagerantrieb ist eine der ältesten und verbreitetsten Antriebsarten für elektrische Triebfahrzeuge. Er wurde ursprünglich für Straßenbahnen entwickelt, wo er auch heute noch fast ausschließlich verwendet wird. Da der Anker infolge der Untersetzung zwischen Motor und Treibachse eine wesentlich größere Drehzahl hat als bei einem Achsmotor, ist es auch bei langsamfahrenden elektrischen Lokomotiven möglich, die zulässige Ankerumfangsgeschwindigkeit voll auszunutzen.

2.3.2.2.1. Direkter Tatzmotorantrieb

Der Motor liegt dabei ungefähr waagerecht parallel zur Achse und stützt sich auf der einen Seite mit zwei angegossenen Tatzlagern auf die Treibachse auf, während

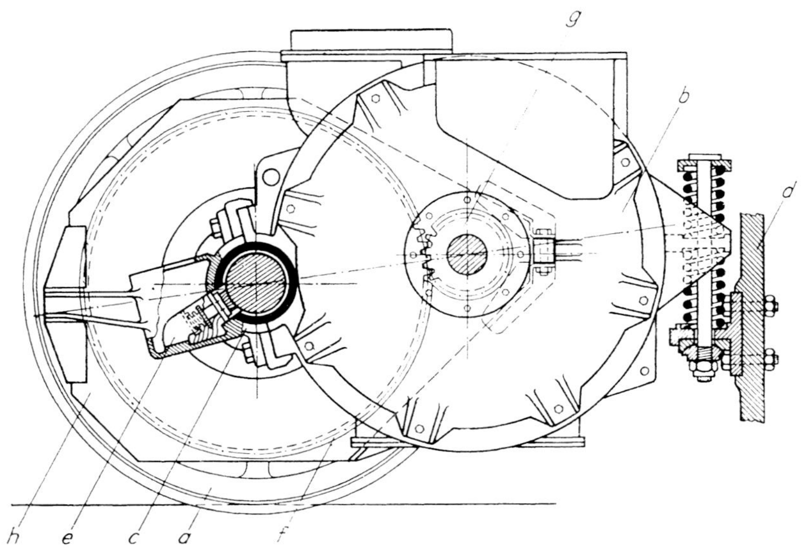

Bild 60. Tatzmotorantrieb

a Treibradsatz
b Tatzlagermotor
c Tatzlager
d Lokomotivrahmen
e Polsterschmierung
f Vorgelegerad
g Motorritzel
h Zahnradschutzkasten

Bild 61. Treibradsatz mit Tatzmotor

er auf der anderen Seite unter Zwischenschalten von Federn am gefederten Rahmen aufgehängt ist (Bilder 60 und 61). Die Tatzlager sind dabei als Gleitlager mit Polsterschmierung, neuerdings jedoch auch als Wälzläger ausgebildet (Bild 62). Sie umschließen die Achswelle des Treibradsatzes und übertragen auf sie ungefähr die Hälfte der Motormasse. Auf der Treibachswelle oder auf der verbreiterten Nabe eines Rades sitzt auch noch unmittelbar neben dem Radkörper das

Bild 62. Tatzmotor neuer Bauart

große Vorgelegezahnrad, in welches das Ritzel eingreift. Beträgt die Stundenleistung des Motors mehr als 350 kW, so ist es zweckmäßig, auf beiden Seiten ein derartiges Vorgelege zu verwenden. Die Zahnräder sind von einem Schutzkasten umgeben. Um den Platz für den Motor nicht auch noch durch den Lokomotivrahmen einzuschränken, werden bei Tatzmotorantrieb die Achsen stets in einem Außenrahmen gelagert.

Will man einen möglichst großen Motordurchmesser wählen, so empfiehlt es sich, die Motorwelle gegenüber der Achswelle ein wenig zu überhöhen, denn der Mindestabstand des Zahnradschutzkastens und des Motorgehäuses von der Schienenoberkante darf laut BO bei neuen Radreifen 100 mm nicht unterschreiten.

Dieser direkte Tatzmotorantrieb ist also äußerst einfach und billig ausgeführt. Da durch die Tatzlager ein stets gleichbleibender Mittenabstand der beiden Zahnräder gewährleistet ist, arbeitet das Vorgelege ohne Störung. Bei den Neubaulokomotiven der Baureihe E 11 beträgt die Getriebeübersetzung 1 : 2,67, bei der Baureihe E 42 dagegen 1 : 3,67.

Ein weiterer Vorteil des direkten Tatzmotorantriebes besteht darin, daß der Ausbau einer Treibachse mit oder ohne Fahrmotor mit Hilfe einer Achssenke in kurzer Zeit möglich ist. Der Tatzmotorantrieb ist daher für Straßenbahnen, S- und U-Bahnen und für langsamfahrende Lokomotiven mit kleiner bis mittlerer Leistung zu empfehlen.
Für Lokomotiven mit großer Leistung ist dieser Antrieb jedoch nicht so geeignet, da die Masse eines Wechselstrommotors mit einer Stundenleistung von etwa 700 kW ungefähr 3,8 t und die eines Gleichstrommotors gleicher Leistung etwa 5,0 t beträgt. Berücksichtigt man, daß ungefähr die Hälfte dieser Masse unabgefedert auf der Treibachse liegt, die selbst eine beträchtliche Masse aufweist, und daß diese Achse noch die beiden schweren Zahnräder und auch die Schutzkästen trägt, so ist bei hohen Geschwindigkeiten die Stoßwirkung auf den Oberbau sehr nachteilig. Aus diesem Grunde darf bei Lokomotiven mit direktem Tatzmotorantrieb die Höchstgeschwindigkeit einen Wert von 100 bis maximal 120 km/h nicht überschreiten.
Als weiterer Nachteil muß erwähnt werden, daß dieser Antrieb nicht winkelecht ist, das bedeutet, daß bei größeren Gleisunebenheiten das gleichmäßige Abrollen der Zahnräder beeinträchtigt wird. Es ergeben sich harte Stöße auf die Zahnflanken, die man am besten dadurch vermeidet, daß man den Zahnkranz des großen Vorgelegerades in Drehrichtung abfedert (siehe Abschnitt 2.3.1.2.). Dies ist zum Beispiel bei der Baureihe E 95, einer älteren für den schweren Güterzugdienst entwickelten 1′ Co + Co 1′-Lokomotive der Fall und wurde auch bei den Neubaulokomotiven der Baureihe E 11/E 42 wieder mit Erfolg angewendet.
Ungünstig ist auch, daß die Tatzlagermotoren vom Maschinenraum aus schwer zugänglich sind, wodurch ihre Bedienung und Wartung erschwert werden. Es muß meist eine geschlossene Bauart gewählt werden, um das Eindringen von Staub und Feuchtigkeit zu verhindern.
Abgesehen von diesen Mängeln weist der Tatzmotor noch einen weiteren schwerwiegenden Nachteil auf, der besonders dann zum Ausdruck kommt, wenn mehrere Tatzmotorantriebe in einem Drehgestell untergebracht sind (Bild 63). Verfolgt man

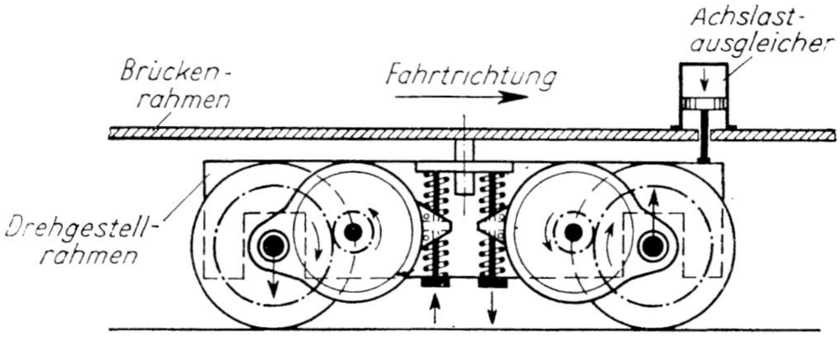

Bild 63.
Drehgestell mit zwei Tatzmotoren

nämlich die Kräfte, die beim Anfahren auftreten, also in dem Augenblick, in dem die ersten Fahrstufen eingeschaltet werden, so ergibt sich folgendes: Das Ritzel des vorderen Motors wird zunächst versuchen, sich an dem noch stillstehenden Vorgelegezahnrad nach unten abzuwälzen. Dadurch wird die Auflagerung des Motors am Rahmen zusätzlich belastet. Die Kraft, die an der Tatzlagerseite die

Achse nach unten drückt, wird dabei entsprechend kleiner, das heißt, diese Achse wird beim Anfahren entlastet. Betrachtet man jedoch den hinteren Tatzlagermotor, so liegen hier die Verhältnisse genau umgekehrt, das Ritzel versucht an dem großen Zahnrad aufzusteigen, die Aufhängung im Rahmen wird entlastet, die Achslast wird dabei also erhöht. Da bekanntlich die Zugkraft von der Haftreibung begrenzt wird und diese unter anderem von der Reibungslast abhängig ist, so bedeutet das, daß die vordere Achse des Drehgestells beim Anfahren zum Schleudern neigen wird und die Leistung der Lokomotive nicht voll ausgenutzt werden kann. Versuche haben gezeigt, daß die Zugkraft einer Bo′ Bo′-Lokomotive infolge dieser Achsentlastung um etwa 14 % sinkt.

Diese Zugkraftminderung resultiert aus der von den Tatzmotoren herrührenden Achsentlastung und der Achsentlastung, die durch das Angreifen der Zugkraft hervorgerufen wird (siehe Abschnitt 2.2.2.).

Um dies zu verhüten, verwendet man bei Drehgestell-Lokomotiven mit innenliegenden Tatzlagermotoren meist mechanische Achslastausgleicher. Diese bestehen aus einem doppeltwirkenden Druckluftzylinder, der am Brückenrahmen befestigt ist. Die Kolbenstange drückt dann auf das vordere Ende des Drehgestells und belastet es zusätzlich mit einem Teil der Kastenlast. Da bei entgegengesetzter Fahrtrichtung die Kräfte in umgekehrter Richtung auftreten, müßte man eine Drehgestell-Lokomotive mit insgesamt vier solchen Achslastausgleichern ausrüsten. Dies ist jedoch nicht üblich, und man begnügt sich mit zwei Einrichtungen an den Enden des Rahmens, die je nach Fahrtrichtung das Drehgestell abdrücken oder anziehen. Sie sind daher an die Fahrtrichtungswender angeschlossen und werden vom Führerstand aus mit Druckluft bedient. Die Lokomotiven der Baureihe E 44 sind zum Beispiel mit solchen Achslastausgleichern ausgerüstet (Bild 64). Man muß jedoch diese Einrichtung bereits vor der Abfahrt bedienen und sie wieder abstellen, sobald der Zug eine bestimmte Geschwindigkeit erreicht hat.

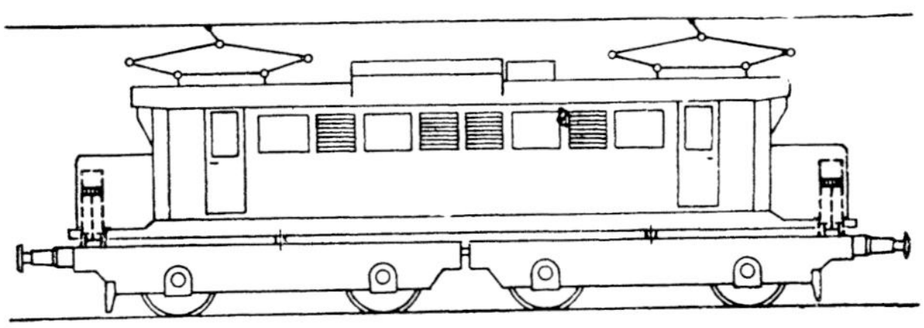

Bild 64. Elektrische Lokomotive mit Achslastausgleichern

Auch die Neubaulokomotiven der Deutschen Reichsbahn haben an jedem Ende des Oberrahmens eine Achslastausgleicheinrichtung, um beim Anfahren mit schweren Lasten, auf Steigungen oder bei feuchtem Wetter die Achslast und somit die Haftreibung zwischen Rad und Schiene zu vergrößern.

Der Lokomotivführer betätigt mit Hilfe eines kleinen Kippschalters ein Magnetventil, das der Druckluft den Weg in die Zylinder freigibt. Dabei leuchtet zur Kontrolle eine im Führerpult angeordnete Meldelampe blau auf. Ein Relais schaltet gegebenenfalls selbsttätig ab, sobald das Hauptschaltwerk die Fahrstufe 6 erreicht hat.

Es besteht auch die Möglichkeit, die vorhandene Reibungslast einer Bo'Bo'-Lokomotive mit Hilfe eines elektrischen Achslastausgleichs restlos auszunutzen. Dabei werden die Drehmomente der beiden entlasteten Achsen durch verminderte Leistungsaufnahme der betreffenden Motoren verkleinert, während die Drehmomente der beiden belasteten Achsen durch vermehrte Leistungsaufnahme der zugehörigen Motoren vergrößert werden. Es ist dadurch möglich, den Zugkraftverlust der entlasteten Achsen völlig auszugleichen und die jeweilige Reibungslast voll auszunutzen.

Bei Co'Co'-Lokomotiven machen diese Achsentlastungen nur etwa 6 % aus, so daß man im allgemeinen von dem Einbau besonderer Achslastausgleicher absieht.

Trotz der Mängel, die sich freilich nur bei voll ausgelasteten Triebfahrzeugen bemerkbar machen, wurde der direkte Tatzmotorantrieb häufig angewendet. Im Fahrzeugpark der Deutschen Reichsbahn sind die Personenzuglokomotiven der Baureihe E 44 und die Güterzuglokomotiven der Baureihen E 93 und E 94 mit Tatzlagermotoren ausgerüstet. Auch in die Neubaulokomotiven der DR wird er so lange eingebaut werden, bis der im Abschnitt 2.3.2.2.3. beschriebene Kegelringfederantrieb ausreichend erprobt sein wird.

2.3.2.2.2. Gummiringfederantrieb

Eine konstruktive Verbesserung des direkten Tatzmotorantriebes ist der Gummiringfederantrieb. Auch hier findet ein Tatzlagermotor Anwendung, der auf der einen Seite unter Zwischenschalten von Federn am gefederten Drehgestellrahmen aufgehängt ist (Bild 65). Auf der anderen Seite stützt er sich jedoch nicht auf die ungefederte Treibachse auf, sondern auf eine Hohlwelle, welche die Achswelle mit einem allseitigen Spiel umschließt (Bild 66). Die Hohlwelle hat auf jeder Seite einen Flansch, an dem der Zahnkranz eines großen Vorgelegerades angeschraubt

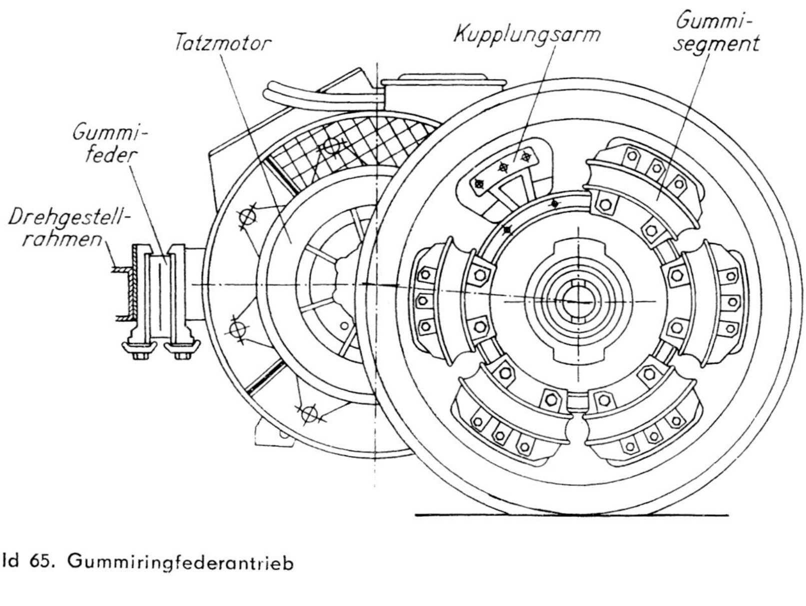

Bild 65. Gummiringfederantrieb

ist. Außerdem sind an jedem Flansch sechs Arme, die zwischen den Speichen nach außen hindurchgreifen. Diese Arme stützen sich über einen Gummiring, der in sechs Segmente aufgeteilt ist, auf dem Radstern ab. Zu diesem Zweck sind an jedem Gummikörper zwei Stahlteile anvulkanisiert, von denen der äußere am Arm der Hohlwelle, der innere an der Radnabe angeschraubt ist. Diese auf beiden Seiten insgesamt zwölf Gummifedern übertragen also das Drehmoment des Motors weich und elastisch auf den Radsatz. Dadurch entfallen auch beim Anfahren die Rüttelschwingungen, die beim direkten Tatzmotorantrieb so störend

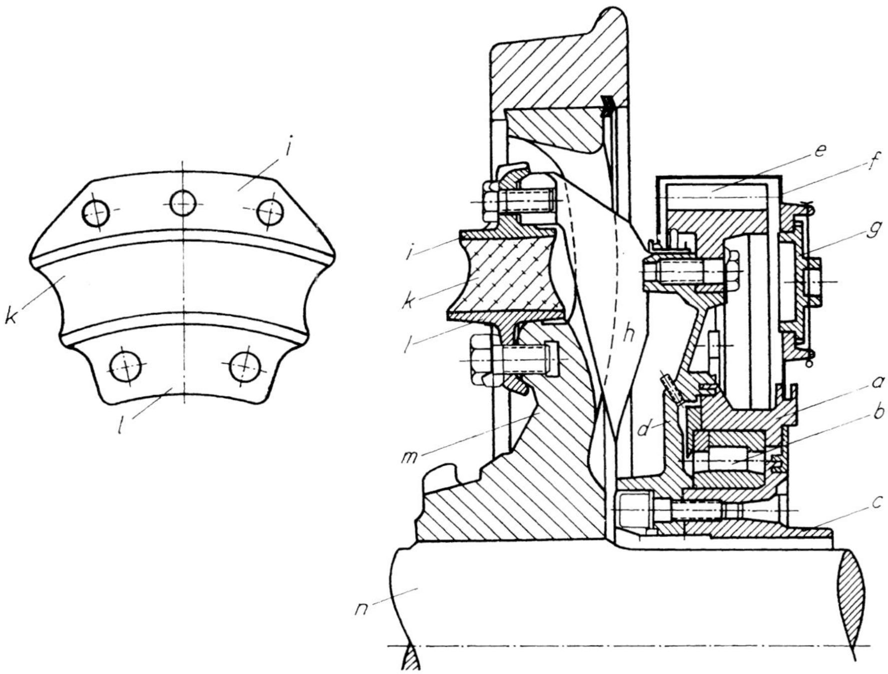

Bild 66. Gummiringfederantrieb

a Hohlwellengehäuse
b Wälzlager
c Hohlwelle
d Flansch
e Zahnkranz
f Getriebeschutzkasten
g Deckel
h Kupplungsarm
i Außensegment
k Gummikörper
l Innensegment
m Radkörper
n Achswelle

empfunden werden. Infolge der hohen Drehelastizität der Gummisegmente werden auch die Zugkraftstöße beim Hochschalten stark gedämpft, und die Schleudergefahr wird eingeschränkt, so daß ein Anfahren in der Nähe der Haftreibungsgrenze möglich ist. Außerdem nehmen die Gummikörper sämtliche vertikalen und horizontalen Stöße auf, so daß der Oberbau und der Motor wesentlich geschont werden.

Das Spiel zwischen Hohlwelle und Achswelle beträgt nur 11 mm und ist somit wesentlich geringer als bei den später behandelten Gestellmotoren mit Hohlwellenantrieb. Dies ist darauf zurückzuführen, daß bei dieser Ausführung nicht das große Federspiel der Tragfedern, sondern nur das kleine Federspiel der Gummikörper

ausgeglichen werden muß. Bild 67 zeigt einen Treibradsatz mit Gummiringfederantrieb einschließlich Fahrmotor. Da der Motor vollkommen abgefedert ist, bezeichnet man ihn als Schwebemotor.
Die beiden Zapfen oberhalb und unterhalb des Achslagergehäuses werden in Silentblocks geführt und dienen zur spielfreien Lagerung der Achsen im Drehgestellrahmen. Silentblocks sind Gummibuchsen, die innen und außen von Stahlzylindern umgeben sind.

Bild 67. Radsatz mit Gummiringfederantrieb

Gegenüber dem direkten Tatzmotorantrieb weist der Gummiringfederantrieb zahlreiche Vorteile auf und ist daher auch für schnellfahrende elektrische Lokomotiven mit großer Leistung geeignet. Er bedarf keiner Schmierung, zeigt keine Abnutzung im Betrieb und zeichnet sich durch geringe Unterhaltungskosten und lange Lebensdauer aus. Dieser Gummiringfederantrieb wurde im Jahre 1952 von den Siemens-Schuckert-Werken entwickelt und hat sich bei der Probelokomotive E 10 003 der Deutschen Bundesbahn so gut bewährt, daß er für sämtliche Neubaulokomotiven der Deutschen Bundesbahn, das heißt für die Baureihen E 10[1], E 40, E 41 und E 50 als Einheitsantrieb übernommen wurde. Während die leichten elektrischen Lokomotiven der Baureihe E 41 mit einseitigem Vorgelege auskommen, haben die übrigen Typen durchweg beiderseitigen Antrieb. Auch bei einigen neuentwickelten elektrischen Lokomotiven und Triebwagen der Österreichischen Bundesbahn ist dieser Antrieb zu finden, ebenso bei 20 sechsachsigen Güterzuglokomotiven, die 1961 von Krupp und Siemens an die Sowjetunion geliefert wurden.

2.3.2.2.3. Kegelringfederantrieb

Dieser vom VEB Lokomotivbau-Elektrotechnische Werke (LEW) „Hans Beimler", Hennigsdorf, entwickelte vollelastische Antrieb ist ebenfalls ein Tatzmotorantrieb mit Hohlwelle. Sein Aufbau ist aus den Bildern 68 und 69 zu erkennen. Er erinnert an den Gummiringfederantrieb, unterscheidet sich von diesem jedoch dadurch, daß die Gummiringe nicht mehr in sechs Segmente zerschnitten sind, sondern aus einem Stück bestehen. Aus diesem Grunde entfallen auch die Kupplungsarme, die zwischen den Speichen hindurchgreifen. Die Gummiringe liegen nicht mehr außerhalb der Treibräder, sondern sie sind zwischen dem großen Vorgelegerad und dem Treibrad angeordnet. Beide Räder weisen ringförmige Anlageflächen auf.
Um zu vermeiden, daß während der Fahrt im Gummi schädliche Zugspannungen auftreten, werden beide Kegelringe mit einer axialen Vorspannung von etwa 15 Mp eingebaut. Die Reibung zwischen den Gummiringen und den Anlageflächen reicht aus, um alle in radialer, axialer und auch in tangentialer Richtung auftretenden Kräfte zu übertragen, so daß die beim Gummiringfederantrieb sehr zahlreichen Schraubenverbindungen entfallen können.
Die Kegelringfedern haben einen Durchmesser von 700 mm. Form und Weichheit des Gummis wurden durch Versuche ermittelt. Der Tatzmotor (Schwebemotor) gehört zu den gefederten Massen. Durch die gute Elastizität des Antriebs erreicht man eine Dämpfung der vertikalen Beschleunigungen um 75 % und somit eine wesentliche Schonung von Motor, Getriebe und Oberbau. Das Spiel zwischen

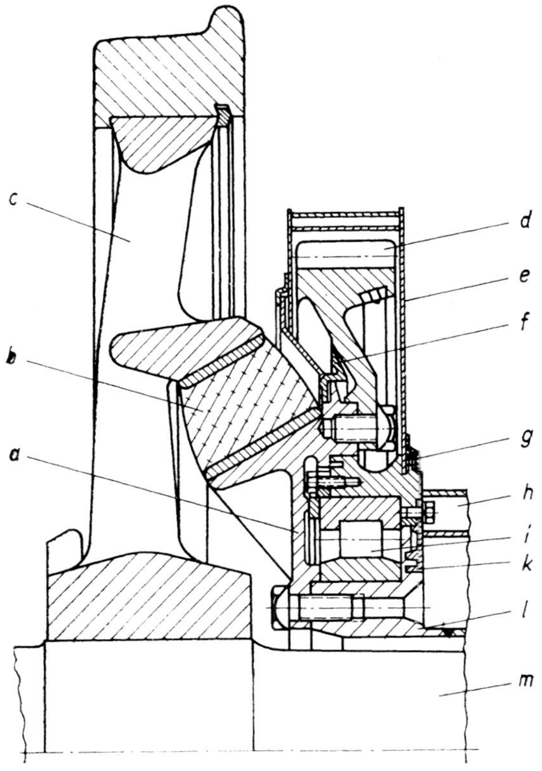

Bild 68.
Kegelringfederantrieb
a Lagerflansch
b Kegelringfeder (Gummi)
c Radstern
d Großzahnrad
e Zahnradschutzkasten
f Labyrinth-Dichtring
g Abdichtung
h Hohlwellengehäuse
i Rollenlager
k Dichtring
l Hohlwelle
m Achswelle

Bild 69. Radsatz mit Kegelringfederantrieb

Achse und Hohlwelle beträgt allseitig 13 mm, obgleich die radiale Durchfederung auch bei schlechten Schienenstößen 10 mm nicht überschreitet.

Da die Kegelringfedern auch axiale Stöße abfangen und einen Federweg bis 8 mm zulassen, geht der Verschleiß am Radreifen und Schienenkopf beträchtlich zurück.

Besonders vorteilhaft wirkt sich auch die Federung in Drehrichtung aus. Sie entspricht bei einer Zugkraft von 6 Mp je Achse einem Drehwinkel von etwa 12°. Das bedeutet, daß durch die Drehelastizität nicht nur die Stöße auf die Zahnräder gedämpft, sondern auch die für den Einphasenwechselstrommotor typischen pulsierenden Drehmomentschwankungen ausgeglichen werden.

Durch Dämpfung der Zugkraftspitzen verringert sich auch die Schleudergefahr. Versuche ergaben nach Einbau dieses elastischen Antriebs eine Vergrößerung der Anfahrzugkräfte um 25 bis 30 %.

Außerdem schont man bei schweren Anfahrten den Kommutator wesentlich, weil infolge der Drehelastizität bis zu 16 Kommutatorlamellen unter den Bürsten vorbeistreichen können und nur kurze Zeit den hohen Anfahrströmen ausgesetzt sind.

Dieser Antrieb ist einfach im Aufbau, erfordert wenig Wartung und infolge der verschleißlosen Federelemente auch geringe Unterhaltungskosten. Versuche haben gezeigt, daß dieser Antrieb für einen Temperaturbereich von −45 °C bis +45 °C geeignet ist. Eine Verhärtung des Gummis bei sehr niedrigen Außentemperaturen ist nicht zu befürchten, weil die Ringe durch die ständige Walkarbeit während der Fahrt schnell erwärmt werden. Da der Gummi jedoch nicht ölbeständig ist, muß man auf eine gute Abdichtung der Getriebeschutzkästen achten.

Gegenüber dem Gummiringfederantrieb hat diese Konstruktion den Nachteil, daß zum Auswechseln der Hohlwelle oder der Kegelringe ein Treibrad von der Achswelle abgezogen werden muß. Das Lösen der Preßverbindungen wird dadurch erleichtert, daß zwischen Nabensitz und Nabe Öl mit einem Überdruck von 1400 bis 1800 kp/cm² gedrückt wird. Der entstehende Ölfilm vermeidet, daß einzelne Teile beschädigt werden. Durch die axiale Vorspannung, mit der die beiden Kegelringfedern eingebaut werden, erhöht sich die Aufpreßkraft von normalerweise 100 Mp auf etwa 120 Mp, was für die Werkstatt keine Erschwernis bedeutet.
Dieser Antrieb kann in Treibräder mit relativ kleinem Durchmesser eingebaut werden und ist für elektrische Lokomotiven mit einer Höchstgeschwindigkeit bis 160 km/h geeignet.
Er wurde seit Dezember 1961 in der Baumusterlokomotive E 11 002 erprobt und hat sich gut bewährt. Um die Dauerfestigkeit der Kegelringfedern weiter zu ermitteln, soll der Kegelringfederantrieb zunächst in fünf weitere Neubaulokomotiven eingebaut werden.

2.3.2.3. Antrieb durch Gestellmotor

Der Gestellmotor ist im allgemeinen senkrecht über der Treibachse im Drehgestellrahmen oder im Lokomotivkasten gelagert. Er ist also stets vollkommen abgefedert und daher für schnellfahrende Lokomotiven mit großen Leistungen geeignet. Ein Gestellmotor ist auch während der Fahrt gut zugänglich und unterliegt nicht den räumlichen Einschränkungen wie der Tatzlagermotor. Außerdem wird durch das Hochlegen der Fahrmotoren der Schwerpunkt der Lokomotive wesentlich erhöht, was sich auf die Fahreigenschaften günstig auswirkt. Allerdings benötigt man auch in diesem Falle wieder eine allseitig bewegliche Kupplung, die ohne Beeinträchtigung der Drehmomentübertragung das Federspiel zwischen dem gefederten Motor und dem ungefederten Treibrad ausgleicht. Sie muß unbedingt zuverlässig und betriebssicher arbeiten, soll daher einfach sein und möglichst ohne Schmierung und Wartung auskommen. Eine solche Kupplung kann als Gelenkkupplung oder auch als Federkupplung aufgebaut sein.

2.3.2.3.1. Buchli-Antrieb

Dieser von dem Schweizer Ingenieur Buchli entwickelte Antrieb wurde im Jahre 1926 erstmalig in Deutschland verwendet, und zwar bei Schnellzuglokomotiven, die von den Firmen Krauß in München und Brown, Boveri & Cie. in Mannheim gebaut wurden. Er ist daher auch unter der Bezeichnung BBC-Gelenkhebelkupplung bekannt. Der Motor ist dabei so hoch auf dem innenliegenden Hauptrahmen der Lokomotive gelagert, daß seine Welle auf der einen Seite über das Treibrad hinausragen kann (Bild 70). Die Motorwelle trägt das Ritzel, das in das große Vorgelegezahnrad eingreift. Dieses läuft auf einem Zapfen, welcher der Treibradmitte ungefähr gegenüber liegt und in einem besonderen Hilfsrahmen fliegend gelagert ist. Das Vorgelege sitzt hier also im Gegensatz zu allen anderen Triebwerksbauarten außerhalb der Treibräder und außerhalb des Rahmens. Da es meist nur einseitig angeordnet ist, ergibt sich auf der Antriebsseite ein erhebliches Über-

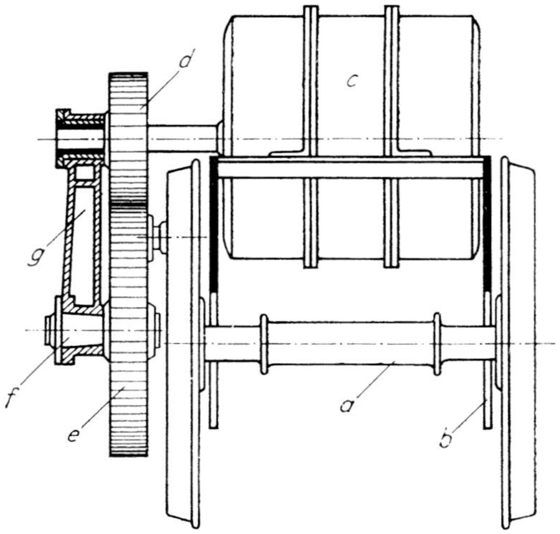

Bild 70.
Buchli-Antrieb (Schema)
a Treibradsatz
b Hauptrahmen
c Gestellmotor
d Ritzel
e Vorgelegerad
f Zapfen
g Hilfsrahmen

gewicht an Masse, das durch entsprechende Lagerung des Transformators und der Hilfsmaschinen ausgeglichen wird.
Zwischen dem Vorgelegezahnrad und dem Treibrad befindet sich ein Kupplungsgestänge, das das Federspiel ausgleicht und auch eine gewisse Seitenbeweglichkeit des Radsatzes zuläßt (Bild 71). Nähere Einzelheiten dieser Gelenkkupplung

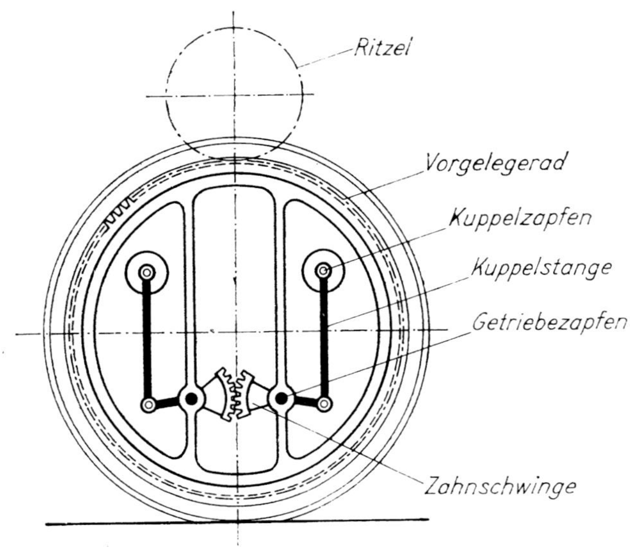

Bild 71.
Gelenkkupplung

sind aus den Bildern 72 und 73 zu ersehen. Die Kupplung besteht aus einem symmetrischen Hebelsystem, dessen Stangen über Zahnsegmente verbunden sind, die stets ineinandergreifen. Jedes Segment schwingt um einen am Zahnrad befestigten Getriebezapfen. Die beiden Kuppelstangen greifen an kugeligen Zapfen am freien Ende der Zahnschwingen an und sind am anderen Ende mit je einem

Bild 72. Radsatz mit Buchli-Antrieb

a Ritzel
b Vorgelegerad
c Getriebezapfen
d Zahnschwinge
e Lager für Vorgelegerad
f Kuppelstange
g Kuppelzapfen

Kuppelzapfen verbunden, der im Radstern befestigt ist. Diese Zapfen greifen durch entsprechende Aussparungen im großen Zahnrad hindurch. Sie sind nicht in den Radkörper eingepreßt, sondern nur konisch eingesetzt und durch Muttern gesichert, da sonst der Ausbau des Treibradsatzes schwierig wäre.

Die Kuppelstangen übertragen also die Antriebskraft vom Vorgelege zum Radsatz, und zwar wird bei einer bestimmten Fahrtrichtung die eine Stange stets auf Zug und die andere auf Druck oder Knickung beansprucht. Um harte Stöße, besonders beim Anfahren, zu vermeiden, ist das Ritzel meist gegen Torsion besonders abgefedert. Das Zusammenwirken der einzelnen Teile ist aus Bild 74 zu erkennen. Das große Zahnrad läuft also einschließlich Kupplungsgestänge mit derselben Drehzahl um wie das Treibrad. Solange Mitte Zahnrad mit Mitte Treibrad auf gleicher Höhe liegt, bleibt die gesamte Gelenkkupplung in Ruhestellung. Die Zahnsegmente schlagen erst dann aus, wenn der Radsatz, zum Beispiel infolge

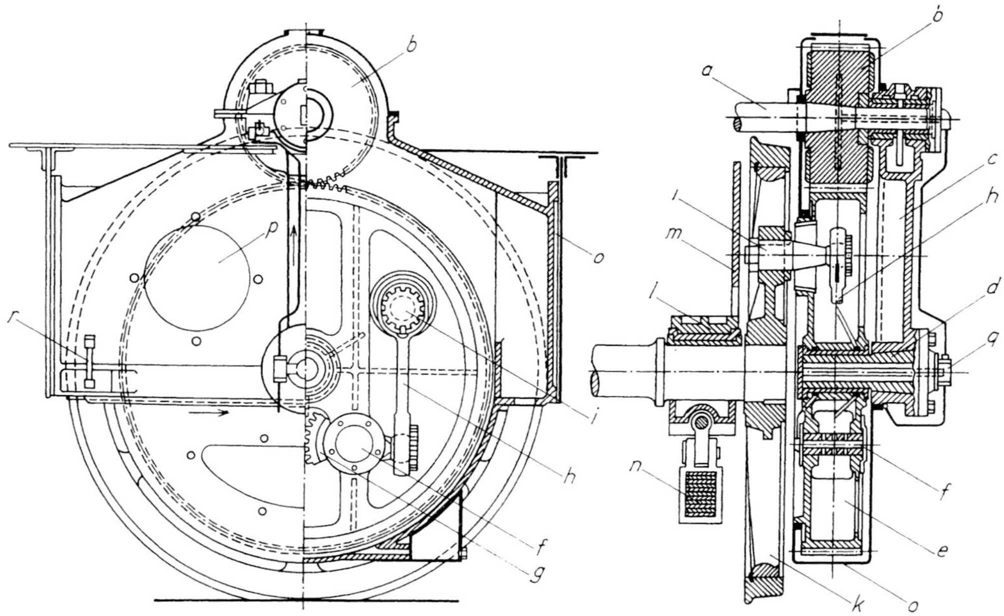

Bild 73. Buchli-Antrieb (Zusammenstellung)

a Motorwelle
b Ritzel
c Hilfsrahmen
d Tragzapfen für Vorgelegerad
e Vorgelegerad
f Getriebezapfen
g Zahnschwinge
h Kuppelstange
i Kuppelzapfen
k Treibrad
l Achslager
m Hauptrahmen
n Tragfeder
o Getriebeschutzkasten
p Deckel
q Ölpumpe
r Ölstandglas

schlechter Gleislage, eine vertikale Bewegung ausführt, und zwar ist der Ausschlag dann am größten, wenn die Segmente sich gerade oben oder unten befinden, die Kuppelstangen also senkrecht stehen (Bild 74 a). Liegen die Kuppelstangen jedoch gerade waagerecht, so gleichen sie durch leichte Schräglage das Federspiel aus, und die Zahnsegmente bleiben in Ruhestellung (Bild 74 b).

Da die Gelenklager stets gut geschmiert werden müssen, besitzt jeder Treibradsatz eine besondere Ölpumpe. Auch ist der untere Teil des Getriebeschutzkastens

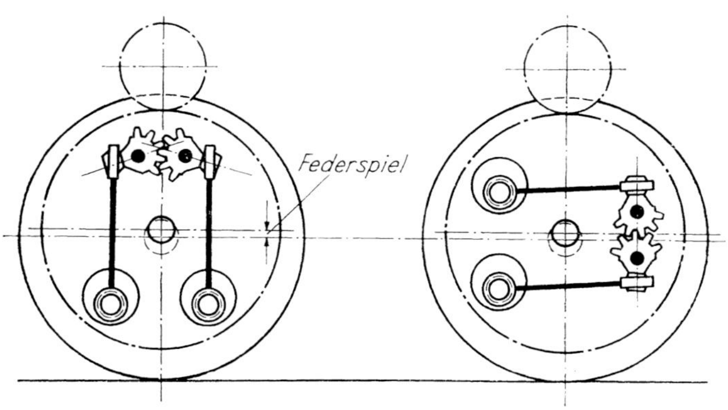

Bild 74.
Arbeitsweise der Gelenkkupplung

mit Öl gefüllt, so daß die Zähne des großen Vorgelegezahnrades ständig eintauchen. Dennoch läßt sich ein Verschleiß an den zahlreichen Teilen des Kupplungsgestänges nicht vermeiden. Mehrere große Deckel im Getriebeschutzkasten ermöglichen eine gute Zugänglichkeit der einzelnen Lagerstellen (Bild 75). Dieser Antrieb ist im allgemeinen einseitig. Nur bei sehr großen Leistungen ist es üblich, auf jeder Seite ein Vorgelege mit der entsprechenden Gelenkkupplung vorzusehen.

Bild 75. Antriebsseite einer elektrischen Lokomotive mit Buchli-Antrieb

Als Vorteil des Buchli-Antriebs ist hervorzuheben, daß er bei sehr geringen ungefederten Massen jederzeit in der Lage ist, die Antriebskraft von dem hochliegenden gefederten Fahrmotor auf den ungefederten Radsatz zu übertragen. Nachteilig sind jedoch die durch den komplizierten Aufbau entstehenden hohen Herstellungskosten und die infolge der vielen beweglichen Teile und der komplizierten Schmierung verhältnismäßig teure Unterhaltung dieses Antriebs. Ungünstig sind auch noch die einseitige Lagerung des Vorgeleges und der schwierige Ausbau des Treibradsatzes.
Der Buchli-Antrieb wurde in der Schweiz, in Frankreich und auch in außereuropäischen Ländern viel verwendet. In Deutschland wurde er in die Baureihe E 16 (1′ Do 1′) eingebaut, wo er heute noch zu finden ist (Bild 76). Auch in einem Oberleitungstriebwagen der Baureihe ET 11 (Höchstgeschwindigkeit 160 km/h) hat er sich gut bewährt. In diesem Falle lagen jedoch die Fahrmotoren neben den

Bild 76. Elektrische Lokomotive Baureihe E 16 mit Buchli-Antrieb (Antriebsseite)

Treibachsen und die großen Vorgelegezahnräder mit den dazugehörigen Gelenkkupplungen innerhalb der Räder. Dadurch wurde es notwendig, eine Hohlwelle einzubauen und den sonst üblichen Außenrahmen zu verwenden.

2.3.2.3.2. Gelenkstangenantrieb

Dieser besonders in Westeuropa häufig angewendete Antrieb wurde im Jahre 1890 von der Firma Siemens & Halske entwickelt und im Jahre 1933 von der Firma Alsthom, Paris, wesentlich verbessert. Für die Drehmomentübertragung vom gefederten Motor zum ungefederten Radsatz wird ebenfalls eine Gelenkkupplung verwendet. Die einzelnen Fahrmotoren sind auch bei diesem Antrieb senkrecht über den Treibradsätzen im gefederten Lokomotivkasten gelagert. Im unteren Teil jedes Motorgehäuses befinden sich Lager für eine Hohlwelle (Bild 77). Diese umgibt die Achswelle mit einem allseitigen Spiel von 35 mm und trägt an jedem Ende ein großes Vorgelegezahnrad, das meist noch gegen Verdrehung besonders abgefedert ist (Bild 78). Dieser Antrieb ist bei größeren Leistungen meist beiderseitig, und da die Hohlwelle bis dicht an die Treibräder heranreicht, wird stets ein Außenrahmen verwendet.

Die Verbindung zwischen der gefederten Hohlwelle und dem ungefederten Radsatz wird auf jeder Seite durch vier Lenkerstangen hergestellt (Bild 79). Diese sind an einer umlaufenden Lenkerstütze befestigt, die wegen der eigentümlichen Bewegungen, die sie unter dem Einfluß der Kräfte und Verschiebungen ausführt, auch als tanzender Ring bezeichnet wird. Die freien Enden der Lenkerstangen greifen einerseits an zwei Treibzapfen an, die am Flansch der Hohlwelle befestigt sind und zwischen den Speichen des Treibrades hindurchgreifen und andererseits an zwei Kuppelzapfen im Radstern, die ebenfalls diametral gegenüberliegen. Die

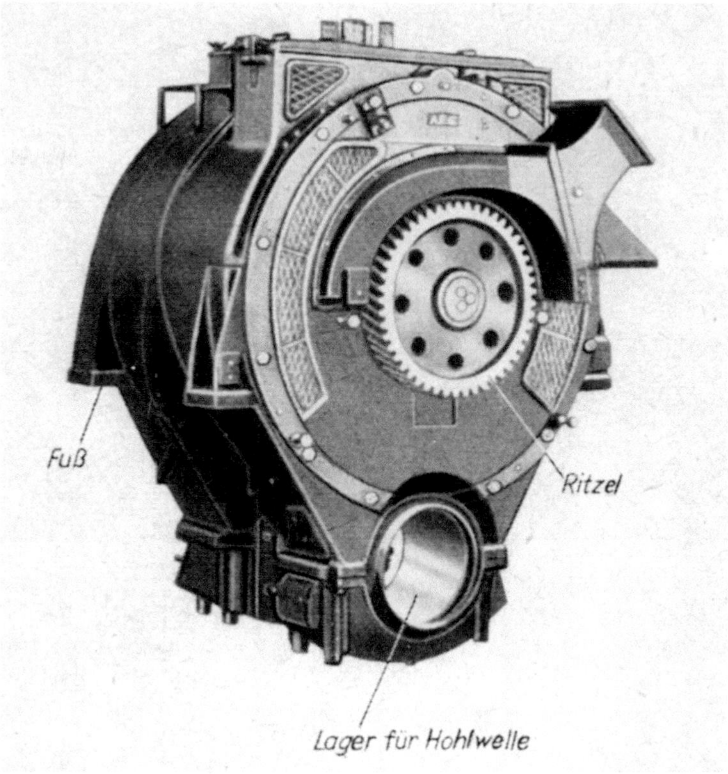

Bild 77.
Gestellmotor mit Hohlwellenlager

Lenkerstütze wird also gewissermaßen von den Lenkern frei schwebend gehalten und ist zwischen Radkörper und Achslagergehäuse untergebracht.
Um dem Radsatz eine möglichst große Bewegungsfreiheit zu gestatten, sind sämtliche Gelenke entweder kugelförmig ausgebildet oder mit Silentblocks versehen.

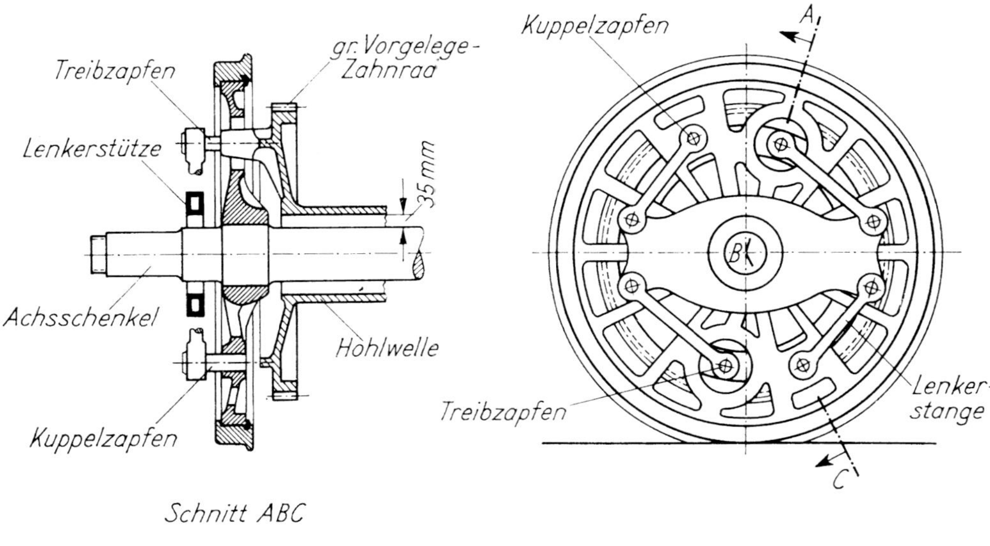

Bild 78. Gelenkstangenantrieb

Bild 79. Radsatz mit Gelenkstangenantrieb

Diese wirken dämpfend und ermöglichen eine elastische Drehmomentübertragung. Jeder Treibradsatz hat zwei derartige Antriebe, die gegeneinander um 90° versetzt und spiegelbildlich angeordnet sind, so daß sämtliche Lenkerstangen auf der einen Seite auf Zug und auf der anderen Seite auf Druck oder Knickung beansprucht werden.
Dieser Antrieb hat sich bei zahlreichen elektrischen Lokomotiven der französischen Staatsbahnen und auch bei der E 10 001 der Deutschen Bundesbahn gut bewährt. Die ungefederten Massen sind sehr gering, so daß sich dieser Antrieb auch für große Leistungen und hohe Geschwindigkeiten eignet. Bemerkenswert sind noch die außerordentlich niedrigen Unterhaltungskosten, da nur wenig Schmierstellen vorhanden sind und der Verschleiß der Silentblocks so gering ist, daß diese erst nach mehr als zehn Jahren ausgewechselt zu werden brauchen.

2.3.2.3.3. Westinghouse-Antrieb

Für die Drehmomentübertragung vom gefederten Motor zum ungefederten Radsatz kann man anstelle der Gelenkkupplungen auch Federkupplungen verwenden. Sie stellen dann eine elastische Verbindung zwischen Motor und Ritzel oder, was gebräuchlicher ist, zwischen großem Vorgelegezahnrad und Treibrad her. Derartige Federkupplungen wurden in den verschiedenen Ausführungen erprobt und haben sich auch in dem rauhen Eisenbahnbetrieb gut bewährt. Geeignet sind Blattfedern, Schraubenfedern, Gummifedern oder auch elastische Scheiben oder Ringe aus Stahl oder Gummi.

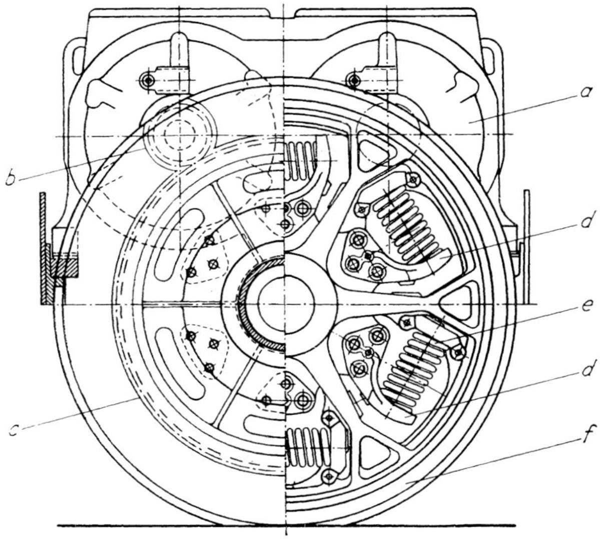

Bild 80.
Westinghouse-Antrieb
a Doppelmotor
b Ritzel
c Vorgelegerad
d Kupplungsarm
e Schraubenfeder
f Treibradsatz

Der Westinghouse-Antrieb ist ebenfalls ein Hohlwellenantrieb, und auch hier sind die einzelnen Fahrmotoren wieder über den Treibradsätzen gelagert. Die Verbindung zwischen der gefederten Hohlwelle und dem ungefederten Radsatz übernehmen auf jeder Seite sechs Schraubenfedern, die zwischen den Speichen liegen (Bild 80). Sie werden mit dem einen Ende an Kupplungsarmen befestigt, die am Flansch der Hohlwelle angeschraubt sind, das andere Ende der Federn ist fest mit den Radspeichen verbunden. Bei Übertragung des Drehmoments werden alle Federn des einen Rades auf Zug, die des anderen Rades auf Druck beansprucht. Bei Änderung der Fahrtrichtung verändert sich auch die Beanspruchung der Federn. Durch die Drehelastizität dieses Antriebs werden die Rüttelschwingungen des Motors stark gedämpft. Zugleich erreicht man eine beträchtliche Schonung des Kommutators, da bei schweren Anfahrten die einzelnen Lamellen nur kurzzeitig hohe Ströme aufnehmen müssen.

Bei schlechter Gleislage und infolge der Fliehkraft werden die Federn zusätzlich auf Biegung oder bei Kurvenfahrt auf Torsion beansprucht. Um Betriebsstörungen durch Federbruch zu vermeiden, ist es daher erforderlich, die Federn aus einem hochwertigen Stahl herzustellen und sie besonders kräftig auszubilden. Der Westinghouse-Antrieb ist hauptsächlich an älteren amerikanischen elektrischen Lokomotiven zu finden.

2.3.2.3.4. Sécheron-Antrieb

Dieser Antrieb stellt eine Weiterentwicklung des Westinghouse-Antriebs dar und fand in Europa eine starke Verbreitung. Anstelle der auf jeder Seite angeordneten sechs Schraubenfedern werden bei dieser Konstruktion drei Doppelfederelemente verwendet. Diese werden in der Mitte durch einen Kupplungsarm gefaßt,

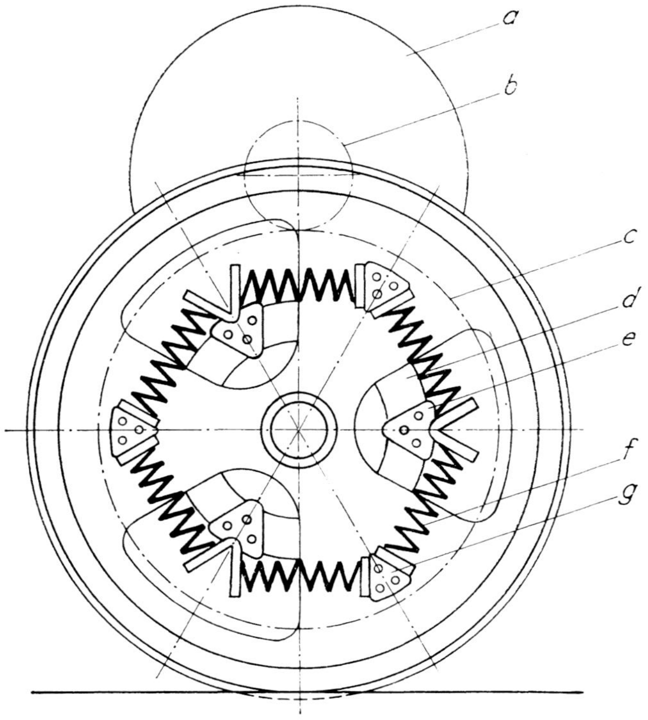

Bild 81.
Radsatz mit Sécheron-Antrieb (Schema)

a Gestellmotor
b Ritzel
c Vorgelegerad
d Flansch
e Kupplungsarm
f Doppelfeder
g Befestigung am Rad

Bild 82. Radsatz mit Sécheron-Antrieb

der an der Hohlwelle angeschraubt ist, während die beiden Enden der Federn mit dem Radkörper verbunden sind (Bilder 81 und 82). Bei einer bestimmten Fahrtrichtung wird die eine Feder eines solchen Federelements auf Zug, die andere auf Druck beansprucht, so daß ein gleichförmiger Zugkraftverlauf erreicht wird. Da man bei dieser Ausführung anstatt sechs auf jeder Seite nur drei Kupplungsarme benötigt, ist der gesamte Aufbau einfacher und dadurch auch billiger. Da die Federn nicht mehr zwischen den Speichen, sondern außerhalb der Speichen liegen, können gegenüber dem Westinghouse-Antrieb wesentlich kleinere Treibraddurchmesser verwendet werden. Dadurch wird die Masse der ungefederten Radsätze wesentlich herabgesetzt und auch der Radstand und somit die gesamte Baulänge der Lokomotive beträchtlich verkürzt.

2.3.2.3.5. Federtopfantrieb

Als dann im Jahre 1927 für die Deutsche Reichsbahn eine Schnellzuglokomotive mit der Achsfolge 2'Do1' entwickelt werden sollte (Baureihe E 21), nahm sich die Herstellerfirma AEG die beiden vorstehenden Antriebe zum Vorbild. Kleinow verbesserte sie wesentlich und erhöhte die Betriebssicherheit dadurch, daß er die Antriebsfedern, die das Drehmoment elastisch auf den Radsatz übertragen, nicht mehr fest einspannte, sondern in Federtöpfen unterbrachte. Dieses Triebwerk ist daher auch unter der Bezeichnung AEG-Kleinow-Antrieb bekannt.

Der Fahrmotor ist auch in diesem Falle wieder im gefederten Lokomotivkasten untergebracht und stützt sich mit seinen Füßen auf Rahmenquerverbindungen auf (Bild 77). Im unteren Teil des Motorgehäuses befinden sich die Lager für eine Hohlwelle, welche die Achswelle mit einem allseitigen Spiel von 40 mm umgibt (Bild 83). An jedem Ende der Hohlwelle sitzt ein Flansch, auf den der Zahnkranz des großen Vorgelegezahnrades aufgeschrumpft wird (Bild 84). Dieser Antrieb ist also bei größeren Leistungen stets beiderseitig. Um einen möglichst guten und geräuschlosen Eingriff der Zahnräder zu gewährleisten, verwendet man im allgemeinen Schrägverzahnung. An jedem Flansch sind sechs Kupplungsarme angebracht, die zwischen den Speichen des Treibrades hindurchgreifen (Bild 85). Jeder Arm trägt in einem zweiteiligen Gehäuse zwei Federtöpfe, die in einem gehärteten Führungsring gleiten können und durch eine Schraubenfeder auseinandergedrückt werden (Bild 86). Jeder Topf hat einen leicht gewölbten Boden und am anderen Ende einen Flansch, durch den die Bewegung nach außen begrenzt wird. Die Federtöpfe übertragen also das Drehmoment elastisch auf die Speichen des Treibrades, die an den Berührungsstellen mit pilzförmigen Druckstücken versehen sind, um jeglichen Verschleiß am Radstern zu vermeiden.

Beim Anfahren dreht das Ritzel zunächst das große Vorgelegezahnrad und somit die einzelnen Kupplungsarme (Bild 87). Die hinteren Federtöpfe liegen dann mit ihrem Bund fest am Führungsring an und heben sich von ihrem Druckstück ab.

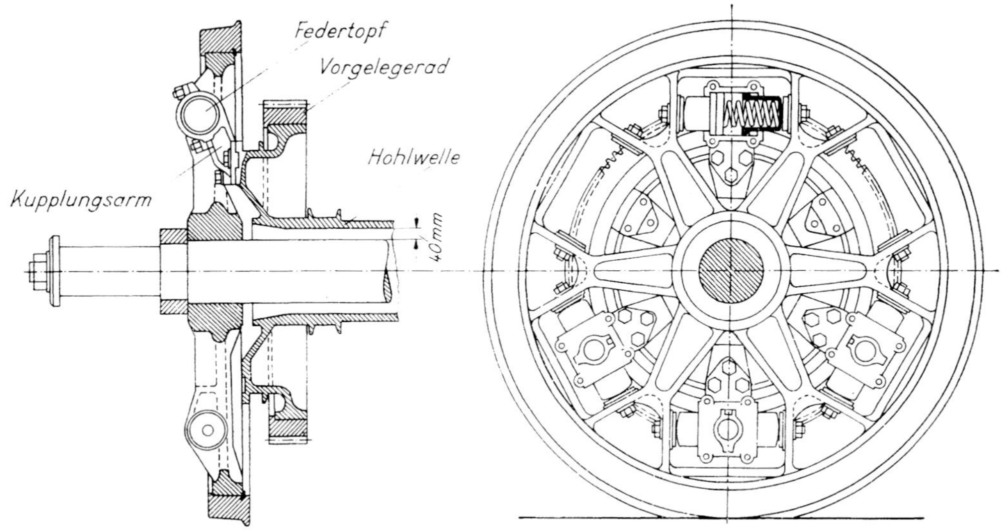

Bild 83. Federtopfantrieb

Bild 84. Radsatz mit Hohlwelle für elektrische Lokomotive mit Federtopfantrieb

Bild 85. Radsatz einer elektrischen Lokomotive mit Federtopfantrieb

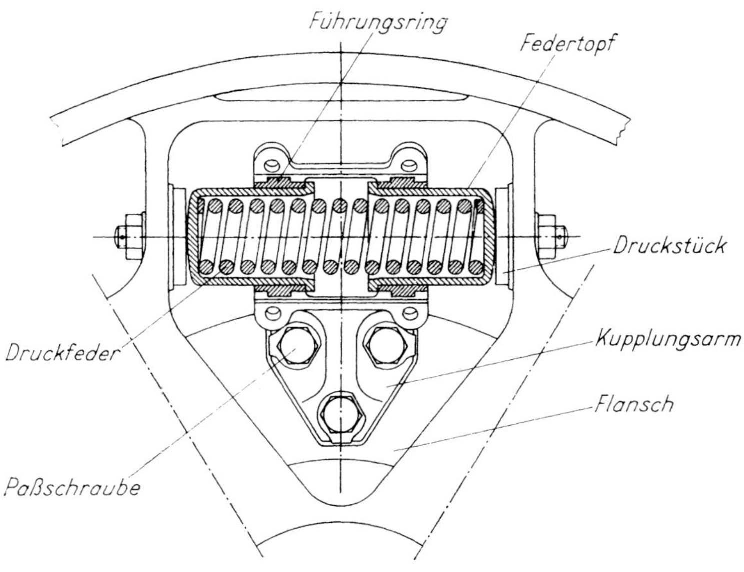

Bild 86.
Kupplungsarm
mit Federtöpfen

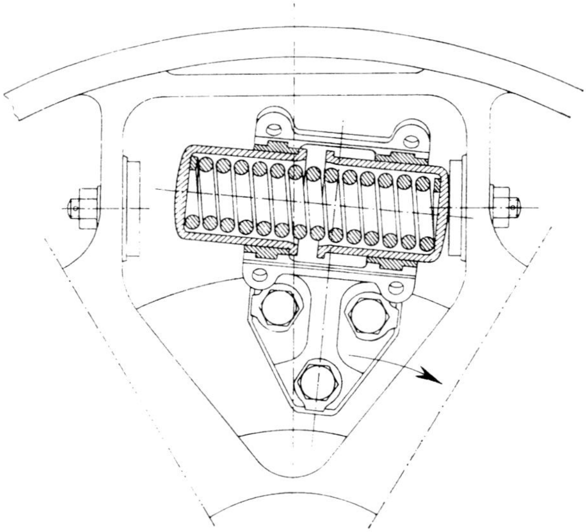

Bild 87.
Kupplungsarm beim Anfahren

Die Böden der Federtöpfe drücken dann die einzelnen Schraubenfedern zusammen, die das Drehmoment gleichmäßig über die vorderen Federtöpfe und Druckstücke auf das Treibrad übertragen. Federtöpfe und Druckstücke sind gehärtet und werden dort, wo sie sich berühren, durch Fett geschmiert, da sie bei Ausgleich des Federspiels aufeinander gleiten. Außer der vertikalen Bewegung, die durch den Abstand der Hohlwelle begrenzt wird, liegt auch eine gewisse Seitenbeweglichkeit des Radsatzes vor. Wegen der Hohlwelle ist es nicht möglich, die Achslager

Bild 88.
Treibradsatz mit Motor
- a Gestellmotor
- b Fuß
- c Hohlwelle
- d Lager für Hohlwelle
- e Getriebeschutzkasten

innerhalb der Räder anzuordnen, so daß bei diesem Antrieb stets ein Außenrahmen verwendet wird. Bild 88 zeigt einen vollständigen Treibradsatz mit Federtopfantrieb und Motor. Diese gesamte Einheit läßt sich leicht mit Hilfe einer Achssenke ausbauen, wenn man die Rahmenverbindungen, auf die sich der Motor abstützt, seitlich entfernt. Es besteht jedoch auch die Möglichkeit, die Unterteile der Hohlwellenlager zu lösen und dann lediglich den Radsatz mit Hohlwelle nach unten auszubauen. Beim Nachdrehen oder Auswechseln der Radreifen ist es nicht erforderlich, die Hohlwelle zu entfernen.

Nachteilig ist jedoch, daß zu diesem Triebwerk viele Einzelteile gehören und die Federtöpfe und Druckstöcke einem gewissen Verschleiß unterliegen. Auch ist zu berücksichtigen, daß dieser Antrieb wegen des großen Platzbedarfs der Kupplungen einen entsprechend großen Treibraddurchmesser erfordert und daher für neuzeitliche Drehgestell-Lokomotiven mit einem Treibraddurchmesser von etwa 1200 bis 1300 mm nicht geeignet ist. Außerdem neigt dieser Antrieb beim Anfahren zu unangenehmen Schüttelschwingungen, wodurch sich an den Speichen leicht Risse bilden, obgleich die Speichen sehr kräftig ausgeführt sind und dadurch die Masse des ungefederten Treibradsatzes wesentlich erhöhen.

Trotz dieser Mängel wurde der Federtopfantrieb von vielen Eisenbahnverwaltungen übernommen und in elektrischen Lokomotiven sowie Diesellokomotiven mit gutem Erfolg eingebaut. Er ist bei den Lokomotiven der Baureihen E 04, E 17, E 18, E 19 und E 21 zu finden und hat sich dort auch bei hohen Leistungen und Geschwindigkeiten bis 200 km/h gut bewährt. In ähnlicher Form wurde er auch bei

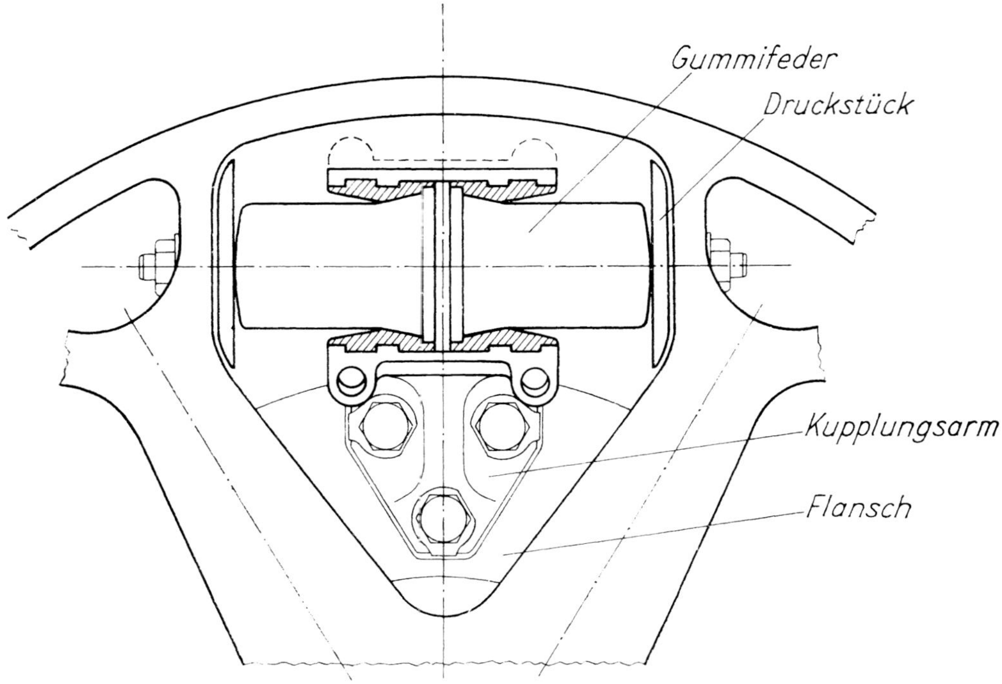

Bild 89. Ersatz der Federtöpfe durch Gummifedern

einem elektrischen Oberleitungsschnelltriebwagen der Deutschen Reichsbahn (ET 11 05) angewendet.

Erwähnt sei noch, daß dieser Antrieb auch bei neueren amerikanischen, schwedischen und norwegischen elektrischen Lokomotiven gebräuchlich ist, jedoch ersetzt man dort die Federtöpfe und Stahlfedern durch Gummifedern (Bild 89). Diese haben gegenüber den Stahlfedern den Vorteil, daß sie auch starke Stöße, die zum Beispiel beim Schleudern der Achse und anschließendem Sanden auftreten, ohne Beschädigung aufnehmen können. Die Ausführung hat sich bereits bei zahlreichen Lokomotiven bestens bewährt, da wenige Einzelteile vorhanden sind, die dem Verschleiß unterliegen und auch wenig Schmierstoff benötigt wird. Infolge der kleineren Abmessungen der Kupplungen ist es auch möglich, diesen Antrieb in Drehgestell-Lokomotiven einzubauen.

2.3.2.3.6. Federantrieb

Der Federantrieb wurde von der Firma Brown, Boveri & Cie. entwickelt und ist unter der Bezeichnung BBC-Federantrieb bekannt. Er ähnelt in gewisser Hinsicht dem Federtopfantrieb, doch liegt in diesem Falle der vollkommen abgefederte Fahrmotor nicht über, sondern neben der Treibachse (Bild 90). Das Ritzel treibt das große Vorgelegezahnrad an, das auf einem feststehenden Hohlwellenstummel drehbar gelagert ist. Dieser ist am Motorgehäuse befestigt und umgibt die Achswelle mit einem allseitigen Spiel, so daß sich diese bei Gleisunebenheiten in vertikaler Richtung frei bewegen kann. Die Kraftübertragung vom großen Vorgelegezahnrad

Bild 90. BBC-Federantrieb

zur Treibachse übernimmt eine Federkupplung, die zugleich das Federspiel ausgleicht. Die Schraubenfedern liegen bei diesem Antrieb im Innern des großen Vorgelegezahnrades, und zwar ist jede Feder in einer besonderen Kammer untergebracht. In diese Kammern greifen kräftige Arme, die an einer Mitnehmerscheibe befestigt sind, die auf die Achswelle oder auf eine der Radnaben aufgepreßt ist. Während der Fahrt werden die Federn so weit zusammengedrückt, bis die Arme fast am Gehäuse anliegen.
Dieser Antrieb ist im allgemeinen einseitig, so daß genügend Raum zur Verfügung steht, um große Fahrmotoren unterzubringen. Gegebenenfalls kann auch ein beiderseitiger Antrieb mit umlaufender Hohlwelle verwendet werden. Die beiden Zahnräder und auch sämtliche Teile der Federkupplung sind von einem dichtschließenden Schutzkasten umgeben. Dadurch ist es möglich, auch die Berührungsstellen zwischen den Mitnehmerarmen und den Schraubenfedern ständig zu schmieren, so daß der Verschleiß im Vergleich zum Federtopfantrieb gering ist. Dieser Antrieb wurde in der Schweiz bei vielen elektrischen Lokomotiven und Oberleitungstriebwagen angewendet. Er hat sich aber auch an dieselelektrischen Lokomotiven und Triebwagen sowie Gasturbinenlokomotiven gut bewährt.

2.3.2.3.7. Kardan-Scheibenantrieb

Anstelle der Gelenk- oder Federkupplungen kann man auch Kardanantriebe verwenden, um das Federspiel zwischen dem gefederten Motor und dem ungefederten Radsatz auszugleichen. Das Grundprinzip sämtlicher Kardanantriebe besteht darin, daß zwei parallele Wellen, von denen die eine in der Höhe verschiebbar ist, durch eine Kardanwelle verbunden werden (Bild 91). Während man bei grö-

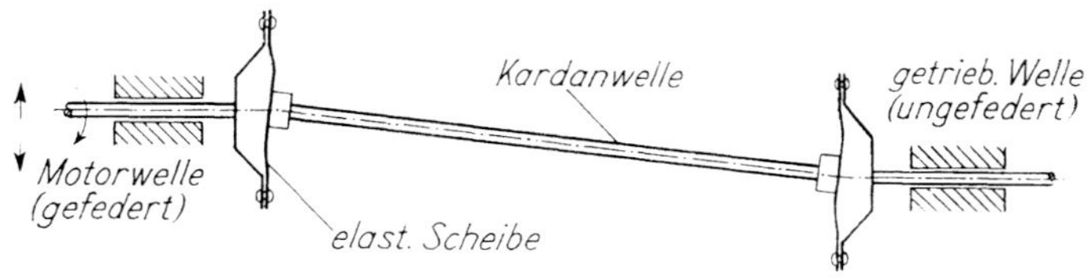

Bild 91.
Kardanantrieb (Schema)

ßeren Ablenkwinkeln metallene Kreuzgelenke, sogenannte Kardangelenke, einbaut, genügen bei einem Ablenkwinkel bis etwa 5 einfache Trockengelenke. Anstelle der sonst allgemein üblichen Gummigewebescheiben (Hardy-Scheiben) werden bei den Antrieben für elektrische Lokomotiven elastische Stahlscheiben oder Stahllamellen, neuerdings auch Gummiringe, verwendet.
Der Kardan-Scheibenantrieb wurde im Jahre 1938 von der Firma Brown, Boveri & Cie. entwickelt. Er ist dadurch gekennzeichnet, daß er das Federspiel bereits zwischen Motorwelle und Ritzel ausgleicht, während bei den vorgenannten Hohlwellenantrieben diese Aufgabe immer erst auf dem Wege vom großen Vorgelegezahnrad zum Treibradsatz gelöst wurde. Da jedoch auf der hochtourigen Getriebeseite nur kleine Drehmomente zu übertragen sind, können die Einzelteile dieses Antriebs verhältnismäßig leicht gehalten werden. Daher genügen auch für die Übertragung des Drehmoments dünne elastische Stahlscheiben von etwa 600 mm Durchmesser und 2 bis 7 mm Dicke (Bild 92). Da im Drehgestell einer elektrischen

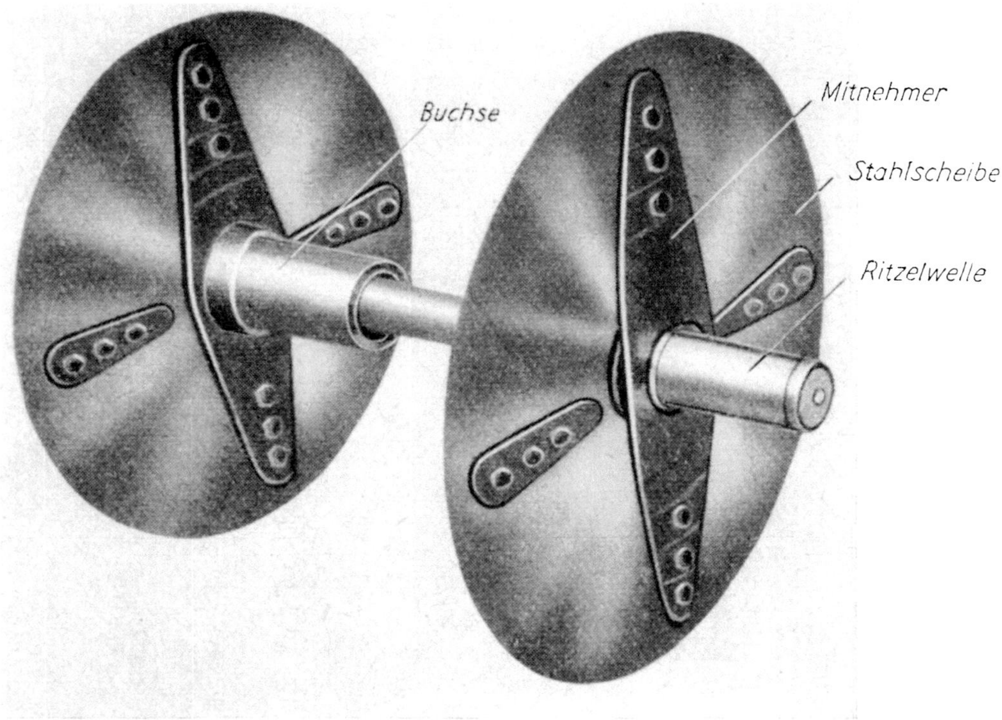

Bild 92. Antriebselemente des Scheibenantriebs

Lokomotive der Platz auch nicht ausreicht, um eine Kardanwelle von der gewünschten Länge neben dem querliegenden Fahrmotor anzuordnen, ist die Ankerwelle als Hohlwelle ausgebildet und die Kardanwelle in dieser untergebracht.
Den Gesamtaufbau dieses Antriebs zeigt Bild 93. Der Motor ist im gefederten Drehgestellrahmen gelagert und liegt nicht über, wie bisher üblich, sondern neben

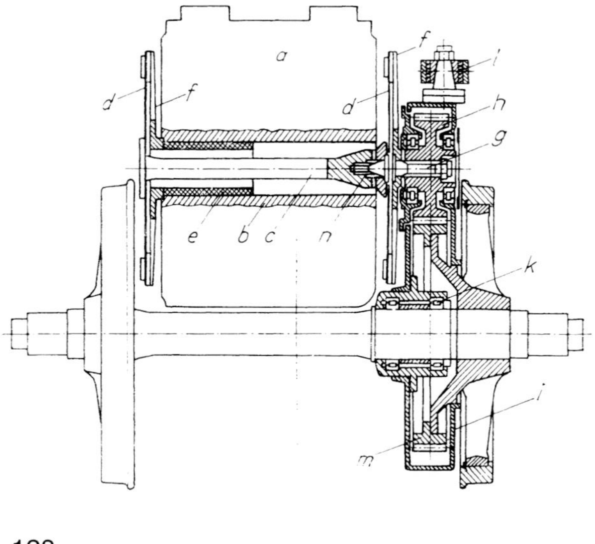

Bild 93.
Kardan-Scheibenantrieb (horizontaler Schnitt)

a Fahrmotor
b hohle Ankerwelle
c Kardanwelle
d Stahlscheibe
e Buchse
f Mitnehmer
g Ritzelwelle
h Ritzel
i Getriebeschutzkasten
k Wälzlager
l Silentblock
m Vorgelegerad
n Zackenkupplung

der Treibachse. Wie auch aus Bild 94 zu erkennen ist, wird in der hohlen Ankerwelle die auf Torsion beanspruchte Kardanwelle untergebracht, die an jedem Ende eine große Stahlscheibe trägt. Das Motordrehmoment wird von einer Buchse, die mit der Ankerwelle fest verbunden wird, über einen bügelförmigen Mitnehmer auf die erste Scheibe übertragen und von dort über einen zweiten, um 90° versetzten Mitnehmer auf die Torsionswelle. Am anderen Ende der Welle ist wieder ein Mitnehmer aufgepreßt, der das Drehmoment von der Welle auf die zweite Scheibe und über einen weiteren Mitnehmer an die Ritzelwelle weiterleitet.

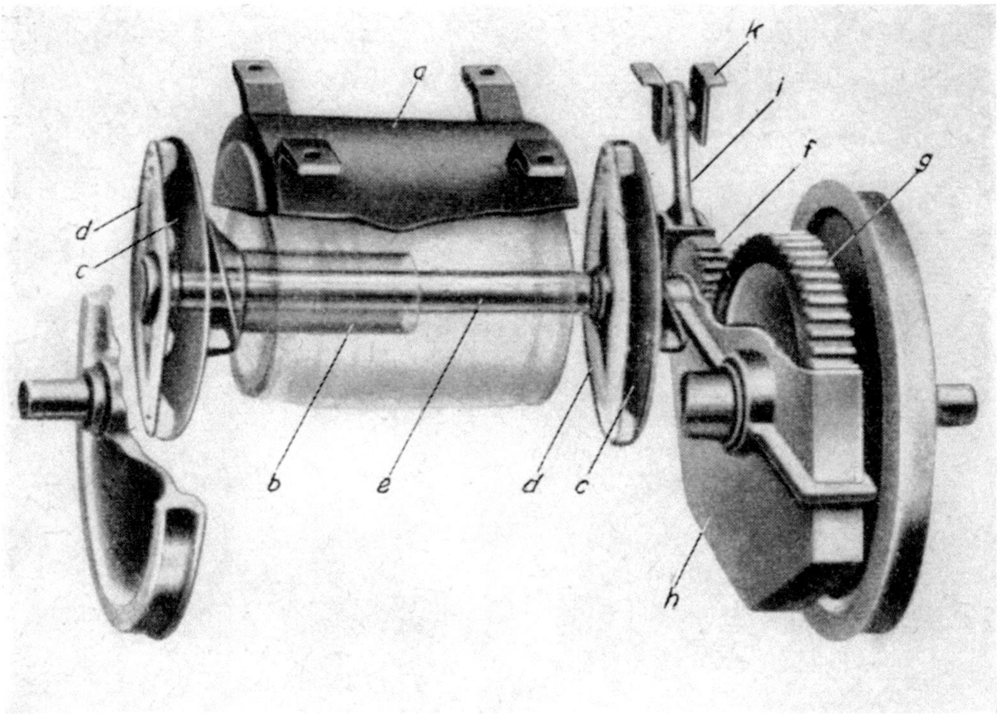

Bild 94. Kardan-Scheibenantrieb (Prinzipdarstellung)

a Gestellmotor	e Kardanwelle	i Pendel
b Mitnehmerbüchse	f Ritzel	k Aufhängung am Rahmen
c Stahlscheibe	g Vorgelegerad	
d Mitnehmer	h Schutzkasten	

Das Ritzel ist in dem Getriebeschutzkasten gelagert, der einerseits in Rollenlagern auf der Achse liegt und andererseits über eine Drehmomentstütze am gefederten Drehgestellrahmen aufgehängt ist (Bild 95). Um eine möglichst weiche Auflagerung zu erreichen, sind die Lagerstellen meist mit Silentblöcken ausgestattet. Das große Vorgelegezahnrad sitzt fest auf der Treibachse. Das Federspiel wird durch leichte Verformung der Scheiben und geringe Schräglage der Torsionswelle ausgeglichen. Diese Teile sind aus besonders hochwertigem Stahl hergestellt und müssen bei der Anfertigung gewissenhaft kontrolliert werden. Um den Ausbau des Motors zu

erleichtern, werden die einzelnen Antriebselemente durch einfache Zackenkupplungen miteinander verbunden.
Dieser Antrieb ist im Aufbau verhältnismäßig einfach und daher billig in der Herstellung. Auch die Unterhaltungskosten sind gering, da keinerlei Schmierstellen vorhanden sind und der Verschleiß der Antriebsorgane sehr gering ist. Nachteilig

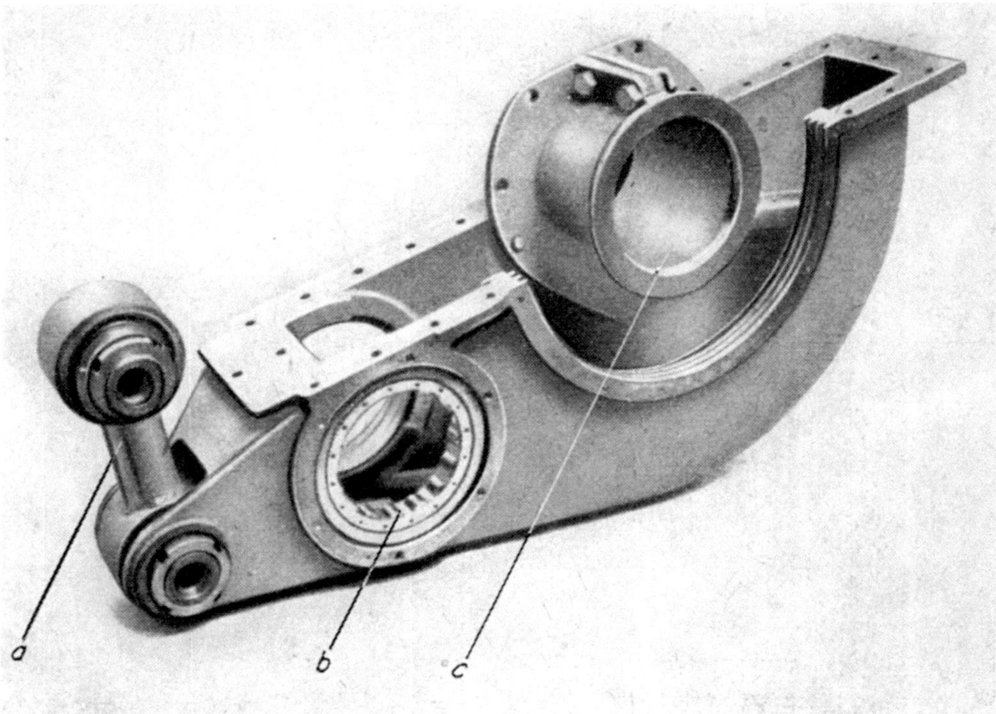

Bild 95. Getriebeschutzkasten
a Pendel
b Wälzlager für Ritzel
c Abdichtung an Treibachse
(Der Kasten wurde zum Zwecke der Aufnahme auf den Kopf gestellt.)

ist jedoch, daß die Herstellungskosten für den Motor wegen der hohlen Ankerwelle höher liegen und die ungefederten Massen durch das große Vorgelegezahnrad und den Anteil des recht stabil ausgeführten Getriebekastens wesentlich erhöht werden. Der Kardan-Scheibenantrieb ist im Gegensatz zu allen anderen bisher behandelten Antrieben stets einseitig. Er ist bei vielen elektrischen Lokomotiven der Schweizer Bundesbahn zu finden und wurde auch in die E 10 002 der Deutschen Bundesbahn eingebaut, wo er sich gut bewährte.

2.3.2.3.8. Kardan-Lamellenantrieb

Dieser Einzelachsantrieb wurde von der Firma Sécheron (Genf) entwickelt und ermöglicht ebenfalls eine elastische Kraftübertragung vom gefederten Motor zum ungefederten Treibradsatz. Er entspricht in seinem Aufbau dem Scheibenantrieb, doch befinden sich hier anstelle der Stahlscheiben mehrere Bündel dünner Stahllamellen (Bild 96). Diese werden aus Federstahl hergestellt und so bemessen, daß ihre Beanspruchung verhältnismäßig gering ist. Sie sind in Richtung der Kraftübertragung starr, in der Querrichtung dagegen elastisch. Um den Ausbau des Motors zu erleichtern, werden auch hier, ähnlich wie beim Scheibenantrieb, Zackenkupplungen eingebaut, und zwar liegen diese zwischen Ankerwelle und

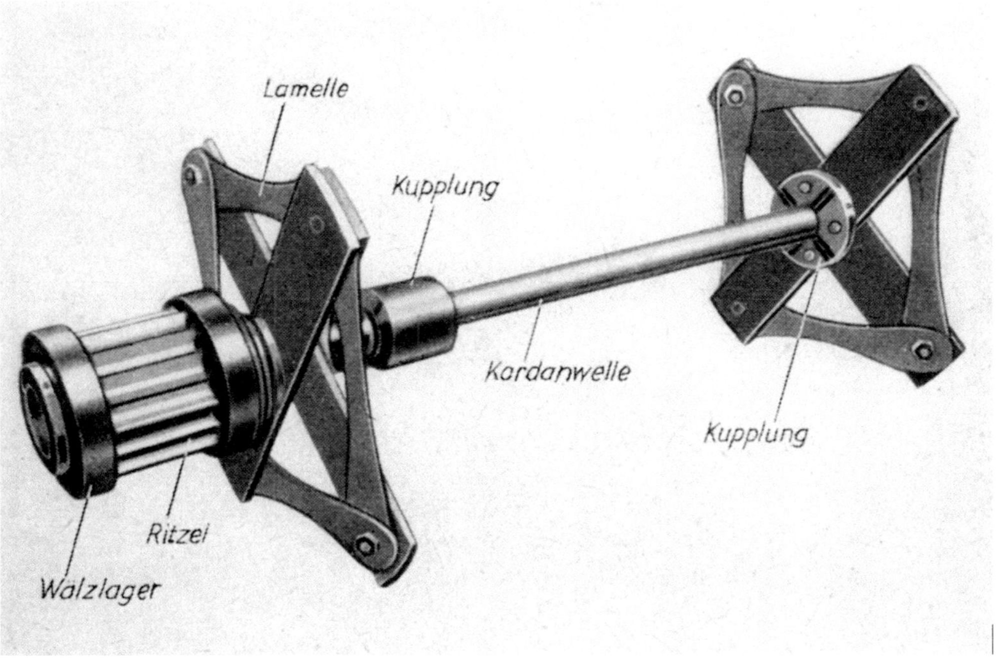

Bild 96. Lamellenantrieb mit Torsionswelle

dem ersten Lamellensatz auf der einen Motorseite und der Kardanwelle und dem zweiten Lamellensatz auf der anderen Seite.
Im Gegensatz zu anderen Antrieben ist auch der Kardan-Lamellenantrieb einfach aufgebaut. Er weist einen sehr geringen Verschleiß auf und benötigt keinerlei Schmierung. Er ist bei zahlreichen Triebwagen und elektrischen Lokomotiven der Schweiz und auch bei der Baureihe E 499 der Tschechoslowakischen Staatsbahnen zu finden. Die Deutsche Bundesbahn verwendete ihn probeweise bei der E 10 004 und der E 10 005, bei denen er sich gleichfalls gut bewährte.

2.3.2.3.9. Kardan-Gummiringantrieb

Die beiden vorgenannten Kardanantriebe haben den Nachteil, daß die ungefederte Masse des Treibradsatzes durch die nicht unbeträchtliche Masse des großen Vorgelegezahnrades und den Anteil des Getriebeschutzkastens erhöht wird. Dieser Mangel wird nun dadurch abgestellt, daß man diesen elastischen Kardanantrieb nicht mehr zwischen dem Motor und dem Ritzel, sondern zwischen dem großen Vorgelegezahnrad und dem Treibrad anordnet. Auf diese Weise ist es möglich, das gesamte Vorgelege im gefederten Rahmen zu lagern und die ungefederten Massen beträchtlich einzuschränken. Hinzu kommt, daß man anstelle der Stahlscheiben oder Stahllamellen zwei große Gummiringe verwendet, die nicht nur der elastischen Kraftübertragung dienen, sondern auch vertikale Stöße aufnehmen können.

Die Gesamtanordnung dieses Antriebs ist aus Bild 97 zu erkennen. Der Fahrmotor ist wieder neben dem Treibradsatz im gefederten Drehgestellrahmen untergebracht.

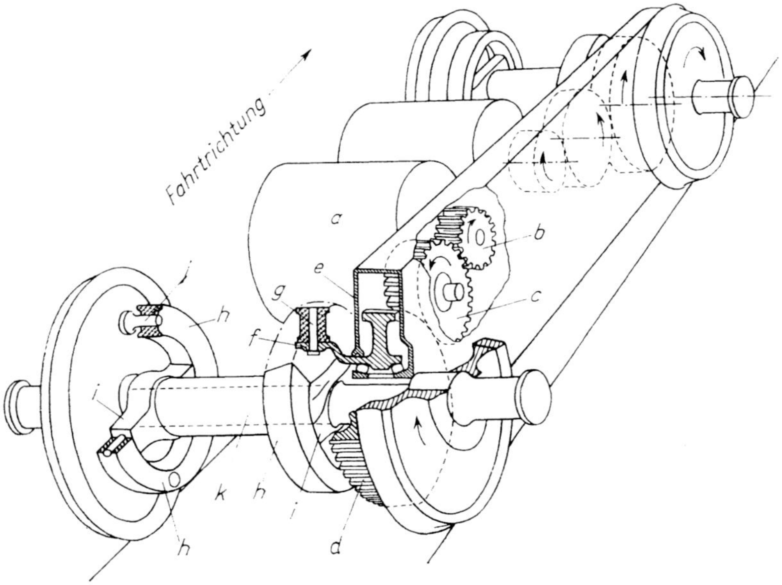

Bild 97. Drehgestell mit Kardan-Gummiringantrieb

a Fahrmotor
b Ritzel
c Zwischenrad
d Vorgelegerad
e Getriebeschutzkasten
f Kupplungsarm
g Getriebezapfen
h Gummiring
i Mitnehmer
k Kardanhohlwelle
l Kupplungszapfen

Das Ritzel treibt über ein Zwischenrad das große Vorgelegezahnrad an, die beide in einem abgefederten Getriebeschutzkasten gelagert sind. Am großen Zahnrad befinden sich zwei Arme, die je einen radialen Getriebezapfen tragen, an denen ein großer Gummiring befestigt ist. Dieser ist gleichzeitig mit einem um 90° versetzten Mitnehmer verbunden, der an einer Kardanhohlwelle angebracht ist, welche die Achswelle mit einem allseitigen Spiel umschließt. Am anderen Ende dieser auf Torsion beanspruchten Hohlwelle sitzt ein zweiter Mitnehmer. Dieser trägt wiederum einen Gummiring, in den, um 90° versetzt, zwei axiale Kupplungszapfen eingreifen, die am Radstern befestigt sind. Auf diese Weise kann das Federspiel überwunden und die Antriebskraft weich und elastisch auf den Treibradsatz übertragen werden.

Dieser einseitige Kardanantrieb zeigt keinerlei Verschleiß und zeichnet sich daher durch äußerst niedrige Unterhaltungskosten aus. Er ist bei zahlreichen elektrischen

Lokomotiven der Französischen Staatsbahnen zu finden (siehe Bild 99) und hat sich infolge der geringen ungefederten Massen auch bei sehr hohen Geschwindigkeiten (über 300 km/h) gut bewährt.

2.3.2.3.10. Gelenk-Kardan-Gummiantrieb

Nach ähnlichem Prinzip arbeitet ein Kardanantrieb, der im Jahre 1963 von der Firma Brown, Boveri & Cie. für schnellfahrende Lokomotiven entwickelt wurde. Auch hier liegt der Fahrmotor etwa in Höhe der Achsmitte im gefederten Drehgestellrahmen und überträgt das Drehmoment über eine Hohlwelle, welche die Achse umgibt, auf den Radsatz (Bild 98).

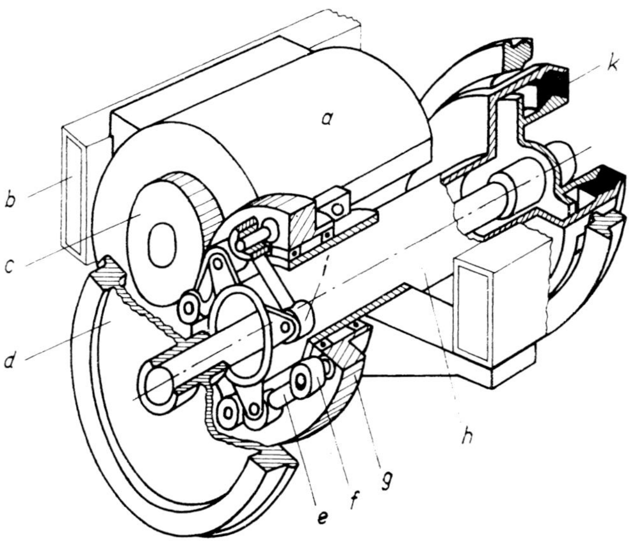

Bild 98.
Gelenk-Kardan-Gummiantrieb
- a Fahrmotor
- b Drehgestellrahmen
- c Ritzel
- d Treibrad
- e Gelenkhebel
- f Gelenk am Großrad
- g Großrad
- h Kardanhohlwelle
- i Gelenk an Kardanhohlwelle
- k Gummiring-Hülsenfeder

Während bei den vorgenannten Antrieben stets zwei gleiche Stahllamellen oder zwei etwa gleichgroße Gummiringe als Kardangelenk dienten, werden hier an den beiden Enden der Kardanwelle verschiedenartige Kupplungen angewendet.

Die Verbindung zwischen dem großen Vorgelegerad und der hohlen Kardanwelle übernimmt eine zentrische Gelenkhebelkupplung, die dem Prinzip nach an den Gelenkstangenantrieb erinnert. Sie hat die Aufgabe, bei starrer Drehmomentübertragung und kardanischer Bewegungsmöglichkeit die zentrische Führung der Kardanhohlwelle und die Seitenverschiebung des Treibradsatzes zu gewährleisten.

Auf der anderen Seite wird die Verbindung zwischen der Kardanhohlwelle und dem Treibradsatz durch eine Gummiringhülsenfeder hergestellt. Diese hat die Aufgabe, das Drehmoment zu übertragen, die erforderliche Drehelastizität herbeizuführen sowie die seitliche und zentrische Führung der Kardanhohlwelle zu übernehmen.

Durch diese Kombination ist es möglich, allen im Abschnitt 2.3. genannten Forderungen weitgehend zu entsprechen, und man darf erwarten, daß sich dieser Antrieb auch bei großen Leistungen und hohen Geschwindigkeiten bewähren wird.

2.3.2.4. Sonstige Einzelachsantriebe

Außer den obengenannten Triebwerken wurden noch einige weitere Einzelachsantriebe entwickelt, die jedoch nur in geringer Stückzahl gebaut wurden und daher als Versuchsausführungen anzusehen sind. Mit Ausnahme des Siemens-Gelenkantriebs, bei dem das Drehmoment von einer vertikalen Motorwelle über ein Kegelradgetriebe auf eine im Rahmen gelagerte Hohlwelle übertragen wird, ähneln diese Konstruktionen alle mehr oder weniger den vorstehend genannten Ausführungen, so daß es sich erübrigt, auf sie näher einzugehen.

2.3.3. Antrieb mehrerer Achsen durch nur einen Fahrmotor

Auch wenn sich bei der Deutschen Reichsbahn und bei vielen ausländischen Bahnen in letzter Zeit der Einzelachsantrieb immer stärker durchsetzte, so weist er doch gegenüber den Stangenantrieben einige Nachteile auf. Hierzu gehört die größere Schleudergefahr bei schweren Anfahrten. Während beim Stangenantrieb sämtliche angetriebenen Achsen durch Kuppelstangen miteinander verbunden sind

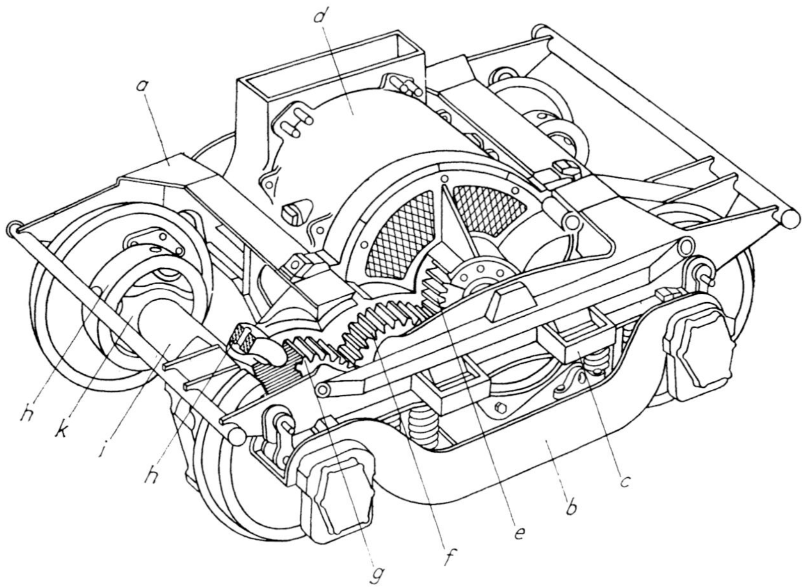

Bild 99. Drehgestell mit einem Fahrmotor

a Drehgestellrahmen
b Schwanenhalsträger
c Auflagerung des Lokomotivkastens
d Fahrmotor
e Motorritzel
f Zwischenzahnrad
g Vorgelegerad
h Gummiring
i Torsionshohlwelle
k Mitnehmer

und sich dadurch gegenseitig am Schleudern hindern, besteht bei Einzelachsantrieben die Gefahr, daß eine einzelne Achse zu schleudern beginnt. Das bedeutet eine Zugkraftminderung und veranlaßt zugleich den Lokomotivführer, die Steuerung auf eine niedrigere Fahrstufe zurückzuschalten und somit die Leistung sämtlicher Fahrmotoren zu verringern.
Dieser Nachteil wird dadurch vermieden, daß man die beiden oder auch alle drei Achsen eines Drehgestells durch nur einen Fahrmotor antreibt. Die einzelnen Achsen sind dann über die Zahnräder gekuppelt, wodurch die Schleudergefahr vermindert wird. Allerdings ist es dann erforderlich, daß alle Treibräder genau gleiche Durchmesser haben.
Das im Bild 99 gezeigte Drehgestell gehört zu einer französischen B'B'-Lokomotive der Baureihe 9 400 (siehe auch Bilder 287 und 288).
Auch bei den später erwähnten B'B'-Lokomotiven der Baureihe 16 500 und der C'C'-Viersystem-Lokomotive 27 001 der SNCF werden Drehgestelle mit nur einem Fahrmotor angewendet.
Eingehende Untersuchungen haben gezeigt, daß bei einmotorigen Drehgestellen die Masse der Lokomotive um etwa 3 t gesenkt werden kann. Hinzu kommt, daß auch Kabel für die Feldschwächung und die Fahrtrichtungswender entfallen können und daß die Einrichtungen für die Kühlung der Fahrmotoren viel einfacher werden.

2.3.4. Antrieb über Wechselgetriebe

Durch eine geschickte Auslegung der Steuerung und zweckmäßige Wahl der Übersetzung zwischen Motor und Vorgelegerad ist eine sehr vielseitige Verwendbarkeit elektrischer Lokomotiven möglich. Dennoch kann man bei einer solchen Universallokomotive keine Höchstwerte erreichen, da es im Schnellzugdienst in erster Linie auf gute Laufeigenschaften bei hohen Geschwindigkeiten, im Güterzugdienst dagegen auf große Zugkräfte ankommt.
Will man dennoch beim Bau und auch bei der Unterhaltung die Vorteile großer Stückzahlen ausnutzen, so ändert man lediglich die Übersetzung zwischen Ritzel und Vorgelegerad. So stimmen zum Beispiel die Schnellzuglokomotiven der Baureihe E 11 in ihrem Gesamtaufbau und in ihren Einzelheiten fast mit denen der Güterzuglokomotiven der Baureihe E 42 überein. Das gleiche gilt für die Baureihen E 10^1 und E 40 der Deutschen Bundesbahn.
Bei der französischen Staatsbahn wurde im Jahre 1958 die Baureihe BB 16 500 mit insgesamt zwei Fahrmotoren und umschaltbarem Vorgelege entwickelt. Das heißt, diese Lokomotiven besitzen in jedem Drehgestell ein Zahnradgetriebe, das im Stillstand mühelos umgestellt werden kann. Auf diese Weise ist es möglich, die Übersetzung zwischen Motor und Treibachse von 1 : 1,88 auf 1 : 3,22 zu verändern, je nachdem, ob die Lokomotive im Güterzugdienst mit einer Höchstgeschwindigkeit von 90 km/h oder im Schnellzugdienst mit maximal 150 km/h Geschwindigkeit eingesetzt werden soll (Bilder 100 und 100 a). Das Getriebe ist auf der einen Seite des Drehgestells außerhalb der Räder angeordnet.

Auf diese Weise besteht die Möglichkeit, daß diese Lokomotiven in der einen Richtung einen Schnellzug mit hoher Geschwindigkeit und in der Gegenrichtung einen schweren Güterzug befördern.
Durch die gute Auslastung ist ein wirtschaftlicher Einsatz mit großen täglichen Laufleistungen gewährleistet.

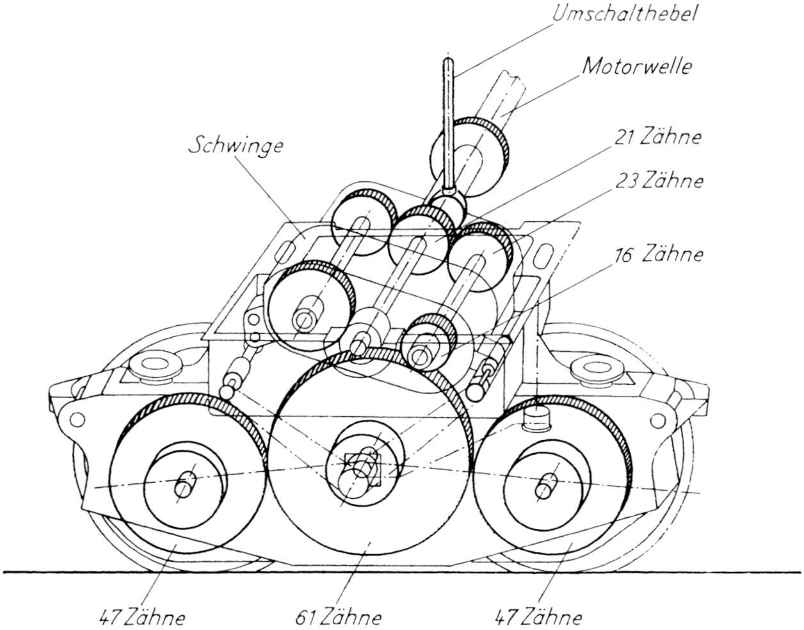

Bild 100. Getriebe in Stellung Güterzugdienst

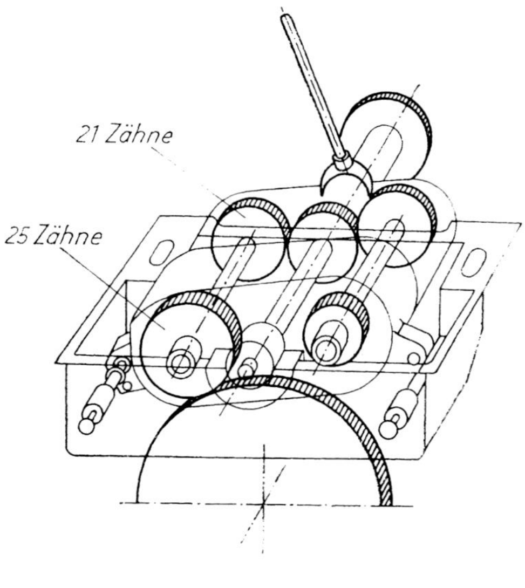

Bild 100a. Getriebe in Stellung Reisezugdienst

3. Elektrische Ausrüstung einer Wechselstromlokomotive für 16 2/3 Hz

Während die ersten beiden Kapitel die elektrische Lokomotive allgemein betreffen, ohne dabei grundsätzlich zwischen Gleichstrom- und Wechselstromlokomotive zu unterscheiden, beschränken sich die Ausführungen dieses Kapitels auf die elektrische Ausrüstung der Wechselstromlokomotiven für 16⅔ Hz. Auf die zum Teil recht beträchtlichen Abweichungen der Gleichstromlokomotiven und die verschiedenen Bauarten der Wechselstromlokomotiven für 50 Hz wird in den folgenden Kapiteln hingewiesen. Um das Verständnis für den Aufbau und das Zusammenwirken der einzelnen Geräte und Einrichtungen zu erleichtern, ist es zweckmäßig, anhand eines Schaltbildes den Stromverlauf in der elektrischen Lokomotive vom Stromabnehmer bis zu den Schienen zu verfolgen. Dabei wird zunächst die für kleine bis mittlere Leistungen allgemein übliche Niederspannungssteuerung zugrunde gelegt, während die Hochspannungssteuerung später getrennt behandelt wird. Bild 101 zeigt Form und Anordnung der elektrischen Ausrüstung einer älteren Wechselstromlokomotive (Baureihe E 18), während Bild 102 den Gesamtaufbau der

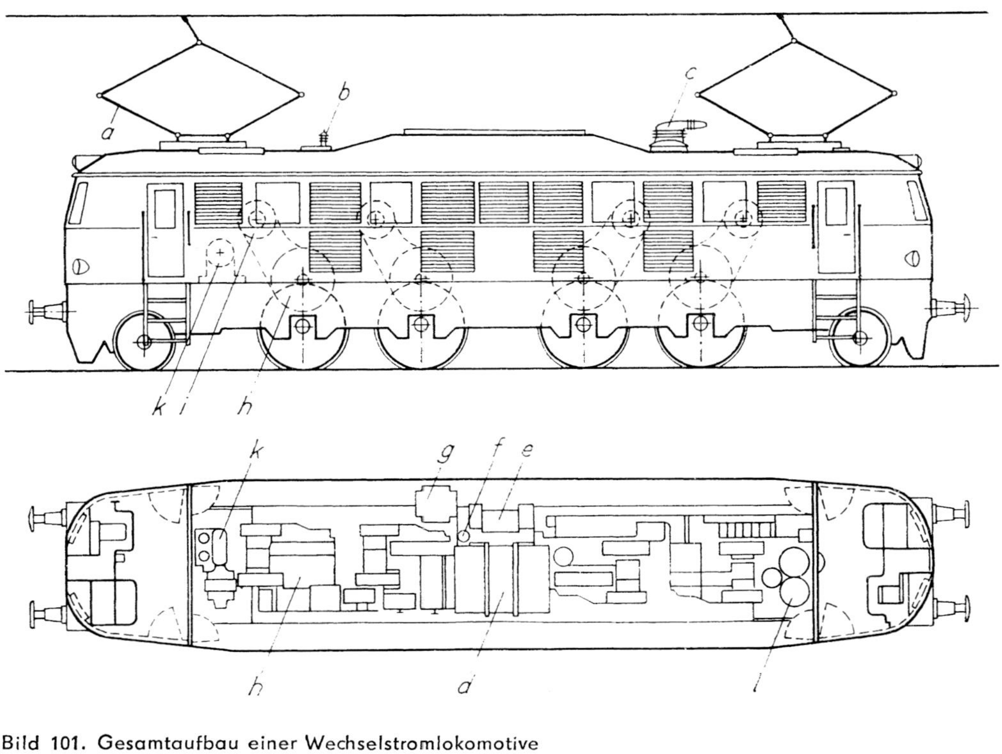

Bild 101. Gesamtaufbau einer Wechselstromlokomotive

a Stromabnehmer
b Oberspannungswandler
c Hauptschalter
d Umspanner
e Lüfter für Umspanner
f Ölpumpe für Umspanner
g Steuerung
h Fahrmotor
i Lüfter für Fahrmotor
k Luftpresser
l Hauptluftbehälter

Neubaulokomotive (Baureihe E 11/E 42) erkennen läßt. In Bild 103 ist die Schaltung der wichtigsten Aggregate aufgezeigt, wobei auf alle Nebeneinrichtungen und Hilfsbetriebe bewußt verzichtet wurde.
Der Starkstrom-Wirkschaltplan der Neubaulokomotiven Baureihe E 11/E 42 ist als Anlage 1 zu finden.

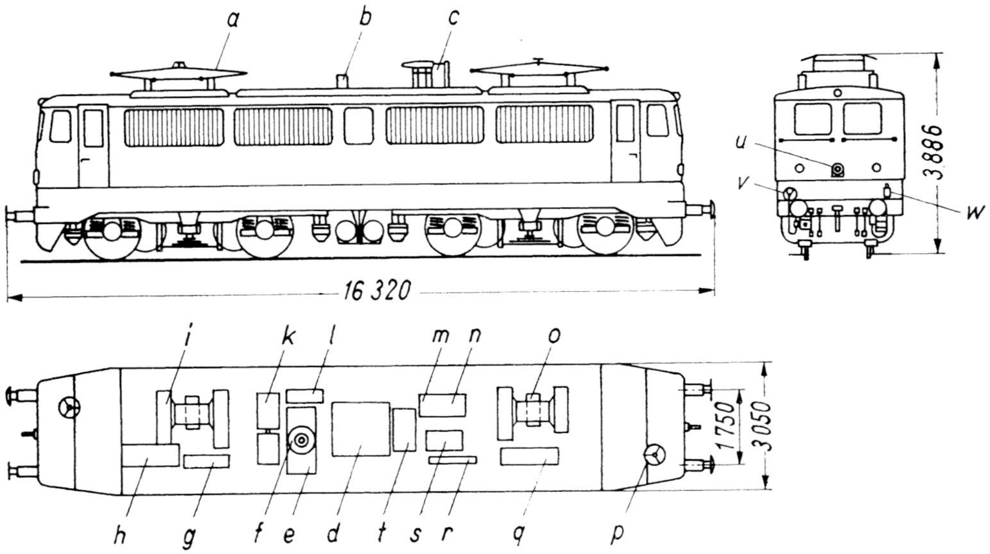

Bild 102. Gesamtaufbau der Neubaulokomotive Baureihe E 11/E 12

- a Stromabnehmer
- b Spannungswandler
- c Hauptschalter
- d Umspanner
- e Ölkühler
- f Lüfter für Ölkühler
- g Gerüst für Steuerungsgeräte
- h Steuerstromversorgungsgerät
- i Fahrmotoren-Lüftersatz
- k Luftverdichter
- l Gerätegerüst für Hilfsbetriebe
- m Gerüst für Trennschütze und Wandler
- n Regel- und Zusatzumspanner
- o Richtungswender
- p Fahrschalter
- q Druckluftgerätegerüst
- r Gerätetafel für Schaltwerkssteuerung
- s Feinschaltwerk
- t Hauptschaltwerk
- u Kupplungsdose für Vielfachsteuerung
- v Kupplungsstecker für Wendezugsteuerung
- w Kupplungsstecker für Zugheizung

3.1. Oberspannungsteil

Man unterscheidet zwischen Oberspannungs- und Niederspannungsstromkreis. Der erstgenannte reicht vom Stromabnehmer über die Dachleitung, den Dachtrennschalter, den Hauptschalter und den Oberstromschutzwandler bis zur Primärwicklung des Trafos. Der Niederspannungsstromkreis verläuft von der Sekundärwicklung des Trafos über das Niederspannungsschaltwerk und die Motortrennschütze zu den Fahrmotoren und dann über die Fahrtrichtungswender bis zur Erde.

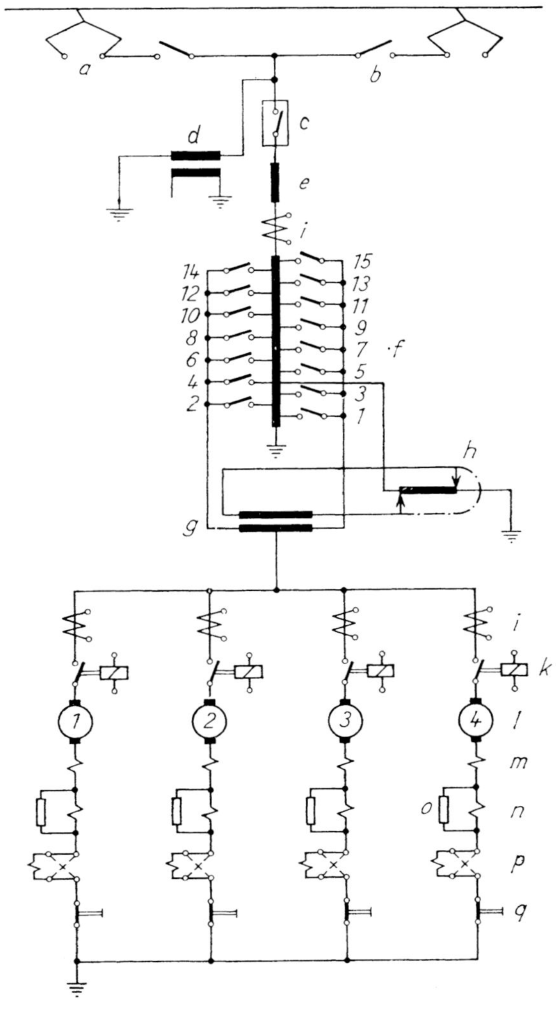

Bild 103.
Prinzipschaltbild einer Wechselstromlokomotive

- a Stromabnehmer
- b Trennschalter
- c Hauptschalter
- d Oberspannungswandler
- e Hauptumspanner
- f Schaltwerk
- g Zusatzumspanner
- h Feinregler
- i Motorstromwandler
- k Motortrennschütz
- l Fahrmotor
- m Kompensationswicklung
- n Wendefeldwicklung
- o Nebenschlußwiderstand
- p Fahrtrichtungswender
- q Motortrennschalter

3.1.1. Stromabnehmer

Während Dampf- und Diesellokomotiven ihre eigene Krafterzeugungsanlage stets mitführen und daher völlig freizügig sind, ist eine elektrische Lokomotive ständig von der Fahrleitung abhängig. Diese wird so aufgehängt, daß die elektrische Energie den Triebfahrzeugen auch bei hohen Geschwindigkeiten störungsfrei zugeführt werden kann. Die Fahrdrahthöhe beträgt in der Regel auf der freien Strecke 5500 mm, auf Bahnhöfen aus Sicherheitsgründen 5750 mm. Die höchste Fahrdrahtlage darf auf Bahnhöfen 6000 mm, die tiefste (zum Beispiel unter Brücken, in Tunneln oder in Bahnhofshallen) 4950 mm betragen.

Die Stromentnahme vom Fahrdraht geschieht durch den Stromabnehmer, an den besonders bei hohen Geschwindigkeiten große Anforderungen gestellt werden.

Er soll

1. eine gut leitende Verbindung zwischen dem Fahrdraht und der elektrischen Ausrüstung der Lokomotive herstellen;
2. auch bei hohen Fahrgeschwindigkeiten eine ununterbrochene und möglichst lichtbogenfreie Stromabgabe gewährleisten;
3. in der Höhe einen Arbeitsbereich von etwa 1,5 m ermöglichen und die unterschiedlichen Fahrdrahthöhen schnell und schwingungsfrei ausgleichen;
4. ein schnelles Heben und Senken ohne allzu starke Stoßbeanspruchung der Fahrleitung und ohne Lichtbogenbildung ermöglichen;
5. durch geringe Trägheit des gesamten Gestänges auch den örtlichen Unregelmäßigkeiten des Fahrdrahts leicht folgen;
6. eine große seitliche Stabilität auch bei starken Seitenschwingungen der Lokomotive aufweisen.

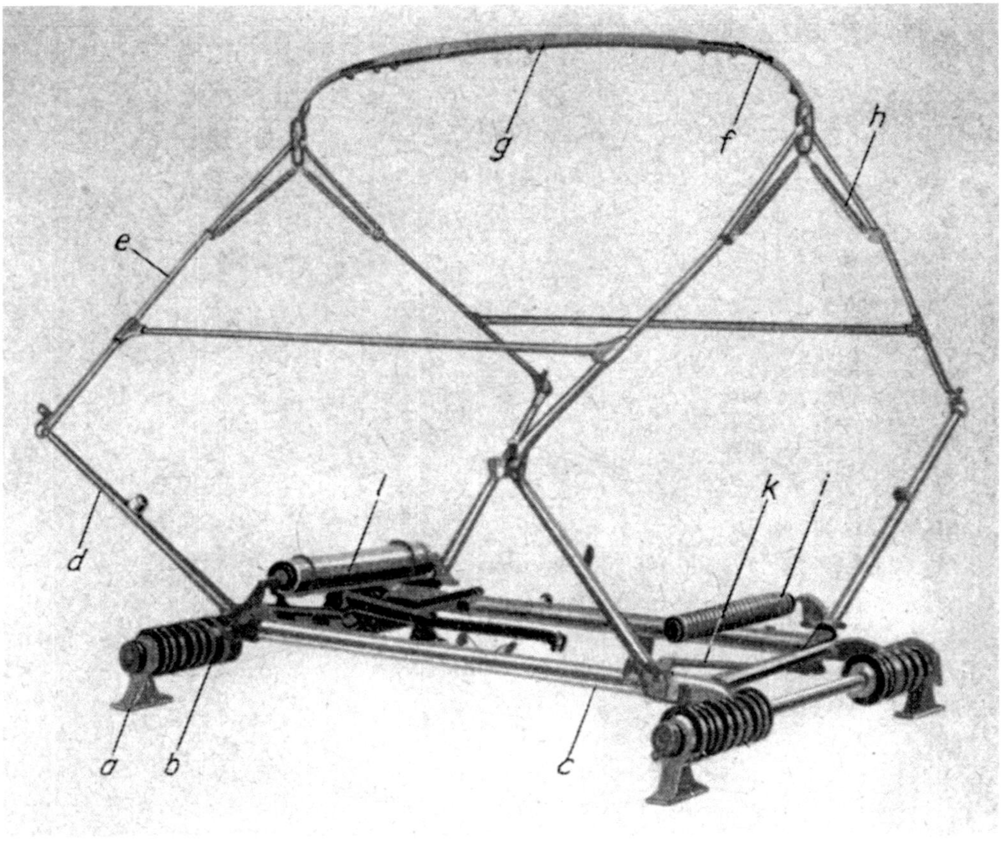

Bild 104. Scherenstromabnehmer (ältere Bauart)

a Fuß
b Isolator
c Rahmen
d Scherenunterteil
e Scherenoberteil
f Wippe
g Schleifstück
h Wippenfeder
i Ausgleichfeder
k Kuppelstange
l Druckluftantrieb

Außerdem sind folgende Forderungen zu erfüllen:

7. Die Kontaktfläche darf durch die Bewegung des Gestänges nicht beeinträchtigt werden;
8. der Anpreßdruck soll von der Höhe des Fahrdrahts unabhängig sein;
9. die durch den Fahrtwind hervorgerufenen, auf den Stromabnehmer wirkenden aerodynamischen Kräfte dürfen die Betriebssicherheit nicht beeinflussen;
10. die Form und die Lagerung der Schleifstücke müssen der Konstruktion der Fahrleitung entsprechen.

Diese Voraussetzungen erfüllt am besten ein Scherenstromabnehmer. Er besteht aus

Bügelrahmen (Untergestell),
Schere mit Federung,
Wippe mit Federung und Schleifstück und
Antrieb mit Steuerung.

Da die bei den Altbaulokomotiven der Deutschen Reichsbahn verwendeten Stromabnehmer der Bauarten SBS 10, 38, 39 und Hise 7 (Bild 104) den hohen Anforderungen nicht mehr genügten, entwickelte die Deutsche Reichsbahn in enger Zusammenarbeit mit dem VEB LEW „Hans Beimler", Hennigsdorf, für die Neubaulokomotiven den Einheitsstromabnehmer RBS 58 (Bilder 105 und 106). Dieser hat sich gut bewährt und soll im folgenden näher beschrieben werden, zumal man neuerdings auch ältere Lokomotiven damit ausrüstet.

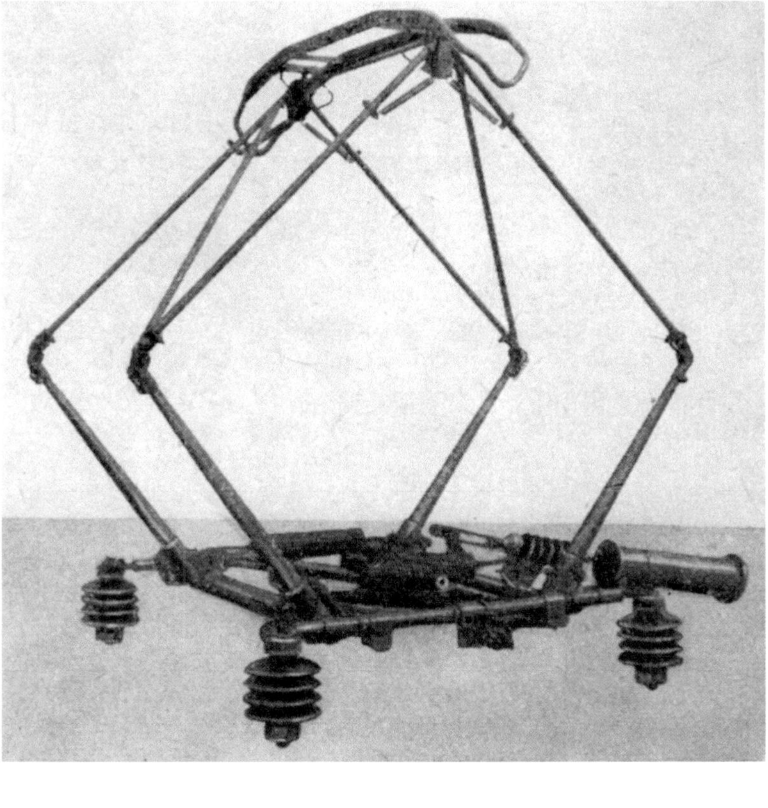

Bild 105.
Scherenstromabnehmer (neue Bauart)

Das Untergestell steht, wie der gesamte Stromabnehmer, unter Spannung und ist durch vier 28-kV-Stützisolatoren gegen das Lokomotivdach isoliert. Auf dem Untergestell ist die Schere gelagert, die die großen Höhenunterschiede des Fahrdrahts ausgleicht. Sie setzt sich aus zwei Unterteilen und zwei Oberteilen zusammen, die gelenkig miteinander verbunden sind.

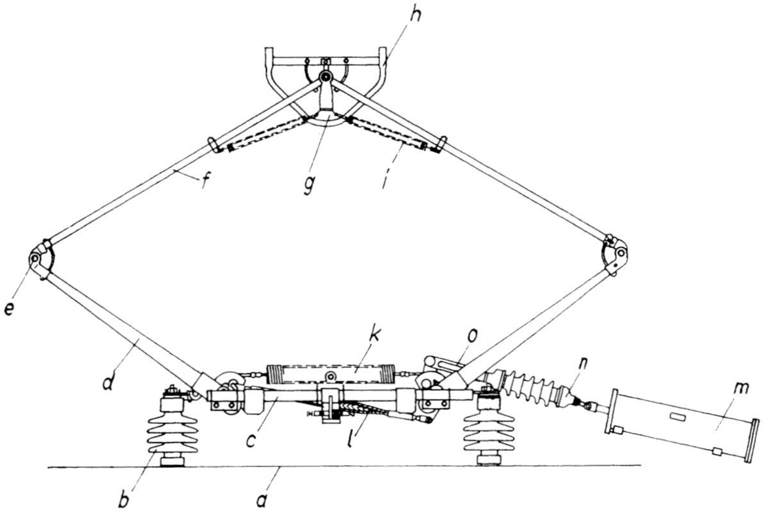

Bild 106.
Scherenstromabnehmer (neue Bauart)
a Lokomotivdach
b Stützisolator
c Rahmen
d unterer Scherenarm
e Gelenk
f oberer Scherenarm
g Wippe
h Schleifstück
i Wippenfeder
k Ausgleichfeder
l Kuppelstange
m Druckluftzylinder
n Stabisolator
o Langlochgabel

Jedes Unterteil besteht aus zwei Armen, die aus konischen Rohren von je 1105 mm Länge gebildet werden. Die Arme sind durch eine querliegende, im Rahmen gelagerte Hauptwelle starr miteinander verbunden. Die Befestigung erfolgt durch Klemmstutzen, so daß bei eventueller Beschädigung ein schnelles Auswechseln möglich ist.

Die beiden Scherenunterteile sind auf der rechten und linken Seite durch je eine Kuppelstange miteinander verbunden, so daß stets eine symmetrische Bewegung der beiden Unterteile gewährleistet ist und ein Umkippen des gesamten Stromabnehmers nach vorn oder hinten vermieden wird. Diese Kuppelstangen dienen zugleich als Bruchsicherung und sollen bei Unregelmäßigkeiten, zum Beispiel bei Schäden an der Fahrleitung, den Stromabnehmer vor Zerstörung schützen.

Die Scherenoberteile aus nahtlos gezogenem Rohr sind 1560 mm lang und jeweils diagonal versteift. Durch die niedrige Masse erreicht man eine geringe Trägheit, und der Stromabnehmer kann sich den unterschiedlichen Fahrdrahthöhen besser anpassen. Aus dem gleichen Grunde sind auch sämtliche Gelenke mit Wälzlagern ausgerüstet. Um in jedem Falle einen einwandfreien Stromübergang zu gewährleisten, werden die Gelenke mit flexibler Kupferlitze überbrückt.

Die Scherenoberteile tragen die Wippe, die in den oberen Gelenkpunkten pendelnd gelagert ist und durch vier Wippenfedern in der Mittelstellung gehalten wird. Während die Schere die Aufgabe hat, die großen Unterschiede in der Fahrdrahthöhe auszugleichen, soll die Wippe mit ihrer viel geringeren Masse bei kleinen Fahrdrahthöhenunterschieden für ständigen Kontakt sorgen. Die Wippe

besteht daher ebenfalls aus Rohr und ist als leichte Schweißkonstruktion ausgeführt.
Es gibt Wippenbügel ohne Auflaufhörner, wie sie bei älteren Lokomotiven der Deutschen Reichsbahn verwendet wurden, und solche mit Hörnern (Bild 107). Letztere lassen eine schmalere und somit leichtere Ausführung des Stromabnehmeruntergestells zu, jedoch ist die Gefahr einer Beschädigung des Fahrdrahts bei einer Bügelentgleisung größer. Während der Fahrt wird die Wippe durch die Reibung des Schleifstückes am Fahrdraht und durch den Winddruck leicht nach hinten geneigt.

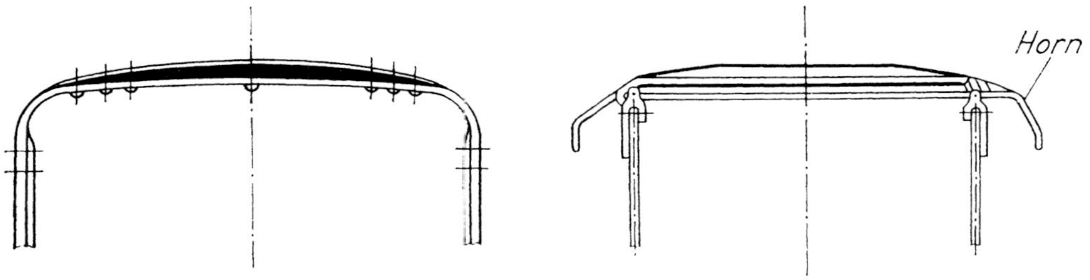

Bild 107. Schleifstück ohne und mit Hörnern

Die Wippe trägt das leicht gewölbte Schleifstück, das früher aus Aluminium hergestellt wurde. Bei dem Stromübergang entstanden Lichtbogen, die den Fahrdraht aufrauhten, zu einem großen Verschleiß an Draht und Schleifstück führten und beträchtliche Störungen in den benachbarten Rundfunkgeräten hervorriefen. Diese Mängel werden wesentlich gemildert, seitdem man Kohleschleifstücke verwendet.
Während die älteren Stromabnehmer nur ein Schleifstück hatten, ist der neue Einheitsstromabnehmer RBS 58 mit zwei Schleifstücken ausgerüstet, damit die Lokomotive im Bedarfsfalle nur mit einem Stromabnehmer fahren kann. Der Abstand der Schleifstücke voneinander richtet sich nach der Länge der Streckentrenner und beträgt 520 mm. Die Schleifstücke sind in eine flache und gerade Blechführung eingeklemmt und leicht auswechselbar.
Um eine Rillenbildung im Schleifstück des Stromabnehmers zu vermeiden, wird die Fahrleitung auf geraden Streckenabschnitten und in Gleisbögen mit großem Halbmesser im Zickzack geführt und weicht dann bis zu 400 mm nach beiden Seiten von der Mittellage ab. Das Schleifstück des neuen Einheitsstromabnehmers ist 1100 mm breit und wird zu beiden Seiten durch zwei Auflaufstücke begrenzt, so daß sich eine Gesamtbreite von 1950 mm ergibt und ein Entgleisen des Stromabnehmers kaum möglich ist.
Für e i n Kohleschleifstück sind etwa 75 bis 100 A als mittlere Dauerleistung zulässig, was bei einer Fahrdrahtspannung von 15 kV einer Dauerleistung von etwa 1100 bis 1500 kVA entspricht. Durch das Doppelschleifstück ist der neue Stromabnehmer in der Lage, 200 A Dauerstrom aufzunehmen.
Das bedeutet, daß auch für leistungsfähige Lokomotiven e i n Stromabnehmer genügen würde. Um jedoch bei einem eventuellen Springen des Bügels eine Unterbrechung der Stromzufuhr und somit schwere Schäden am Trafo und an den

Fahrmotoren zu vermeiden, wird bei der Deutschen Reichsbahn im Reisezugdienst mit zwei Stromabnehmern gefahren. Im Gegensatz dazu ist es bei Nebel und Nieselregen, im Rangierdienst sowie bei Güterzügen mit einer Höchstgeschwindigkeit unter 70 km/h vorgeschrieben, nur einen Stromabnehmer anzulegen.
Versuche mit schnellfahrenden Lokomotiven haben gezeigt, daß es auch bei sehr hohen Geschwindigkeiten zweckmäßig ist, mit nur einem Stromabnehmer zu fahren, weil durch den Windauftrieb der Anpreßdruck des vorderen Stromabnehmers stark vergrößert wird. Dadurch werden die elastisch aufgehängten Fahrleitungen leicht angehoben und die Stromabnahme verschlechtert. Um dies zu vermeiden, sind viele Bahnverwaltungen bereits dazu übergegangen, jeweils nur den, in Fahrtrichtung gesehen, hinteren Bügel aufzurichten. In diesem Falle ist jedoch eine einwandfreie Stromzuführung nur dann gewährleistet, wenn man die Wippe mit zwei Schleifstücken versieht. Um die Masse der Schere teilweise auszugleichen, sind stets eine oder zwei Ausgleichfedern vorhanden, die beim Aufrichten des Stromabnehmers entspannt werden. Bei den älteren Bauarten dient eine weitere Zugfeder zum Heben des Stromabnehmers (Bild 108).

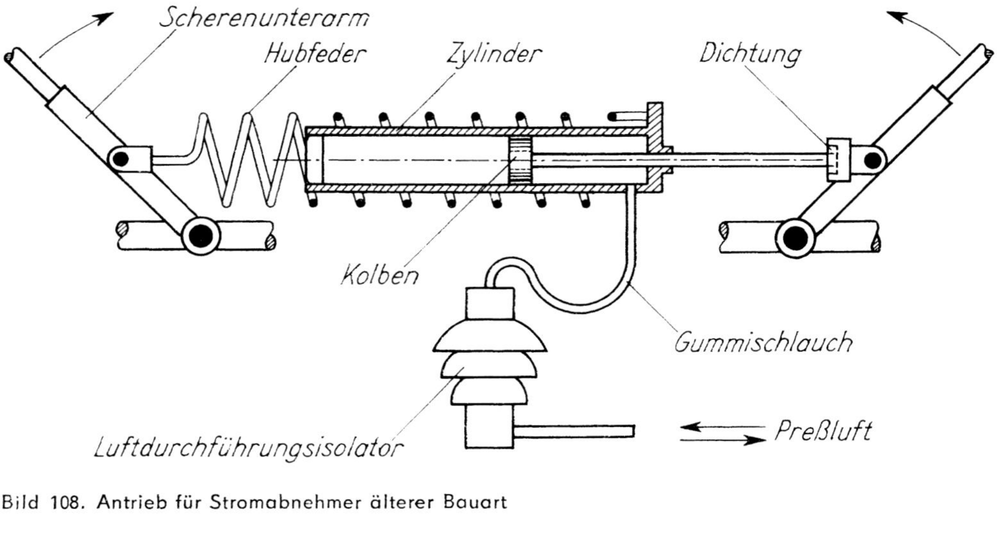

Bild 108. Antrieb für Stromabnehmer älterer Bauart

Sie wird durch den Druckluftantrieb gespannt und drückt zugleich das Schleifstück gegen den Fahrdraht. Das Senken des Stromabnehmers erreicht man durch seine Eigenmasse, sobald der Antriebszylinder entlüftet wird.
Das Heben und Senken geschieht pneumatisch von den Führerständen aus mit Hilfe des Führerbügelventils (Bild 109). Ein zusätzliches Bügeleinstellventil ermöglicht das Abschalten eines Stromabnehmerantriebs und das Umschalten von „Motorpumpe" auf „Handluftpumpe". Die Handluftpumpe wird benötigt, wenn zu Beginn der Fahrt noch keine Druckluft vorhanden ist und ein Stromabnehmer aufgerichtet werden soll.
Bei den neuen Einheitsstromabnehmern erfolgt das Heben durch Federkraft in Verbindung mit einem Druckluftantrieb, ein schnelles Senken erreicht man durch

Entlüften des Antriebs und eine im Zylinder untergebrachte auf Druck beanspruchte Rückholfeder.
Der Anpreßdruck kann durch Einstellen der Federn verändert werden, er soll jedoch trotz des großen Hubes nach Möglichkeit bei den verschiedenen Fahrdrahthöhen gleich bleiben und etwa 6 kp betragen. Er darf 7 kp nicht überschreiten, um ein Anheben des Fahrdrahts und einen zu starken Verschleiß von Draht und Schleifstück zu vermeiden. Er soll aber auch nicht unter 3 kp absinken, da ein zu geringer Anpreßdruck leicht zum Abklappen des Bügels und zu Lichtbogenbildung führen kann.

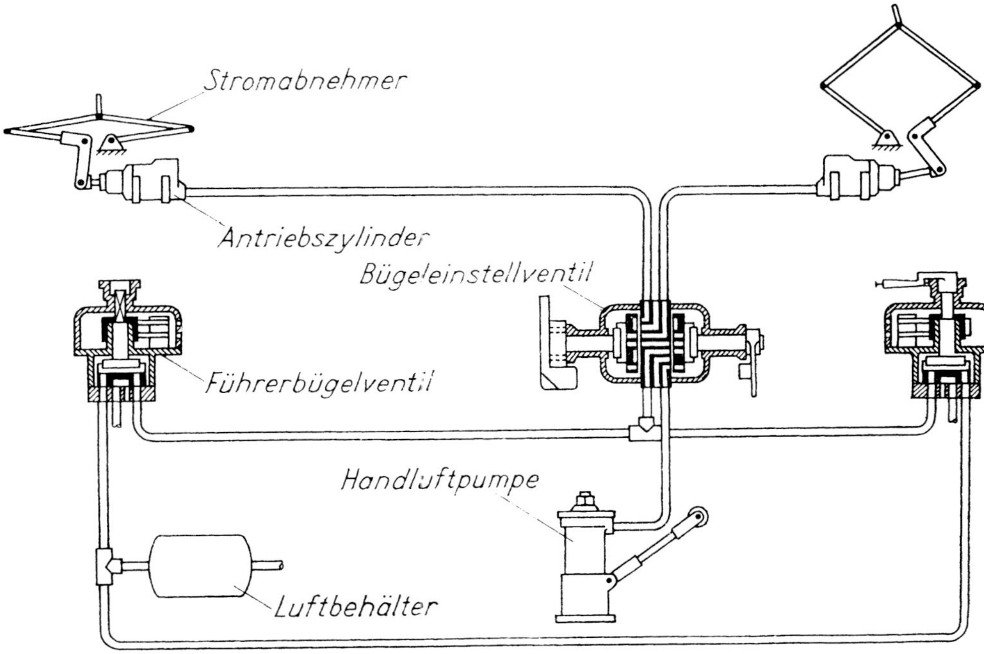

Bild 109. Rohrleitungsplan für pneumatische Bügelsteuerung (ältere Ausführung)

Der Druckluftantrieb ist außerhalb des Stromabnehmers auf dem Lokomotivdach angeordnet und überträgt die Kolbenkraft über einen Langstabisolator auf die benachbarte Hauptwelle. Eine dazwischenliegende Langlochgabel berücksichtigt die unterschiedlichen Fahrdrahthöhen.
Ein auf jedem Führerstand angeordneter Stromabnehmer-Wahlschalter mit abziehbarem Schaltgriff ermöglicht das wahlweise Heben und Senken des vorderen, des hinteren oder auch beider Stromabnehmer. Beim Heben wird dem Druckluftzylinder über ein elektropneumatisches Ventil Druckluft mit einem Überdruck von 5 kp/cm^2 zugeführt, die den Kolben langsam bewegt und dabei die angebaute Druckfeder spannt. Zum Aufrichten muß mindestens ein Überdruck von 3,5 kp/cm^2 zur Verfügung stehen. Anstelle einer Handluftpumpe sind bei den Neubaulokomotiven zwei Hilfsverdichter (siehe Abschnitt 3.7.4.) vorhanden.
Beim Ausfall oder Ablassen der Druckluft überwiegt die Kraft der Rückholfeder, und der Stromabnehmer senkt sich. Um ein zu hartes Aufsetzen des Gestells auf

die Gummipuffer zu vermeiden, ist das elektropneumatische Ventil wieder rechtzeitig zu schließen, damit die eingeschlossene Restluft als Dämpfung dient.
Die Druckluftzufuhr zu den Antriebszylindern der Stromabnehmer wird elektrisch über Magnetventile gesteuert. Dafür werden in jedem Führerstand ein Wahl- und ein Tastschalter vorgesehen. Mit Hilfe eines Zwischenrelais können die Stromabnehmer-Magnetventile von den beiden Führerständen der eigenen Lokomotive, bei Doppeltraktion auch von den Führerständen einer anderen Lokomotive sowie auch bei Wendezugbetrieb von einem Steuerwagen aus gesteuert werden.
Der im Fahrschalter eingebaute und nur mit einem besonderen Schlüssel zu betätigende Stromabnehmer-Wahlschalter ermöglicht die wahlweise Ansteuerung der Stromabnehmer, indem das Magnetventil des jeweils nicht zu benutzenden Stromabnehmers von der Steuerung abgeschaltet wird. Dieser Wahlschalter läßt fünf Stellungen zu.
Zum Senken der Stromabnehmer muß der Lokomotivführer den Kipptastschalter kurzzeitig in Richtung Führerhausrückwand umlegen. Dadurch wird die Zugspule des Zwischenrelais kurzgeschlossen und das Relais fällt ab. Der Stromkreis des

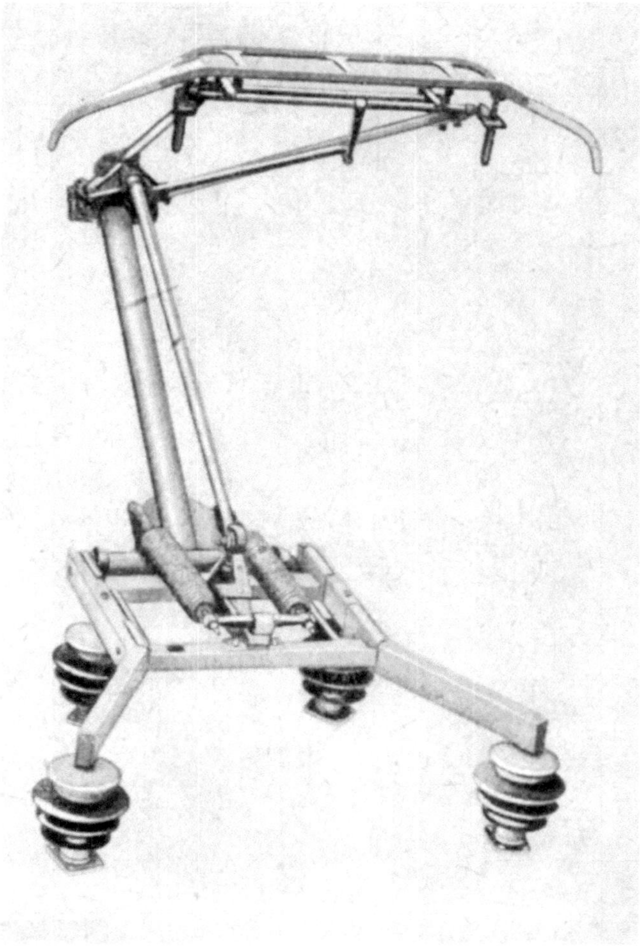

Bild 110.
Einholm-Stromabnehmer

Magnetventils ist somit unterbrochen, die Druckluftzufuhr wird abgesperrt und die Stromabnehmer senken sich. Zuvor schließt das abgefallene Zwischenrelais den Ausschaltstromkreis des Hauptschalters.
Um einen beschädigten Stromabnehmer, zum Beispiel bei Bruch des Stabisolators, in der tiefsten Stellung festlegen zu können, ist auf beiden Seiten des Untergestells eine Klinke vorgesehen, die bei Bedarf die Wippe festhält.
Der neue Einheitsstromabnehmer ist für eine Fahrdrahtspannung bis 25 kV geeignet und wiegt insgesamt etwa 300 kg.
An neueren elektrischen Lokomotiven sind Stromabnehmer zu finden, deren Schere nicht den üblichen symmetrischen Aufbau aufweist, sondern einseitig ausgebildet ist (Bild 110). Wegen der geringen Masse ist diese Bauart für hohe Geschwindigkeiten besonders geeignet (siehe Bilder 301 und 303).

3.1.2. Oberspannungsleitung

Die beiden Stromabnehmer einer elektrischen Lokomotive sind durch eine Oberspannungsleitung, die sogenannte Dachleitung, miteinander verbunden. Dadurch wird eine ordnungsgemäße Stromzuführung auch dann gewährleistet, wenn ein Stromabnehmer zum Beispiel bei hoher Fahrgeschwindigkeit durch Springen ausfällt. Diese Leitung steht, ebenso wie die Stromabnehmer, unter Hochspannung und ist daher rot gestrichen. Man stellt sie aus Stahlrohren, Flacheisen oder Kupferseilen her, die an Isolatoren auf dem Dach der Lokomotive befestigt sind (siehe Bild 112). Wird die Hochspannungsleitung jedoch in den Maschinenraum geführt, so verwendet man ein Hochspannungskabel. Dieses besteht aus einem verzinnten Kupferseil, das durch eine starke Isolation aus Gummi und Papier, durch ein Drahtgeflecht und durch ein Baumwollgewebe gegen Beschädigung und Feuchtigkeit geschützt ist. Um Überspannungen, die bei Gewittern oder Schaltvorgängen auftreten können, von der elektrischen Ausrüstung der Lokomotive fernzuhalten, wird häufig noch ein Überspannungsschutz eingebaut. Man verwendet hierfür sogenannte SAW-Ableiter (**S**pannungs**a**bhängige **W**iderstände). Einen gewissen Schutz bieten aber auch die Eingangswindungen des Hauptumspanners, die stärker isoliert werden, wenn man auf einen besonderen Überspannungsschutz verzichtet.

3.1.3. Dachtrennschalter

Bei den älteren Lokomotiven der Deutschen Reichsbahn sind in die Dachleitung noch zwei Trennschalter eingebaut, die es gestatten, den einen oder anderen Stromabnehmer bei Beschädigungen abzuschalten. Diese Schalter sind an Stützisolatoren auf dem Dach der Lokomotive befestigt und bestehen aus je einem feststehenden Kontakt und einem beweglichen, waagerecht liegenden Trennmesser. Die Trennschalter werden vom Führerstand oder vom Maschinenraum aus mit Hilfe eines Handgriffes bedient. Bei Neubaulokomotiven für Einbügelbetrieb werden die

beiden Trennschalter meist in einem Schalter vereinigt, der mit zwei Trennmessern ausgerüstet ist und insgesamt vier Schaltstellungen zuläßt.
Bei den Neubaulokomotiven wurden die beiden Trennschalter zu einem Schalter vereinigt (Bild 111). Er dient zum leistungslosen Zu- und Abschalten der beiden Stromabnehmer.

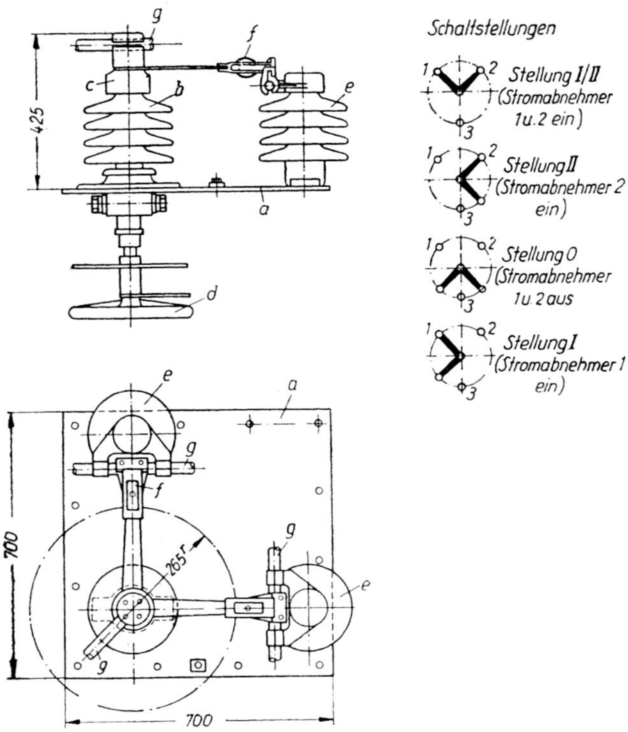

Bild 111.
Dachtrennschalter neuer Bauart

Auf der Grundplatte, die mit dem Lokomotivdach wasserdicht verschraubt ist, sind der Drehisolator und zwei Stützisolatoren angeordnet. Während die beiden letztgenannten an die Dachleitung angeschlossen sind, ist der Drehisolator mit dem Hauptschalter verbunden (Bild 112). Der Drehisolator, der vom Betriebsgang des Maschinenraums aus mit Hilfe eines Handrades gedreht werden kann, trägt den Drehkopf mit den beiden um 90° versetzten Trennmessern. Diese können eine stromführende Verbindung mit den Einschlagkontakten an den beiden Stützisolatoren herstellen.
Die vier Schaltstellungen, in denen der Drehisolator jeweils einrastet, sind ebenfalls aus Bild 111 zu erkennen.
Um Unfälle zu vermeiden, ist noch ein besonderer Erdungskontakt vorgesehen.
Der neue Dachtrennschalter ist für eine Fahrdrahtspannung von 25 kV und einen maximalen Dauerstrom von 200 A geeignet. Er wiegt insgesamt etwa 100 kg.
Hinter dem Dachtrennschalter liegt in einem Abzweig der Oberspannungswandler, der die Fahrdrahtspannung von 15 000 V auf 150 V herabsetzt (siehe Abschnitt 3.3.).

An ihn sind das Nullspannungsrelais, soweit vorhanden der kWh-Zähler und auch die in den beiden Führerständen befindlichen Fahrdrahtspannungsmesser angeschlossen. Der Lokomotivführer kann somit auch bei ausgeschaltetem Hauptschalter erkennen, ob die Fahrleitung unter Spannung steht.

Bild 112. Blick auf das Dach der Neubaulokomotive

3.1.4. Hauptschalter

Verfolgt man den Oberspannungsstromkreis gemäß Bild 103 weiter, so stößt man auf den Haupt- oder Leistungsschalter. Dieser hat nicht nur die Aufgabe, normale Betriebsströme sicher und zuverlässig abzuschalten, sondern er soll auch bei eintretenden Störungen die gesamte elektrische Ausrüstung der Lokomotive schützen. Er muß daher imstande sein, bei einem unzulässigen Ansteigen des Stromes selbsttätig die elektrische Anlage der Lokomotive innerhalb kürzester Frist, das heißt in einer Zeit von etwa 0,05 s, vom Netz zu trennen und bei auftretenden Kurzschlüssen größere Zerstörungen zu verhüten. Er schaltet aber auch automatisch ab, wenn die Fahrdrahtspannung stark absinkt oder ausbleibt, um bei Rückkehr der vollen Spannung eine Beschädigung der Fahrmotoren zu vermeiden.
Um diesen verschiedenen Anforderungen zu genügen, wurden für elektrische Lokomotiven besondere Schnellschalter entwickelt, die in der Lage sind, Ströme bis 15 000 A abzuschalten und den bei der Stromunterbrechung entstehenden Lichtbogen so schnell zu löschen, daß ein Verschmoren der Kontakte vermieden wird. Werden diese Kontakte jedoch langsam voneinander getrennt, oder bleiben sie sogar in geringer Entfernung voneinander stehen, so bildet sich ein Stehlicht-

bogen, der zu schweren Schäden oder sogar zur völligen Zerstörung des Schalters führen kann.
Kleine elektrische Lokomotiven und Triebwagen, bei denen die Unterbringung eines so schweren Leistungsschalters nicht möglich ist, erhalten leichtere Schalter, die lediglich das betriebsmäßige Ein- und Ausschalten übernehmen. Als Kurzschluß- und Überlastschutz werden dann Hochspannungssicherungen eingebaut.
Für die elektrischen Lokomotiven der Deutschen Reichsbahn wurden Ölschalter, Expansionsschalter und Druckgasschalter entwickelt. Alle drei Ausführungen haben folgende Bauteile gemeinsam:

1. Ein oder mehrere Kontaktpaare mit einem festen und einem beweglichen Kontakt;
2. ein Schaltwerk zum Bedienen des beweglichen Kontaktes und
3. einen Schalterantrieb mit Auslöser.

3.1.4.1. Ölschalter

Ältere elektrische Lokomotiven, die etwa vor dem Jahre 1933 in den Dienst gestellt wurden, sind mit einem Ölschalter ausgerüstet. Der grundsätzliche Aufbau eines Ölschalters ist aus Bild 113 zu erkennen. Man ordnet also mehrere Unterbrechungsstellen hintereinander an und öffnet diese gleichzeitig, um den Lichtbogen schneller löschen zu können.

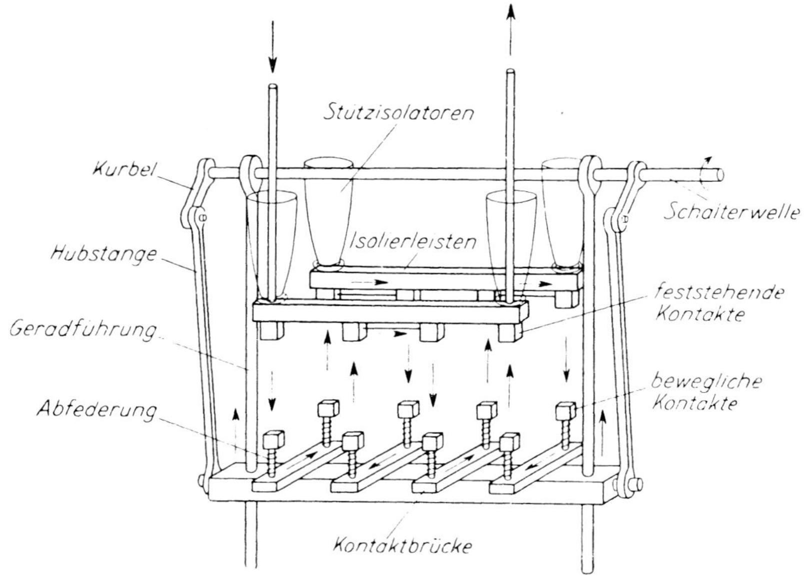

Bild 113. Schematische Darstellung des Ölschalters

Es gibt zwei um 30 mm im Hub voreilende Kontakte für den Schutzwiderstand und sechs in Reihe geschaltete Hauptkontakte. Die festen Kontakte sind an mehreren Isolatoren befestigt, durch die auch die Zu- und Ableitungen führen, während die beweglichen Kontakte paarig auf leitenden Kontaktbrücken befestigt sind. Diese sind auf einem Balken aus Isolierstoff angeordnet, der sich in vertikaler Richtung

bewegen kann. Um einen gleichmäßigen Druck und somit auch einen guten Stromübergang zu erreichen, sind die unteren Kontaktklötze einzeln abgefedert.
Die Schaltbewegung wird von einem getrennt angeordneten Antrieb über Schalterwelle, Kurbel und Hubstange vorgenommen (Bild 114). Beim Einschalten werden zwangsläufig die Ausschaltfedern gespannt, die beim Auslösen des Klinkenschlosses von sich aus den gesamten Ausschaltvorgang bewerkstelligen. Dadurch werden

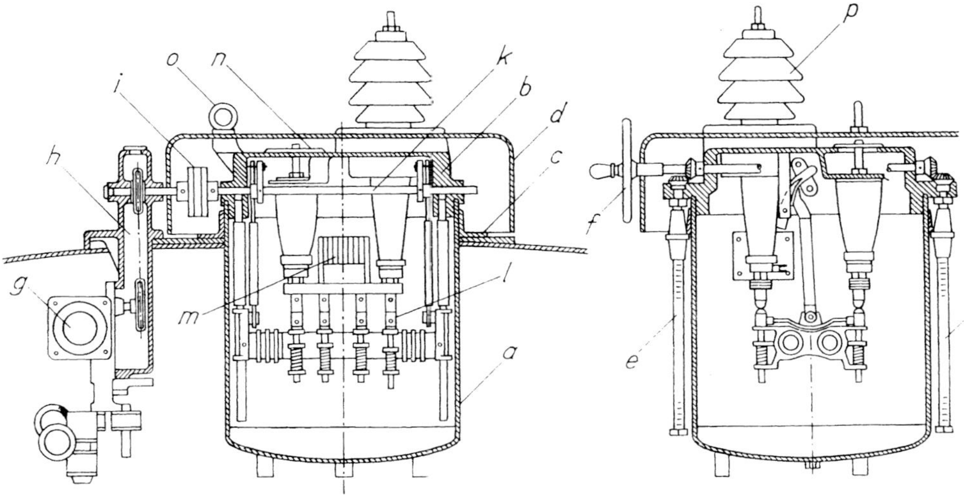

Bild 114. Ölschalter im Schnitt

a Ölkessel
b Deckel
c Winkeleisenring
d Schutzhaube
e Hubspindel
f Handrad
g Antriebszylinder
h Kettenantrieb
i Kupplung
k Schalterwelle
l Schaltkontakt
m Schutzwiderstand
n Explosionsklappe
o Aufhängeöse
p Isolator

die Kontakte schnell voneinander getrennt. Außerdem erreicht man bei diesem Schalter ein schnelles Abreißen der Lichtbögen dadurch, daß sämtliche Kontakte unter Öl liegen. Öl hat eine größere elektrische Durchschlagsfestigkeit als Luft und dient gleichzeitig als Kühlung.
Als Schalteröl darf nur reines, helles, dünnflüssiges, wasser- und säurefreies Mineralöl verwendet werden. Seine Durchschlagsfestigkeit muß mindestens 80 kV/cm betragen, sein Flammpunkt darf nicht unter 145 °C, sein Brennpunkt nicht unter 165 °C liegen. Es muß von Zeit zu Zeit erneuert werden, da bei der Bildung von Lichtbögen kleine Mengen von Öl verkohlen und das gesamte Öl dadurch dunkel und dickflüssig wird. Ölgase, die sich bei schweren Abschaltungen bilden, entweichen durch Entlüftungsöffnungen im Deckel ins Freie.
Um den Schalter gut überwachen und das Öl leicht erneuern zu können, ist der Einheitsölschalter so eingerichtet, daß man ihn mit Hilfe von Hubspindeln leicht aus dem feststehenden Ölkessel herausheben kann (Bild 115). Dieser ist geschweißt und mit einem Hartpapierzylinder ausgekleidet, damit die Spannung nicht zur Wand überschlägt. Der Kessel hängt mit einem angenieteten Ringflansch im Dach der Lokomotive, so daß nur eine kurze Zuführungsleitung erforderlich ist und außer-

dem Platz im Maschinenraum eingespart wird. Der Ölkessel ist durch einen Deckel dicht abgeschlossen, so daß von außen keine Feuchtigkeit eindringen kann. Solange der vorgeschriebene Ölstand eingehalten und dadurch der Luftzutritt zu den Kontakten verwehrt wird, besteht keine Explosionsgefahr.

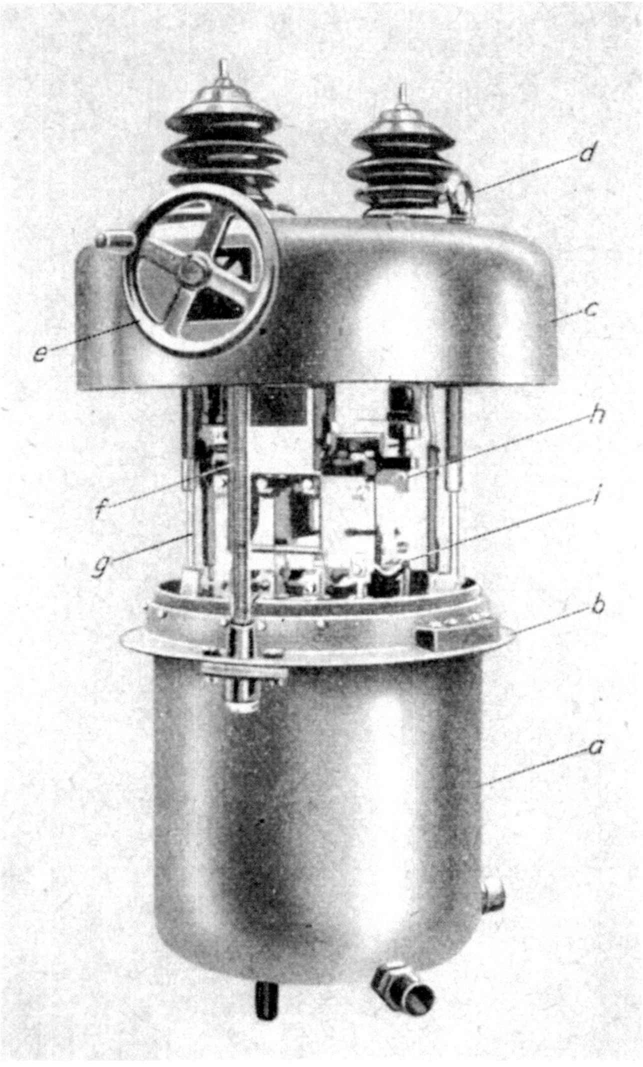

Bild 115.
Ölschalter (Haube angehoben)
a Ölkessel
b Ringflansch
c Deckel
d Aufhängeöse
e Handrad
f Hubspindel
g Geradführung
h feste Kontakte
i Kontaktbrücke

Der Ölschalter wird über das Führerbügelventil mit Hilfe von Druckluft ein- und ausgeschaltet. Außerdem kann er vom Maschinenraum aus von Hand eingeschaltet und vom Führerstand aus über Gestänge mechanisch ausgeschaltet werden (siehe Abschnitt 3.1.4.5.).
Ist der Hauptschalter ausgeschaltet, so ist auch bei angelegten Stromabnehmern die gesamte elektrische Ausrüstung im Maschinenraum spannungsfrei. Trotzdem dürfen irgendwelche Arbeiten nur bei gesenkten Stromabnehmern ausgeführt wer-

den. Eine Vorschrift für die Behandlung und Bedienung von Bahnölschaltern legt unter anderem die genauen Untersuchungsfristen fest, um Betriebsstörungen infolge unsachgemäßer Pflege von vornherein auszuschließen.
Ölschalter wurden zum Beispiel in die elektrischen Lokomotiven der Baureihen E 04, E 17, E 21, E 44 und E 75 eingebaut. Ihre Masse beträgt etwa 630 kg. Sie wurden später durch ölarme oder öllose Schalter verdrängt, die wesentlich leichter sind, keine Brand- und Explosionsgefahr aufweisen und höhere Schaltgeschwindigkeiten zulassen.

3.1.4.2. Expansionsschalter

Neuere elektrische Lokomotiven sind mit einem Expansionsschalter ausgerüstet, der gegenüber dem Ölschalter verschiedene Verbesserungen aufweist. Der Aufbau eines älteren Expansionsschalters (Bauart R 618) ist aus den Bildern 116 und 117 zu ersehen. Seine Grundplatte, die wiederum am Dach der Lokomotive befestigt wird, trägt den Durchführungsisolator und den Stützisolator, die oben durch eine Platte versteift sind. Darüber liegt das durch eine Schutzhaube verdeckte Schaltgestänge. Der Antriebszylinder und auch der Teil des Schalters, in dem der Strom unterbrochen wird, liegen unterhalb des Daches. Durch den hohlen Stützisolator geht die aus Isoliermaterial bestehende Zugstange hindurch, während in dem Durchführungsisolator die Stromschiene und der bewegliche Schaltstift untergebracht sind. Der Strom fließt von der Dachleitung zum Anschlußbolzen am Dekkel und über die Stromschiene zum Gleitschaltstück, wo er auf den beweglichen Schaltstift übergeht. Dieser berührt beim Einschalten das Schaltstück, von dem aus der Strom über eine kurze Verbindung an den Hauptumspanner weitergeleitet wird.
Im Gegensatz zum Ölschalter, bei dem auch die abgehende Leitung über dem Dach liegt und daher einen besonderen Durchführungsisolator erfordert, ist beim Expansionsschalter die abgehende Leitung bereits im Maschinenraum untergebracht.
Der Strom wird nur an einer Stelle unterbrochen, und zwar in dem Kammergehäuse, das an vier Isolierstangen an der Grundplatte aufgehängt ist. Es enthält im oberen Teil die Expansionskammer, in der mehrere Isolierplatten durch einen Gummiring zusammengedrückt werden. Im unteren Teil liegen die Dampfkammer und das Schaltstück, das tulpenförmig ausgebildet ist, so daß der Schaltstift beim Einschalten einen guten Kontakt herstellt. Gleichzeitig drückt er den Spritzkolben nach unten in die Spritzkammer, die mit einem Löschmittel mit großem Ausdehnungsvermögen gefüllt ist.
Beim Ausschalten wird der Schaltstift durch Ausschaltfedern, die beim Einschalten gespannt wurden, aus dem Schaltstück schnell herausgerissen. Der Spritzkolben folgt unter dem Einfluß der darunterliegenden Feder und spritzt dem hochschnellenden Stift eine kleine Menge Schaltflüssigkeit nach, die in die Dampfkammer und in die Hohlräume zwischen den Isolierplatten gelangt. Der zwischen Schaltstift und Schaltstück entstehende Lichtbogen verdampft einen Teil des Löschmittels, und der dabei entstehende sehr hohe Druck preßt den Gummiring zusammen und die Isolierplatten auseinander. Durch die dabei entstehenden ringförmigen Spalten

kann der Dampf entweichen (Expansion), und die plötzliche Druckminderung bringt den Lichtbogen sofort zum Erlöschen. Der Dampf kondensiert dann wieder, und das Löschmittel fließt in die Spritzkammer zurück, so daß ein Ergänzen dieser Flüssigkeit nur in längeren Zeiträumen notwendig ist.
Um den Lichtbogen schnell und sicher zu löschen, muß der Schaltstift in kurzer Zeit einen großen Weg zurücklegen. Dies erreicht man durch Zwischenschalten von Kniehebeln.

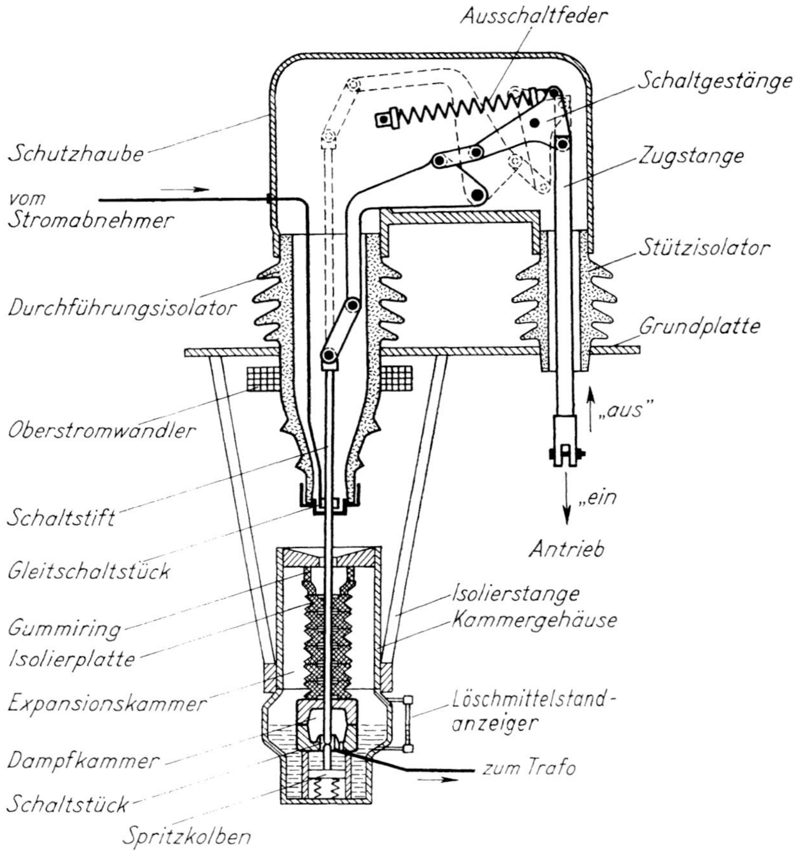

Bild 116. Expansionsschalter im Schnitt

Auch der Expansionsschalter wird über das Führerbügelventil durch Druckluft oder von Hand mit Hilfe eines am Schalter angebrachten Hebels eingeschaltet. Das Ausschalten geschieht dadurch, daß der Sperrmagnetauslöser durch das Führerbügelventil oder durch Ansprechen eines der Schutzrelais an Spannung gelegt wird. Es ist auch möglich, den Expansionsschalter von Hand mit einer Handzugvorrichtung vom Führerstand aus oder direkt am Schalter auszuschalten (siehe Abschnitt 3.1.4.5.).
Neben der hier beschriebenen älteren Bauart R 618 ist noch eine neuere Ausführung R 628 in Gebrauch. Sie arbeitet nach dem gleichen Prinzip, doch ist das Schaltgestänge unterhalb des Daches angeordnet, und zusätzlich ist ein Trenn-

messer eingebaut. Beim Einschalten wird zuerst der Schaltstift eingeschaltet und die Ausschaltfeder gespannt, dann schaltet das Trennmesser unter Federkraft ein und schließt dadurch den Stromkreis.
Beim Ausschalten öffnet zuerst der Schaltstift. Der entstehende Lichtbogen wird, wie beim Schalter R 618, durch eine verdampfende Löschflüssigkeit erstickt. Mit geringer Verzögerung öffnet dann das Trennmesser.

Bild 117.
Expansionsschalter
- a Grundplatte
- b Durchführungsisolator
- c Stützisolator
- d Schutzhaube
- e Antriebszylinder
- f Kammergehäuse
- g Isolierstange
- h Aufhängeöse

Als besonderen Vorteil besitzt der neue Expansionsschalter einen Synchronauslöser. Dieser soll das Ausschalten so steuern, daß gerade im Nulldurchgang des sinuskurvenförmig verlaufenden Stromes der Mindestlöschabstand der beiden Kontakte erreicht wird. Wenn in diesem Augenblick der Stromkreis unterbrochen wird, dann wird der Schalter am wenigsten beansprucht.
Die Expansionsschalter gehören zu den ölarmen Schaltern und sind wesentlich leichter als die im vorigen Abschnitt behandelten Ölschalter. Sie sind an einigen Altbaulokomotiven der Baureihen E 04, E 17 und E 44 zu finden.

3.1.4.3. Druckgasschalter

Druckgasschalter arbeiten ohne jegliche Flüssigkeit und blasen den Lichtbogen durch ein strömendes Druckgas, im allgemeinen Druckluft, aus. Der bei der Deutschen Reichsbahn verwendete Druckgasschalter wurde von der Firma AEG entwickelt und im Jahre 1935 erstmalig in Lokomotiven der Baureihe E 18 eingebaut. Bild 118 zeigt einen Druckgasschalter im Schnitt. Er stützt sich auf das Dach der Lokomotive mit einer Grundplatte, die einen hohlen Stützisolator von ovalem Querschnitt trägt. Darauf sitzt der eigentliche Hochspannungsschalter, der aus einem beweglichen Schaltstift besteht und einem festen Kontakt, der von der Kappe durch einen Durchführungsisolator getrennt wird. In dessen Hohlraum befindet sich ein Tragrohr mit einer Düse aus keramischem Stoff, die den Schaltstift umgibt. In das Innere des Tragrohres kann durch ein Zuführungsrohr von großem Querschnitt

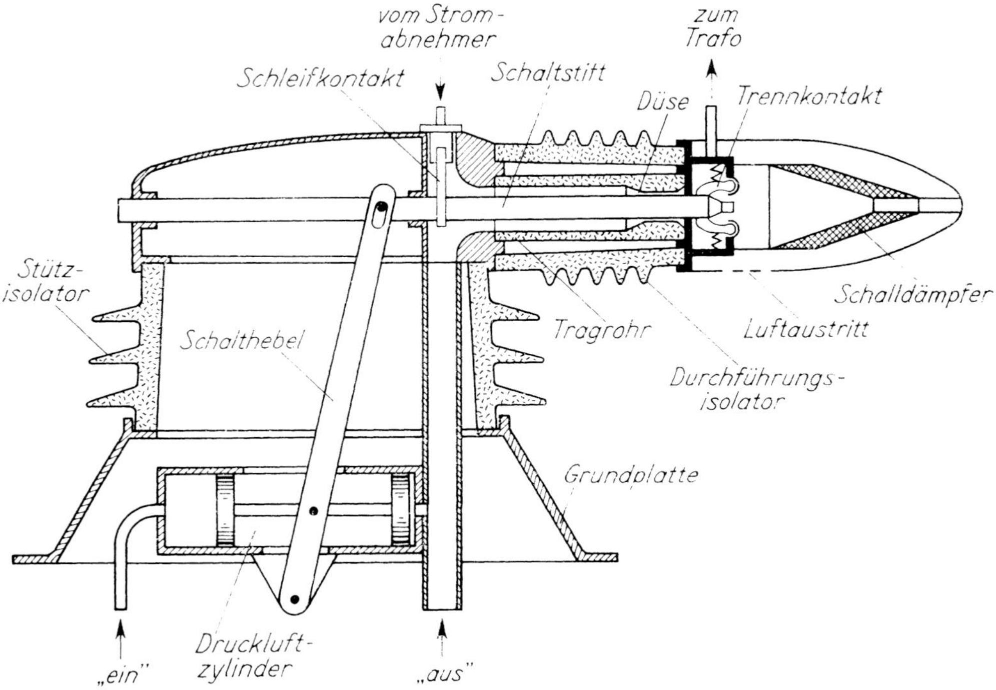

Bild 118. Druckgasschalter im Schnitt

Druckgas oder Druckluft geleitet werden, die dann durch den Schalldämpfer ins Freie entweicht.

Die Hochspannungsleitung ist an die obere Kappe angeschlossen, und durch einen Schleifkontakt wird der Strom dem beweglichen Schaltstift zugeführt. Der zweite Anschluß ist mit dem festen Trennkontakt verbunden und dient der Weiterführung des Stromes zum Trafo. Man benötigt also auch hier, genau wie beim Ölschalter, einen besonderen Durchführungsisolator.

Als Antrieb verwendet man bei einem solchen Druckgasschalter einen Druckluftzylinder, der in der Grundplatte untergebracht ist und durch einen Schalthebel aus

Isolierstoff vom Hochspannungsteil getrennt wird. Der Stromkreis wird dadurch unterbrochen, daß der bewegliche Schaltstift schnell aus dem Trennkontakt herausgerissen und durch die Düse zurückgezogen wird. Der dabei entstehende Lichtbogen wird durch Druckluft, die beim Ausschalten mit hoher Geschwindigkeit durch das Tragrohr in die Düse strömt, ausgeblasen. Der Druckluftstoß reinigt zugleich die Strecke zwischen dem feststehenden Kontakt und dem Schaltstift, so daß eine Neuzündung vermieden wird. Die schnelle Luftbewegung äußert sich als Knall, den man durch eine aufgesetzte Schalldämpferkappe abzumindern versucht. Beim Einschalten wird der Schaltstift in entgegengesetzter Richtung bewegt. Dabei ist es nicht erforderlich, den Trennkontakt anzublasen, da das Einschalten so schnell vor sich geht, daß kein gefährlicher Lichtbogen entsteht. Bild 119 läßt deutlich

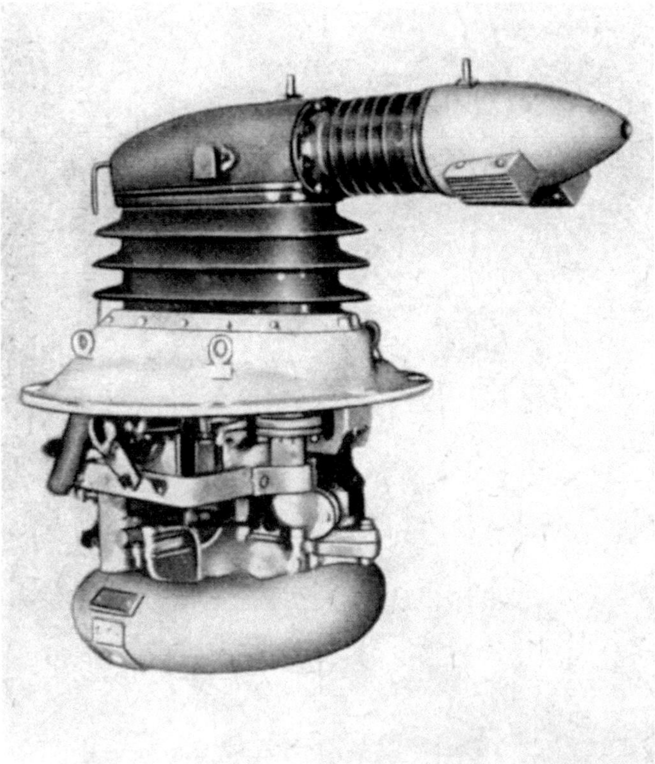

Bild 119.
Druckgasschalter

erkennen, daß der Hochspannungsteil oberhalb des Daches liegt und daß lediglich der Antrieb und die Steuerung in das Innere des Maschinenraums hineinreichen.

Für das Ein- und Ausschalten ist Druckluft erforderlich. Man öffnet das Einschaltventil mit Hilfe des Führerbügelventils oder von Hand. Das Ausschalten erfolgt durch Öffnen des Ausschaltventils mit Hilfe des Führerbügelventils, durch einen Notausschalthebel vom Führerstand aus oder durch Ansprechen eines der Schutzrelais (siehe Abschnitt 3.1.4.5.).

Druckgasschalter der Bauarten APB 102, 103 oder 104 sind auf den von der Firma AEG gebauten elektrischen Lokomotiven der Baureihen E 18, E 19 und E 94 zu finden. Sie gehören zu den öllosen Schaltern und sind daher brand- und explosionssicher. Sie wiegen nur etwa 300 kg und sind wesentlich leichter als die vorgenannten Schalter. Bei relativ kleinen Abmessungen können sie für sehr hohe Abschaltleistungen gebaut werden.

3.1.4.4. Druckluftschnellschalter

Die Neubaulokomotiven der Baureihe E 11/E 42 sind mit einem Druckluftschnellschalter neuer Konstruktion ausgerüstet. Er ähnelt dem Druckgasschalter, da der beim Ausschalten entstehende Lichtbogen ebenfalls durch Druckluft gelöscht wird. Er unterscheidet sich von ihm jedoch dadurch, daß hinter der verdeckten Leistungstrennstelle noch eine von außen sichtbare Spannungstrennstelle liegt (Bild 120).

Ein linsenförmiger Druckluftbehälter verschließt mit seinem Ringflansch einen Ausschnitt im Lokomotivdach und speichert die zum Antrieb und zum Löschen des

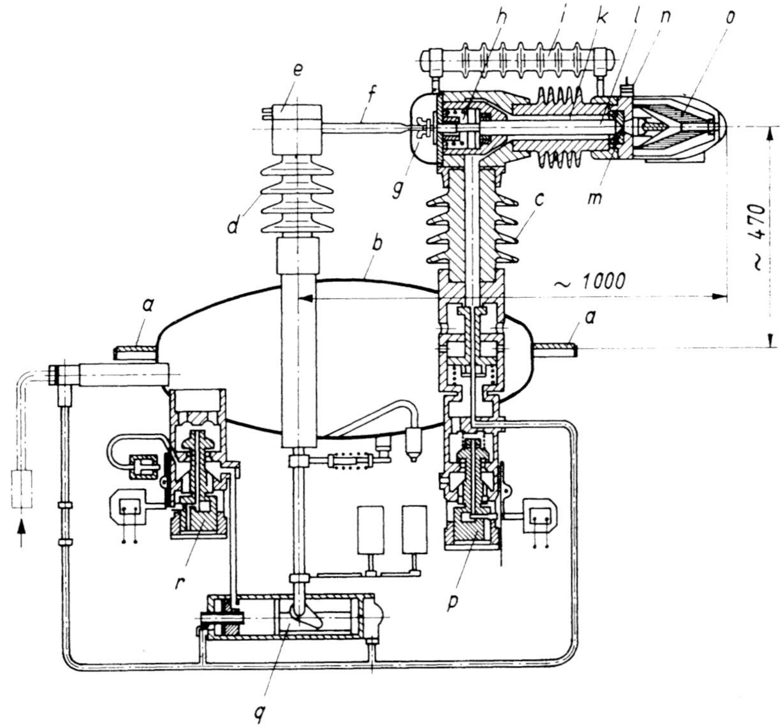

Bild 120. Druckluftschnellschalter

- a Grundplatte
- b Druckluftbehälter
- c Blasisolator
- d Drehisolator
- e Drehkopf mit Leitungsanschluß
- f Trennmesser für Spannungstrennstelle
- g Einschlagkontakt
- h Antrieb der Kontaktstange
- i Widerstand
- k Schaltkammer
- l Kontaktstange für Leistungstrennstelle
- m Gegenkontakt
- n Leitungsanschluß
- o Schalldämpfer
- p Blas- und Betätigungsventil
- q Trennmesserantrieb
- r Steuerkolben

Lichtbogens erforderliche Druckluft mit einem Überdruck von 8 bis 10 kp/cm². Oberhalb des Luftbehälters ist der Hochspannungsteil angeordnet, zu dem der Blasisolator mit der Leistungstrennstelle und der Drehisolator mit dem Trennmesser gehören. Die Leistungstrennstelle besteht aus der Kontaktstange, dem Gegenkontakt und einem dazu parallelgeschalteten Widerstand. In dem Luftbehälter ist das Blasventil untergebracht, während unter dem Luftbehälter der Antrieb für den Drehisolator und alle übrigen Steuerorgane liegen.
Das Ein- und Ausschalten besorgt ein elektropneumatischer Antrieb, der über ein Zwischenrelais von jedem Führerstand aus mit Hilfe eines Schwenktasters angesteuert wird.
Beim Einschalten dreht der Druckluftantrieb die durch den Luftbehälter hindurchgehende Welle, die oben den Drehisolator mit dem Drehkopf und das Trennmesser trägt. Dadurch greift das Trennmesser in den Einschlagkontakt ein.
Beim Ausschalten strömt Druckluft aus dem Behälter über das geöffnete Blasventil durch den Blasisolator in die Schaltkammer und verschiebt unter Anspannen der Druckfeder die Kontaktstange seitlich in Richtung Drehisolator. Dadurch wird die Verbindung mit dem Gegenkontakt unterbrochen. Der an dieser Leistungstrennstelle entstehende Lichtbogen wird beim Nulldurchgang des Wechselstromes durch einen kräftigen Luftstrom gelöscht, der über einen Auspufftopf ins Freie entweicht. Parallel zu dem Löschkontakt liegt ein Widerstand, der die Überspannung beim Ausschalten begrenzt.
Ein Teil der Druckluft strömt beim Ausschalten über ein Verzögerungsventil in den Antriebszylinder für das Trennmesser. Die Kolbenstange dreht die Welle mit dem Drehisolator und dem Trennmesser um 90° und unterbricht den Kontakt.
Die Spannungstrennstelle wird funkenfrei geöffnet, weil der Hauptlichtbogen durch die Leistungstrennstelle schon vorher gelöscht wurde und die Spannungstrennstelle nur noch den Reststrom, der über den Parallelwiderstand fließt, trennen muß.
Gleichzeitig wird der Druckluftstrom in der Schaltkammer unterbrochen, und die Kontaktstange wird durch die Federkraft wieder an den feststehenden Gegenkontakt gedrückt. Der Leistungskontakt ist damit wieder geschlossen, und es braucht beim Einschalten lediglich das Trennmesser eingelegt zu werden.
Damit durch die Feuchtigkeit der Luft im Innern der Isolatoren keine Überschläge auftreten können, werden der Blasisolator und die Schaltkammer ständig mit trokkener Luft durchspült.
Die augenblickliche Schaltstellung ist von außen eindeutig an der Stellung des Trennkontaktmessers zu erkennen. Damit dies auch im Maschinenraum der Lokomotive möglich ist, befindet sich an der Antriebswelle des Drehisolators eine Markierung der Schalterstellung. Es bedeuten

0 Hauptschalter „aus",
I Hauptschalter „ein".

Außerdem wird der Schaltzustand in den Führerständen durch einen Leuchtmelder angezeigt. Der Leuchtmelder leuchtet auf, wenn der Hauptschalter ausgeschaltet ist. Der Schalter der Neubaulokomotiven ist für einen Nennstrom von 400 A berechnet und hat eine Abschaltleistung von 200 kVA. Er ist wesentlich leichter als die anderen Schalterbauarten und wiegt nur 260 kg.

3.1.4.5. Schalterantrieb und -auslösung

Sämtliche Schalter sind mit einem besonderen Antrieb und einer Auslösevorrichtung versehen. Das Einschalten geschieht stets durch Druckluft. Während die beiden letztgenannten Schalter auch durch Druckluft ausgeschaltet werden, werden der Öl- und Expansionsschalter durch Federn ausgeschaltet, die beim Einschalten gespannt werden. Der Antrieb besteht im allgemeinen aus einem Druckluftzylinder, einer Kupplungsvorrichtung und einer Einrichtung zur Handbetätigung. Das Ausschalten geschieht durch einen Fernauslöser oder von Hand. Um die elektrische Ausrüstung der Lokomotive zu schützen, ist es auch möglich, daß die Schalter durch eine selbsttätige Auslösevorrichtung ausgeschaltet werden, und zwar durch den Überstromzeitauslöser oder durch den Spannungsrückgangsauslöser.
Zwischen Antrieb und Schaltwerk muß eine Freilaufkupplung eingebaut werden, da der schützende Überstromauslöser sonst nicht wirken kann, wenn ein Schalter bei Kurzschluß eingeschaltet wird. Diese Freilaufkupplung wird ausgerückt, wenn der Schalter durch einen der selbsttätigen Auslöser betätigt wird. Bei den Druckgasschaltern betätigen die Auslöser ein Luftventil, da diese Schalter auch durch Druckluft ausgeschaltet werden.
Der Antrieb der Schalterbauarten ist recht unterschiedlich. Beim Ölschalter gibt es außer dem Antriebszylinder, der beim Einschalten über das Führerbügelventil mit Druckluft gefüllt wird, noch einen Dämpfungszylinder. Die beiden Kolben sitzen auf einer gemeinsamen Kolbenstange, die im mittleren Teil eine verschiebbare Zahnstange trägt. Durch ein Ritzel wird die hin- und hergehende Bewegung der Zahnstange in eine Drehbewegung umgesetzt und über Kettenräder und eine endlose Kette auf die Schalterwelle übertragen (siehe Bild 114). Die Kolbenstange ist jedoch nur dann mit der Zahnstange gekuppelt, wenn der Auslösehebel nicht durch eine der selbsttätigen Schutzeinrichtungen angehoben wird. Der Dämpfungskolben hat lediglich die Aufgabe, harte Stöße beim Einschalten zu vermeiden.
Der Expansionsschalter wird durch einen Antrieb eingeschaltet, der mittels eines unmittelbar angebauten Hebels von Hand oder von dem Führerstand aus über das Führerbügelventil mit Druckluft betätigt werden kann. Der Kolben geht nach dem Einschalten sofort wieder in seine Ausgangsstellung zurück. Während des Einschaltvorganges wird eine Rückzugfeder gespannt, die später den Schalter ausschaltet. Als Freilaufkupplung dient ein Kniegelenk, das in der Einschaltstellung durch einen Sperrhebel abgestützt wird, der durch den Auslösehebel verklinkt ist.
Der Ausschaltvorgang wird dadurch eingeleitet, daß die Verklinkung der Rückzugfeder gelöst wird. Dies kann mechanisch oder elektrisch geschehen, es kann jedoch auch durch das Führerbügelventil oder durch das Ansprechen einiger Schutzeinrichtungen eingeleitet werden.
Der Druckgasschalter wird im Gegensatz zu den vorgenannten Bauarten durch Druckluft ein- und ausgeschaltet. Damit er jederzeit betriebsbereit ist, muß eine bestimmte Menge Druckluft mit einem Überdruck von 8 bis 10 kp/cm^2 zur Verfügung stehen. Es ist daher unter dem Schalter ein Luftbehälter angebracht, der von der Hauptluftleitung über ein Rückschlagventil gefüllt wird. Bei Inbetriebnahme der Lokomotive oder bei Störungen des Hauptkompressors wird die zum Schalten und Ausblasen des Lichtbogens erforderliche Druckluft durch einen kleinen Hilfs-

kompressor erzeugt, dessen Antriebsmotor an eine Batterie angeschlossen ist. Beim Einschalten mit Hilfe des Führerbügelventils wird die Druckluft jedoch nicht unmittelbar dem Antriebszylinder zugeführt, sondern sie bewegt zunächst einen kleinen Einschaltkolben, der das Einschaltventil betätigt (pneumatische Steuerung). Dieses verbindet den Luftbehälter mit der linken Hälfte des Antriebszylinders, so daß der Kolben nach rechts bewegt und der Schalter eingelegt wird (siehe Bild 118). Beim Ausschalten mit dem Führerbügelventil wird der Stromkreis für den Ausschaltmagneten geschlossen, der das Ausschaltventil steuert (elektrische Steuerung). Ein Druckluftschnellschalter kann nur eingeschaltet werden, wenn ein Stromabnehmer am Fahrdraht anliegt und das Schaltwerk auf Null steht. Auch ist zum Betätigen des Schalters stets ein bestimmter Luftdruck erforderlich.

Bei den Neubaulokomotiven der Baureihe E 11/E 42 wird der Druckluftantrieb elektrisch angesteuert. Der Schalter wird eingelegt, indem auf dem Führerpult ein Kipptastschalter „Hauptschalter" in Richtung Stirnwand bewegt wird. Das betriebsmäßige Ausschalten erfolgt dadurch, daß der Hebel in Richtung Führerstandsrückwand gekippt wird. Zum Ein- und Ausschalten muß genügend Druck im Schalterdruckluftkessel vorhanden sein. Bild 121 zeigt die Steuerung des Druckluftschnellschalters der Neubaulokomotive.

Bei den meisten älteren Hauptschaltern ist noch eine Handbetätigung vorgesehen, die bei Inbetriebnahme der Lokomotive oder bei Störungen des Druckluftantriebs verwendet wird. Die Öl- und Expansionsschalter haben zu diesem Zweck einen Handhebel mit Klinke, der entgegen dem Zuge der Ausschaltfedern den Druckluftkolben und die Kupplungsteile in die Einschaltstellung bringt. Die Feder wird dabei angespannt und durch einen Auslösehebel verklinkt, der beim Ausschalten angehoben wird. Beim Druckgasschalter ist eine unmittelbare Bewegung des Schaltstiftes zum Zwecke des Ein- oder Ausschaltens nicht möglich. Der Handhebel bewegt dann lediglich den Schaltkolben, der über das Einschaltventil und den Antriebszylinder den Schalter einlegt.

Zur Handbetätigung dient eine Welle, die direkt unter dem Dach des Maschinenraums gelagert ist. Sie endet in den beiden Führerständen in je einem Hebel, der durch roten Farbanstrich besonders gekennzeichnet ist. Handgeschaltet wird im allgemeinen nur im Notfall, wenn eine Störung das elektrische Ausschalten unmöglich macht.

Zum Schutze der elektrischen Ausrüstung der Lokomotive dienen die selbsttätigen Auslösevorrichtungen. Der Überstromzeitauslöser erhält seinen Strom von einem Stromwandler, der in die Oberspannungsleitung eingefügt ist (Bild 122). Er wirkt bei Kurzschluß direkt auf eine Auslösespule des Schalters, bei Überlastung jedoch über ein Zeitrelais, das ein Abschalten bei kurzzeitigen oder geringfügigen Überstromstößen verhindert. Der Spannungsrückgangsauslöser spricht an, sobald die Spannung unter einen bestimmten Wert (12 kV) absinkt oder ganz ausbleibt. Dieser Auslöser steht ebenfalls mit einem Zeitrelais in Verbindung, um zu vermeiden, daß der Schalter bei kurzzeitigen Unterbrechungen, zum Beispiel Bügelspringen, anspricht.

Die einfachste Einrichtung zum Abschalten ist der Fernauslöser, ein Magnet, dessen Spule im allgemeinen durch Gleichstrom aus der Batterie gespeist wird. Da-

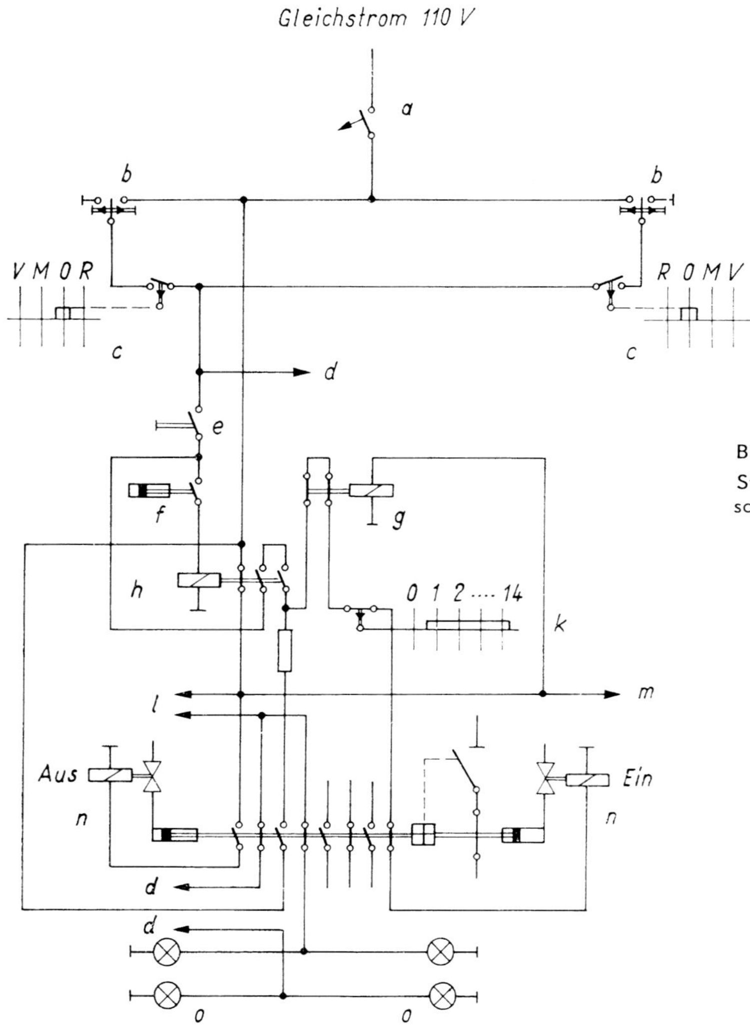

Bild 121.
Steuerung des Druckluftschnellschalters

a Kleinselbstschalter
b Schwenktaster für Schnellschalter
c Richtungssteuerwalze
d zur Kupplung
e Lokabschalter
f Druckschalter
g Zwischenrelais für Schnellschalter „Aus"
h Zwischenrelais für Schnellschalter
i Haltewiderstand
k Schaltwerk
l zu den Meß- und Schutzeinrichtungen
m zur Stromabnehmersteuerung
n Druckluftleistungstrennschalter
o Meldelampe für Schnellschalter

durch wird erreicht, daß der Auslöser ständig betriebsbereit und von der Fahrdrahtspannung unabhängig ist. Auslösekontakte sind in die Führerbügelventile und in verschiedene Geräte eingebaut, die als Schutzeinrichtungen wirken. Sobald der Auslöser Strom erhält, wird der Hauptschalter ausgeschaltet.
Auch bei den Neubaulokomotiven der Baureihe E 11/E 42 liegt zwischen dem Hauptschalter und dem Umspanner ein Oberstromschutzwandler und in einem Abzweig zur weiteren Sicherung ein Oberspannungsableiter. Der Stromwandler hat ein Übersetzungsverhältnis von 300 A : 5 A (siehe Abschnitt 3.3.). An seine Sekundärwicklung sind das Hauptüberstromrelais und das Hauptkurzschlußrelais angeschlossen, die bei Überschreiten eines einstellbaren Maximalstroms den Hauptschalter auslösen.

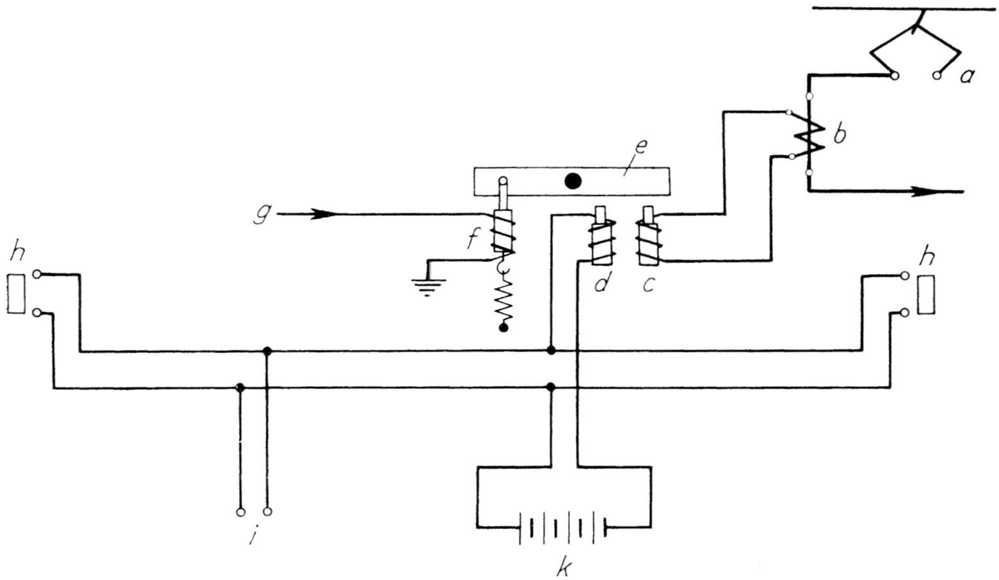

Bild 122. Schaltung der Auslösevorrichtungen

a Stromabnehmer
b Stromwandler
c Überstromzeitauslöser
d Fernauslöser
e Auslösehebel
f Spannungsrückgangsauslöser
g vom Umspanner
h Kontakt im Führerbügelventil
i sonstiger Auslösekontakt
k Sammler

3.2. Hauptumspanner

Umspanner, auch Transformatoren genannt, dienen zur Umwandlung von Wechselstrom einer bestimmten Spannung in Wechselstrom von höherer oder niedrigerer Spannung bei gleichbleibender Frequenz. Im Rahmen der elektrischen Ausrüstung einer Wechselstromlokomotive fällt dem Umspanner eine entscheidende Bedeutung zu. Er beansprucht in dem Maschinenraum einen nicht unbeträchtlichen Platz, und da auch seine Masse etwa 20 % der gesamten elektrischen Ausrüstung beträgt, ist er mit Rücksicht auf die Schwerpunktlage meist in der Mitte des Wagenkastens gelagert. Um einen leichten Ein- und Ausbau zu ermöglichen, kann der Teil des Daches über dem Umspanner abgehoben werden.

3.2.1. Aufgaben und Wirkungsweise

Der Lokomotivumspanner hat den Zweck, die Fahrdrahtspannung von 15 kV auf eine für die Fahrmotoren und Hilfseinrichtungen geeignete Spannung herabzusetzen, da diese sonst zu schwer ausfallen und umfangreiche Schutzeinrichtungen erfordern würden. Außerdem bietet der Umspanner die Möglichkeit, die Motorspannung in weiten Grenzen zu verändern und somit die Geschwindigkeit und die Zugkraft der Lokomotive praktisch verlustlos zu steuern. Den grundsätzlichen Aufbau eines Trafos zeigt Bild 123. Auf einem Eisenkern werden zwei Wicklungen angeordnet, die primäre, die mit der Stromquelle verbunden ist und den induzierenden Fluß erzeugt, und die sekundäre, die den Verbraucher speist. Beim Lokomotivumspanner ist das eine Ende der Oberspannungswicklung über den Stromabnehmer mit dem Fahrdraht verbunden, die Rückleitung erfolgt über die Fahrschienen.

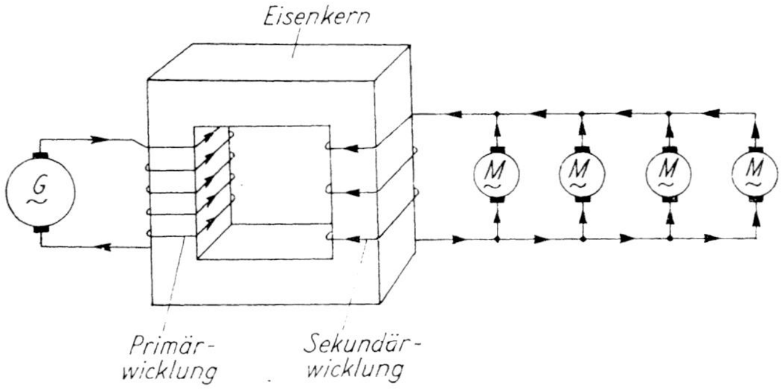

Bild 123.
Wirkungsweise eines Umspanners (Schema)

Der Unterspannungswicklung wird die Energie für die Fahrmotoren, für die Hilfseinrichtungen und für die elektrische Zugheizung entnommen. Da die Spannung der Fahrmotoren aus konstruktiven Gründen etwa 600 V nicht überschreiten darf, beträgt bei einer Fahrdrahtspannung von 15 000 V das Übersetzungsverhältnis 1 : 25, das heißt, die Primärwicklung hat 25mal so viel Windungen wie die Sekundärwicklung. Bei der bisher allgemein üblichen Niederspannungssteuerung beruht die Änderung der Motorenspannung darauf, daß man das Verhältnis der Windungszahlen ändert, indem man bei der Unterspannungswicklung einzelne Spulen zu- oder abschaltet. Zu diesem Zweck erhält die Wicklung etwa 15 Anzapfungen, an welche die Fahrmotoren jeweils angeschlossen werden (Stufenumspanner).

Die der Sekundärwicklung entnommene elektrische Leistung ist stets kleiner als diejenige, die der Primärwicklung zugeführt wurde. Die Ohmschen Verluste, die in den meist kupfernen Wicklungen des Umspanners auftreten und daher als „Kupferverluste" bezeichnet werden, betragen etwa 1 bis 1,5 % der gesamten Umspannerleistung. Um die im Eisenkern entstehenden Wirbelstromverluste möglichst klein zu halten, ist es üblich, die Kerne aus vielen dünnen Blechen von etwa 0,5 mm Dicke aufzubauen und diese durch Papier und Lackanstrich voneinander zu isolieren. Die Blechpakete werden dann durch isolierte Schrauben oder Niete zusammengehalten und durch Endbleche versteift.

Außerdem entsteht im Eisenkern dadurch Wärme, daß der Magnetfluß ständig seine Größe und Richtung verändert. Diesen Hysterese-Verlust und die obengenannten Wirbelstromverluste bezeichnet man als „Eisenverluste". Diese betragen jedoch insgesamt nicht mehr als 0,5 bis 1 % der Umspannerleistung, so daß der Gesamtwirkungsgrad mit etwa 97 bis 98% der zugeführten Leistung angenommen werden kann. Dieses recht günstige Ergebnis ist darauf zurückzuführen, daß ein

Umspanner keine umlaufenden Teile besitzt und somit auch keinerlei Reibungsverluste auftreten können.
Im rauhen angestrengten Bahnbetrieb und den dabei verwendeten hohen Spannungen sind Kurzschlüsse, auch solche im Transformator, unvermeidlich. Die dabei auftretenden Kurzschlußstromstärken sind durch die Ohmschen und induktiven Widerstände der Ober- und der Unterspannungswicklung bestimmt. Die Größe dieser Widerstände ist dadurch leicht meßbar, daß die Unterspannungsseite des Transformators kurzgeschlossen und seiner Oberspannungsseite lediglich jene geringe Spannung aufgedrückt wird, die in der kurzgeschlossenen Unterspannungswicklung gerade den Nennstrom hervorruft. Diese Spannung, die sogenannte Kurzschlußspannung, beträgt etwa 7 . . . 9 % der vollen Oberspannung. Je höher diese Spannung ist, desto kleiner sind zwar die bei einem Kurzschluß auftretenden Kurzschlußströme, desto mehr sinkt aber auch die Unterspannung mit der Belastung des Transformators ab.

3.2.2. Aufbau

Nach der Form des Eisenkerns unterscheidet man zwei verschiedene Bauarten, den Kern- und den Mantelumspanner (Bild 124). Während bei der Kernbauart die Wicklungen auf den beiden sich gegenüberliegenden Kernschenkeln untergebracht sind, werden bei der Mantelbauart alle Wicklungen auf dem Mittelstück vereinigt, und das Eisen wird auf beiden Seiten durch äußere Schenkel geschlossen. Damit man die Wicklungen aufbringen kann, muß der Kern geteilt sein. Er besteht daher aus zwei oder drei Schenkeln, die unten miteinander verbunden sind, und dem darüberliegenden Joch. Diese Teile müssen möglichst eng miteinander verbunden sein, damit sie dem Magnetfluß einen geringen Widerstand entgegensetzen.
Bei neueren elektrischen Lokomotiven mit Hochspannungssteuerung werden auch radialgeblechte Umspanner angewendet (Bilder 125 und 134). Diese sind Mantelumspanner mit radialgeblechter Mittelsäule, an die sternförmig mehrere Joche stumpf angesetzt werden. Den Kreisquerschnitt der mittleren Kernsäule erreicht man dadurch, daß die jeweils zusammengehörenden Bleche verschiedener Breite

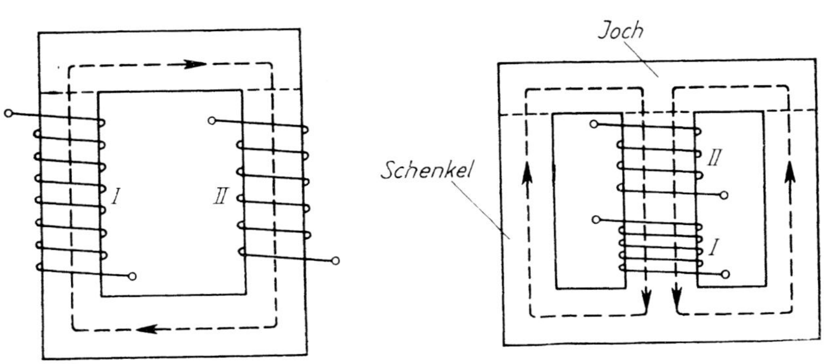

Bild 124. Kern- und Mantelumspanner (Schema)

durch Punktschweißung zusammengefügt werden. Diese Bauweise ermöglicht eine geringe Jochhöhe, einen kürzeren Weg für den Magnetfluß und eine geringere Eigenmasse. Außerdem erreicht man durch den Kreisquerschnitt eine höhere Festigkeit für die Spulen und den Ölbehälter. Da das Öl durch den Hohlraum der Mittelsäule und durch die Spalten zwischen den Wicklungszylindern senkrecht aufsteigen kann, ergeben sich gute Kühlverhältnisse.

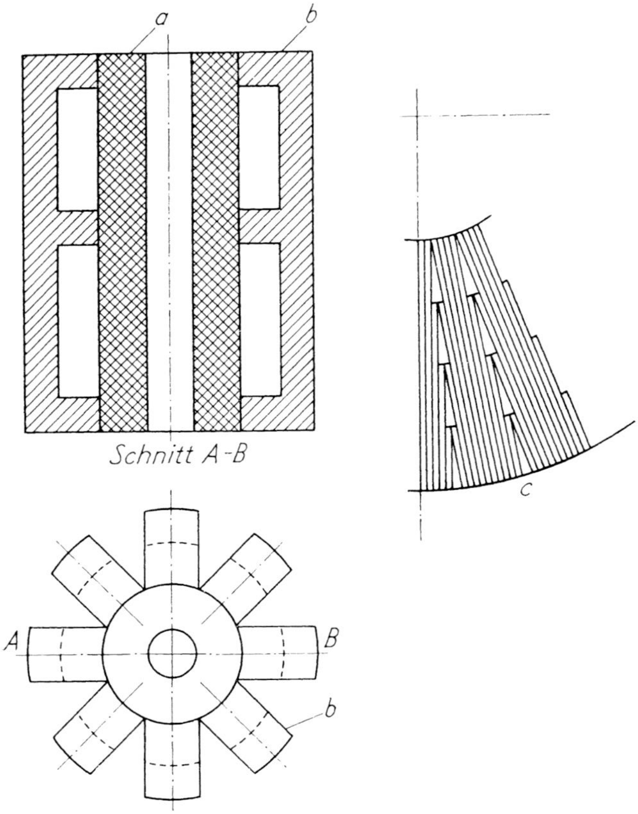

Bild 125.
Umspanner mit radialgeblechter Kernsäule (Schema)
a radialgeblechte Mittelsäule
b angesetzter Schenkel
c Ausschnitt aus Mittelsäule (stark vergrößert)

Die Stellen des Kerns, auf welche die Wicklungen aufgebracht werden, erhalten eine kräftige Isolierung aus Hartpapier, damit keine Überschläge zwischen Kern und Wicklung entstehen. Würde man Primär- und Sekundärwicklung räumlich völlig trennen, so wäre eine starke Streuung die Folge. Um das zu vermeiden, unterteilt man die Wicklung in einzelne Spulen und ordnet durch Nebeneinander- oder Übereinanderlagerung abwechselnd eine Ober- und eine Unterspule an. Werden die Wicklungen nebeneinander untergebracht, so erhält man die Scheibenwicklung; ordnet man die Wicklungen in konzentrischen Röhren an, die übereinander gesteckt sind, so erhält man die Röhren- oder Zylinderwicklung (Bild 126). Dabei ist zu beachten, daß bei einer Scheibenwicklung die einzelnen Windungen einer Spule nebeneinander und aufeinander, bei einer Röhrenwicklung jedoch nur nebeneinander liegen. Die Spulenscheiben werden durch Zwischenlagen von

Bild 126.
Umspanner mit Scheiben- oder Röhrenwicklung
a Scheibenspule
b Röhrenspule

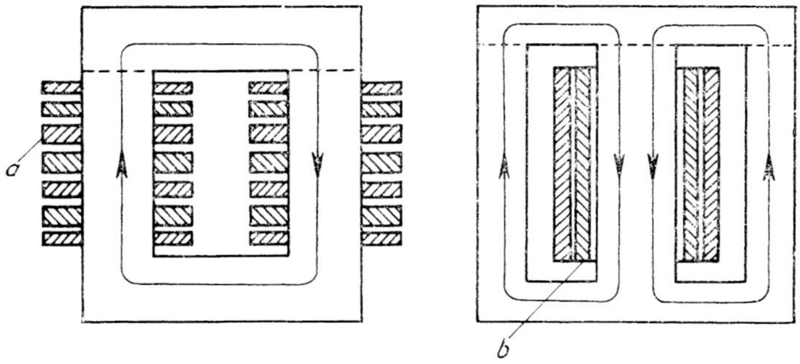

Preßspan oder Hartpapier getrennt, die Röhrenspulen werden auf Hartpapierzylinder gewickelt. Bei Röhrenspulen gibt es gewöhnlich nur eine innere Oberspannungs- und eine äußere Unterspannungsspule mit zahlreichen Anzapfungen. Scheibenspulen haben im allgemeinen Rechteckform mit abgerundeten oder abgeschnittenen Ecken. Die Wicklungen sind aus Kupfer, nur wenige elektrische Lokomotiven der Baureihen E 19, E 44 und E 94 wurden infolge kriegsbedingter Materialschwierigkeiten mit Aluminiumwicklungen ausgerüstet. Man verwendet Rund- und Flach-

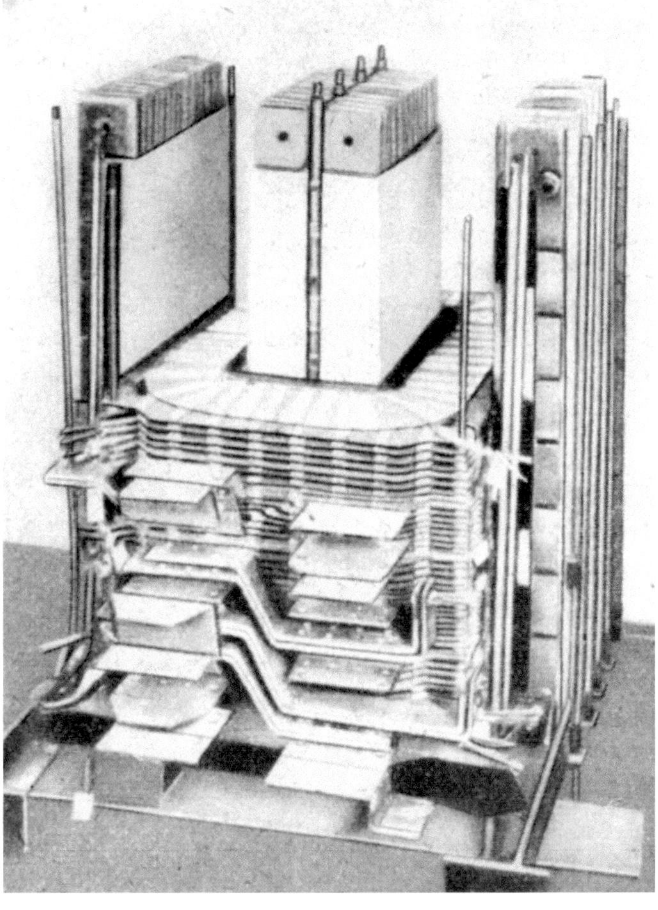

Bild 127.
Mantelumspanner im Bau

draht, Litze oder gewalztes Flachkupfer. Die Windungen werden zu Spulen zusammengefaßt und müssen untereinander und auch gegenüber den anderen Wicklungen sorgfältig isoliert sein. Die Oberspannungsspulen, die in der Nähe der Einführung liegen, erhalten eine verstärkte Isolation, da sie bei Überspannungen am stärksten beansprucht werden. Auch die an Erde liegenden Teile der Oberspannungswicklung werden als Schutz gegen reflektierte Wanderwellen verstärkt isoliert. Die Teile der Unterspannungswicklung, die niedrige Spannungen, aber hohe Ströme führen, müssen einen verhältnismäßig starken Querschnitt haben. Die Spulen bestehen dann oft nur aus einer einzigen Windung, die aus einem entsprechend dicken Kupferblech geschnitten ist.
Lokomotivumspanner müssen große elektrische und magnetische Kräfte aufnehmen und unterliegen wegen der dauernden Stöße und Erschütterungen, die während der Fahrt auftreten, auch einer hohen mechanischen Beanspruchung. Aus diesem Grunde ist eine kräftige Versteifung des gesamten Umspanners durch Spannplatten, Bolzen, Winkeleisen usw. erforderlich. Es ist darauf zu achten, daß diese Verspannungen keine leitenden Bahnen um Magnetflüsse, insbesondere Streuflüsse, herum bilden, da sonst zusätzliche Verluste durch entstehende Kurzschlußströme auftreten.
Bild 127 zeigt einen Mantelumspanner mit einer Leistung von 3 MVA im Bau. Um das Einlegen der Spulen zu erleichtern, wird der Kern, der im fertigen Trafo meist waagerecht liegt, während des Baus aufgestellt. Das obere Joch wird nach dem Einbau der Spulen stumpf auf die Schenkel aufgelegt und kräftig verschraubt.

3.2.3. Schaltung der Wicklungen

Bild 128 zeigt die verschiedenen Schaltungen eines Umspanners bei Niederspannungssteuerung und läßt erkennen, daß das eine Ende der Oberspannungswicklung stets mit dem Fahrdraht verbunden ist. Das andere Ende und auch ein Punkt der Unterspannungswicklung sind bei der Normalschaltung geerdet (Bild 128 a).

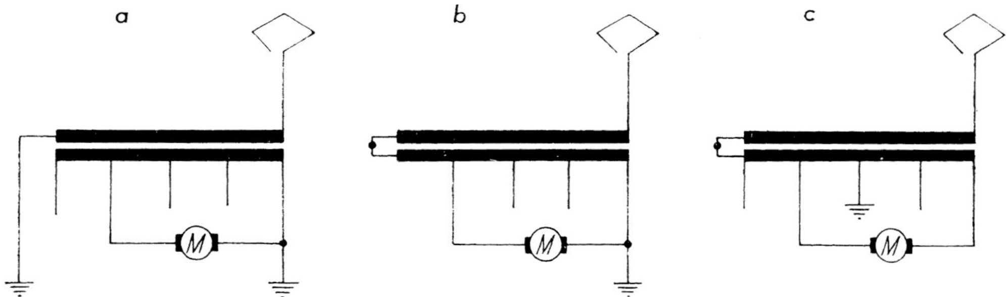

Bild 128. Schaltung eines Umspanners bei Niederspannungssteuerung
a Normalschaltung
b Sparschaltung mit Erdung am Ende der Unterspannungswicklung
c Sparschaltung mit Erdung in der Mitte der Unterspannungswicklung

Die Verbindung eines Punkts der Unterspannungswicklung mit der Erde bleibt jedoch stromlos, solange der Unterspannungskreis keine Isolationsfehler aufweist.

Sehr häufig verwendet man die Sparschaltung nach Bild 128 b. Der Umspanner hat dann nur eine Wicklung, die der Strom bis zur gemeinsamen Erde durchfließt. Die Oberspannungswicklung wird an der Stelle, die der höchsten Spannungsstufe der Niederspannungswicklung entspricht, mit dieser verbunden. Der sonst erforderliche Rest der Oberspannungsstufe bis zur Spannung Null kann entfallen, so daß bei dieser Schaltung ein etwas geringerer Kupferbedarf zu verzeichnen ist. In beiden Fällen ist die Spannung zwischen den stromführenden und den geerdeten Teilen des Motors gleich der Klemmenspannung des Motors.

Bild 128 c dagegen zeigt einen Umspanner, bei dem nicht das Ende, sondern die Mitte der Unterspannungswicklung geerdet ist, so daß die Isolation des Motors gegen Erde schwächer gehalten werden kann. Bei allen drei Schaltungen wird die Leistung durch eine Niederspannungssteuerung geändert, das heißt, die Fahrmotoren werden aus verschiedenen Anzapfungen der Niederspannungswicklung des Umspanners gespeist.

Die einzelnen Spulen müssen dabei so miteinander verbunden sein, daß die gegenseitige magnetische Verkettung zwischen Ober- und Unterspannungswicklung auch dann nicht wesentlich beeinträchtigt wird, wenn einzelne Teile der Niederspannungswicklung abgeschaltet werden. Es genügt daher nicht, wenn die Ober- und Niederspannungsspulen abwechselnd auf den Kern aufgebracht werden. Mit Rücksicht auf die Begrenzung der Stromkräfte und Streuspannungen muß man auch beachten, daß die den einzelnen Schaltstufen entsprechenden Spulen untereinander verschachtelt werden. Dadurch erreicht man eine fast gleichmäßige Verteilung über die Kernlänge auch dann, wenn nur wenig Spulen eingeschaltet sind.

Die Neubaulokomotiven der Baureihe E 11/E 42 haben einen Mantelumspanner mit Sparschaltung erhalten. Für den Eisenkern wurden Texturbleche verwendet, um mit geringer Masse und kleinen Abmessungen auszukommen. Die Wicklung besteht aus Scheibenspulen, die auf den Mittelschenkel aufgebracht und so aufgeteilt sind, daß sich bei verschiedenen Belastungen günstige Streuspannungswerte ergeben.

Die Rückschlußjoche sind gegen die Wicklungen mit Preßspan isoliert. Der Eisenkern liegt waagerecht, um einen guten Fluß des Kühlmittels zu gewährleisten. Der Kern wurde an dem Deckel des Gehäuses befestigt und taucht somit von oben in den Kessel ein. Abweichend von den bisherigen Ausführungen ist der Hochspannungseingang als Kondensatordurchführung mit Porzellanüberwurf ausgeführt.

Die Unterspannungswicklung hat zur Steuerung der Fahrmotoren 15 Anzapfungen im Bereich von 59,5 V bis 614 V, gestuft in Sprüngen zu etwa 39,5 V. Somit ergeben sich für die einzelnen Fahrstufen folgende Spannungen:

Stufe	1	59,5 V	Stufe	6	257,5 V	Stufe	11	455,5 V
„	2	99,0 V	„	7	297,0 V	„	12	495,0 V
„	3	138,5 V	„	8	336,5 V	„	13	534,5 V
„	4	178,0 V	„	9	376,0 V	„	14	574,0 V
„	5	218,0 V	„	10	416,0 V	„	15	614,0 V

Die Anzapfung für die Hilfsbetriebe liegt bei 198 V. Die im Winter herabgesetzte Betriebsspannung für die Lüftermotoren wird der 138,5-Volt-Anzapfung (dritte Fahrstufe) entnommen. Für die elektrische Zugheizung sind zwei Anschlüsse bei 812 V und 1010 V vorgesehen. Zwischen der Ober- und der Unterspannungswicklung ist ein Oberstrommeßwandler angeordnet.

Für elektrische Lokomotiven bis zu einer Leistung von etwa 3000 kW ist die Niederspannungssteuerung am wirtschaftlichsten. Die Verluste sind besonders dann gering, wenn im Betrieb die oberen Fahrstufen wenig gebraucht werden.

Da jedoch bei modernen elektrischen Lokomotiven mit großer Leistung der Gesamtstrom der Fahrmotoren in Dauerbetrieb bis etwa 10 000 A und beim Anfahren bis etwa 15 000 A ansteigen kann, sind sehr starke Stromschienen und kräftige Schalteinrichtungen erforderlich, die die Masse der elektrischen Ausrüstung wesentlich erhöhen. Dies ist jedoch bei neuzeitlichen elektrischen Lokomotiven, die möglichst ohne Laufachsen auskommen sollen, unerwünscht. Es erwies sich daher als zweckmäßig, bei sehr hohen Leistungen anstelle der Niederspannungssteuerung eine Hochspannungssteuerung zu verwenden.

Bei den Neubaulokomotiven der Baureihe E 11/E 42 entschied man sich jedoch für eine Niederspannungssteuerung, da die technologischen Voraussetzungen hierfür bedeutend günstiger waren und die technische und ökonomische Überlegenheit der Hochspannungssteuerung gerade im Leistungsbereich der E 11/E 42 erst durch Versuche nachgewiesen werden muß.

Die Schaltung einer Hochspannungssteuerung ist aus Bild 129 ersichtlich. Der Strom an der Hochspannungsseite des Umspanners beträgt entsprechend dem Verhältnis der größten Motorspannung zur Fahrdrahtspannung nur etwa $^1/_{25}$ des gesamten Fahrmotorenstromes und erreicht im Dauerbetrieb nur etwa 300 A. Daher können auch die Schaltgeräte an der Hochspannungsseite trotz der hohen Spannung viel kleiner und leichter als bei der Niederspannungssteuerung ausgeführt werden.

Bei der Hochspannungssteuerung wird als Hauptumspanner ein Umspanner ohne Anzapfungen verwendet, an dessen Sekundärwicklung die Fahrmotoren ohne weitere Steuereinrichtungen angeschlossen sind. Da sich die Spannung der Sekundärwicklung eines Trafos im gleichen Verhältnis wie die der Primärwicklung zugeführten Spannung ändert, muß zur Steuerung der Fahrmotorenspannung dem Haupttrafo noch ein besonderer Steuertrafo vorgeschaltet werden. Dieser besitzt nur eine Wicklung in Sparschaltung mit einer Reihe von Anzapfungen, an die der Anfang der Primärwicklung des Haupttrafos angeschlossen wird.

Beide Umspanner haben einen gemeinsamen Eisenkern. Handelt es sich um einen dreischenkligen Mantelumspanner, so trägt der eine Schenkel dann die Wicklung des Steuertrafos und der zweite beide Wicklungen des Haupttrafos, während der dritte nur dem magnetischen Rückfluß dient und die Differenz der Magnetflüsse der beiden Trafos führt. Wird jedoch ein Manteltrafo mit radialgeblechter Mittelsäule verwendet, so sind im unteren Teil beide Wicklungen des Haupttrafos und über dem Mittelbalken die Wicklungen des Steuertrafos angeordnet (Bild 130).

Trotz der bei der Hochspannungssteuerung vorhandenen zwei Trafos sind die

Masse und der Raumbedarf einschließlich der Steuereinrichtungen wesentlich kleiner als bei den Niederspannungssteuerungen.

Außerdem lassen sich die Stufenspannungen frei wählen, das heißt, es ist nicht erforderlich, daß die Spannungsdifferenz zweier benachbarter Anzapfungen stets gleich groß ist. Dadurch kann im Anfahrbereich die Zugkraft besonders feinstufig verändert werden, ohne daß die gesamte Stufenzahl unnötig erhöht wird.

Da noch weitere Vorteile hinzukommen, hat die Hochspannungssteuerung, besonders bei elektrischen Lokomotiven großer Leistung, in letzter Zeit, vor allem im Ausland starke Verbreitung gefunden. Sie hat sich auch bei den Neubaulokomotiven der Baureihen E 10[1], E 40 und E 50 der Deutschen Bundesbahn gut bewährt. Für elektrische Lokomotiven geringer Leistung ist jedoch die bisher übliche Niederspannungssteuerung am wirtschaftlichsten.

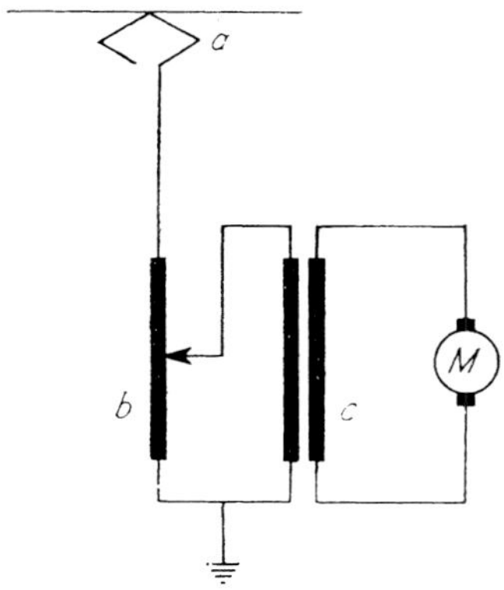

Bild 129.
Schaltung eines Umspanners bei Hochleistungssteuerung
- a Stromabnehmer
- b Steuerumspanner
- c Hauptumspanner

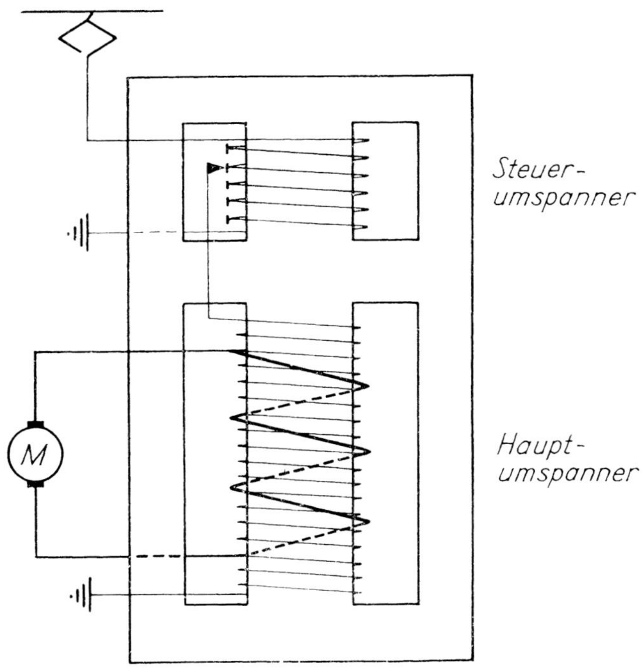

Bild 130.
Radialgeblechter Trafo mit Hochspannungssteuerung

3.2.4. Kühlung

Obgleich der Gesamtwirkungsgrad eines Umspanners mit etwa 97 bis 98 % als günstig angesehen werden kann, so gehen bei einem größeren Lokomotivumspanner von 1000 kVA Leistung doch etwa 25 kW in Form von Wärme verloren. Da 1 kW in der Stunde eine Wärmemenge von 860 kcal erzeugt, so entstehen hier stündlich 21 500 kcal, die ausreichen, um 1000 l Wasser um 21,5 °C oder die gleiche Menge Öl um 43 °C zu erwärmen. Um während des Betriebes allzu hohe Temperaturen zu vermeiden, ist es daher erforderlich, diese Wärmemenge ständig abzuführen. Man erreicht dies zum Beispiel dadurch, daß man den Eisenkern und die Wicklungen während des Betriebes mit Luft anbläst (Trockenumspanner). Diese Art der Kühlung war in den ersten Jahren des elektrischen Zugbetriebs allgemein üblich. Mit dem ständigen Ansteigen der Motorleistungen traten jedoch nach einer gewissen Betriebsdauer häufig Störungen in Form von Durch- oder Überschlägen auf. Diese waren auf Verunreinigungen durch Kondenswasser oder Bremsstaub zurückzuführen und konnten nur durch sorgfältige Pflege und ständige Reinigung der Einzelteile abgestellt werden.

Bei der Deutschen Reichsbahn wurden nur noch bei den Baureihen E 17 und E 21 Trockenumspanner verwendet. Da sich jedoch infolge ungenügender Durchlüftung Wärmestauungen nie völlig vermeiden ließen und auch nur eine kurzfristige Überlastbarkeit des Trafos möglich war, ging man später allgemein zur Ölkühlung über.

In diesem Falle bringt man den Eisenkern mit den Wicklungen in einem Behälter unter und kühlt sämtliche Teile, die sich im Betrieb erwärmen, mit Öl. Da der Ölumspanner gegenüber dem Trockenumspanner eine größere Wärmekapazität besitzt, sind mit Rücksicht auf die starken Belastungsschwankungen des Lokomotivbetriebs bei ortsfesten Anlagen und auch bei elektrischen Lokomotiven überwiegend Ölumspanner in Gebrauch. Das Öl umspült die Wicklungen und den Eisenkern und schützt sie vor Feuchtigkeit und Verunreinigungen, und da es nicht nur als Kühlmittel, sondern auch als Isolierstoff dient, kann die Isolation der Wicklungen schwächer ausgeführt werden. Außerdem kann das Öl die bei Belastungsstößen erzeugte Wärme jederzeit ohne große Temperaturerhöhung aufnehmen.

Als Kühlöl wird Mineralöl verwendet, das durch Raffination oder Destillation aus Erdöl gewonnen wird. Das Öl muß frei von Säure und Wasser sein und darf auch nicht stocken, wenn die Lokomotive im Winter längere Zeit im Freien abgestellt wird. Die Durchschlagsfestigkeit soll nach Einfüllen 125 kV/cm und im Betrieb mindestens 80 kV/cm betragen. Der Flammpunkt darf nicht unter 185 °C liegen. Da sich nach längerem Betrieb Verunreinigungen des Öls zeigen, wird es alle drei Monate im Bahnbetriebswerk auf Durchschlagsfestigkeit untersucht. Bei der Zwischenuntersuchung (Schadgruppe E 3) und der Hauptuntersuchung (Schadgruppe E 4) wird es grundsätzlich ausgewechselt. Da es sich jedoch um erhebliche Mengen handelt, die je nach Leistung zwischen 1000 und 2000 l schwanken, begnügt man sich meist damit, das Öl durch ein Regenerierverfahren aufzufrischen. Er wird dann durch Filter gereinigt oder bei starker Verschmutzung geschleudert und anschließend gebleicht. Ein zu hoher Wassergehalt wird durch Kochen bei 110 °C, am besten unter Vakuum, beseitigt. Als weiterer Nachteil der Ölkühlung seien noch die große Brand- und Explosionsgefahr, eventuelle Undichtigkeiten an den Rohrleitungen und am Kessel und vor allem die hohe Masse des Öls erwähnt.

Um eine unzulässige Erwärmung des Öls im Betrieb zu vermeiden, ist für ständige Kühlung des Öls zu sorgen. Da das selbsttätige, durch Temperaturunterschiede bedingte Umwälzen des Öls im Kessel bei höherer Leistung nicht genügt, sind größere Umspanner meist mit einer Ölpumpe ausgerüstet, die bis etwa 900 l/min fördert. Sie saugt das warme Öl im oberen Teil des Kessels ab, drückt es durch einen Kühler und führt es dann wieder dem unteren Teil des Kessels zu (Bild 131). In diesem Kreislauf sind meist noch Ölfilter eingeschaltet, die mitgerissene Fremdkörper und Unreinlichkeiten auffangen.

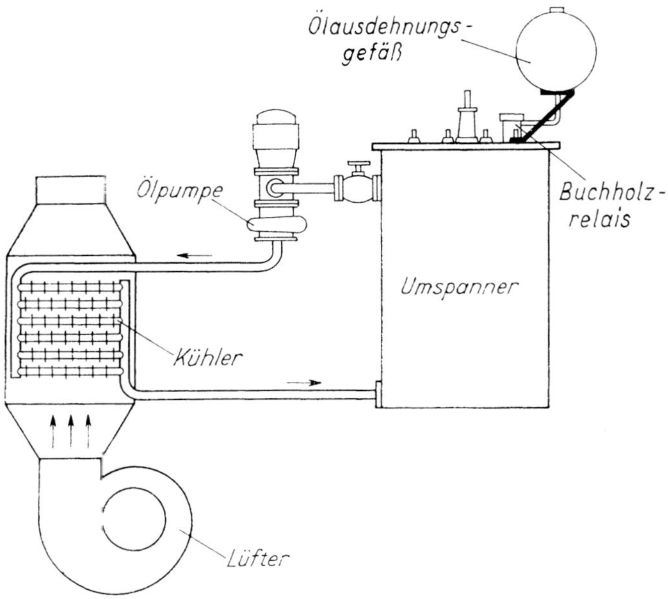

Bild 131.
Ölkühlung für Lokomotivumspanner

Eine noch bessere Kühlung wird erreicht, wenn man die Kühlschlangen des Ölkühlers mit Frischluft anbläst, die durch besondere Lüfter angesaugt wird. Ein Lüftersatz besteht im allgemeinen aus zwei Schaufelrädern, die durch einen gemeinsamen Motor angetrieben werden (siehe Bild 203). Die Luft wird dann dem Maschinenraum entnommen, an den Kühlflächen vorbeigeführt und über das Dach oder eine Öffnung im Fußboden ins Freie geleitet. Die benötigte Luftmenge ist recht erheblich und beträgt bis 5 m^3/s.

Damit das Öl bei den Erschütterungen und Schwankungen der Lokomotive während der Fahrt nicht austritt und Schmutz und Feuchtigkeit von außen ferngehalten werden, wird der Trafokessel mit einem öldichten Deckel verschlossen. Aus diesem Grunde werden auch sämtliche Zu- und Ableitungen gut abgedichtet. Zwischen dem Ölspiegel und dem Deckel ist ein freier Luftraum, damit sich das Öl bei Erwärmung ungehindert ausdehnen kann. Um jedoch eine Luftberührung und somit rasches Altern des Öls zu vermeiden, werden neuere Lokomotiven meist mit einem Ölausdehnungsgefäß ausgerüstet. Dieses liegt oberhalb des Trafos und bewirkt, daß im Behälter zwischen Öl und Deckel keine Luft mehr vorhanden ist, die eine gewisse Feuchtigkeit an das Öl abgibt und somit seine Isolierfähigkeit beeinträchtigt.

Mit Hilfe einer Anzeigevorrichtung kann man ständig den Ölstand überprüfen. Ein Thermometer zeigt die Wärme des Öls an, und ein Kontaktthermometer auf dem Führerstand macht durch ein Leuchtzeichen das Lokomotivpersonal darauf aufmerksam, sobald das Öl die zulässige Höchsttemperatur von 70 oder 80 °C

erreicht hat. Im Kühlölkreislauf ist ein Manometer angeordnet, das bei Druckmangel oder Überdruck einen Leuchtmelder auf den Führerständen auslöst.
Außerdem ist bei den Neubaulokomotiven in die Verbindungsleitung zwischen Ölbehälter und Ausdehnungsgefäß noch ein Buchholzrelais eingebaut. Es dient als Schutz bei irgendwelchen Unregelmäßigkeiten und spricht zum Beispiel bei einem Überschlag zwischen den stromführenden Teilen untereinander an, bei einem Windungsschluß, bei einem Überschlag zwischen den stromführenden Teilen und dem Eisenkern oder dem Gehäuse, bei Unterbrechung einer Phase oder auch bei Undichtigkeiten des Ölbehälters oder der Ölleitungen.
Das Buchholzrelais besteht aus einem Gehäuse, in das ein oder zwei Schwimmer eingebaut sind. Sobald infolge örtlicher Überhitzung oder Lichtbogeneinwirkung ein kleiner Teil des Öls vergast und die aufsteigenden Gasblasen den Ölspiegel herabdrücken oder dieser durch Undichtigkeiten in den Rohrleitungen absinkt, klappen die Schwimmer nach unten und schließen einen Quecksilberkontakt. Dieser bewirkt, daß durch ein optisches oder akustisches Signal kleine Fehler sofort angezeigt werden und daß bei größeren Schäden die gesamte Anlage selbsttätig außer Betrieb gesetzt wird.
Einige französische Lokomotiven, zum Beispiel die im Abschnitt 7.7. genannten Viersystem-Lokomotiven der Baureihe 27 000, besitzen, um mit geringer Masse auszukommen, Umspanner, die nicht mit Öl, sondern mit Gas gefüllt sind. Es wird hierfür Schwefelhexafluorid, ein schweres Gas mit ausgezeichneten dielektrischen und guten thermischen Eigenschaften, verwendet.

Tafel 3

Lokomotivbaureihe	Bauart des Transformators	Dauerleistung kVA	Gesamtmasse kg	Masse je Leistungseinheit kg/kVA	Indienststellung
E 44 (DR, DB)	Manteltransformator Scheibenwicklung Sparschaltung Niederspannungssteuerung	1450	7 370	5,08	1932
E 94 (DR, DB)	Manteltransformator Scheibenwicklung Sparschaltung Niederspannungssteuerung	3060	9 130	2,99	1939
E 10[1]/E 40 (DB)	Manteltransformator Zylinderwicklung Hochspannungssteuerung	4040	11 500	2,85	1956/57
E 41[2] (DB)	Halbmanteltransformator Zylinderwicklung Sparschaltung Niederspannungssteuerung	2210	8 100	3,65[2]	1956/57
E 50[1] (DB)	Manteltransformator Zylinderwicklung Hochspannungssteuerung	4900	16 100	3,30	1956/57
E 11/E 42 (DR)	Manteltransformator Sparschaltung Niederspannungssteuerung	3100	8 700[3]	2,81	1960

[1] Einschließlich angebautem Schaltwerk.
[2] Einschließlich Spannungsdrosseln.
[3] Ohne Kühlanlage.

3.2.5. Bewährte Bauarten

Im Gegensatz zu den ortsfesten Umspannern, bei denen im allgemeinen keine besonderen Forderungen in bezug auf Masse und Größe gestellt werden, verlangt man von einem Lokomotivumspanner eine hohe Leistung bei niedriger Masse und geringem Platzbedarf. Die großen Erfolge, die auf diesem Gebiet in letzter Zeit erreicht wurden, gehen aus Tafel 3 hervor.
Bei dem Umspanner der Neubaulokomotiven der Baureihe E 11/E 42 beträgt die Nennleistung für die Hilfsbetriebe 80 kVA bei einer Spannung von 198 V und die für die Zugheizung 400 kVA bei 1010 V oder 320 kVA bei 812 V. Der Oberstrom liegt bei 206 A, während der Niederstrom maximal 6000 A erreicht.
Den Aufbau eines kompletten Mantelumspanners, wie er für neuere Lokomotiven verwendet wird, zeigt Bild 132. Man erkennt daraus, daß zwischen den senkrecht stehenden Scheibenspulen besondere Isolierstege liegen, um den Umlauf des Kühlmittels zu ermöglichen. Die Kühltaschen für die Kühlrohre liegen an den

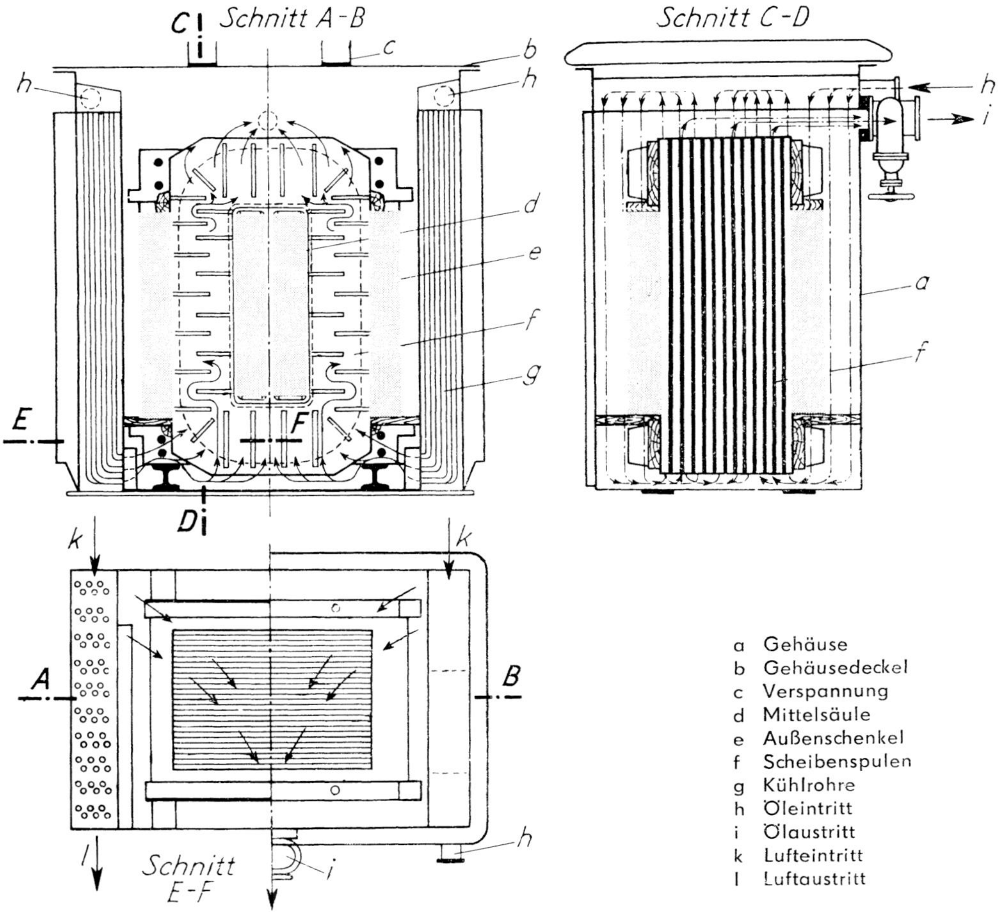

Bild 132. Aufbau eines Mantelumspanners

beiden Stirnseiten des Gehäuses, an dem auch die Ölumwälzpumpe angebracht ist (Bild 133). Die Nennleistung dieses Umspanners beträgt etwa 3000 kVA, seine Masse einschließlich Öl und Kühleinrichtung etwa 9,5 t. Das Äußere eines radialgeblechten Umspanners ist aus Bild 134 zu erkennen.

Bild 133. Mantelumspanner mit Ölkühlung

3.3. Hilfsumspanner und Meßwandler

Außer dem obengenannten Hauptumspanner besitzen viele elektrische Lokomotiven noch einen Hilfs- oder Zusatzumspanner, die meist durch die Art der Steuerung erforderlich werden. Diese arbeiten nach dem gleichen Prinzip wie die Hauptumspanner, sind jedoch für viel kleinere Leistungen bemessen. Ist der Hauptumspanner ein Trockenumspanner, so werden im allgemeinen auch die Hilfsumspanner mit Luft gekühlt und meist im Kühlluftstrom des Hauptumspanners angeordnet. Bei einem ölgekühlten Hauptumspanner ist es üblich, auch die Hilfsumspanner mit Öl zu kühlen und im Ölkessel des Hauptumspanners unterzubringen.
Bei dieser Anordnung kommt man zwar mit kurzen Verbindungsleitungen und ohne zusätzliche Kühleinrichtung aus, doch muß man damit rechnen, daß sich eventuelle

Bild 134.
Radialgeblechter Umspanner

Störungen in den Hilfseinrichtungen auf den Hauptumspanner übertragen. Aus diesem Grunde werden bei verschiedenen Baureihen der Deutschen Reichsbahn, zum Beispiel E 04, E 17, E 18 und E 44, trotz des Vorhandenseins eines ölgekühlten Hauptumspanners luftgekühlte Hilfsumspanner verwendet.
Nach dem Prinzip eines Umspanners arbeiten auch die Meßwandler, die Spannung oder Strom auf die für die Meßinstrumente und Relais geeigneten Werte herabsetzen. Der im Hochspannungsteil liegende Oberspannungswandler ist an die Dachleitung angeschlossen (siehe Bilder 101 und 103). Er speist einen Fahrdrahtspannungsmesser, der das Ablesen der Fahrdrahtspannung jederzeit gestattet, und zwar auch dann, wenn der Hauptschalter ausgeschaltet ist. Der Oberspannungswandler ist in das Dach der Lokomotive eingebaut und als Trockentransformator ausgeführt. Bei einer Fahrdrahtspannung von 15 000 V herrscht an seiner Unterspannungswicklung eine Spannung von etwa 110 V, mit der die Fahrdrahtspannungsmesser auf den beiden Führerständen gespeist werden. Auch das Nullspannungsrelais des Hauptschalters ist an diesen Oberspannungswandler angeschlossen. Eine wesentlich größere Bedeutung kommt den Stromwandlern zu, die an verschiedenen Stellen der Lokomotive zu finden sind. Ihre Wirkungsweise besteht im Prinzip darin, daß in einem mit kleinem Widerstand belasteten Trafo der Strom im umgekehrten Verhältnis zur Anzahl der Windungen steht. Die primäre Wicklung hat eine viel kleinere Windungszahl als die sekundäre und besteht bei großen Stromstärken meist überhaupt nur aus einer Windung. Der Wandler wird

häufig in einer besonders einfachen Bauart als Durchführungswandler ausgebildet. Dabei dient als Primärwicklung unmittelbar die Leitung, deren Strom gemessen werden soll. Sie geht durch einen ring- oder rahmenförmigen Eisenkern, der die Sekundärwicklung trägt. Der Wechselstrom der Primärwicklung erzeugt in dem Eisenkern ein in sich geschlossenes Magnetfeld, das in der Sekundärwicklung den entsprechenden Strom induziert. Der Sekundärkreis ist in einem Punkt geerdet und führt daher nur sehr kleine Spannungen. Es ist zu beachten, daß ein Stromwandler im Betrieb niemals sekundärseitig unterbrochen werden darf, da die Spannung an den Klemmen sonst auf ein unzulässiges Maß ansteigen würde.
Stromwandler verwendet man beim Messen des Stromes im Hochspannungskreis, in den Motoren, im Heizstromkreis und für die Betätigung der Relais. Außerdem haben Stromwandler die Aufgabe, hohe Spannungen von den Meßgeräten und Relais fernzuhalten.
Auch die Neubaulokomotiven der Baureihe E 11/E 42 sind mit mehreren Meß- und Schutzwandlern ausgerüstet. Ihr Verwendungszweck und ihre Lage sind aus dem Starkstrom-Wirkschaltplan (Anlage 1) ersichtlich.

3.4. Steuerung

Die Einrichtungen, mit deren Hilfe man die Zugkraft und die Geschwindigkeit eines Triebfahrzeugs den jeweils erforderlichen Betriebsbedingungen anpassen kann, faßt man unter der Bezeichnung Steuerung zusammen. Neben der Leistungsänderung hat die Steuerung noch die Aufgabe, bei Leerlauf der Lokomotive die Selbsterregung der einzelnen Fahrmotoren zu verhindern, die Fahrtrichtung der Lokomotive zu verändern und gegebenenfalls die Widerstands- oder Nutzbremse einzuschalten.

3.4.1. Leistungssteuerungen

Während man bei Gleichstromlokomotiven die Leistung durch die aufeinanderfolgende Reihen-, Reihenparallel- und Parallelschaltung der Motoren in Verbindung mit Vorschaltwiderständen verändert, erreicht man bei Wechselstrom-

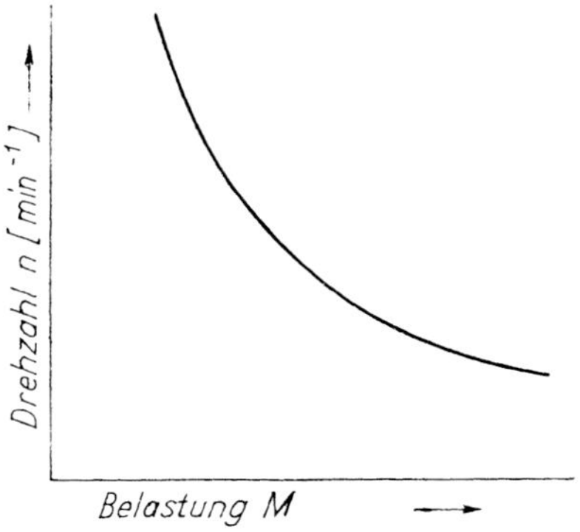

Bild 135.
Drehzahlkennlinien eines Reihenschlußmotors in Abhängigkeit von der Belastung

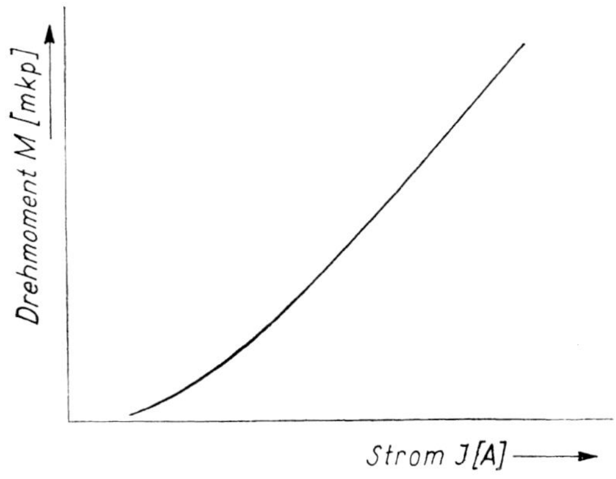

Bild 136.
Zusammenhang zwischen Drehmoment und Strom eines Fahrmotors

lokomotiven die Leistungssteuerung am einfachsten dadurch, daß man den Fahrmotoren eine veränderliche Spannung zuführt, indem man sie mit den verschiedenen Anzapfungen des Trafos verbindet.

Es wurde bereits erwähnt, daß als Bahnmotor der Reihenschlußmotor am besten geeignet ist. Er hat ein kräftiges Anzugsmoment, und seine Drehzahl nimmt mit steigender Belastung zunächst rascher, dann etwas weniger stark ab. Bild 135 zeigt die bekannte Funktion $n = f(M)$. Wegen des nahezu quadratischen Zusammenhanges zwischen Drehmoment M und dem Strom J eines Fahrmotors (Bild 136) zeigt auch die Funktion $n = f(J)$ ein ähnliches Aussehen. In Bild 137 sind für zwei verschiedene Spannungen die zugehörigen Drehzahl-Kennlinien eingezeichnet. Ist also eine bestimmte Fahrstufe eingestellt, dann nehmen die Motoren einen der augenblicklichen Drehzahl entsprechenden Strom auf, das heißt Zugkraft und Drehzahl halten sich gewissermaßen die Waage.

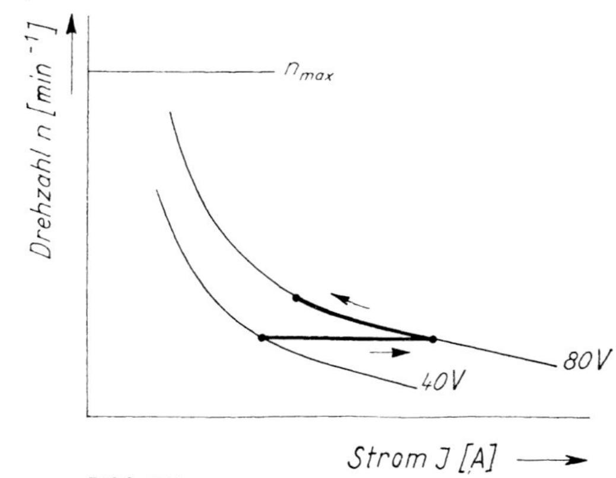

Bild 137.
Drehzahlkennlinien eines Fahrmotors in Abhängigkeit vom Strom

Will der Lokomotivführer die Geschwindigkeit erhöhen, so muß er die Motorspannung vergrößern, indem er auf die nächsthöhere Fahrstufe weiterschaltet. Die Drehzahl der Fahrmotoren kann sich aber nicht ruckartig ändern, sondern es wird sich zunächst auf der nächsthöheren Drehzahl-Kennlinie der größere M- oder J-Wert einstellen, der zu der im Augenblick des Aufschaltens vorhandenen Drehzahl gehört. Erst allmählich wird die Beschleunigung entsprechend der Drehzahl-Kennlinie zu dem neuen Beharrungswert führen. Dabei gehen Zugkraft und Strom wieder etwas zurück.

Beim Anfahren einer elektrischen Lokomotive, das heißt beim Aufschalten von einer Fahrstufe zur anderen, ergibt sich jedesmal ein stoßweises Ansteigen und an-

schließendes Absinken von Zugkraft und Stromaufnahme. Diese Schwankungen sind um so stärker, je gröber die Unterteilung der Spannungsstufen ist. Während sich die Stromschwankungen ungünstig auf die Stromversorgung auswirken, führen die Zugkraftschwankungen zu einer ruckartigen Beanspruchung des Zugapparates.
Bild 138 zeigt den Aufschaltvorgang bei einer elektrischen Lokomotive mit zwölf Fahrstufen. Abweichend von dem Normalfall (b) kann der Lokomotivführer auch schneller (c) oder langsamer (a) aufschalten und damit die Fahrmotoren mit höheren oder niedrigeren Stromstärken belasten.

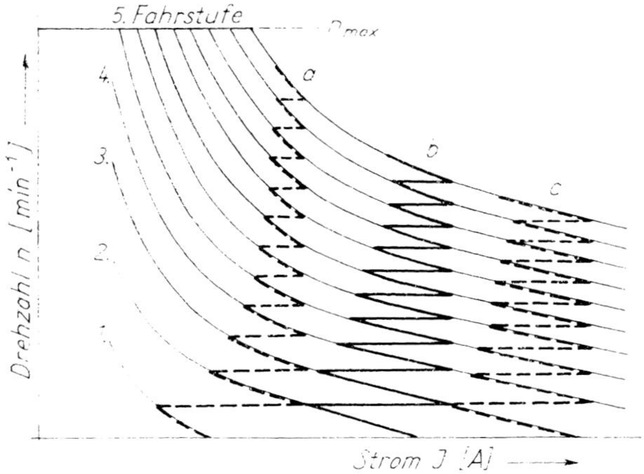

Bild 138.
Zusammenhang zwischen Drehzahl und Strom eines Fahrmotors bei den einzelnen Fahrstufen und beim Aufschalten
a Aufschaltvorgang langsam
b Aufschaltvorgang normal
c Aufschaltvorgang schnell

Um die Leistung einer elektrischen Lokomotive möglichst feinstufig steuern zu können, ist eine große Anzahl von Anzapfungen erforderlich. Je größer die Stufenzahl ist, um so mehr nähert sich die mittlere Anfahrzugkraft den Spitzenwerten, die durch die Reibung zwischen Rad und Schiene gegeben sind. Den Beweis hierfür liefert Bild 139, in dem die Fahrgeschwindigkeit als Funktion der Zugkraft eingetragen ist. Man erkennt, daß bei geringerer Anzahl der Fahrstufen die mittlere Anfahrzugkraft (Z_1) bedeutend weiter von der Reibungsgrenze (Z_{max}) entfernt ist als etwa bei der doppelten Stufenzahl (Z_2). Während man sich bei

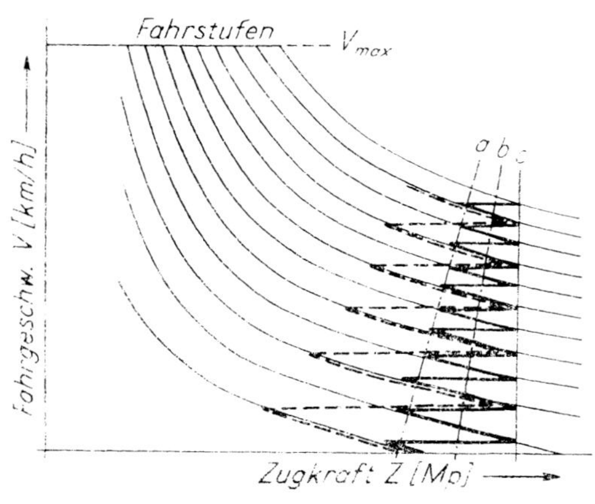

Bild 139.
Vergrößerung der mittleren Anfahrzugkraft durch Erhöhen der Stufenzahl
a mittlere Anfahrzugkraft Z_1 (bei sechs Fahrstufen)
b mittlere Anfahrzugkraft Z_2 (bei zwölf Fahrstufen)
c Reibungsgrenze Z_{max}

den Niederspannungssteuerungen meist nur mit etwa 15 Fahrstufen begnügt, um durch eine weitere Vermehrung der Schaltgeräte und Verbindungsleitungen die Masse der elektrischen Ausrüstung nicht noch mehr zu erhöhen, findet man bei der Hochspannungssteuerung etwa die doppelte Anzahl von Fahrstufen, so daß hier bei etwa gleicher Masse eine wesentlich größere Ausnutzung des Haftwerts und somit eine bessere Annäherung an die Reibungsgrenze erreicht wird.
Außerdem wird von einer Steuerung verlangt, daß sie einfach und übersichtlich aufgebaut ist, unbedingt betriebssicher arbeitet, möglichst leicht ist und wenig Platz beansprucht, geringen Verschleiß aufweist und ohne Wartung auskommt.

3.4.1.1. Schaltungsarten bei Niederspannungssteuerung

Das Überschalten von einer Stufe zur nächsten muß einerseits ohne Stromunterbrechung vor sich gehen, da diese eine Zugkraftunterbrechung zur Folge hätte, andererseits dürfen keine Wicklungsteile im Trafo kurzgeschlossen werden, um eine übermäßige Erwärmung und Zerstörung dieser Wicklungen zu vermeiden. Das Überschalten geschieht durch Schütze, Schlittenschaltwerke, Nockenschaltwerke und Wandernocken- oder Wanderwalzenschaltwerke.

3.4.1.1.1. Einfache Schaltung

Bild 140 zeigt die schematische Darstellung einer einfachen Steuerung. Dabei ist der Motor über Schalter mit den verschiedenen Anzapfungen einer Niederspannungswicklung verbunden. Wegen der besseren Übersicht wurde bei den folgenden Schaltbildern dieses Abschnitts die Oberspannungswicklung weggelassen und anstelle mehrerer parallel geschalteter Fahrmotoren nur einer gezeichnet. Die angegebenen Spannungen dienen nur als Beispiel. Ein Überschalten von einer Stufe zur anderen ist in diesem Falle nur dadurch möglich, daß der Stromkreis kurzfristig unterbrochen wird. Dies würde eine Spannungs- und somit Zugkraftunterbrechung zur Folge haben und ist daher unerwünscht. Wollte man anderer-

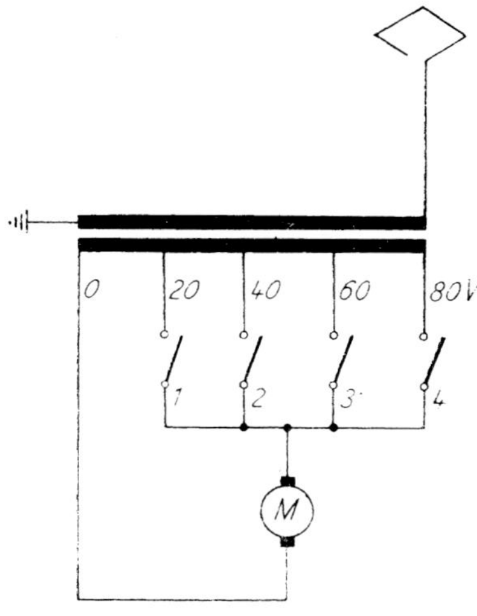

Bild 140. Einfache Schaltung

seits den Schalter 1 erst öffnen, nachdem der Schalter 2 bereits eingelegt ist, so würde der zwischen den beiden Schaltern liegende Teil der Trafowicklung vorübergehend kurzgeschlossen, was ebenfalls nicht statthaft ist. Ein Weiterschalten auf diese recht einfache Weise ist also nicht möglich.

3.4.1.1.2. Schaltung mit einem Stromteiler

Um sowohl eine Spannungsunterbrechung als auch einen Windungskurzschluß zu vermeiden, verwendet man einen Stromteiler (Schaltdrossel) nach Bild 141. Dieser ist wie ein Umspanner aufgebaut und besitzt einen Eisenkern, auf dem eine in der

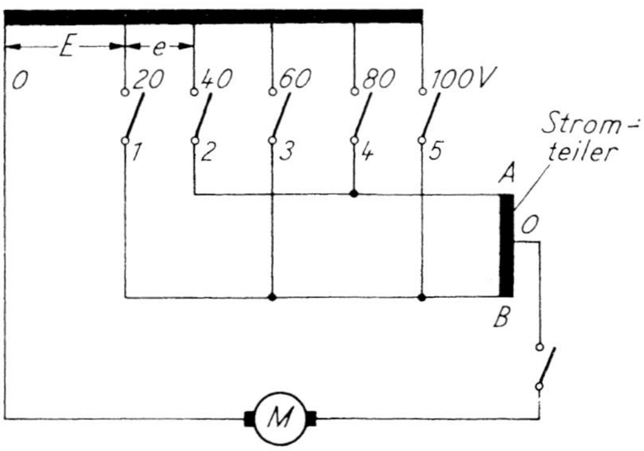

Bild 141. Schaltung mit einem Stromteiler

Mitte angezapfte Wicklung angeordnet ist (Bild 142). Legt man an A und B, an A und 0 oder an B und 0 eine Stromquelle, so verhält sich der Stromteiler wie ein leerlaufender Umspanner. Werden also an die Anschlüsse A und B die beiden Stromschienen gelegt und zwei benachbarte Schalter geschlossen, so kann nur ein mäßiger Gegenstrom fließen, da ihm die Selbstinduktion entgegenarbeitet. Kurzschluß entsteht also nicht.

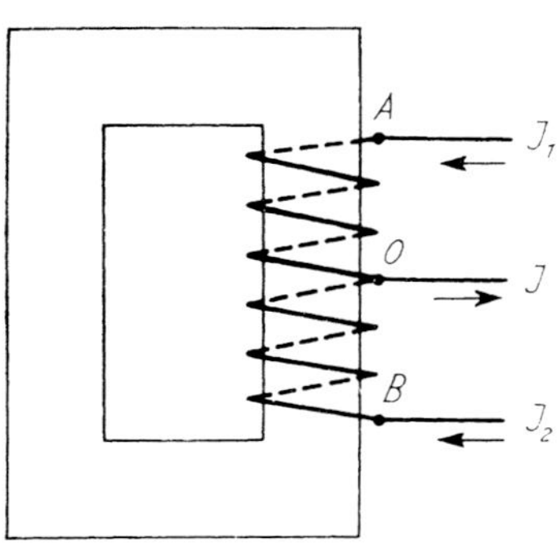

Bild 142. Stromteiler

Schließt man außerdem an 0 den Motor an, so fließt der Strom von beiden Stromschienen aus dorthin. Die beiden Wicklungshälften A–0 und 0–B sind völlig gleich. Der in A zugeführte Strom umfließt den Eisenkern auf dem Wege nach 0, aber in entgegengesetzter Richtung wie der von B kommende. Die beiden Ströme erzeugen daher im Eisenkern einander entgegengesetzte Feldlinien. Ist der Strom in beiden Wicklungshälften gleich groß, so entsteht kein magnetischer Fluß.

Ist dagegen die Stromstärke in einer Wicklungshälfte größer als in der anderen, so bleibt ein Rest des magnetischen Flusses dieser Hälfte übrig, der eine Induktionsspannung dieser Spannung erzeugt. Sie arbeitet dem stärkeren Strom entgegen und unterstützt den schwächeren so lange, bis in beiden Wicklungshälften annähernd gleichgroße Ströme fließen.

Sind die Widerstände und die Ströme der beiden Wicklungshälften gleich, so muß auch der Spannungsabfall gleich groß sein. Die Spannung zwischen A und 0 ist also ebenso groß wie die zwischen 0 und B, das heißt in 0 herrscht die mittlere Spannung zwischen den Spannungen A und B. Über die Schalter 1 und 2 fließt jeweils der halbe Motorstrom, und beide vereinigen sich hinter dem Stromteiler zum Gesamtstrom. Die Verluste sind unbedeutend, da nur geringe Kupfer- und Eisenverluste entstehen.

Ist jedoch nur eine Anzapfung mit dem Stromteiler verbunden, was zum Beispiel beim Einschalten oder beim Weiterschalten der Fall ist, so fließt der Gesamtstrom durch die an Spannung liegende Wicklungshälfte. Die dabei hervorgerufene magnetische Wirkung wird nicht aufgehoben, da ja in der anderen Hälfte kein Strom entgegengesetzter Richtung fließt, und es entstehen verhältnismäßig hohe Eisen- und Kupferverluste. Der Stromteiler darf also nur vorübergehend, zum Beispiel beim Weiterschalten, einseitig angeschlossen werden.

Beim Anfahren ergibt sich folgender Schaltvorgang:

Zunächst wird Schalter 1 eingelegt, und es fließt Strom von der 20-V-Stufe über die B-Seite des Stromteilers zum Motor. Wird dann zusätzlich der Schalter 2 geschlossen, so wird der Strom je zur Hälfte der 20- und 40-V-Anzapfung entnommen, und der Motor erhält eine Spannung von $\frac{20 + 40}{2} = 30$ V (Dauerfahrstufe). Beim Weiterschalten wird zunächst der Schalter 1 geöffnet, und es fließt kurzfristig Strom von der 40-V-Anzapfung über die A-Seite des Stromteilers zum Motor. Unmittelbar darauf wird jedoch der Schalter 3 eingelegt und der Motor erhält dann eine Spannung von $\frac{40 + 60}{2} = 50$ V. Der Motorstrom wird also nicht unterbrochen. Bezeichnet man die Spannung der ersten Stufe mit E und die durch die nächsten Stufen jeweils eintretende Spannungserhöhung mit e, so ergeben sich beim Aufschalten für die Dauerfahrstufen folgende Spannungen:

$$E + \frac{e}{2}; \quad E + \frac{3e}{2}; \quad E + \frac{5e}{2} \quad \text{usw.}$$

Die Spannungserhöhung beim Weiterschalten von einer Fahrstufe zur nächsten ist also gleich dem Stufensprung. Sie beträgt bei der üblichen höchsten Motorspannung von etwa 600 V und 15 Fahrstufen ungefähr 40 V.

Für einen angestrengten Betrieb ist eine solche Steuerung nicht geeignet, weil die Stufen zu groß sind und es bei schweren Anfahrten vorkommen kann, daß eine Stufe zum Anziehen noch nicht ausreicht, während bei der nächsthöheren die

Treibräder schleudern. Während der Fahrt darf erst weitergeschaltet werden, wenn der Strom durch die steigende Geschwindigkeit auf die zulässige Stärke gesunken ist. Sind die Stufen zu groß, so dauert die Wartezeit zu lange, und die Leistung der Lokomotive kann beim Anfahren nicht genügend ausgenutzt werden.

Da jedoch aus betrieblichen Gründen auf die hohe Beschleunigung einer elektrischen Lokomotive besonderer Wert gelegt wird, ist eine feinstufige Spannungssteuerung erforderlich. Die Zahl der Anzapfungen am Trafo kann man aber nicht beliebig erhöhen, da die einzelnen Anschlüsse auf der Niederspannungsseite des Trafos wegen der großen Ströme und der daher erforderlichen Querschnitte viel Platz beanspruchen.

Um die Zahl der Fahrstufen, insbesondere die der Dauerfahrstufen zu erhöhen, wurde die Steuerung mit einem Stromteiler und doppelter Schalterzahl entwickelt.

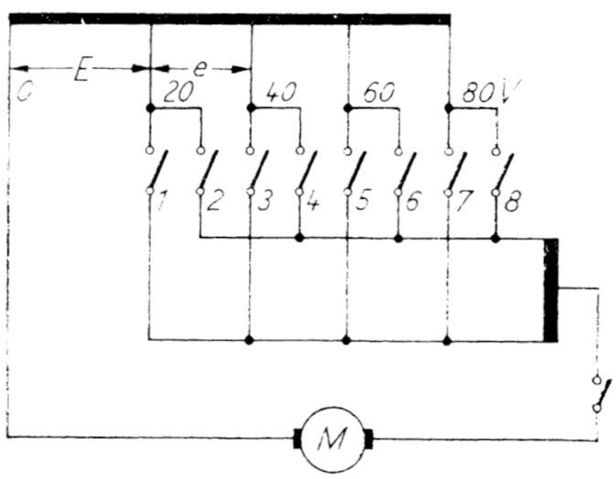

Bild 143.
Schaltung mit einem Stromteiler und doppelter Schalterzahl

Sie ist in Bild 143 dargestellt. In diesem Falle sind an jede Anzapfung zwei Schalter angeschlossen, die wiederum abwechselnd zu zwei Sammelschienen und damit zu den Wicklungen eines Stromteilers führen. Dadurch kann die Zahl der Dauerfahrstufen nahezu verdoppelt und eine viel feinere Spannungssteuerung erreicht werden. Der Schalttakt ist bei dieser Schaltung (1,2); (2,3); (3,4) usw., so daß sich für die Dauerfahrstufen die Spannungen

$$E,\ E + \frac{e}{2};\ E + e;\ E + \frac{3e}{2}\ \text{usw.}$$

ergeben.

3.4.1.1.3. Schaltung mit mehreren Stromteilern

Noch günstigere Verhältnisse ergeben sich, wenn man gleichzeitig zwei Stromteiler verwendet (Oefverholm-Schaltung). Bei der in Bild 144 gezeigten Anordnung sind an jede Trafoanzapfung drei Schalter angeschlossen, die zu drei Sammelschienen führen. In jeder Dauerfahrstufe sind drei benachbarte Schalter geschlossen, jeder führt ein Drittel des Motorstromes.

Während der erste Stromteiler wieder genau in der Mitte angezapft ist, wird die Wicklung des zweiten Stromteilers im Verhältnis 2 : 1 unterteilt. Man erreicht dadurch, daß beim Aufschalten die Spannung jeweils nur um $\frac{e}{3}$ ansteigt. Dem Schalttakt (1, 2, 3), (2, 3, 4), (3, 4, 5) usw. entsprechen die Motorspannungen

$$E;\ E+\frac{e}{3};\ \ E+\frac{2e}{3};\ \ E+e \text{ usw.}$$

Bei elektrischen Lokomotiven mit großer Leistung ergeben sich trotz der dreifachen Unterteilung des Motorstromes noch so große Ströme für die einzelnen Schalter, daß diese zu schwer ausfallen. Eine weitere Unterteilung des Motorstromes erreicht man durch Verwendung von drei Stromteilern (Bild 145). Jede Trafoanzapfung ist mit zwei Schaltern verbunden. Eine Dauerfahrstufe liegt dann vor, wenn jeweils vier benachbarte Schalter geschlossen sind, von denen jeder ein Viertel des gesamten Motorstromes aufnimmt. Beim Übergang auf die nächsthöhere Fahrstufe schaltet man zunächst in der oberen, dann in der unteren Reihe, also

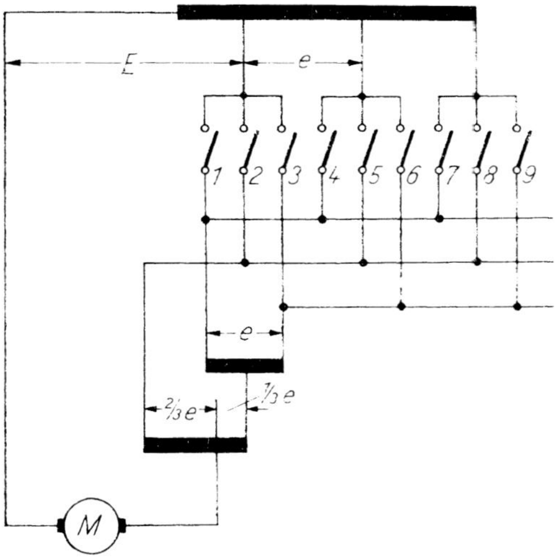

Bild 144. Schaltung mit zwei Stromteilern

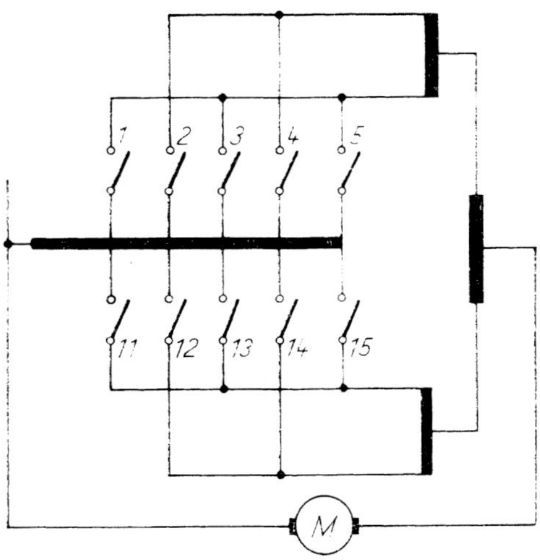

Bild 145. Schaltung mit drei Stromteilern

nicht gleichmäßig, sondern versetzt. Dem Schalttakt (1, 2, 11, 12), (2, 3, 11, 12), (2, 3, 12, 13) usw. entsprechen die Motorspannungen

$$E+\frac{e}{2};\ E+e;\ E+\frac{3e}{2} \text{ usw.}$$

Es sind die gleichen wie bei der Schaltung mit nur einem Stromteiler, doch kommt man mit wesentlich kleineren Schaltern aus.

In den ersten Fahrstufen sind nur ein bis drei Schalter geschlossen, die dann entsprechend höhere Ströme führen. Da auch die Stromteiler dann zum Teil nur einseitig angeschlossen sind und dadurch hohe Verluste entstehen, dürfen die ersten Fahrstufen nur vorübergehend verwendet werden.

3.4.1.1.4. Ausgleichschaltungen

Wird eine elektrische Lokomotive durch zwei gleichstarke Motoren oder zwei gleiche Motorengruppen angetrieben, kann man durch verschiedene Ausgleich-

schaltungen eine feinstufige Steuerung erreichen, ohne die Zahl der Trafoanzapfungen zu erhöhen.
Bei der Schaltung nach Bild 146 wird die Motorspannung für jede der beiden Motorengruppen nach der bereits beschriebenen Schaltung durch je einen Stromteiler geändert. Während dort aber die ausgleichende Wirkung beim Weiterschalten durch den dritten Stromteiler erreicht wird, übernehmen diese Aufgabe hier die beiden Motorengruppen, die mit versetztem Schalttakt weitergeschaltet werden. In jeder zweiten Fahrstufe sind die Motorspannungen der beiden Gruppen einander gleich, so daß beide Gruppen auch gleiche Ströme aufnehmen und gleich große Zugkräfte entwickeln. In der dazwischenliegenden Fahrstufe erhält jedoch die eine Gruppe entsprechend dem versetzten Schalttakt eine um die Stufenspannung *e* höhere Motorspannung, nimmt einen größeren Strom auf als die andere und entwickelt eine größere Zugkraft. Die Zwischenstufen dürfen daher nicht als Dauerfahrstufen benutzt werden.
Dieser Mangel kann durch Verwenden eines Ausgleichumspanners vermieden werden (Bild 147). Dieser ist wie ein gewöhnlicher Trafo aufgebaut, auf seinem Eisen-

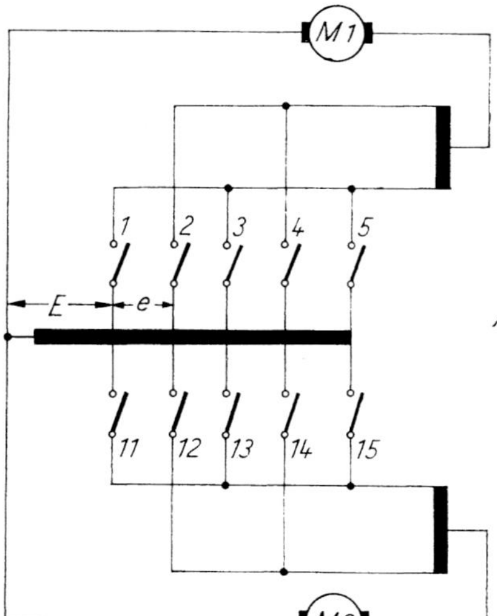

Bild 146. Schaltung mit versetztem Schalttakt

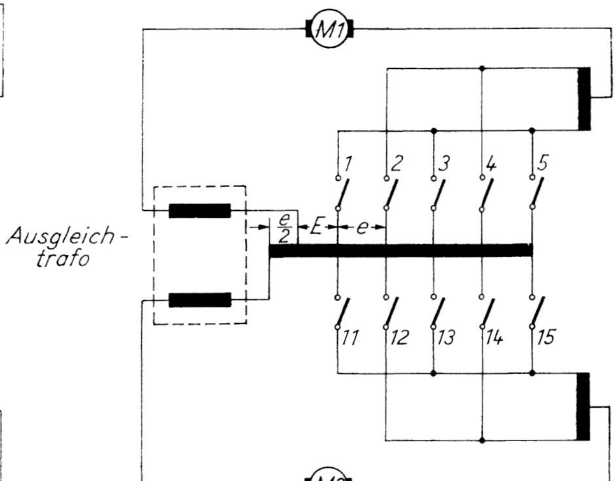

Bild 147. Schaltung mit Ausgleichumspanner

kern sind zwei gleiche Wicklungen angebracht, von denen jede von dem Motorstrom einer Gruppe durchflossen wird. Die Wicklungen sind so angeordnet, daß sich die magnetisierende Wirkung der beiden Ströme auf den Eisenkern gegenseitig aufhebt. Sind die beiden Motorströme gleich, was bei jeder zweiten Fahrstufe zutrifft, dann ist der Ausgleichtrafo wirkungslos. Führt aber eine der beiden Wicklungen einen größeren Strom als die andere, dann entsteht im Ausgleichtrafo ein Magnetfluß, der in der Wicklung mit dem größeren Strom eine Gegenspannung, in der anderen aber eine Zusatzspannung, erzeugt. Auf diese Weise werden die unterschiedlichen Motorspannungen nahezu ausgeglichen. Die Zuleitungen der beiden Motorgruppen sind wie bei der Steuerung mit versetztem

Schalttakt über die Stromteiler und Stufenschalter an den Trafo angeschlossen. Die Rückleitungen sind jedoch um die halbe Stufenspannung versetzt. Der Ausgleichtrafo braucht daher nur die Spannung $\frac{e}{2}$ wechselweise auszugleichen und kann entsprechend kleiner bemessen werden. Der Schalttakt ist der gleiche wie bei der vorherigen Schaltung, jedoch werden in diesem Falle die Zwischenstufen zu vollwertigen Dauerfahrstufen.

3.4.1.1.5. Schaltung mit Zusatzumspanner

Eine besonders feinstufige Steuerung erreicht man auch durch Verwenden eines Zusatzumspanners (Bild 148). Er hat die Aufgabe, Spannungssprünge und Stromstöße im Fahrmotorenkreis beim Überschalten des Hauptnockenschaltwerkes von einer Spannungsstufe des Hauptumspanners auf die nächstfolgende zu begrenzen und die Spannungsdifferenz je zweier benachbarter Anzapfungen beim Steuervorgang auszugleichen. Hierbei wird wie bisher ein Stromteiler verwendet und in seine Verbindungsleitung zum Motor die Sekundärwicklung eines Zusatzumspanners eingeschaltet. Dieser wirkt lediglich als Drosselspule, solange seine Primärwicklung noch nicht an eine passende Spannung des Hauptumspanners angeschlossen wird. Ist das jedoch der Fall, dann wird in der Sekundärwicklung eine zusätzliche Spannung erzeugt (daher Zusatzumspanner), die sowohl positiv als auch negativ sein kann. Das Übersetzungsverhältnis des Zusatzumspanners wird meist so gewählt, daß die Zusatzspannung ein Viertel der Stufenspannung e des Hauptumspanners beträgt. Sie ist je nach Schließen der Schalter A oder B der Hauptspannungsrichtung gleich- oder entgegengesetzt gerichtet. Sind nur die Schalter 1 und 2 geschlossen, so beträgt die am Motor anliegende Spannung $E + \frac{e}{2}$. Wird der Schalter A geschlossen, so wird in der Sekundärwicklung des Zusatzumspanners eine Spannung $\frac{-e}{4}$ induziert, die der Hauptspannung entgegengerichtet ist. Die Motorspannung beträgt dann $E + \frac{e}{2} - \frac{e}{4} = E + \frac{e}{4}$.
Beim Öffnen von Schalter A und Schließen von Schalter B ergibt sich

$$E + \frac{e}{2} + \frac{e}{4} = E + \frac{3e}{4}.$$

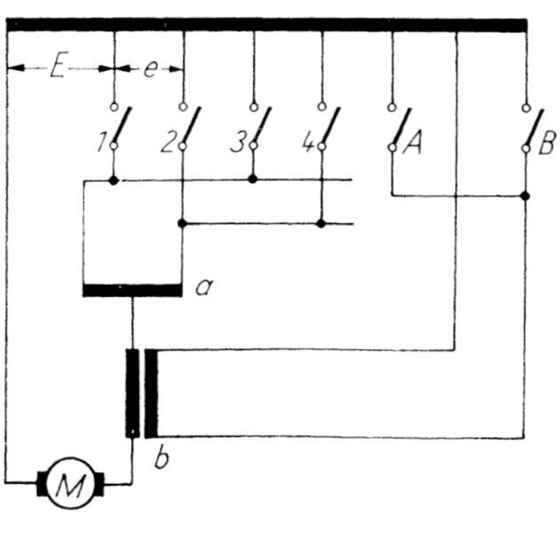

Bild 148. Schaltung mit Zusatzumspanner

a Stromteiler

b Zusatzumspanner

Es wird also folgender Schalttakt angewendet (1, 2, A); (1, 2, B); (2, 3 A); (2, 3, B) usw.

Wie aus dem Starkstrom-Wirkschaltplan (Anlage 1) hervorgeht, sind auch die Neubaulokomotiven der Baureihe E 11/E 42 mit einem Zusatzumspanner ausgerüstet. Er soll auf den einzelnen Dauerfahrstufen die von den beiden Schaltwerksammelschienen zugeführten Ströme verschiedener Spannung zu einem Gesamtstrom von mittlerer Spannung vereinen. Dieser wird dann von der Mittelanzapfung der Sekundärwicklung den vier Fahrmotoren zugeführt. Der Zusatzumspanner der Neubaulokomotiven ist luftgekühlt und hat eine Nennleistung von 117 kVA. Seine Nennspannung beträgt auf der Aufnahmeseite 247,5 V und auf der Abgabeseite 2 · 19,8 V, so daß sich ein dauernder Nennstrom von 154 A oder 2 · 2950 A und ein kurzfristiger Nennstrom von 438 A oder 2 · 5900 A ergibt. Der Zusatzumspanner wiegt etwa 590 kg.

3.4.1.1.6. Schaltung mit Zusatzumspanner und Feinregler

Eine noch weitere Abstufung der Motorspannung läßt sich erreichen, wenn die in der Sekundärwicklung des Zusatzumspanners erzeugte Zusatzspannung durch Abstufen der Spannung verändert wird, die man der Primärwicklung zuführt. In diesem Fall sind dann aber auch mehrere Schalter an den einzelnen Anzapfungen des Hauptumspanners erforderlich, was zu gewissen Schwierigkeiten führen könnte.

Eine noch wesentlich feinere, praktisch stufenlose Änderung der Motorspannung erreicht man durch die sogenannte Feinreglersteuerung (Bild 149). Diese besteht aus einem Zusatzumspanner, einem Feinregler und einem Spannungsteiler, der von dem Hauptumspanner gespeist wird. Der Zusatzumspanner besitzt einen Eisenkern wie ein normaler Umspanner und eine vom Spannungsteiler über den Feinregler gespeiste Primärwicklung. Seine Sekundärwicklung ist wie ein Stromteiler geschaltet, ihre Enden sind über zwei Sammelschienen wahlweise mit den verschiedenen Anzapfungen des Hauptumspanners verbunden.

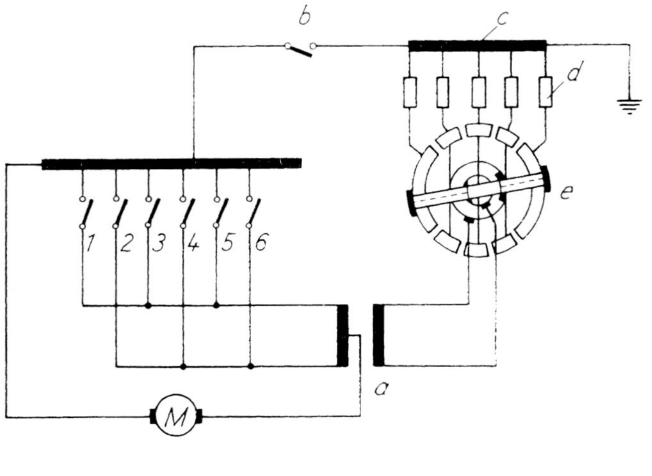

Bild 149.
Schaltung mit Zusatzumspanner und Feinregler

a Zusatzumspanner
b Schalter
c Spannungsteiler
d Widerstandsband
e Feinregler

Der Feinregler besteht aus einem Spannungsteiler, über den ein feststehender Kommutator gebaut ist (Bild 150). Ein drehbares Bürstenjoch trägt zweimal diametral gegenüberliegende Kohlebürstensätze, die auf dem Kommutator schleifen. Es wird durch die Schaltwerkswelle über Kegelräder angetrieben (siehe Bild 166). Die Bürsten sind über zwei Schleifringe an die Enden der Primärwicklung des Zusatztrafos angeschlossen. Der Kommutator hat zwei sehr breite Segmente, die einander gegenüberliegen und dazwischen zwei Gruppen mit je 24 bis 36 schmalen Lamellen, die alle untereinander und gegen den Tragkörper isoliert sind. Wegen

Bild 150.
Feinregler
a Spannungsteiler
b Kollektor
c Bürstenjoch
d Kohlebürsten

der besseren Übersicht wurden auf Bild 149 nur acht Lamellen mit fünf Spannungsteileranzapfungen gezeichnet. Je zwei spiegelbildlich gegenüberliegende Lamellen, die von den breiten Segmenten gleich weit entfernt liegen, sind miteinander durch Kupferbänder verbunden. Der Spannungsteiler ist wie eine Drossel aufgebaut. Das eine Ende dieser Wicklung ist über den Schalter *b* an eine eigene Anzapfung des Haupttrafos angeschlossen (zum Beispiel 200 V), das andere Ende ist geerdet. Die Wicklung hat in gleichen Abständen halb so viele Anzapfungen, wie der Feinregler schmale Lamellen besitzt. Während die breiten Segmente mit den Enden der Spannungsteilerwicklung verbunden sind, werden die schmalen Lamellen an die einzelnen Anzapfungen der Wicklung angeschlossen. Auf diese Weise wird jedem

Lamellenpaar eine Spannung zugeführt, die auf jeder Seite des Kommutators von Lamelle zu Lamelle feinstufig von 0 bis 200 V ansteigt. Da die Bürsten jeweils zwei bis drei schmale Lamellen bedecken und damit die dazwischenliegenden Windungen des Spannungsteilers kurzschließen, sind zur Unterdrückung der Kurzschlußströme zwischen die Anzapfungen am Spannungsteiler und die Lamellen Widerstandsbänder eingeschaltet, so daß die Bürsten funkenfrei schalten.
Durch Drehen der Bürsten um den Kommutator wird über die schmalen Segmente eine in der Größe veränderliche Spannung an die Primärwicklung des Zusatzumspanners abgegeben. Das Übersetzungsverhältnis des Zusatzumspanners wird so gewählt, daß bei einer Spannung von 200 V an der Primärwicklung in der Stromteilerwicklung eine Spannung induziert wird, die genau der Stufenspannung e entspricht. Auf diese Weise ist die Voraussetzung für ein spannungsloses Einschalten der nächsthöheren oder nächstniederen Schaltstufe gegeben. Die Stufenschalter dürfen jedoch nur betätigt werden, solange die Bürsten auf den breiten Segmenten gleiten.

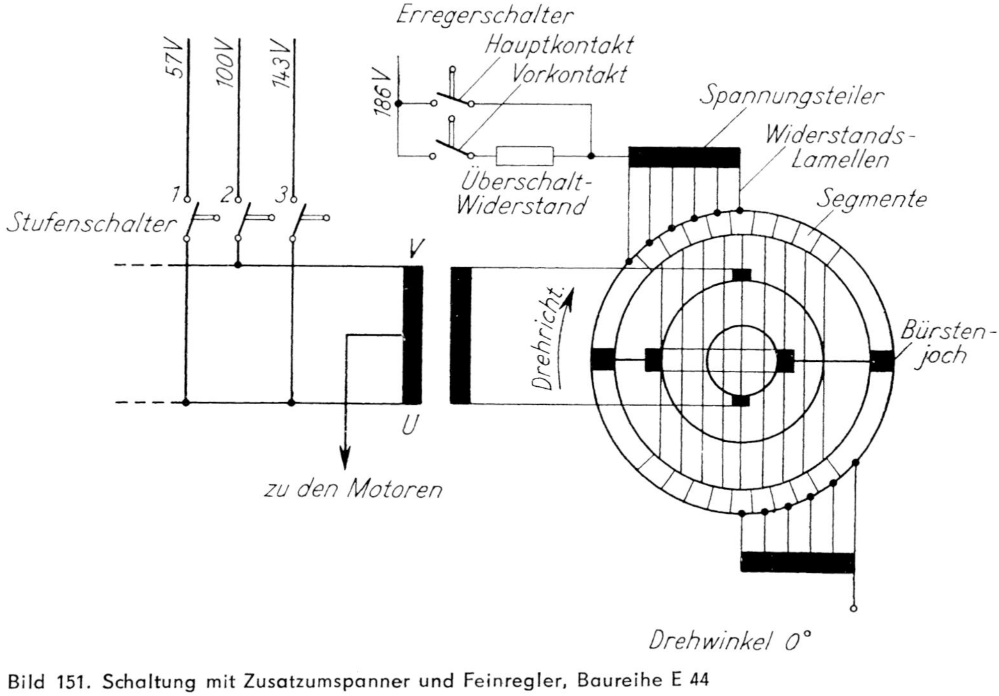

Bild 151. Schaltung mit Zusatzumspanner und Feinregler, Baureihe E 44

Zum besseren Verständnis soll die Wirkungsweise des Feinreglers während des Aufschaltvorganges am Beispiel der Baureihe E 44 erläutert werden. Entsprechend den Anzapfungen am Hauptumspanner betragen die Motorspannungen in den ersten drei Fahrstufen 57, 100 und 143 V. Der Spannungsteiler ist an eine Spannung von 186 V angeschlossen (Bild 151). Der besseren Übersicht wegen wurde auch auf diesem Bild die Zahl der Anzapfungen und Lamellen wieder stark eingeschränkt.

In Ruhestellung sind alle Schalter offen, die Feinreglerbürsten stehen auf den breiten Lamellen. Während des Aufschaltvorganges dreht sich das Bürstenjoch im Uhrzeigersinn und schließt zunächst den Vorkontakt des Erregerschalters für den Spannungsteiler (Bild 151 a) und ein wenig später den Hauptkontakt (Bild 151 b). Beim Weiterdrehen wird in der Stromteilerwicklung eine Spannung erzeugt, die bis auf 43 V ansteigt (Bild 151c).

Wird dann der Schalter 1 geschlossen, so wirkt der Motorspannung von 57 V die Spannung entgegen, die von der Primärwicklung des Zusatzumspanners in die obere Hälfte der Sekundärwicklung induziert wird. Der Motor erhält also eine Spannung von $57 - \frac{43}{2} = 35{,}5$ V (Bild 151 d). Dann werden die Feinreglerbürsten weiter bis in die Mittelstellung gedreht, dabei sinkt die induzierte Gegenspannung bis auf Null. Der Motor erhält eine Spannung von 57 V (Bild 151 e). Werden die Bürsten dann in gleicher Richtung weiter gedreht, so wird in der oberen Stromteilerhälfte statt einer Gegenspannung eine Zusatzspannung erzeugt, die allmählich anwächst (Bild 151 f). Sie erreicht, sobald die Bürsten die breiten Lamellen bedecken, wieder den Wert von $\frac{43}{2}$ V, so daß sich die Motorspannung auf 78,5 V erhöht (Bild 151 g).

In der unteren Stromteilerhälfte fließt bis dahin kein Strom. Da die Primärwicklung jedoch auch in diesen Teil eine Spannung induziert und der Spannungsunterschied zwischen *U* und *V* bekanntlich 43 V beträgt, liegt an der Klemme *V* eine Spannung von 57 + 43 = 100 V. Da die zweite Trafoanzapfung

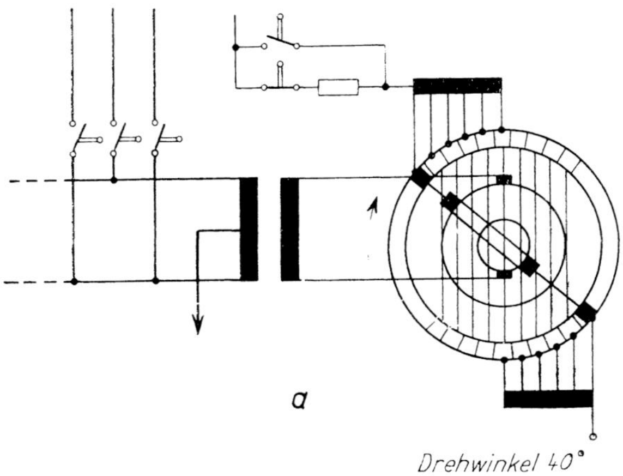

Bild 151a.
Schaltvorgang bei Feinreglersteuerung, Baureihe E 44

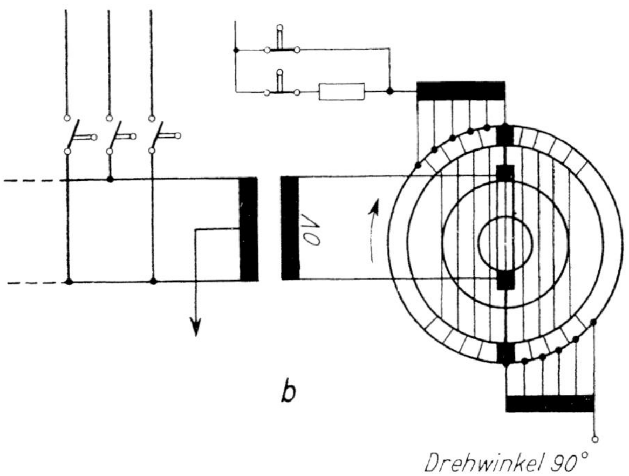

Bild 151b.

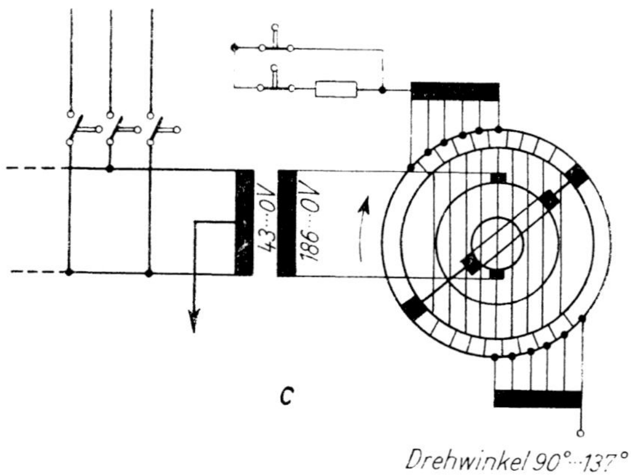

Bild 151c.

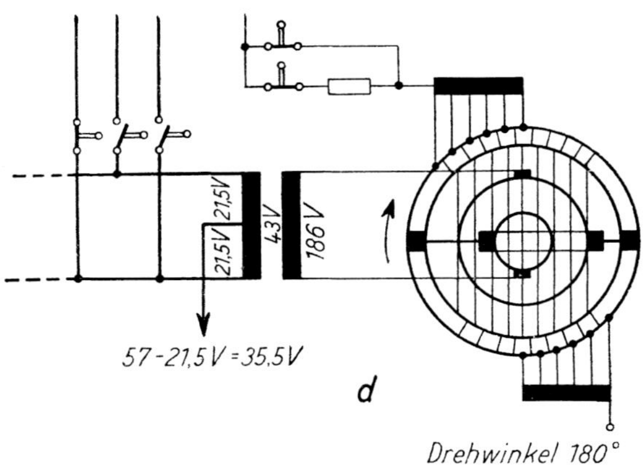

Bild 151d.

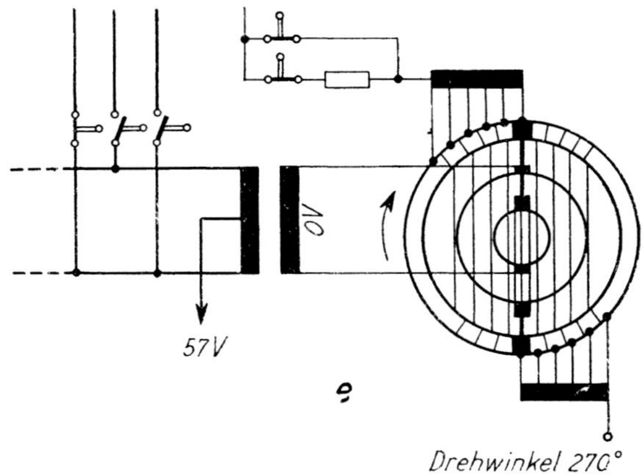

Bild 151e.

die gleiche Spannung führt, kann der Schalter 2 eingelegt werden, ohne daß sich ein nennenswerter Lichtbogen bildet. Zwischen den Klemmen *U* und *V* ist dann bereits die Spannung vorhanden, die sonst durch die Primärwicklung induziert würde, so daß jetzt keine Induktion stattfindet. Die Primärwicklung führt nur Leerlaufstrom, und die Sekundärwicklung wirkt lediglich als Spannungsteiler. Der Motor liegt also an einer Spannung von $\frac{57 + 100}{2} = 78{,}5$ V.

Da der Motorstrom zu gleichen Teilen über die Klemmen *U* und *V* fließt, liegt in diesem Falle die erste Dauerfahrstufe vor. Beim Weiterdrehen des Feinreglers wird noch während des Kontaktes der Bürsten mit den breiten Lamellen der Schalter 1 ausgeschaltet. Die von der Trafoanzapfung 2 herrührende Spannung von 100 V wird um $\frac{43}{2}$ V auf 78,5 V verringert, so daß die Motorspannung zunächst unverändert bleibt. Beim Weiterdrehen sinkt die Gegenspannung, und dadurch erreicht man ein weiteres Ansteigen der Motorspannung (Bild 151 h). Sobald die Bürsten in der Mitte zwischen den breiten Segmenten stehen, sinkt die Gegenspannung auf den Wert Null, und die Motorspannung erreicht 100 V entsprechend der zweiten Trafoanzapfung.

Beim Weiterdrehen tritt wieder Zusatzwirkung auf, bis die Bürsten auf den breiten Lamellen stehen und die Motorspannung den Wert von $100 + \frac{43}{2} = 121{,}5$ V erreicht (Bild 151 i). Jetzt wird der Schalter 3 eingelegt. In der gleichen Weise wird auf die höheren Fahrstufen hochgeschaltet.

Der Antrieb des Bürstenjoches ist dabei zwangsläufig mit der Betätigung des entsprechenden Stufenschalters gekuppelt. Beim Zurückschalten spielen sich die gleichen Vorgänge in umgekehrter Reihenfolge ab.

Die hohe Streuung des Zusatzumspanners und die stark veränderliche Streuung des Feinreglerspannungsteilers haben leider zur Folge, daß der erwünschte gleichmäßige Spannungsanstieg beim Aufschalten besonders bei großer Belastung fast verlorengeht. Die dadurch stellenweise auftretenden Spannungsunterschiede bewirken Lichtbogenbildung und damit beträchtliche Kontaktabnützung. Trotz der fast stufenlosen Spannungsänderung gestattet die Feinreglersteuerung jedoch keine stufenlose Änderung des Motorstromes und damit der Zugkraft, da die Zeit, während der die Bürsten über die Lamellen des Kollektors hinweggleiten, wegen der Erwärmung des Feinreglers begrenzt ist. Man hat daher, um eine noch feinere Abstufung zu erreichen, bei einigen neueren Ausführungen in der Mitte zwischen den beiden breiten Segmenten noch je ein schmales Segment

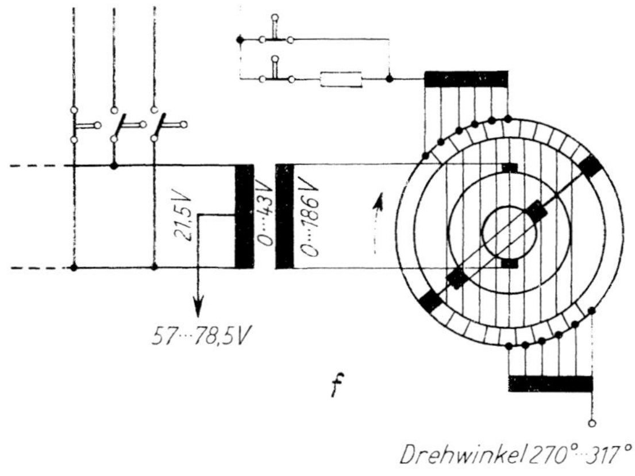

Bild 151f.

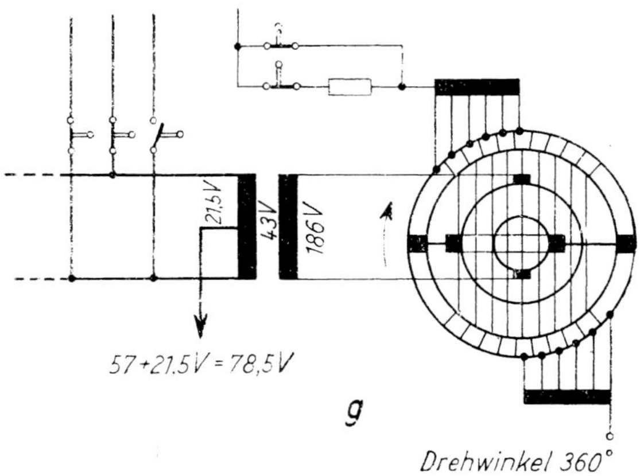

Bild 151g.

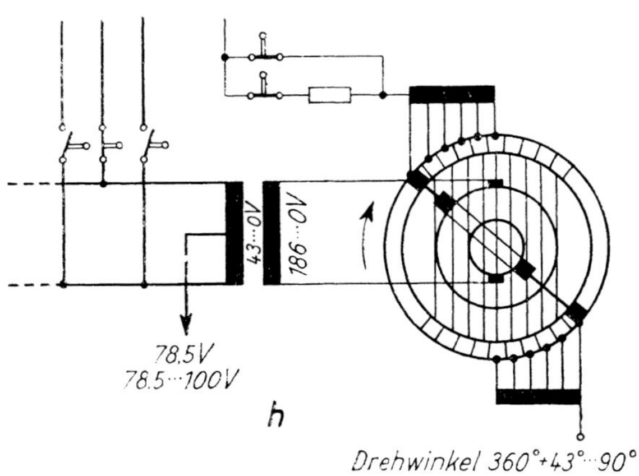

Bild 151h.

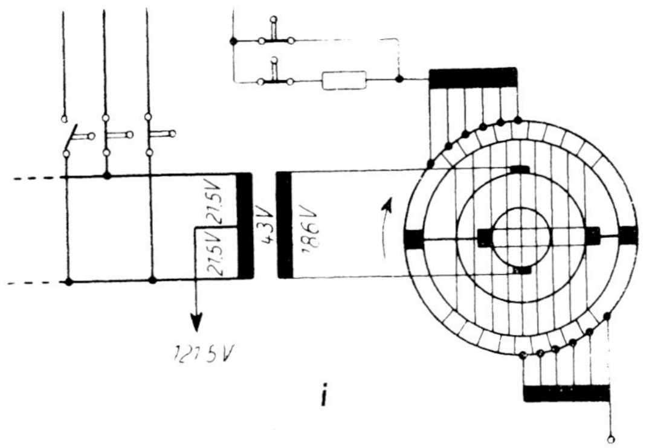

Bild 151i. Drehwinkel 360° + 180°

vorgesehen, auf dem die Bürsten kurze Zeit verweilen können. In dieser Stellung ist nämlich die Niederspannungswicklung des Zusatzumspanners kurzgeschlossen und der Spannungsteiler nicht belastet. Die Zahl der Stufen wird durch diese Maßnahme verdoppelt.

Die Feinreglersteuerung wurde bei sämtlichen elektrischen Lokomotiven der Baureihen E 04, E 18, E 44, E 75, E 93 und E 94 und auch bei den Probelokomotiven E 10 001 und E 19 01 und 02 angewendet und hat sich gut bewährt.

3.4.1.1.7. Schaltung mit Zusatzumspanner und Feinstufenschaltwerk

Die Neubaulokomotiven der Baureihe E 11/E 42 sind anstelle eines Feinreglers mit einem Feinstufenschaltwerk ausgerüstet. Es hat die Aufgabe, die Spannung am Zusatzumspanner so zu verändern, daß die Kontakte des Hauptschaltwerkes leistungslos schalten. Gleichzeitig wird zwischen zwei Stufen des Hauptschaltwerkes die Fahrmotorenspannung durch die entsprechende Erregung des Zusatzumspanners feinstufig erhöht oder gesenkt, wodurch Zugkraftstöße weitgehend vermieden werden. Mit Hilfe mehrerer Starkstromschalter wird beim Auf-Schalten zunächst die volle Spannung des Regelumspanners an die Primärwicklung des Zusatzumspanners gelegt und bis auf Null verringert. Danach wird die Spannung in ihrer Richtung umgekehrt und wieder auf ihren größten Wert gebracht.

Die Anordnung des Feinstufenschaltwerkes ist aus Bild 152 zu erkennen. Seinen Aufbau zeigt Bild 153. In einem Rahmen, der aus Walzprofilen und abgekanteten Blechen zusammengeschweißt ist, sind übereinander drei Walzen mit den dazu gehörenden Schaltelementen angeordnet. Die obere Walze bezeichnet man als Nachlaufsteuerwalze, die mittlere als Umschaltwalze und die untere als Lastschalterwalze.

Die untere Walze wird von einem Gleichstrommotor angetrieben. Auf der dem Antrieb abgewandten Seite der Lastschalterwalze befinden sich zwei Bürstenhalter, deren Kohlebürsten auf einem Segmentschalter schleifen. Dieser ist mit ringförmig angeordneten Messingsegmenten besetzt und hat die Aufgabe, beim Ansteuern einer gewünschten Fahrstufe die Bremsung des Antriebsmotors einzuleiten bzw. die Motortrennschütze zu steuern.

Die Lastschalterwalze besteht aus einer isolierten Sechskantwelle, auf der geteilte Graugußnockenscheiben angeordnet sind. Diese betätigen sieben Starkstromnockenelemente, die den Zweck haben, die bei der Spannungsanhebung auftreten-

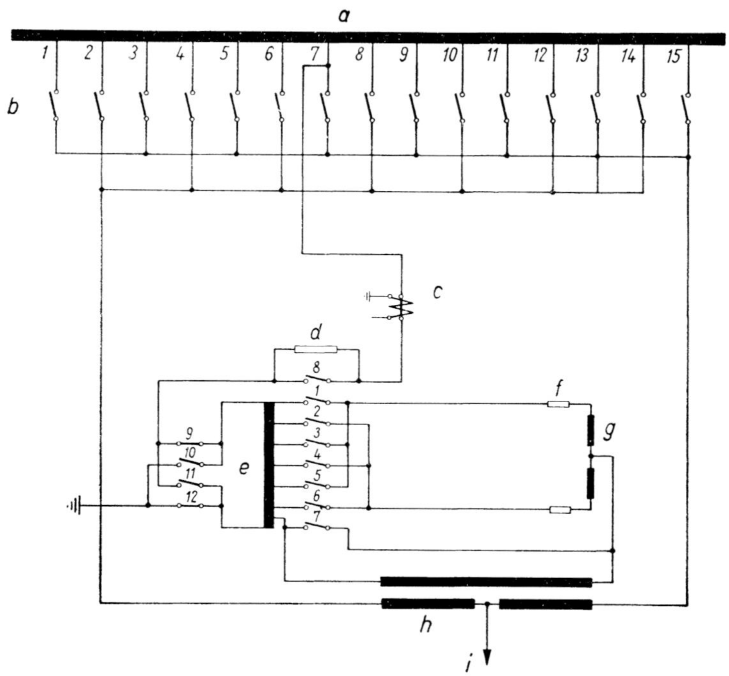

Bild 152. Schaltbild des Feinstufenschaltwerks

a Hauptumspanner (Niederspannungswicklung)
b Hauptstufenschaltwerk
c Schutzwandler für Regelumspanner
d Dämpfungswiderstand für Regelumspanner
e Regelumspanner
f Dämpfungswiderstand für Stromteiler
g Stromteiler für Feinschaltwerk
h Zusatzumspanner
i zu den Fahrmotoren

den Lastströme zu schalten. Um einen großen Verschleiß, der durch die Schalthäufigkeit begünstigt wird, vorzubeugen, wurden Abwälzkontakte angewendet. Für alle acht Nockenelemente ist ein gemeinsamer Funkenfänger vorgesehen.

Die mittlere Walze wird von der unteren Walze über ein Zahnradgetriebe gedreht (Übersetzungsverhältnis 2 : 1). Sie trägt sechs Preßstoffnockenscheiben, die auf einer Sechskantwelle angeordnet sind. Diese Umschaltwalze betätigt vier Starkstromnockenelemente, die fast leistungslos schalten und zur Umpolung des Zusatzumspanners dienen. Ferner werden von ihr zwei Steuerstromnockenelemente betätigt, die für die Fahrstufenkontrolle bei Handantrieb und die Endstellungsbegrenzung erforderlich sind.

Die obere Walze wird ebenfalls von der unteren Walze über ein Kettengetriebe im Übersetzungsverhältnis 15 : 1 angetrieben. Die Walze besteht aus einem Hartpapierzylinder, auf dessen Umfang Messingkontaktsegmente im Sinne der Steuerstromabwicklung angeordnet sind. Diese werden von 24 Kontaktfingern bestrichen, die auf einer isolierten Leiste befestigt sind.

Das Feinstufenschaltwerk und auch das im Abschnitt 3.4.2.3. näher beschriebene Hauptnockenschaltwerk werden von einem Gleichstrom-Reihenschlußmotor angetrieben, der mit einem Fahr- und Bremsfeld ausgerüstet ist. Ein Zahnradvorgelege mit einem Übersetzungsverhältnis 54 : 1 ist vorgeschaltet.

Bild 153. Feinstufenschaltwerk

Das Getriebe hat zwei Abtriebswellen. Die eine führt zur Schaltwelle des Feinstufenschaltwerkes und dreht sich bei einer Schaltung von Vollstufe zu Vollstufe um 360°. Die andere Welle treibt über zwei in Reihe geschaltete sechsstufige Malteserkreuzgetriebe schrittweise das Hauptnockenschaltwerk an und dreht sich in der gleichen Zeit nur um 2 · 30°, das heißt insgesamt 60°. Als Reserve ist ein Handantrieb vorgesehen, bei dem jeweils acht Umdrehungen zum Schalten von Vollstufe zu Vollstufe erforderlich sind.

Das Getriebe besitzt eine Stellungsanzeige, die mit einer Strichmarkierung die Vollstufe und mit einer Punktmarkierung die Halbstufe anzeigt. Die jeweils angesteuerte Voll- oder Halbstufe kann man an einer Markenscheibe ablesen, die mit der Nachlaufsteuerwalze des Feinstufenschaltwerkes synchron läuft.

Außer der Nullstellung sind 14 Vollstufen und 14 Halbstufen anzusteuern. Der Antriebsmotor besitzt zwei Schaltgeschwindigkeiten, das heißt eine für Normallauf und eine für Schnellauf. Die Schaltzeit von Vollstufe zu Vollstufe beträgt bei Langsamlauf 4,5 s und bei Schnellauf 2 s. Von Stufe 0 bis Stufe 3 aufwärts und bei sämtlichen Abwärtsbewegungen ist das Feinstufenschaltwerk automatisch auf Schnellauf geschaltet. Beim Aufwärtsschalten von Stufe 3 bis Stufe 14 kann der

Schnellauf wahlweise durch Betätigen der zu diesem Zweck auf dem Fahrschalter befindlichen Taste erreicht werden.
Das Feinstufenschaltwerk der Neubaulokomotiven ist an die 297-V-Anzapfung der Sekundärwicklung des Hauptumspanners angeschlossen. Der Nennstrom erreicht bei 20 % Einschaltdauer 230 A. Die Masse des Feinstufenschaltwerkes beträgt etwa 330 kg.

3.4.1.1.8 Schaltung mit Regelumspanner

Der aus dem Bild 152 bekannte Regelumspanner ist mit dem im Abschnitt 3.4.1.1.6. erwähnten Spannungsteiler zu vergleichen. Er hat die Aufgabe, den Starkstromnockenelementen des Feinstufenschaltwerkes die entsprechende Spannung zuzuführen. Der Regelumspanner der Neubaulokomotiven der Baureihe E 11/E 42 ist luftgekühlt und über einen Schutzstromwandler an die 297-V-Anzapfung des Hauptumspanners angeschlossen. Für die Erregung des Zusatzumspanners stehen sechs Abgriffe bei den Spannungen 49,5 V, 99,0 V 148,5 V, 198,0 V, 247,5 V und 272,3 V zur Verfügung. Er hat bei kurzfristiger Belastung eine Nennleistung von 117 kVA und liegt nach Einschalten des Hauptumspanners sofort an Spannung.
Sein Nennstrom beträgt bei dauernder Belastung 138 A, bei kurzfristiger Belastung maximal 394 A. Ein Relais schützt vor Überströmen. Der Regelumspanner der Neubaulokomotiven liegt im Maschinenraum neben dem Zusatzumspanner und wiegt etwa 205 kg.

3.4.1.1.9. Schaltung mit Transduktoren

Eine noch bessere Steuerbarkeit elektrischer Lokomotiven mit Niederspannungssteuerung erreicht man bei Verwendung von Transduktoren, die, ebenso wie die Transistoren, in der modernen Regel- und Steuertechnik ständig an Bedeutung gewinnen. Transduktoren sind neue elektrische Schaltelemente mit Verstärkereigenschaften, deren Wirkungsweise auf dem nicht linearen magnetischen Verhalten des Eisens und dem Induktionsgesetz beruht. Diese kontaktlosen, stetig regelbaren Schaltelemente haben keine bewegten Teile, sie unterliegen daher keinem Verschleiß und benötigen keine Wartung.
Transduktoren ermöglichen eine stufenlose Veränderung der Zugkraft und einen stetigen, ohne Zugkraftsprung verlaufenden Übergang von einer Fahrstufe zur anderen. Dadurch kann die Lokomotive nahe an der Reibungsgrenze fahren, was sich besonders vorteilhaft beim Anfahren schwerer Züge auf Steigungen auswirkt.
Bild 154 zeigt eine Lokomotivsteuerung, bei der anstelle der sonst üblichen Schaltdrosseln Transduktoren verwendet werden. In der Grundstellung, das heißt bei einer vollen Fahrstufe, sind beide Transduktoren halberregt. Jeder von ihnen führt den gleichen Motorstrom, da ihr Widerstand gleich groß ist. Beim Überschalten auf die nächste Fahrstufe werden die Transduktoren wechselweise „auf" und „zu" gesteuert. Wird zum Beispiel der eine Transduktor völlig geöffnet und der andere völlig gesperrt, fließt der gesamte Motorstrom über den geöffneten Transduktor, und die Arbeitswicklung des gesperrten Transduktors kann stromlos auf die nächste Stufe umschalten. Dieser Vorgang wiederholt sich von Stufe zu Stufe,

und es ist auch möglich, in jeder Zwischenstellung beliebig lange zu fahren. Die wechselweise Erregung der Transduktoren wird von einem Kommutatorpotentiometer abgenommen.

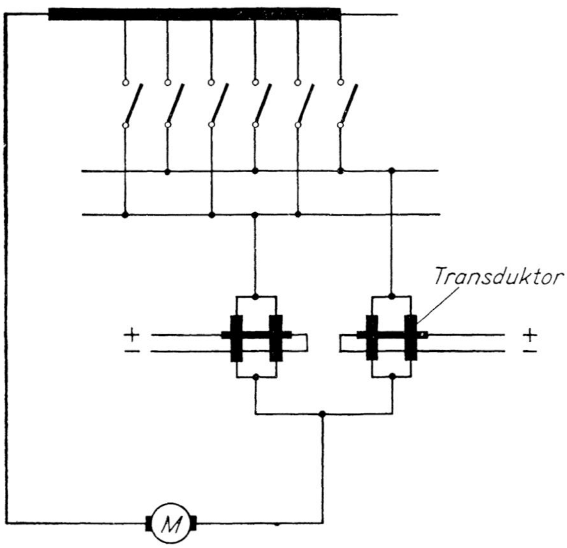

Bild 154.
Steuerung mit Transduktoren

3.4.1.2. Schaltungsarten bei Hochspannungssteuerung

Aus dem Abschnitt 3.2. „Hauptumspanner" ist bereits bekannt, daß bei modernen leistungsstarken elektrischen Lokomotiven sehr hohe Motorströme auftreten. Wenn diese vom Schaltwerk sicher bewältigt werden sollen, so ist eine entsprechend schwere Ausführung aller Schaltwerke und der dazugehörigen Einrichtungen erforderlich. Man braucht große Kontakte, die beim Schalten hoher Ströme einen starken Abbrand aufweisen. Verlegt man jedoch die Leistungssteuerung von der Niederspannungsseite auf die Hochspannungsseite, dann sind entsprechend dem Übersetzungsverhältnis des Trafos wesentlich kleinere Ströme zu schalten. Sie betragen nur noch 200 bis 500 A, so daß auch ihre Steuerung mit einem wesentlich leichteren Schaltwerk möglich ist. Man erreicht gleichzeitig einen geringeren Verschleiß der Kontakte und kann demzufolge auch die Fristen für Wartung und Auswechseln der Verschleißteile entsprechend verlängern. Daß man allerdings außer dem Hauptumspanner zusätzlich noch einen Steuerumspanner benötigt, ist aus den vorstehenden Ausführungen und auch aus Bild 129 bereits bekannt.
Als weiterer Vorteil der Hochspannungssteuerung gegenüber der Niederspannungssteuerung mit Feinregler sei erwähnt, daß die Spannungssprünge von einer Stufe zur anderen nicht konstant sein müssen, sondern verschieden groß gewählt werden können. Man führt deshalb im Anfahrbereich, in dem zur möglichst guten Ausnutzung der Reibungszugkraft die Zugkraftsprünge klein sein sollen, die Hochspannungssteuerung feinstufiger aus als im oberen Bereich.

Während Bild 130 die Wicklungsanordnung bei einem radialgeblechten Trafo mit Hochspannungssteuerung zeigt, ist in Bild 155 die Schaltung eines dreischenkligen Manteltrafos mit Hochspannungssteuerung dargestellt. Das gleichzeitig eingezeichnete Schlittenschaltwerk wird im Abschnitt 3.4.2.2. erläutert.

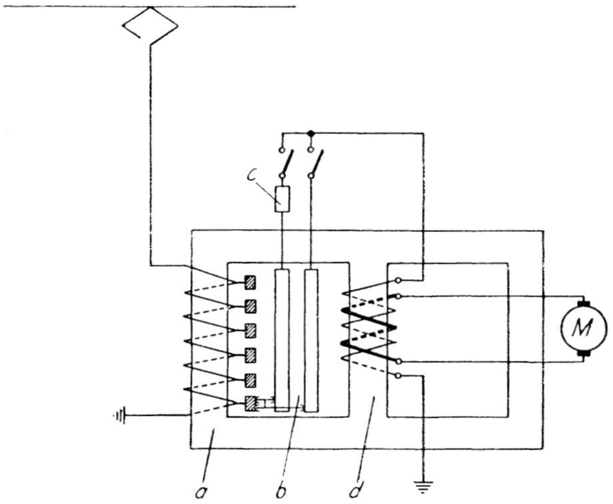

Bild 155.
Mantelumspanner für Hochspannungssteuerung
- a Steuerumspanner
- b Schlittenschaltwerk
- c Überschaltwiderstand
- d Hauptumspanner

Genaue Untersuchungen und Berechnungen haben ergeben, daß die wirtschaftliche Grenze zwischen Nieder- und Hochspannungssteuerung bei etwa 10 000 A des Gesamtstromes im Niederspannungskreis liegt. Dabei wird vorausgesetzt, daß moderne Umspanner und Schaltwerke mit Lastschaltern und Stufenwählern verwendet werden. Aus diesem Grunde entschied sich auch die Deutsche Bundesbahn bei den schweren elektrischen Lokomotiv-Baureihen E 10^1, E 40 und E 50 für die Hochspannungssteuerung, während für die leichte Baureihe E 41 die Niederspannungssteuerung gewählt wurde.
Die Deutsche Reichsbahn behielt bei den Neubaulokomotiven der Baureihe E 11/E 42 aus den im Abschnitt 3.2.3. genannten Gründen die Niederspannungssteuerung bei. Im Gegensatz dazu wurden die im Jahre 1961 fertiggestellten 50-Hz-Versuchslokomotiven bereits mit einer Hochspannungssteuerung ausgerüstet. Das Schaltwerk besteht in diesem Falle aus einem unter Öl arbeitenden Stufenwähler, mehreren Lastschaltern mit Überschaltwiderstand und den dazugehörigen Steuer- und Antriebsorganen.
Die Spannungswahl erfolgt leistungslos durch den Stufenwähler, die Leistungstrennung durch die Lastschaltergruppe, die aus vier Leistungsschaltern und dem Überschaltwiderstand besteht. Die 26 Anzapfungen des Spartransformators ermöglichen 26 Dauerfahrstufen. Zusätzlich kann zwischen den Stufen 1 bis 6 jeweils eine Widerstandsstufe zur Erhöhung der Anfahrfeinstufigkeit angesteuert werden. Bild 156 zeigt einen Hauptumspanner mit angebautem Hochspannungsschaltwerk. Da sich diese Hochspannungssteuerung im Betrieb gut bewährte, wurden auch die für die Rübelandbahn entwickelten 50-Hz-Lokomotiven der Baureihe E 251 mit einem modernen Hochspannungsschaltwerk ausgerüstet. Auch hier wird die Stufen-

wahl durch einen unter Öl arbeitenden Rundwähler leistungslos vorgenommen. Durch Erhöhen der Stufenzahl auf insgesamt 34 Dauerfahrstufen werden ein besonders feinstufiges Anfahren sowie eine gute Ausnutzung der Haftreibungsgrenze gewährleistet.

Bild 156.
Umspanner mit Hochspannungsschaltwerk

Als Lastschalter werden über Nockenscheiben betätigte Luftschütze verwendet, die mit dem Stufenwähler zwangsweise verbunden sind. Eine kräftige magnetische Blasung sorgt für exaktes Löschen des Lichtbogens auch bei kleinen Strömen. Da die Kontakte aus hochwertigem Material gefertigt sind, haben sie eine lange Lebensdauer.

Der Stufenschalter und die Lastschalter werden gemeinsam über ein Zahnradvorgelege von einem Gleichstrommotor angetrieben. Durch eine angebaute Sperrklinke und durch elektrische Abbremsung des Motors wird erreicht, daß die Schaltstellungen genau eingehalten werden.

Ein solches Hochspannungsschaltwerk ist für einen Nennstrom bis 400 A geeignet. Der Stufenwähler faßt etwa 180 l Öl. Die Masse des gesamten Hochspannungsschaltwerkes beträgt etwa 500 kg. Auch für die zur Zeit in der Entwicklung befindlichen 50-Hz-Gleichrichterlokomotiven mit der Achsfolge Bo'Bo' ist ein neuzeitliches Hochspannungsschaltwerk vorgesehen.

3.4.2. Steuerelemente der Leistungssteuerungen

Für sehr kleine Leistungen (zum Beispiel bei Straßenbahnen) bevorzugt man unmittelbare Steuerungen, bei denen die Schaltelemente des Hauptstromkreises direkt von Hand geschaltet werden können. Infolge der geringen Motorströme fallen die Schalter so klein aus, daß sie ohne Schwierigkeit im Fahrschalter untergebracht werden können.

Für größere Leistungen, wie sie bei elektrischen Lokomotiven zu finden sind, verwendet man stets die mittelbare Steuerung. Hier werden die Schaltelemente des Starkstromkreises über Steuerstromkreise beeinflußt. Wegen der hohen Motorströme sind dann schwere Starkstromschalter erforderlich. Diese beanspruchen einen größeren Platz und werden daher stets im Maschinenraum untergebracht. Zur Zeit werden verschiedene Arten von Steuerelementen verwendet.

3.4.2.1. Schütze

Unter einem Schütz versteht man einen Schalter für große Stromstärken, der ausschließlich für Fernbetätigung eingerichtet ist. Um große Leistungen schalten zu können, muß das Schütz eine hohe Schaltgeschwindigkeit und eine besondere Lichtbogenlöscheinrichtung besitzen. Jedes Schütz besteht aus zwei kupfernen Kontakten, von denen der eine fest und der andere beweglich ist. Der bewegliche Kontakt ist mit der Anschlußklemme durch ein flexibles Band aus geflochtenem Kupfer verbunden. Bei geschlossenem Schütz müssen beide Kontakte fest aufeinandergepreßt werden, damit der Übergangswiderstand möglichst klein bleibt. Sonst entsteht an der Berührungsstelle eine zu starke Erwärmung, die leicht zu einem Zusammenschmoren der Kontakte führen kann. Um einen gleichmäßigen Anpreßdruck zu erreichen, sind die großen Auflageflächen der Kontakte häufig unterteilt.

Nach der Art der Betätigung der Schütze unterscheidet man die elektromagnetischen Schütze oder Magnetschütze und die elektropneumatischen Schütze. Bei elektromagnetischen Schützen wird die zum Einschalten und Erzeugen des Kontaktdruckes erforderliche Kraft durch einen Elektromagneten ausgeübt (Bild 157). Durch

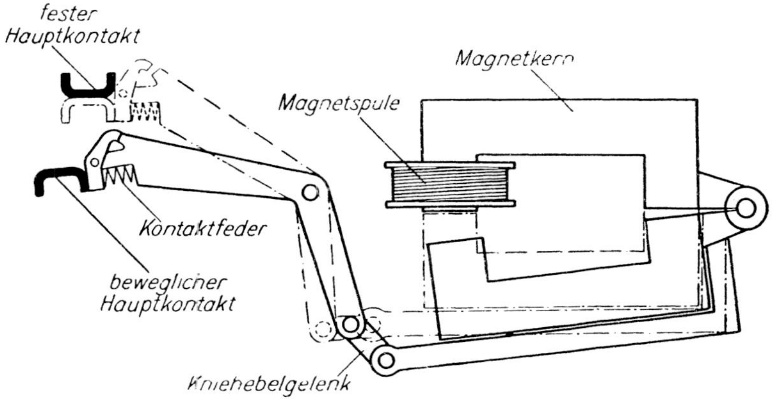

Bild 157. Elektromagnetisches Schütz

ein Kniehebelgelenk wird erreicht, daß der bewegliche Kontakt beim Einschalten des Steuerstromes (im allgemeinen Wechselstrom von 200 bis 220 V) zunächst sehr schnell bewegt wird. Kurz bevor er den festen Kontakt berührt, wird die Geschwindigkeit gesenkt, die Anpreßkraft jedoch erhöht. Die zwischengeschaltete Druckfeder soll für eine satte Berührung sorgen (Wälzkontakt). Nachteilig ist jedoch, daß die Kniehebelwirkung ein schleichendes Ausschalten und demzufolge einen großen Abbrand der Kontakte zur Folge hat.
Da bei einem Wechselstrommagnet die Stromstärke und somit auch die magnetische Kraft stark schwanken, neigen Wechselstromschütze zum „Schnarren". Man vermeidet dies durch Dämpferspulen, die in den Kern eingebaut werden.
Wird jedoch die Einschaltbewegung nicht durch einen Magneten, sondern durch einen Druckluftantrieb bewirkt, so ist ein pneumatisches Schütz vorhanden, und wenn das Ventil durch einen Elektromagneten gesteuert wird, ist ein elektropneumatisches Schütz eingebaut (Bild 158). Als Steuerstrom verwendet man im allgemeinen Gleichstrom, die Steuerspannung beträgt bei allen Neubaufahrzeugen einheitlich 110 V. Am Schütz sind noch Hilfskontakte angebracht, die als Ruhe- oder Arbeitskontakte ausgebildet sind.
Neben dem Hauptkontakt sitzen Lichtbogenhörner, die sich beim Einschalten des Schützes zuerst berühren. Erst im Laufe der weiteren Schließbewegung geht der Strom auf den Hauptkontakt über. Die Hörner werden aus einem die Wärme gut leitenden und massiven Werkstoff, meist Rotguß, hergestellt.

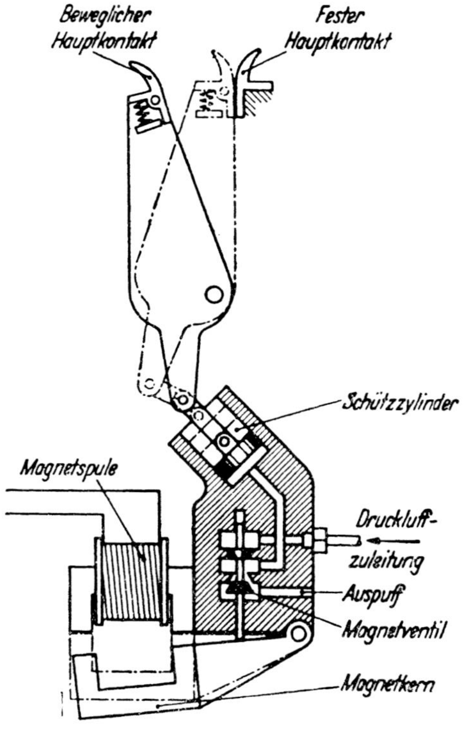

Bild 158.
Elektropneumatisches Schütz

Sämtliche Schütze werden dadurch ausgeschaltet, daß die beim Einschalten angehobenen Teile abfallen, sobald die Antriebskraft nachläßt. Den Ausschaltvorgang unterstützen kräftige Federn, die beim Einschalten gespannt werden. In dem Augenblick, in dem das Schütz öffnet, wandert die Stromübergangsstelle vom Hauptkontakt wieder zu den Funkenhörnern (Abreißkontakte). Durch den unvermeidlichen Lichtbogen werden diese im Betrieb sehr schnell rauh und uneben und sind deshalb so konstruiert, daß sie leicht ausgewechselt werden können. Die Kontakte müssen sich stets rasch und weit genug entfernen, damit der Lichtbogen schnell und sicher abreißt. Um dies zu erreichen, ordnet man noch eine Blasspule an. Sie beruht im Prinzip darauf, daß der Lichtbogen durch ein Magnetfeld seitlich abgelenkt wird (Bild 159). Die Wicklung des Blasmagneten wird vom abzuschaltenden Strom gespeist. Da dieser sehr stark ist, genügen ein bis zwei Windungen. Der Windungssinn muß so gewählt werden, daß der Lichtbogen nach außen, also vom Schalter weggeblasen wird. Da die Luft durch den Lichtbogen ionisiert, das heißt leitend gemacht wird, besteht die Gefahr, daß der Lichtbogen auf andere Bauteile überschlägt. Man baut deshalb um die beiden Hauptkontakte eine abnehmbare, vorn offene Funkenkammer an, die aus einem feuerfesten Isolierstoff hergestellt wird (Bild 160).

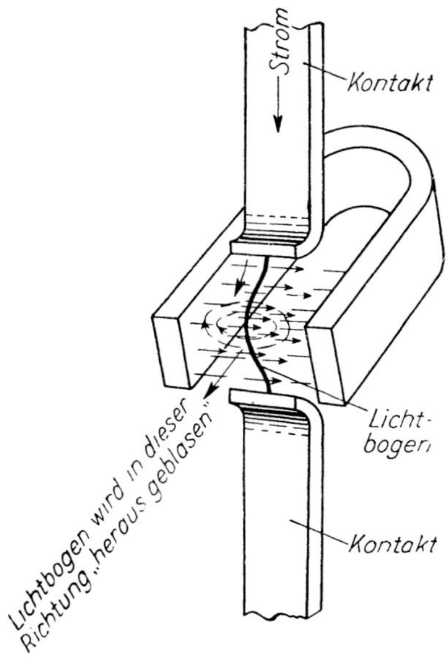

Bild 159. Blasmagnet

In älteren Lokomotiven, zum Beispiel in denen der Baureihen E 17 und E 21, sind Schütze für die Leistungssteuerung (siehe Abschnitt 3.4.3.2.) eingebaut. Bei neueren Lokomotiven sind Schütze nur noch zum Ein- und Ausschalten von Hilfseinrichtungen gebräuchlich. Es werden Schütze mit elektromagnetischem Antrieb hauptsächlich verwendet zum Einschalten solcher Hilfsbetriebe, die dann gebraucht werden, wenn keine oder noch nicht genügend Druckluft zur Verfügung steht.

So schaltet auf den Neubaulokomotiven der Baureihe E 11/E 42 ein elektromagnetisches Schütz (Typenbezeichnung EMS 19) den Kompressormotor ein. Es ist ein einpoliges Schütz mit Blasspule und Funkenkammer. Die Steuerspannung beträgt 110 V, die Masse etwa 13,6 kg.

Ein weiteres elektromagnetisches Schütz (Typenbezeichnung EMS 33) dient zum Einschalten und Abbremsen des Schaltwerkmotors. Es besitzt zwei voneinander getrennte Stromkreise mit Funkenlöschung für je einen Arbeits- und Ruhehauptkontakt. Beide Kontaktsysteme werden durch einen gemeinsamen Magneten betätigt. Bei diesem Schütz betragen die Nennspannung 110 V, der Nennstrom 10 A und die Masse 5 kg.

Mit Hilfe des elektromagnetischen Umschaltschützes (Typenbezeichnung EMS 34) wird die Drehrichtung des Schaltwerkmotors gesteuert. Es besitzt keine Funkenlöschung, da es nur leistungslos geschaltet wird. Spannung und Stromstärke entsprechen der vorgenannten Bauart; seine Masse beträgt etwa 6,5 kg.

Elektropneumatische Schütze werden auf den Neubaulokomotiven als Motortrennschütze und zum Ein- und Ausschalten der Lüftermotore und der Zugheizung angewendet. Trennschütze werden im Abschnitt 3.4.4. näher beschrieben. Die beiden anderen Arten sind einpolige Schütze, die durch Druckluft von 5 kp/cm^2 betätigt werden. Den unterschiedlichen Aufgaben entsprechend sind zwei verschiedene Ausführungen (Typenbezeichnung DLS 19 und DLS 20) in Gebrauch. Die Nennspannung der einen beträgt 200 V, der anderen 1000 V, die Steuerspannung in beiden Fällen 110 V. Der Nennstrom erreicht Werte von 160 oder 600 A. Die Masse beträgt beim kleinen Schütz etwa 14 kg, beim großen etwa 24 kg.

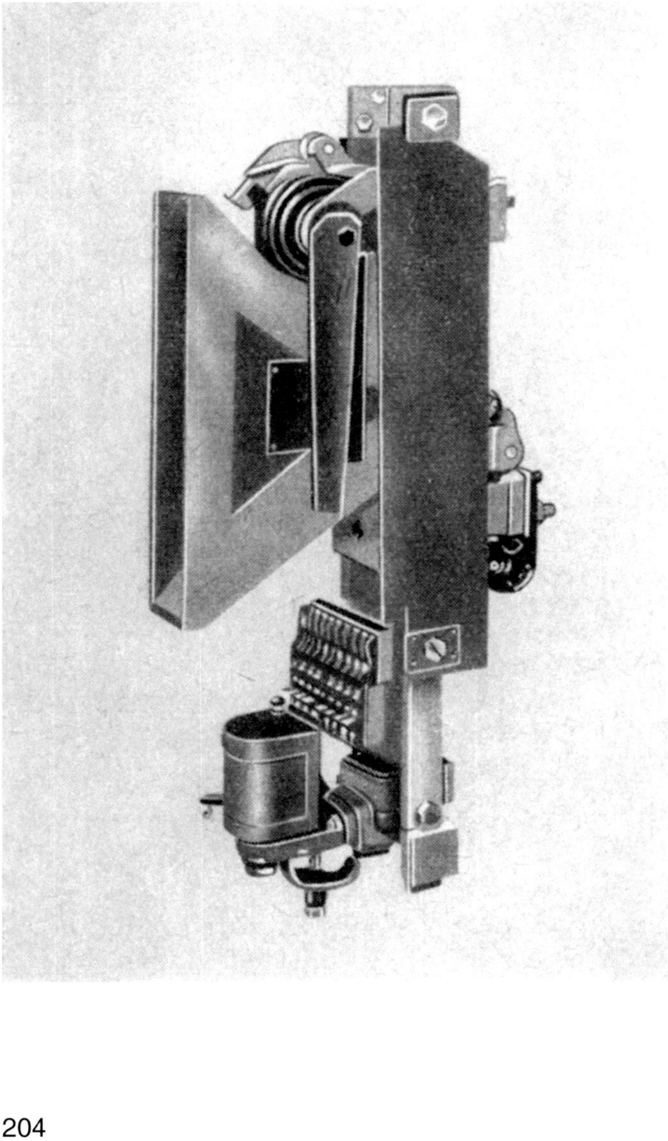

Bild 160.
Elektropneumatisches Schütz

3.4.2.2. Schlittenschaltwerke

Den prinzipiellen Aufbau eines Schlittenschalters zeigt Bild 161. Er besteht aus einem drehbaren Schalthebel, der über die Motortrennschütze mit den Fahrmotoren verbunden ist, und vielen einzelnen Kontaktklötzen, die er beim Schalten nacheinander berührt. Diese Kontakte sind mit den verschiedenen Trafoanzapfungen verbunden. Ist die Breite des Schalthebels kleiner als der Abstand der Kontakte voneinander, so tritt beim Schalten von einer Stufe zur anderen eine Stromunterbrechung und somit eine Zugkraftschwankung auf. Ist der Schalthebel jedoch breiter als der Kontaktabstand, so werden in der Zwischenstellung zwei Kontakte kurzgeschlossen.

Da bei der Steuerung einer elektrischen Lokomotive eine Zugkraftunterbrechung genauso unzulässig ist wie das Kurzschließen zweier Trafoanzapfungen, wird der Schalthebel geteilt ausgeführt (Bild 162). Die beiden Hälften sind durch einen

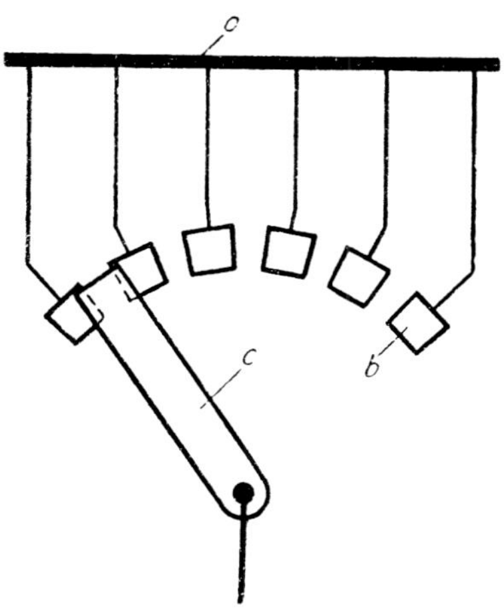

Bild 161.
Aufbau eines Schlittenschalters
- a Trafo (Sekundärwicklung)
- b Kontakt
- c Schalthebel

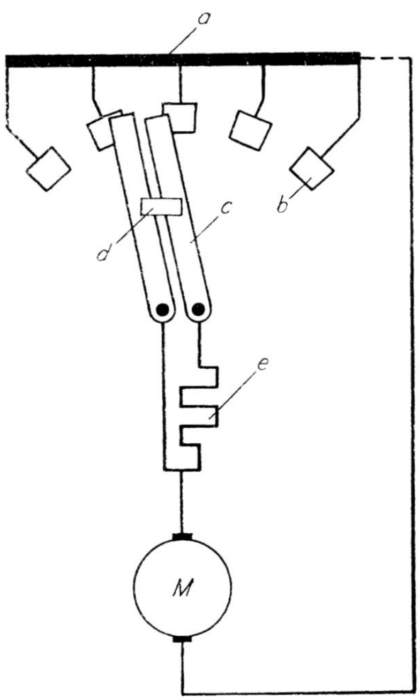

Bild 162.
Schlittenschalter mit geteiltem Schalthebel
- a Trafo (Sekundärwicklung)
- b Kontakt
- c Schalthebel
- d Isolierstück
- e Überschaltwiderstand

Überschaltwiderstand miteinander verbunden, so daß der Kurzschlußstrom unschädlich gemacht wird. Da zwischen den einzelnen Kontakten ein Spannungsunterschied vorhanden ist, würde sich beim Schalten von Stufe zu Stufe zwischen dem Schalthebel und den Kontakten ein Lichtbogen bilden. Es könnten an den Kontaktstellen Überschläge und starke Verschmorungen auftreten, die den Schalter

nach kurzer Zeit zerstören würden. Um dies zu vermeiden, baut man Lastschalter ein, die die eigentliche Leistung schalten, so daß die vorgenannten Kontakte spannungslos geschaltet werden können.
Bei den Schlittenschaltwerken für Lokomotiven werden die einzelnen Kontakte im allgemeinen nicht im Kreisbogen, sondern in einer Reihe nebeneinander angeordnet, so daß der Schalthebel zu einem „Schlitten" umgestaltet wird (Bild 163). Dieser besteht wieder aus zwei voneinander isolierten Bürsten, die oben auf den

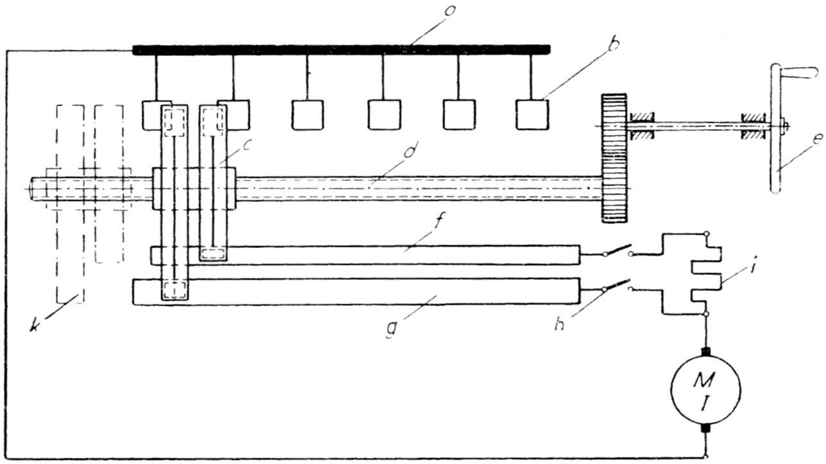

Bild 163. Schlittenschaltwerk

a Trafo (Sekundärwicklung)
b Kontaktklotz
c Schlitten
d Spindel
e Fahrhandrad
f Vorkontaktbahn
g Hauptkontaktbahn
h Lastschalter
i Überschaltwiderstand
k Schlitten in Endstellung

Kontaktklötzen und unten auf zwei Sammelschienen gleiten. Die eine Schiene, die zum Überschaltwiderstand führt, wird nur vorübergehend vom Strom durchflossen und kann daher schwächer sein als die Hauptschiene. Beide Schienen sind so kurz, daß sie vom Schlitten nicht mehr berührt werden, wenn dieser in Endstellung steht.
Der Kontaktschlitten wird durch eine Schraubenspindel angetrieben, die über Wellen und Kettenzüge von den beiden Führerständen aus durch ein Handrad bewegt wird. Gleichzeitig dient der Antrieb dazu, die beiden Lastschalter im versetzten Takt zu öffnen und zu schließen, so daß die Bürsten beim Überschalten der Kontakte stromlos sind. Da verhältnismäßig große Kräfte zum Bewegen des Kontaktschlittens aufgewendet werden müssen, finden derartige Schlittenschaltwerke mit Handantrieb bei Neubauten kaum noch Verwendung.
Aus dem Schlittenschaltwerk wurde das Stufenschaltwerk entwickelt, das nach einem ähnlichen Prinzip arbeitet. Es hat sich bei den Neubaulokomotiven der Deutschen Bundesbahn mit Hoch- und Niederspannungssteuerung gut bewährt und wird dann stets mit einem elektromotorischen Schaltwerkantrieb ausgerüstet.
Neuerdings werden die Lastschalter so ausgeführt, daß zwei gegensinnig betätigte Leistungsschalter in einer Schaltbewegung sprunghaft ihre Lage wechseln. Man

spricht dann von einem sogenannten „Sprunglastumschalter". Der Vorteil besteht darin, daß ein einmal ausgelöster Umschaltvorgang mit Hilfe eines Kraftspeichers unabhängig vom Antrieb unaufhaltsam zu Ende geführt wird. Dadurch können die Überschaltwiderstände klein gehalten werden.

3.4.2.3. Nockenschaltwerke

Bei der Deutschen Reichsbahn sind die Altbaulokomotiven der Baureihen E 04, E 18, E 19, E 44, E 93 und E 94 und auch die Neubaulokomotiven der Baureihe E 11/E 42 mit einem Nockenschaltwerk ausgerüstet. Dieses besteht aus mehreren Nockenschaltern, die für große Stromstärken geeignet sind und rein mechanisch durch eine Kurvenscheibe betätigt werden. Jeder Nockenschalter hat, ähnlich wie ein Schütz, einen feststehenden und einen beweglichen Kontakt aus Kupfer und wird durch die Nockenscheibe und eine starke Feder eingeschaltet (Bild 164). Das Ausschalten erfolgt ebenfalls durch die Nockenscheibe, so daß ein Hängenbleiben der Kontakte ausgeschlossen ist. Um einen guten Stromübergang zu erreichen, werden die Kontaktflächen entsprechend groß ausgeführt und häufig noch unterteilt.

Der feste Kontakt ist über einen Kontaktbock mit der Halteleiste und der kupfernen Anschlußschiene verbunden. Der bewegliche Kontakt ist an einem Kontakt-

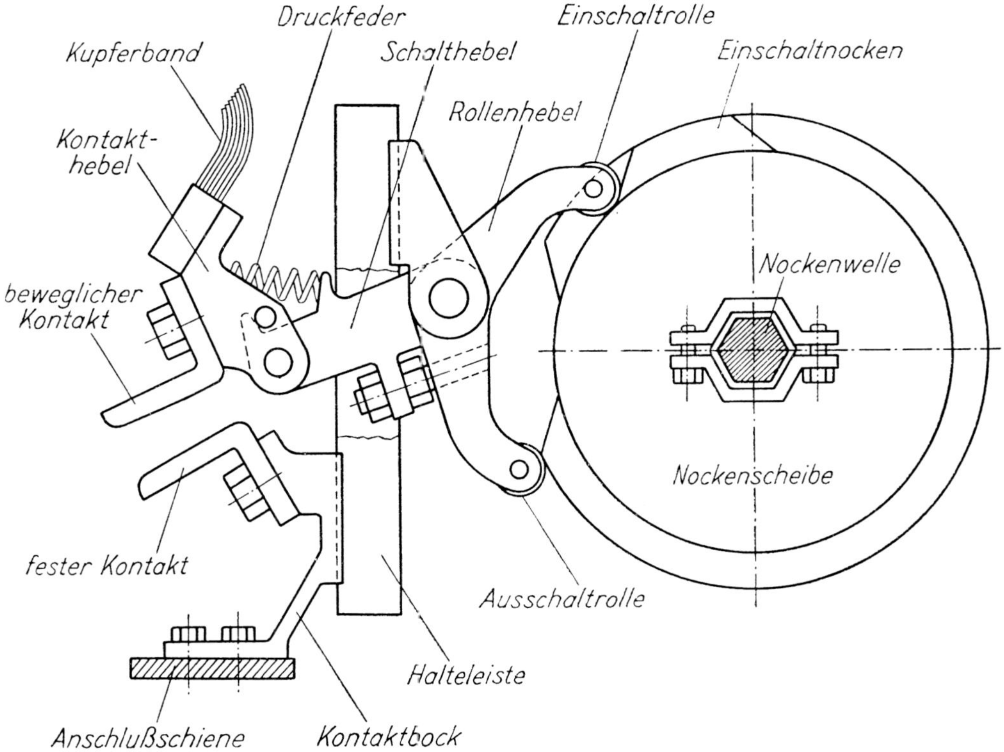

Bild 164. Nockenschalter

hebel befestigt, der mit dem eigentlichen Schalthebel gelenkig verbunden ist. Durch eine Druckfeder wird bei geschlossenem Schalter ein gleichmäßiger Anpreßdruck erreicht. Der Schalthebel dreht sich um einen Bolzen, der gleichzeitig das Lager für den etwa gleichschenkligen Rollenhebel bildet. Diese beiden Hebel sind durch eine nachstellbare Schraube verbunden, so daß man den Kontaktdruck einstellen und die Abnutzung der Kontakte ausgleichen kann. Der Rollenhebel ist leicht gekröpft. Seine Einschaltrolle läuft stets über den an der Kurvenscheibe seitlich befestigten Einschaltnocken, während seine Ausschaltrolle immer an der mit einer Aussparung versehenen Nockenscheibe anliegt. Der Schalter muß also stets zwangsläufig öffnen und schließen.
Beim Einschalten berühren sich zunächst die Spitzen der Kontakte. Beim weiteren Zusammendrücken gleitet der bewegliche Kontakt ein wenig auf dem festen, so daß er sich eine saubere Kontaktfläche schafft (Wälzkontakt). Beim Ausschalten wird der Kontakthebel durch einen Nocken am Schalthebel mitgenommen. Dadurch wälzen sich die beiden Kontakte wieder aneinander ab, und der Strom wird nicht

Bild 165. Nockenschaltwerk mit Feinregler

a Feinregler
b Nockenschaltwerk
c Steuermotor

an der eigentlichen Kontaktfläche, sondern an den Abreißkontakten bzw. an den Funkenhörnern unterbrochen. Der Strom wird über ein flexibles Kupferband dem beweglichen Kontakt zugeführt. Dieser ist über die verschiedenen Hebel mit der Nockenscheibe elektrisch leitend verbunden, so daß auch diese stets unter Spannung steht. Sie wird daher gegen die Schaltwerkswelle (Nockenwelle) isoliert und von den anderen Scheiben weit genug entfernt befestigt.
Nockenschalter haben gegenüber Schütze nur eine geringe Schaltgeschwindigkeit, die auch durch rasches Drehen der Nockenscheiben nicht über ein gewisses Maß gesteigert werden kann. Sie sind daher nur zum Unterbrechen von Stromkreisen geeignet, die im Augenblick des Öffnens bereits stromlos sind oder nur geringe Spannungsunterschiede zwischen den Kontakten aufweisen. Dies ist der Fall, wenn die Spannung der Fahrmotoren mit Hilfe eines Zusatztrafos gesteuert wird. Sind jedoch beim Öffnen des Schalters größere Spannungsunterschiede zwischen den Kontakten vorhanden, so ist es erforderlich, die Nockenschalter mit Vorkontakten oder Blaseinrichtungen und Funkenkammern auszurüsten, wie sie auch bei Schützen verwendet werden.
Ein Nockenschaltwerk für Lokomotiven enthält entsprechend der Anzahl der Fahrstufen etwa 15 Nockenschalter. Die einzelnen Nockenscheiben sind dabei auf einer gemeinsamen Nockenwelle übereinander angebracht und gegeneinander um einen solchen Winkel versetzt, daß die einzelnen Schalter bei einer vollen Umdrehung der Welle der Reihe nach im vorgeschriebenen Schalttakt zur Wirkung kommen.
Bild 165 zeigt das Nockenschaltwerk einer elektrischen Lokomotive mit Feinreglersteuerung.

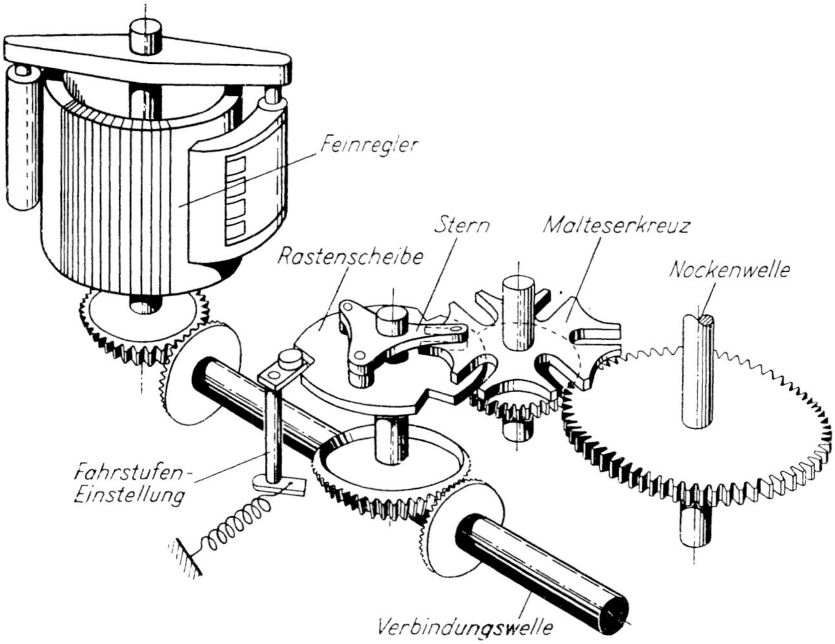

Bild 166. Antrieb des Nockenschaltwerks

Die Nockenwelle wird entweder durch ein Handrad von den Führerständen aus über Wellen und Kettenzüge oder durch einen besonderen Schaltmotor angetrieben. Der Antrieb ist so ausgebildet, daß er gleichzeitig den Feinregler betätigt (Bild 166). Die dazwischenliegende Rastenscheibe mit dem dreiarmigen Stern treibt dabei ein Malteserkreuz an, das den Zweck hat, die langsame und gleichmäßige Drehung der Verbindungswelle in eine schnelle und ruckweise Drehung der Nockenwelle zu verwandeln. Die Bewegungen sind untereinander so abgestimmt, daß eine Drehung der Bürsten um 180° einem Weiterschalten des Nockenschaltwerkes um eine Stufe entspricht.

Das Nockenschaltwerk der Neubaulokomotiven (Typenbezeichnung LNSW 5) entspricht in bezug auf Wirkungsweise und Aufbau der obengenannten Ausführung (Bild 167). Es ist unmittelbar neben dem Hauptumspanner angeordnet. Das Gestell ist aus Profilstählen zusammengeschweißt und hat oben vier Traghaken, um den Einbau mit Kran zu erleichtern. Die senkrecht stehende Nockenschaltwalze

Bild 167.
Hauptnockenschaltwerk

wird oben und unten in Pendelkugellagern geführt. Die 15 Nockenschalter sind in zwei Reihen senkrecht übereinander angeordnet und werden über die Nockenscheiben der Schaltwerkswelle betätigt. Die innen liegenden festen Kontakte sind jeweils so mit den Anzapfungen des Trafos verbunden, daß auf der einen Seite die acht Schalter mit ungerader Zahl und auf der anderen Seite die sieben Schalter mit gerader Zahl zusammengefaßt sind. Die äußeren beweglichen Kontakte sind zu beiden Seiten des Schaltwerkes an eine Sammelschiene angeschlossen, die jeweils mit der geteilten Sekundärwicklung des Zusatzumspanners verbunden ist.
Bei insgesamt 14 Dauerfahrstufen beträgt der Drehwinkel der Nockenwalze jeweils 24°. Auf jeder Dauerfahrstufe sind zwei benachbarte Schalter geschlossen, während beim Überschalten (Halbstufe) nur ein Schalter geschlossen ist. Alle Nockenelemente schalten leistungslos.
Die Nockenwalze wird über zwei Malteserkreuze und eine Kuppelstange vom Motor des Feinstufenschaltwerkes angetrieben.
Am oberen Ende der Schaltwalze sind noch zehn Steuerstrom-Nockenschalter angeordnet, die die einzelnen Hilfseinrichtungen, wie Lüfter oder Trennschütze, in Abhängigkeit von bestimmten Stellungen des Hauptschaltwerkes ein- oder ausschalten.
Außer einer Markierung, die die genaue Stellung des Schaltwerkes am Standort erkennen läßt, ist noch ein Drehfeldgeber angebaut. Dieser betätigt zwei Drehfeldanzeiger auf den Führerständen, so daß der Lokomotivführer jederzeit die Stellung des Hauptschaltwerkes exakt erkennen kann.
Das Nockenschaltwerk der Neubaulokomotiven ist für einen Nennstrom von 3400 A bei 75 % Einschaltdauer ausgelegt und gegen 750 V isoliert. Seine Masse beträgt etwa 950 kg.

3.4.2.4. Wandernocken- und Wanderwalzenschaltwerke

Während das gewöhnliche Nockenschaltwerk so viele Nockenschalter hat wie Trafoanzapfungen für die Spannungssteuerung vorhanden sind, benötigt das Wandernockenschaltwerk für alle Fahrstufen zusammen nur zwei wandernde Nockenschalter (Bild 168). Die Anzapfungen des Hauptumspanners führen zu den in zwei Reihen angeordneten festen Kontaktklötzen. Diese werden über die beiden Nockenschalter mit der darunterliegenden Sammelschiene verbunden. Das Ein- und Ausschalten des Stromkreises beim Weiterschalten übernehmen zwei Lastschalter, die meist

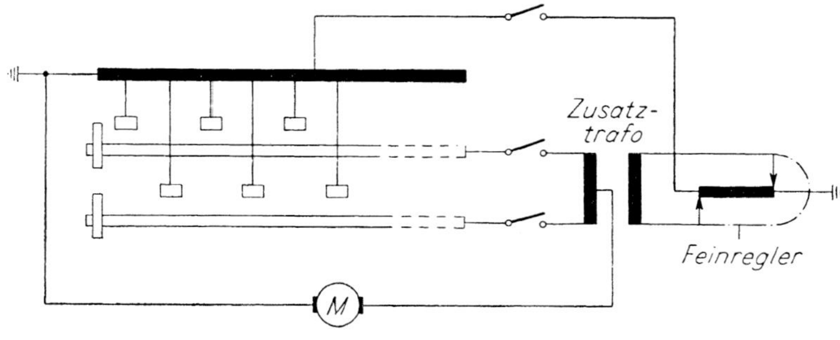

Bild 168.
Wandernockenschaltwerk mit Feinregler

mit Blaseinrichtungen und Funkenhörnern ausgerüstet sind. Daher schalten die Nockenschalter völlig stromlos und haben eine sehr geringe Kontaktabnutzung.
Der Aufbau dieses Schaltwerkes entspricht der bereits bekannten Feinreglersteuerung. Steht das Schaltwerk auf einer Dauerfahrstufe, so verbinden die zwei Nockenschalter zwei benachbarte feste Kontaktklötze mit der jeweiligen Sammelschiene. Die Lastschalter sind dabei geschlossen, das Bürstenjoch des Feinreglers steht auf den breiten Segmenten des Kollektors. Um das richtige Zusammenarbeiten der Nockenschalter und Lastschalter mit dem Feinregler sicherzustellen, wird das Wandernockenschaltwerk zusammen mit dem Feinregler angetrieben.
Ein Wandernockenschaltwerk ist nur halb so groß wie ein Nockenschaltwerk üblicher Bauart, so daß man es über dem Trafo anordnen kann und daher mit kurzen Zuleitungen auskommt.
Einen ähnlichen Aufbau zeigt das Wanderwalzenschaltwerk, das in die E 10 001 der Deutschen Bundesbahn eingebaut wurde. Hierbei werden anstelle der Wandernocken wandernde Walzen verwendet, die über ein Getriebe und ein Malteserkreuz bewegt werden. Das Ein- und Ausschalten des Stromkreises übernehmen auch hier wieder Lastschalter mit besonderen Einrichtungen.

3.4.3. Übertragungssteuerungen

Die Übertragungssteuerung hat die Aufgabe, die Schaltbefehle vom Führerstand oder von einer Befehlsstelle aus an die Steuerelemente der Leistungssteuerung zu übermitteln. Es ist bereits bekannt, daß man nur für sehr kleine Leistungen, zum Beispiel Straßenbahnen, unmittelbare Übertragungssteuerungen verwendet, da infolge der geringen Motorströme die Schalter dann so klein ausfallen, daß sie ohne weiteres in dem vom Fahrzeugführer bedienten Fahrschalter (Kontroller) untergebracht werden können.
Für größere Leistungen, wie sie bei elektrischen Lokomotiven zu finden sind, bevorzugt man mittelbare Übertragungssteuerungen, da wegen der hohen Motorströme die Fahrschalter zu groß und zu schwer werden. Man ersetzt dann zweckmäßigerweise die beiden Fahrschalter auf den Führerständen durch einen in der Nähe des Trafos aufgestellten Zentralfahrschalter oder durch ein Schaltwerk.
Diese werden von einem der beiden Führerstände aus mit Hilfe der sogenannten Blindfahrschalter auf mechanischem Wege über Wellen, Zahnräder und Kettenzüge betätigt, sie können aber auch elektromagnetisch oder elektropneumatisch oder auch auf rein elektrischem Wege durch einen Stellmotor bedient werden. Die Entwicklung der letzten Jahre läßt deutlich die Tendenz vom nichtautomatischen über den halbautomatischen zum vollautomatischen Betrieb erkennen. Man will auf diese Weise den Lokomotivführer von der schweren körperlichen Schaltarbeit befreien und zugleich erreichen, daß er sich der Beobachtung der Strecke und Signale mit größerer Konzentration widmen kann.

3.4.3.1. Mechanische Handsteuerung

Hierbei wird die im Maschinenraum aufgestellte Schalteinrichtung (zum Beispiel Nocken- oder Schlittenschaltwerk) auf rein mechanischem Wege über Wellen,

Kegelradgetriebe und Kettenzüge bedient (Bild 169). Da der zur Überwindung der Bewegungswiderstände erforderliche Kraftaufwand recht hoch ist, empfiehlt es sich, ein verhältnismäßig großes Handrad so anzuordnen, daß es sich um eine waagerechte Welle dreht. Außer der Nullstellung sind etwa 15 Fahrstufen vorhanden, und durch einen kleinen Zeiger wird auf einer Skala angegeben, welche

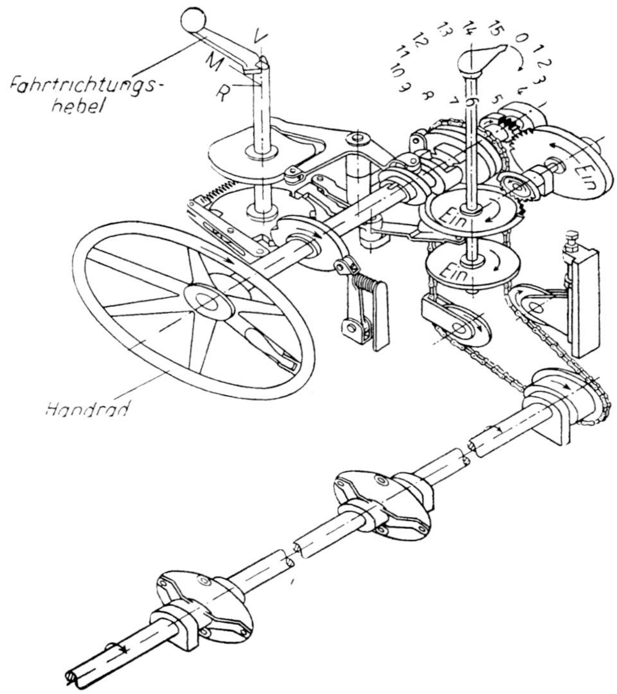

Bild 169.
Mechanische Handsteuerung

Fahrstufe gerade eingeschaltet ist. Um die am Handrad aufzuwendende Kraft möglichst klein zu halten, baut man in das Gestänge zum Schaltwerk meist eine große Übersetzung ein, so daß zum Weiterschalten von einer Fahrstufe zur anderen eine halbe, oft sogar eine ganze Umdrehung des Handrades erforderlich ist. Die genauen Stellungen werden durch Einrasten einer kleinen Rolle gekennzeichnet.
Diese einfache mechanische Handsteuerung ist bei den Lokomotiven der Baureihen E 04, E 44 und E 94 zu finden.

3.4.3.2. Schützensteuerung

Um den Lokomotivführer von der schweren körperlichen Schaltarbeit zu befreien und auch die Möglichkeit zu schaffen, mehrere Triebfahrzeuge von **einem** Führerstand aus zu steuern (Mehrfachsteuerung), wurde die elektrische Schützensteuerung entwickelt. Bei dieser ist in jedem Führerstand eine Fahrwalze (Meisterwalze) angeordnet, die durch Drehen eines horizontal angeordneten oder schwach geneigten Handrades betätigt wird (Bild 170). Sobald eine Fahrstufe erreicht ist, rastet ein federnder Rollenhebel in eine Rastenscheibe ein.

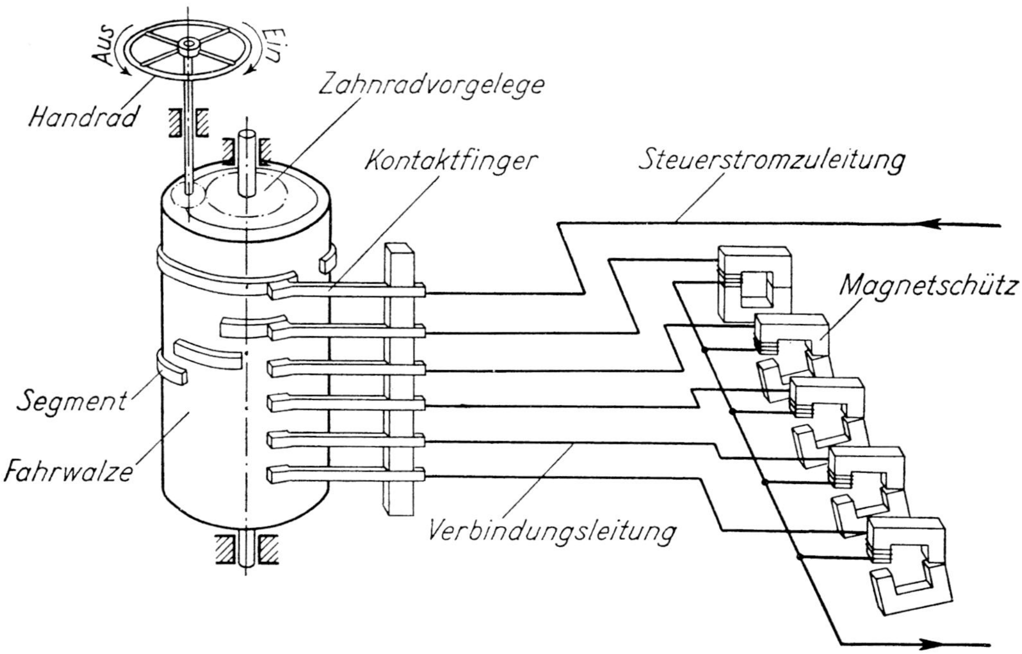

Bild 170. Fahrschalter für Schützensteuerung

Um mit einer kleinen Kraft auszukommen und ein zu rasches Drehen der Walze zu vermeiden, schaltet man zwischen Handrad und Walze eine Zahnradübersetzung. Beim Schalten von „Null" bis zur nächsten Fahrstufe dreht sich die Walze um nahezu 360°. Die Segmente für die einzelnen Fahrstufen sind über den ganzen Umfang gleichmäßig verteilt und elektrisch miteinander verbunden (Bild 171). Ein Kontakt-

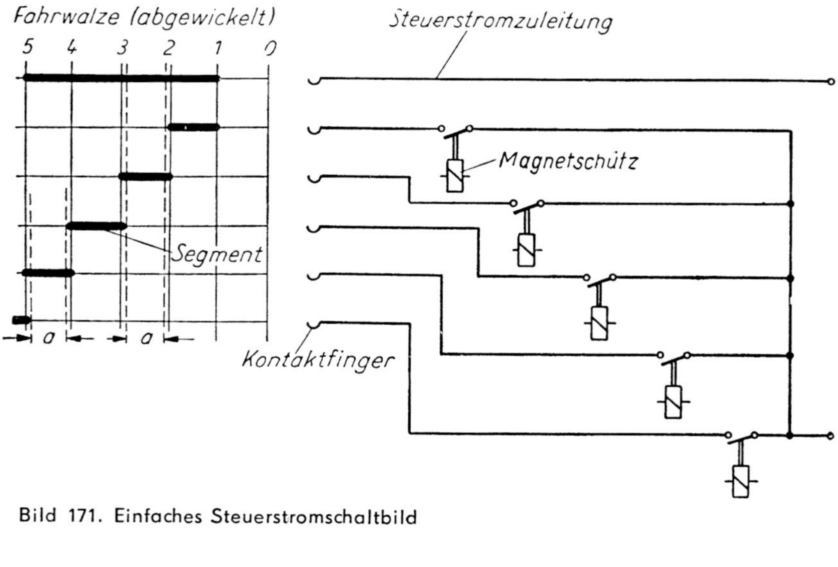

Bild 171. Einfaches Steuerstromschaltbild

finger stellt dann über die Steuerstromleitungen die Verbindung mit dem entsprechenden Schütz her. Abgesehen von Fahrstufe 1 sind stets zwei benachbarte Schütze eingeschaltet. Zwischen dem Ende eines jeden Segments und dem Anfang des übernächsten muß ein genügend großer Abstand *a* vorhanden sein, damit das zugehörige Schütz genügend Zeit zum Ausschalten hat, bevor das übernächste einschaltet.

Um Fehlschaltungen zu vermeiden, führt man den Steuerstrom eines Schützes über Verriegelungskontakte, die an den anderen Schützen angeordnet sind. Sobald der Steuerstrom unterbrochen wird, fallen die Schütze ab, und der Motorstrom wird ausgeschaltet. Es genügt also zum Schnellausschalten ein einfacher Druckknopfschalter (Schnellabschaltknopf), der in der Deckplatte des Fahrschalters untergebracht ist. Bei dieser Steuerung, die beispielsweise in die Lokomotiven der Baureihen E 17 und E 21 eingebaut wurde, ist es ohne weiteres möglich, mehrere Lokomotiven von e i n e m Führerstand aus zu steuern.

3.4.3.3. Auf-Ab-Steuerung mit Stellmotor

Bei neueren elektrischen Lokomotiven mit Nocken- oder Schlittenschaltwerken ist es üblich, den Fahrschalter durch einen Stellmotor (Schaltmotor) anzutreiben, um die Schaltzeiten zu verkürzen und den Lokomotivführer von der körperlichen Schaltarbeit zu entlasten. Der Stellmotor ist im allgemeinen ein Reihenschlußmotor, der mit Wechselstrom von 200 V oder Gleichstrom von 110 V arbeitet und etwa 0,1 kW leistet. Er muß für Vor- und Rückwärtslauf eingerichtet sein und wird vom Lokomotivführer mit Hilfe eines kleinen Stellhebels über Relais gesteuert.

Man unterscheidet folgende Stellungen:

1. Nullstellung. Die Fahrmotoren sind durch die Trennschütze abgeschaltet, das Schaltwerk läuft in die Nullstellung zurück.
2. Stellung „auf". Die Motortrennschütze werden zunächst geschlossen. Dann wird das Schaltwerk durch das Auf-Relais so lange aufgeschaltet, als der Hebel in dieser Stellung steht. Das Hochfahren von der Nullstellung bis zur höchsten Fahrstufe dauert etwa 70 s.
3. Stellung „Fahrt". Das Schaltwerk bleibt in der gerade eingenommenen Fahrstufe stehen.
4. Stellung „ab". Das Schaltwerk wird durch das Ab-Relais so lange zurückgeschaltet, bis entweder die Nullstellung erreicht ist oder der Stellhebel in die Fahrstellung gebracht wird.

Da zum Anziehen schwerer Züge geringe Spannungen nicht ausreichen und das Verweilen auf den unteren Fahrstufen wegen der hohen Ströme leicht zu Kommutatorschäden führt, wird zusätzlich noch die Stellung „schnell auf" eingebaut. Sie ist durch eine Sperrtaste besonders gesichert und bewirkt das Aufschalten bis zur höchsten Fahrstufe in etwa 10 s. Dementsprechend ist auch eine Stellung „schnell ab" vorgesehen. Diese wird jedoch nur selten benutzt, da der Lokomotivführer beim Abschalten das Schaltwerk meist nur wenige Fahrstufen zurücklaufen läßt, um allzu starke Zugkraftschwankungen zu vermeiden, und dann den Schnellabschaltknopf drückt. Dadurch wird der Steuerstrom unterbrochen und die Trennschütze sprechen an, die den Motorstrom sofort abschalten (siehe Abschnitt 3.4.4.3.). Besondere Einrichtungen sorgen dafür, daß das Schaltwerk dann selbständig in die Nullstellung zurückläuft und ein Weiterschalten über die höchste oder niedrigste Fahrstufe hinaus ausgeschlossen ist. Außerdem ist eine mechanische oder elektrische Einrichtung zum Abbremsen des Stellmotors vorhanden. Durch Malteserkreuze oder Einfallklinken wird erreicht, daß das Schaltwerk nur in den Fahrstufen und nicht in den Zwischenstellungen stehenbleibt.

Um den großen Aufwand für Stellmotor und Abbremsvorrichtung zu verringern, wurden früher anstelle eines Schaltmotors für die Fernbetätigung der Steuerelemente der Leistungssteuerungen auch Schaltmagnete verwendet. Diese trieben über Klinke und Klinkenrad die Schaltwalze an. Da hierbei jedoch nur eine Drehrichtung möglich war, wurden zwei Schaltmagnete eingebaut, die in entgegengesetzter Richtung arbeiteten. Beim Auf- oder Abschalten wurde dann jeweils ein Magnet stoßweise erregt.

Auch bei einem Stellmotor oder einem Schaltmagneten kann man an einer Skala ablesen, welche Fahrstufe eingeschaltet ist.

Moderne elektrische Lokomotiven und vor allem auch Triebwagen sind mit Schaltwerken ausgerüstet, die automatisch oder halbautomatisch gesteuert werden. In diesem Falle leitet der Lokomotivführer den Steuervorgang nur ein. Fortschaltrelais (siehe Abschnitt 3.4.4.2.) sorgen dafür, daß beim Aufschalten eine bestimmte Stromstärke nicht überschritten wird. Bei den Steuerungen mit Stellmotoren ergibt sich eine besonders einfache Lösung für den Einsatz von Vorspannlokomotiven und für Wendezugbetrieb, da hier nur verhältnismäßig wenig Steuerleitungen weitergeführt zu werden brauchen.

3.4.3.4. Nachlaufsteuerung

Bei Neukonstruktionen verwendet man gern eine sogenannte Nachlaufsteuerung. Hierbei stellt der Lokomotivführer eine bestimmte Fahrstufe ein, die dann innerhalb einer bestimmten Zeit vom nachlaufenden Schaltwerk erreicht wird. Es gibt Nachlaufsteuerungen mit mechanischer Welle und solche mit Spannungsvergleich. Bei der erstgenannten Bauart ist ein Vergleich zwischen der Stellung des Handrades und der des Schaltwerks mit Hilfe einer Welle, also auf rein mechanischem Wege, ohne weiteres möglich (Bild 172). Wird das Handrad im Uhrzeigersinn zum Beispiel auf Stufe 3 eingestellt, so dreht das Ritzel das große Stirnrad in entgegengesetzter Richtung und bewegt die damit verbundenen Schalter um die noch stillstehenden Nockenscheiben. Der „Auf"-Schalter wird betätigt, wodurch der Stromkreis zum zugehörigen Relais für das Einschalten des Stellmotors geschlossen wird. Dieser dreht das Schaltwerk, wobei die Drehbewegung gleichzeitig durch ein mechanisches Wellensystem auf die Nockenscheiben übertragen wird, so daß diese in ihrer Bewegung den Nockenschaltern nachlaufen. Stimmt die Stellung des Schaltwerks mit der des Handrades überein, so wird der „Auf"-Schalter durch die Nocke wieder geöffnet und der Steuervorgang ist beendet.

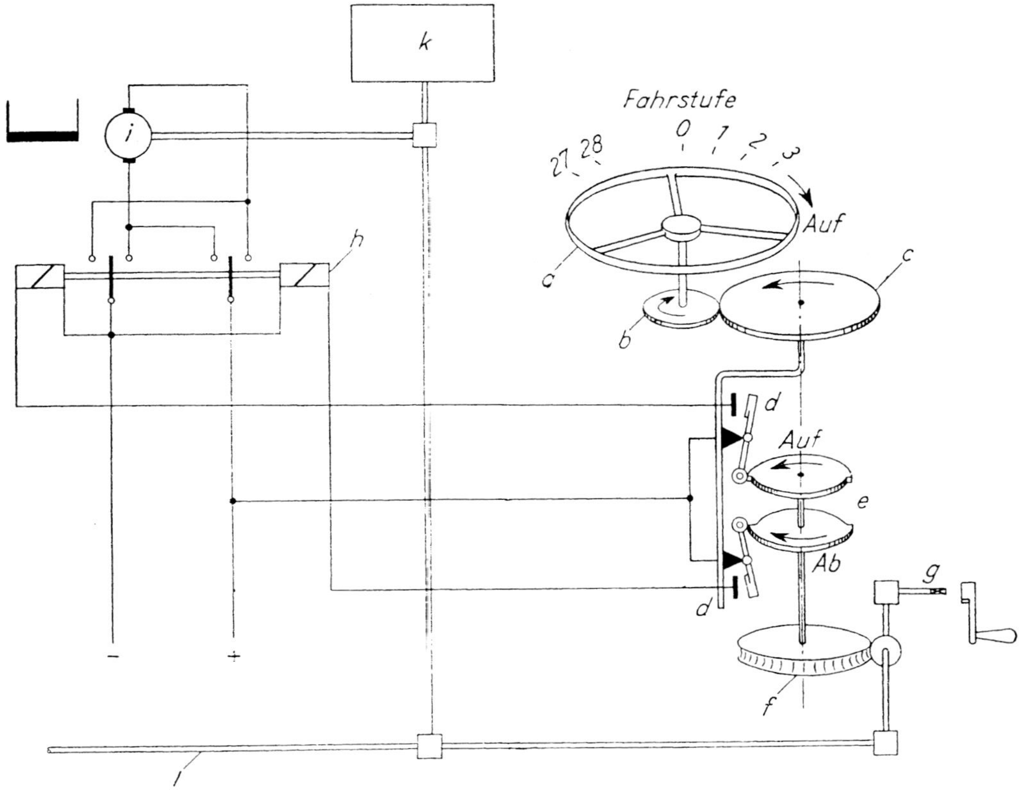

Bild 172. Nachlaufsteuerung mit mechanischer Welle

a Handrad
b Ritzel
c Vorgelegerad
d Schalter
e Nockenscheibe
f Schneckengetriebe
g Handantrieb
h Relais
i Stellmotor
k Schaltwerk
l Antrieb für zweiten Fahrschalter

Für die „Ab"-Richtung gilt das gleiche bei jeweils entgegengesetzter Drehrichtung. Bei Störung der elektrischen Steuerung kann das Schaltwerk mit Hilfe einer Kurbel über die Welle betätigt werden, was außerordentlich vorteilhaft ist.

Gebräuchlicher sind jedoch Nachlaufsteuerungen mit Spannungsvergleich, die auch für Mehrfachbespannung und Wendezugbetrieb geeignet sind. Bild 173 zeigt das

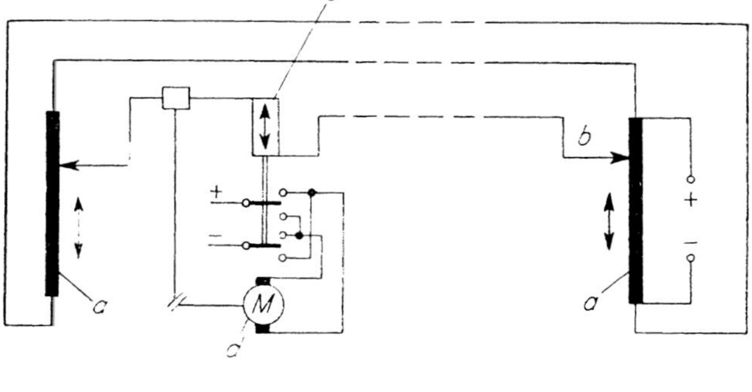

Bild 173.
Nachlaufsteuerung mit Spannungsvergleich
a Spannungsteiler
b Fahrwalze
c gepoltes Relais
d Stellmotor

Prinzip einer Nachlaufsteuerung durch Spannungsvergleich mit gepoltem Relais. Rechts sei die Einrichtung im Führerstand, links die am Schaltwerk angedeutet. Wird das Handrad im Führerstand gedreht, so wird der Abgriff *b* am rechten Spannungsteiler in eine Stellung gebracht, die der gewünschten Fahrstufe entspricht. Dadurch entsteht ein Potentialunterschied zwischen den beiden Spannungsteilern. Das polarisierte Relais wird wegen des fließenden Brückenstromes ansprechen und je nach Stromrichtung den „Auf"- oder „Ab"-Kontakt für den Stellmotor schließen. Dieser läuft an und dreht das Schaltwerk und den damit verbundenen Abgriff am linken Spannungsteiler in eine Stellung, bei der sich die Stellungen beider Spannungsteilerabgriffe decken. Es besteht also wieder Übereinstimmung zwischen der Stellung des Handrades und der des Schaltwerks. Diese Schaltung wurde zum Beispiel bei der E 10 002 erprobt.
Für die Neubaulokomotiven der Deutschen Bundesbahn, und zwar für die Baureihen E 10^1, E 40, E 41 und E 50, wurde eine einheitliche Nachlaufsteuerung mit mechanischer Welle als Übertragungssteuerung für das motorisch angetriebene Schlittenschaltwerk vorgesehen.
Auch für die Neubaulokomotiven der Deutschen Reichsbahn wurde eine neue Übertragungssteuerung entwickelt. Die Konstruktion mußte folgenden Anforderungen entsprechen:

1. Die Steuerung des Schaltwerks muß durch den Stellmotor sowohl von den Führerständen der Lokomotive als auch bei Wendezugbetrieb von einem Steuerwagen aus möglich sein;
2. die Steuerung des Schaltwerkes soll von einer anderen Lokomotive aus möglich sein, wenn die Zugkraft eines Triebfahrzeugs nicht ausreicht;
3. das Schaltwerk soll bei Störungen von Hand betätigt werden können, und zwar vom Führerstand aus, jedoch ist diese Forderung auf die betreffende Lokomotive beschränkt.

Die Neubaulokomotiven der Baureihe E 11/E 42 haben ebenfalls eine Nachlaufsteuerung, die mit einer Auf-Ab-Steuerung kombiniert ist. Sie besteht im wesentlichen aus den beiden Fahrschaltern, einer Nachlaufwalze, den Steuerrelais, den Steuerschützen und dem Schaltwerkmotor. Der Fahrschalter wird im Abschnitt 3.4.4.1. näher beschrieben. Er besitzt eine mittels Handrad zu betätigende Fahrsteuerwalze, mit der über 13 Kontaktfinger insgesamt 14 Dauerfahrstufen und kurzfristig 14 Halbstufen angesteuert werden können. Außerdem sind im Schaltwerk noch die Richtungssteuerwalze und der Tastschalter „schnell auf" untergebracht.
Die Nachlaufsteuerung der Neubaulokomotiven ermöglicht das selbsttätige Hochschalten bis zu einer beliebigen, am Fahrschalter vorher eingestellten Fahrstufe. Dabei beeinflußt ein Fortschaltrelais (siehe Abschnitt 3.4.4.2.) den Nachlauf des Schaltwerkes derart, daß ein bestimmter Motorstrom nicht überschritten wird.
Die Schaltwerksteuerung ist in mehrere Stromkreise unterteilt (siehe Anlage 2). Zu dem Befehlsstromkreis gehören die beiden Fahrsteuerwalzen, die Nachlaufsteuerwalze am Feinstufenschaltwerk und vier Steuerrelais. Der Empfängerkreis besteht aus den Steuerschützen und dem Schaltwerkmotor. Ein Shuntierungsschütz regelt die Schaltgeschwindigkeit.

Man unterscheidet die beiden Steuergruppen „Grob" und „Fein". Die erstgenannte ist in sechs, die andere in fünf Stufen unterteilt, so daß durch Verkettung beider Steuergruppen insgesamt 30 Steuerstufen möglich sind. Da die Leistungssteuerung jedoch nur 14 Dauer- und ebensoviel Halbstufen besitzt, werden insgesamt nur 28 Steuerstufen für die Übertragungssteuerung genutzt.

Die Steuergruppe „Grob" steuert aufwärts die Fahrstufen $\frac{1}{2}$, 3, $5^1/_2$, 8, $10^1/_2$ und 13 und abwärts die Fahrstufen $12^1/_2$, 10, $7^1/_2$, 5 und $2\frac{1}{2}$ an. Die Steuergruppe „Fein" schaltet alle anderen Fahrstufen.

Zu jeder Steuergruppe gehören je eine Kontaktbahnabwicklung auf der Fahrsteuerwalze oder auf der Nachlaufsteuerwalze des Feinstufenschaltwerkes und ein Steuerrelais „Auf" und ein Steuerrelais „Ab". Bei der Beeinflussung des Auf-Ab-Schützes hat die Steuergruppe „Grob" den Vorrang vor der Steuergruppe „Fein" und innerhalb der jeweiligen Steuergruppe das Steuerrelais „Ab" vor dem Steuerrelais „Auf".

Sämtliche Relais arbeiten in Ruhestromschaltung, das heißt, das Schaltwerk läuft aufwärts, wenn die Steuerrelais „Auf" spannungslos, also abgefallen sind, und umgekehrt läuft das Schaltwerk abwärts, wenn die Steuerrelais „Ab" keine Spannung erhalten.

Die Relais geben somit folgende Steuerbefehle:

1. alle vier Relais angezogen:	Halt!
2. alle vier Relais abgefallen:	Ab!
3. Auf-Relais abgefallen:	Auf!
4. Ab-Relais abgefallen:	Ab!

Sobald durch einen der beiden Fahrschalter eine Fahrstufe vorgewählt wird, ziehen die „Ab"-Relais der Steuergruppe „Grob" und „Fein" an, das Steuerschütz schaltet in Auf-Stellung und der Schaltwerkmotor läuft an. Ein Segmentschalter mit um 180° versetzten Bremssegmenten sorgt für eine einwandfreie Ansteuerung der nächsten Voll- oder Halbstufe.

Sobald das Schaltwerk die Hauptstufe, die vor der gewählten Fahrstufe liegt, erreicht, zieht das Steuerrelais „Grob-Auf" an und übergibt das Kommando dem Steuerrelais „Fein-Auf". Bei Erreichen der gewählten Fahrstufe zieht auch dieses an und unterbricht damit den Aufschaltvorgang.

Wird dann eine niedrigere Fahrstufe gewählt, so werden die Steuerrelais „Grob-Ab" und „Grob-Auf" spannungslos. Das Steuerschütz schaltet auf „Ab" um, und das Schaltwerk läuft abwärts. Sobald es die der angesteuerten Fahrstufe entsprechende Grobstufe erreicht hat, zieht das Steuerrelais „Grob-Ab" an und übergibt das Kommando dem Steuerrelais „Fein-Ab". Dieses zieht bei Erreichen der vorgewählten Fahrstufe ebenfalls an, der Steuerstromkreis „Ab" wird unterbrochen und das Schaltwerk abgebremst.

Beim Auf- und Abschalten fallen die Steuerrelais jeweils beim Überschalten von Stufe zu Stufe kurzfristig ab. Die Steuervorgänge werden dadurch jedoch nicht beeinträchtigt, da der Segmentschalter die Schaltkontakte der vier Steuerrelais überbrückt.

Das Zusammenwirken der einzelnen Steuerungsteile ist aus Anlage 2 ersichtlich. Der Leistungsbedarf für den Antrieb der Steuerung beträgt etwa 25 W. Wie aus dem nächsten Abschnitt näher hervorgeht, ist die Nachlaufsteuerung der Neubaulokomotiven auch für Mehrfachtraktion und Wendezugbetrieb geeignet.

3.4.3.5. Mehrfach-, Fern- und Funksteuerung

Von Mehrfachsteuerung spricht man, wenn zwei oder mehrere Triebfahrzeuge gemeinsam von einem Führerstand aus bedient werden. Dies ist im allgemeinen nur bei Triebwagen üblich, kann jedoch auch bei elektrischen Lokomotiven angewendet werden, wenn die Zugkraft einer Lokomotive zum Befördern sehr schwerer Züge nicht ausreicht. Man vermeidet dadurch den Bau sehr großer Einheiten, die häufig nicht voll ausgelastet werden und auch sehr hohe Anschaffungs- und Unterhaltungskosten erfordern.
Da es bei Mehrfach- und Fernsteuerungen natürlich nicht möglich ist, das Schaltwerk auf mechanischem Wege zu bedienen, werden in einem solchen Falle stets Schützensteuerungen oder Schaltwerke verwendet, die durch einen Stellmotor oder durch Schaltmagnete betätigt werden.
Auch viele Neubaulokomotiven der Baureihe E 11/E 42 sind mit einer Mehrfachsteuerung ausgerüstet. Dadurch ist es möglich, mehrere Lokomotiven der gleichen Gattung, das heißt mehrere Lokomotiven der Baureihe E 11 oder mehrere Lokomotiven der Baureihe E 42 von einem Führerstand aus zu steuern. Dies trifft nicht nur für die Bedienung der Leistungssteuerung zu, sondern auch Stromabnehmer, Fahrtrichtungswender, Hauptschalter usw. können von einer Stelle aus zentral betätigt werden. Für die Überwachung der unbesetzten Lokomotive sind Schutz- und Meldeeinrichtungen vorgesehen.
Sämtliche Steuer- und Meldeleitungen enden an den beiden Stirnseiten der Lokomotive in einer oberhalb der Zugvorrichtung angebrachten 34poligen Kupplungsdose. Beim Fahren in Mehrfachtraktion sind die sich gegenüberliegenden Kupplungsdosen beider Lokomotiven durch ein Steckerkabel verbunden, das als Zubehör auf jeder Lokomotive mitgeführt wird.
Von der Fernsteuerung macht man bei Wendezugbetrieb Gebrauch. Dieser hat sich bei Reisezügen, die im Vorort- oder auch im Pendelverkehr beispielsweise zwischen zwei Großstädten eingesetzt sind, bestens bewährt. Durch Wegfall der Rangierbewegungen auf den Zielbahnhöfen werden die Wendezeiten beträchtlich verkürzt.
Bei Wendezugbetrieb bleibt die Lokomotive stets an demselben Ende des Zuges, das heißt, sie läuft in einer Fahrtrichtung am Zugschluß. Sie wird dann von einem Steuerwagen, einem entsprechend umgebauten Reisezug- oder Gepäckwagen, aus gesteuert, dessen Steuerabteil mit allen erforderlichen Steuer-, Brems- und Meßeinrichtungen ausgerüstet ist. Die zwischen dem Triebfahrzeug und dem Steuerwagen laufenden Beiwagen haben dann zusätzlich die entsprechenden Steuerstromkabel und Steuerstromkupplungen eingebaut. Während bei Schützensteuerung ein solches Steuerkabel etwa 20 bis 45 einzelne Steuerleitungen enthalten muß, genügen bei einer modernen Steuerung mit Stellmotor bedeutend weniger Steuer-

leitungen. Um auch diese einzusparen, werden neuerdings Versuche mit Wendezügen durchgeführt, bei denen die Steuerimpulse mittels Trägerfrequenz über die elektrische Heizleitung gesendet werden.
Die Neubaulokomotiven der Baureihe E 11/E 42 können auch im Wendezugbetrieb eingesetzt werden. Sie haben zu diesem Zweck an beiden Stirnseiten jeweils neben dem in Fahrtrichtung gesehen rechten Puffer eine 34polige Steckerleitung und auf der linken Seite eine entsprechende Kupplungsdose. Stecker und Dose jeder Stirnseite sind parallel geschaltet und ihre Kontakte mit den jeweils erforderlichen Steuer- und Meldeleitungen der Lokomotive verbunden.
Die Entwicklung der Funktechnik schuf in den letzten Jahren auch die Möglichkeit, elektrische Triebfahrzeuge von einer ortsfesten Befehlsstelle aus drahtlos fernzusteuern. Diese Neuerung wird zur Zeit im Bergbau und auch im Rangierdienst angewendet und hat sich bestens bewährt. Hierfür sind die Auf-Ab-Steuerung mit Stellmotor und auch die Nachlaufsteuerung mit Spannungsvergleich am besten geeignet. Man benötigt bei Funksteuerung auf der Lokomotive zusätzlich nur einen Empfänger und einen Steuergeber, der die empfangenen Signale in Steuerbefehle umsetzt. Außerdem ist noch ein kleiner Sender erforderlich, um die Steuerquittungen an die Leitstelle zurückzusenden. Für den Fall, daß eine Wechselsprechverbindung vorgesehen wird, braucht man insgesamt drei Kanäle, nämlich einen für Steuerung und Bremsung, den zweiten für die Steuerquittungen und den dritten für das Wechselsprechen.
Auch bei Industriebahnen wurde dieses Verfahren sehr erfolgreich angewendet. Die Steuerung geschieht dann von einem Stellwerk aus oder mittels eines transportablen Senders, der bei einer Masse von nur 3,5 kg etwa 400 m Reichweite hat.
Die Rangierlokomotive ist mit einem Empfänger und einer Steuereinrichtung ausgerüstet und kann sowohl über Funk ferngesteuert als auch von Hand direkt bedient werden. Zur Fernsteuerung benötigt man nur zehn Befehle:

1. vorwärts fahren
2. rückwärts fahren
3. Bremsen anlegen
4. Bremsen lösen
5. Geschwindigkeit erhöhen
6. Geschwindigkeit senken
7. an- oder abkuppeln
8. sanden
9. läuten
10. pfeifen

Solange die Lokomotive mit Funksteuerung arbeitet, muß der Bediener ständig eine Wachsamkeitstaste drücken, was gleichzeitig „Bremse lösen" bedeutet. Sobald er die Taste losläßt, legen automatisch die Bremsen an.
Dem betriebssicheren Heranfahren an stehende Wagen und dem Kuppelvorgang wurde dabei besondere Beachtung geschenkt. Nachdem sich Radar- und Ultraschallverfahren für diesen Zweck nicht bewährten, wurde das Problem durch ein induktives Verfahren gelöst. Es arbeitet mit einem Schwingkreis zwischen dem stehenden Wagen und der heranfahrenden Lokomotive, wobei die Resonanzfrequenz als Funktion der Entfernung benutzt wird.
Dabei wird die Lokomotive, unabhängig von dem augenblicklichen Fernsteuerzustand, automatisch auf eine Geschwindigkeit von 2 km/h abgebremst und kommt erst nach dem Ankuppeln wieder unter die Kontrolle des Senders.

Die Französischen Staatsbahnen dehnten bereits im April 1955 ihre Versuchsfahrten mit Funksteuerung auf den Streckendienst aus und fuhren auf der elektrifizierten Strecke Paris – Le Mans einen Zug, der aus einer Bo'Bo'-Lokomotive und vier Wagen bestand, ohne Lokomotivführer und ohne Fahrgäste. Auf dem Nachbargleis wurde dieser Zug von einem elektrischen Triebwagen mit Ingenieuren und Gästen begleitet. Von dort aus wurden mit Hilfe drahtloser Telefonie die gewünschten Bewegungen des Zuges einem ortsfesten Kommandoturm übermittelt, der die Steuerkommandos an die Fahr- und Bremsausrüstung der elektrischen Lokomotive wiederum durch Funk weitergab. Zur Überwachung der unbemannten Lokomotive waren dann noch weitere Kanäle vorgesehen.

Bei dieser Versuchsfahrt, die ohne jeden Zwischenfall verlief, wurde eine Geschwindigkeit von 120 km/h erreicht und der Zug an der vorgesehenen Stelle zum Halten gebracht. Dieser Erfolg bestätigte, daß bei Einführung der Automatik mit Hilfe elektronischer Geräte die Sicherheit des Eisenbahnbetriebs noch erhöht werden kann.

In den letzten Jahren wurde die drahtlose Funksteuerung von vielen Eisenbahnverwaltungen erprobt und weiterentwickelt, so daß heute bereits günstige Voraussetzungen für eine völlige Automatisierung des Eisenbahnbetriebs vorliegen.

3.4.4. Steuereinrichtungen

Die elektrischen Lokomotiven sind noch mit einigen zusätzlichen Einrichtungen ausgerüstet, damit eine betriebssichere und fehlerfreie Steuerung des Schaltwerkes möglich ist und neben der reinen Leistungssteuerung noch andere Aufgaben erfüllt werden können.

3.4.4.1. Nockenfahrschalter

Während bei älteren Lokomotiven die Nockenschaltwerke meist auf mechanischem Wege betätigt wurden und bei der Auf-Ab-Steuerung der Stellmotor über einen einfachen Steuergriff seine Befehle erhielt, werden bei den Neubaulokomotiven der Baureihe E 11/E 42 Nockenfahrschalter (Typenbezeichnung LNF 24) verwendet (Bilder 174 und 175). Sie sind jeweils auf der in Fahrtrichtung rechten Seite des Führerstandes angeordnet.

Jeder Schalter besitzt zum Ansteuern der insgesamt 28 Fahrstufen eine Fahrsteuerwalze, die durch ein Handrad betätigt wird. Außerdem sind im Fahrschalter die Richtungssteuerwalze mit 14 Nockenschaltern und der Stromabnehmerwahlschalter mit vier Nockenschaltern untergebracht. Auf der Deckplatte befindet sich noch ein Tastschalter „schnell-Auf" für den beschleunigten Lauf des Schaltwerkes.

Die Richtungssteuerwalze mit den Stellungen

V vorwärts
M prüfen
0 Null
R rückwärts

wird mit einem nur in der Nullstellung aufsteckbaren Schaltgriff gedreht.

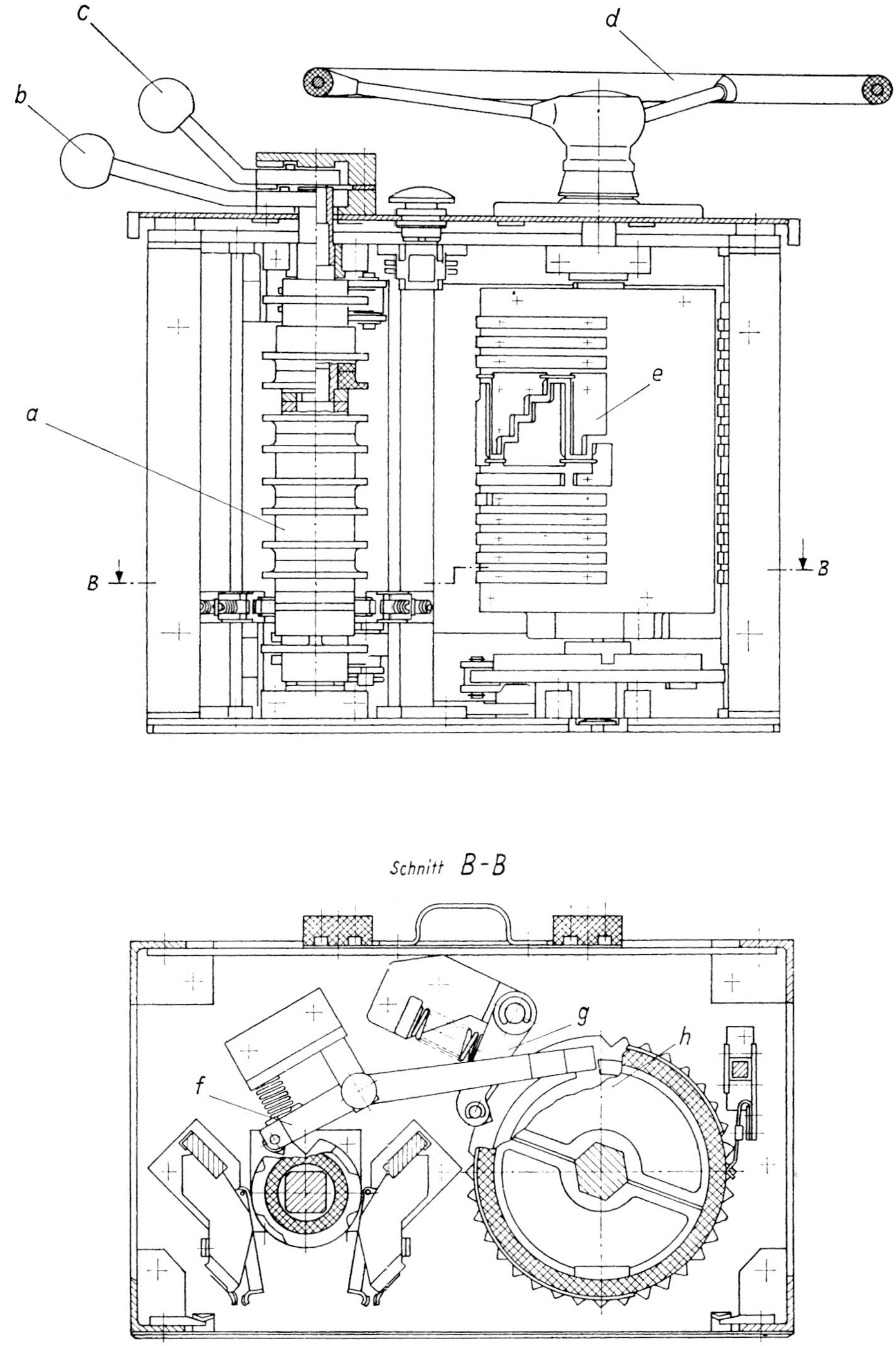

Bild 174. Nockenfahrschalter (Schema)

a Richtungswalze
b Schaltgriff für Stromabnehmerwahlschalter
c Schaltgriff für Fahrtrichtungswender
d Handrad
e Fahrwalze
f Rastenhebel für Richtungswalze
g Rastenhebel für Fahrwalze
h Rastenscheibe

Beide Walzen sind, um Fehlschaltungen zu vermeiden, mechanisch gegeneinander verriegelt, das heißt, die Richtungssteuerwalze kann nur betätigt werden, wenn die Fahrsteuerwalze auf 0 steht, und die Fahrsteuerwalze läßt sich nur drehen, wenn die Richtungswalze auf die Stellungen V, M oder R geschaltet wurde (siehe Abschnitt 3.4.4.6.). Die Stromabnehmerwalze ist nicht verriegelt, doch ist auch dieser Griff abziehbar.
Beim Nockenfahrschalter der Neubaulokomotiven betragen die Nennspannung 110 V, der Nennstrom 6 A und die Masse etwa 75 kg.

Bild 175.
Nockenfahrschalter

3.4.4.2. Fortschaltrelais

Um eine hohe Beschleunigung des Zuges zu erreichen, werden beim Anfahren die Fahrmotoren häufig bis nahe an die Leistungsgrenze beansprucht. Der Lokomotivführer muß dann, um ein Schleudern der Treibräder zu vermeiden, darauf achten, daß der Motorstrom einen bestimmten Wert nicht überschreitet.
Bei automatischen oder halbautomatischen Leistungssteuerungen übernimmt diese Aufgabe ein Fortschaltrelais (Stromwächter), das ein vorzeitiges Weiterschalten auf die nächsthöhere Fahrstufe vermeiden soll.
Auch die Neubaulokomotiven der Baureihe E 11/E 42 sind mit einem solchen Fortschaltrelais (Typenbezeichnung FSR 5) ausgerüstet (Bilder 176 und 177). Es wird von einem Stromwandler, der im Stromkreis des Fahrmotors 1 liegt, gespeist. Ein solches Relais besteht aus einer Zugspule, einem lamellaren Eisenkern mit beweglichem Anker und einem Fortschaltkontakt. Eine seitlich angeschraubte Scheibe dämpft die frequenzbedingten Ankerbewegungen.

Bild 176
Fortschaltrelais

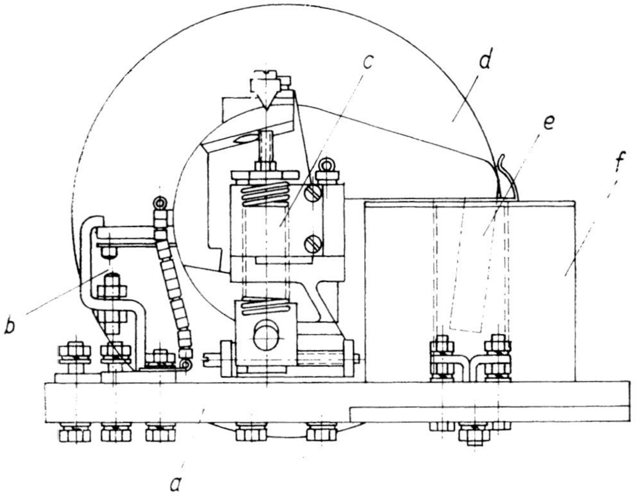

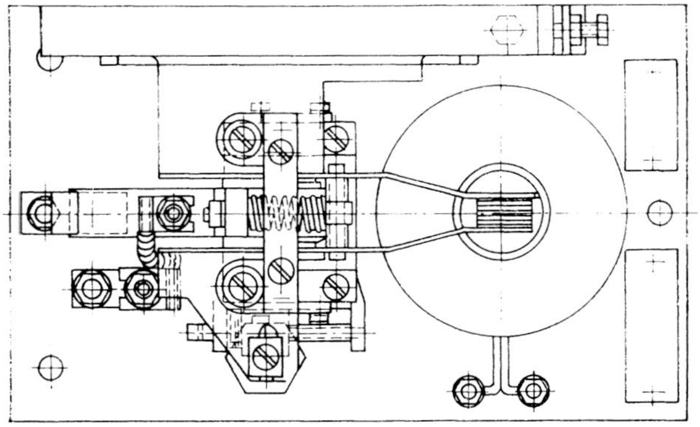

Bild 177
Fortschaltrelais

- a Grundplatte
- b Kontaktstück
- c Zugfeder
- d Dämpfungsscheibe
- e Eisenkern
- f Zugspule

Sobald der Strom, der die Spule durchfließt, einen bestimmten Wert überschreitet, wird der Eisenkern angezogen, der Kontakt unterbrochen und das weitere Aufwärtsschalten so lange verhindert, bis der Strom wieder auf den eingestellten Wert gesunken ist.
Die maximale Anfahrzugkraft ist bei der Baureihe E 11 von dem höchstzulässigen Motorstrom und bei der Baureihe E 42 von der Reibungsgrenze abhängig. Da bei höheren Geschwindigkeiten der Fortschaltstrom herabgesetzt werden muß, schaltet die Nachlaufwalze des Feinstufenschaltwerkes von Fahrstufe 5 oder 7 an zwei dem Relais parallelgeschaltete Widerstände ab.
Bei Störungen läßt sich das Relais mittels eines auf dem Führerstand angebrachten Kippschalters überbrücken. Das Fortschaltrelais der Neubaulokomotiven wiegt etwa 6,8 kg.

3.4.4.3. Motortrennschütz

Bei mehreren parallelgeschalteten Fahrmotoren muß die Steuerung auch in der Lage sein, bei Leerlauf der Lokomotive jeden Motor von den anderen zu trennen, um die sonst durch den remanenten Magnetismus bedingte Selbsterregung zu verhindern. Diese würde zu einer starken Erwärmung führen und dadurch die Motoren beschädigen und eventuell sogar zerstören.
Es werden daher in die Leitungen zu den einzelnen Fahrmotoren Schütze eingebaut, die zusätzlich die Aufgabe haben, einen Motor bei Überlastung oder Kurzschluß selbsttätig abzuschalten. Sie müssen bei Rangierbewegungen oder im Gefahrfall unabhängig von der Schaltwerkstellung den Strom in kürzester Zeit unterbrechen, da bei einigen Steuerungen, beispielsweise mit Schlitten- oder Nockenschaltern, der Rücklauf von einer höheren Fahrstufe zur Nullstellung zu lange dauern würde.
Die Schalter müssen imstande sein, den vollen Motorstrom und bei Kurzschluß noch wesentlich höhere Leistungen einwandfrei abzuschalten. Ihre Schaltung ist aus Bild 178 zu ersehen. Sie werden durch den Fahrschalter vor dem Einschalten der ersten Fahrstufe geschlossen und bei Zurückschalten auf Nullstellung geöffnet. Sie unterbrechen auch sofort, wenn die in den Motorstromkreis eingebauten Überstromrelais oder sonstige Schutzeinrichtungen ansprechen. Sie können aber auch durch den Schnellabschaltknopf bedient werden.
Um einen schadhaften Fahrmotor abschalten zu können, ist zu dem Trennschütz meist noch ein Handtrennmesser oder Schalter in Reihe geschaltet. Dieser liegt dann zwischen Motor und Erdleitung und darf nur im stromlosen Zustand bedient werden.
Auch die Neubaulokomotiven der Baureihe E 11/E 42 sind mit Motortrennschützen (Typenbezeichnung DLS 18) ausgerüstet. Es sind einpolige elektropneumatische Schütze mit zwei über dem Hauptkontakt angeordneten Steuerkontakten. Die von einem Magnetventil gesteuerte Schaltbewegung des Druckluftkolbens wird gegen die Kraft einer Rückzugfeder über Kniehebel auf den Hauptkontakt übertragen.
Die Schütze zeichnen sich durch einen hohen Kontaktdruck und große Ausschaltgeschwindigkeit aus. Alle vier Schütze sind im Maschinenraum am Gerätegerüst I

nebeneinander angeordnet. Die Nennspannung beträgt jeweils 600 V, der Nennstrom 1700 A, der Betriebsdruck 5 kp/cm^2, die Steuerspannung 110 V Gleichstrom und die Masse etwa 54 kg.

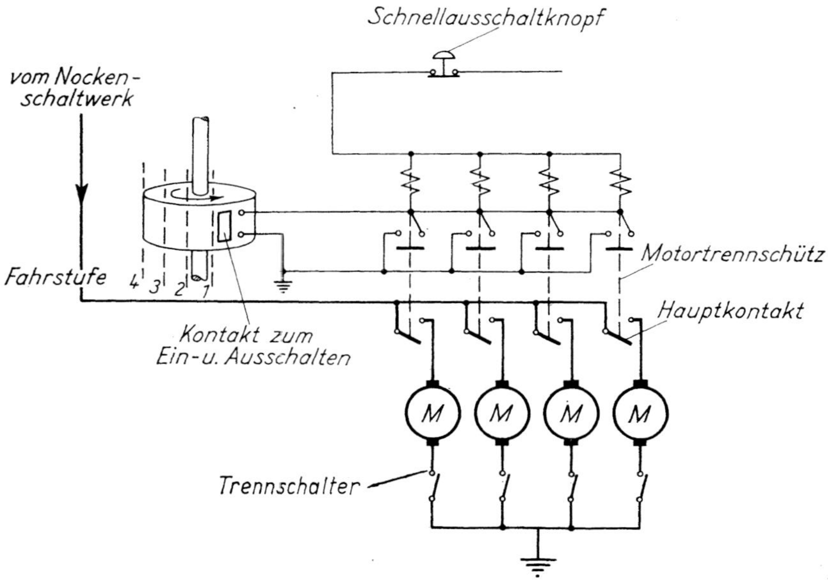

Bild 178. Schaltung der Motortrennschütze beim Nockenschaltwerk

3.4.4.4. Fahrtrichtungswender

Eine weitere Aufgabe der Steuerung ist, die Fahrtrichtung der elektrischen Lokomotive ohne Verwendung eines mechanischen Getriebes zu verändern. Man erreicht das am einfachsten dadurch, daß man die Drehrichtung der Fahrmotoren umkehrt. Dies geschieht im allgemeinen durch Verändern der Stromrichtung in den Erregerwicklungen oder auch in den Läuferwicklungen der Fahrmotoren mit Hilfe der Fahrtrichtungswender (Bild 179). Diese bestehen aus vier Schaltern und enthalten

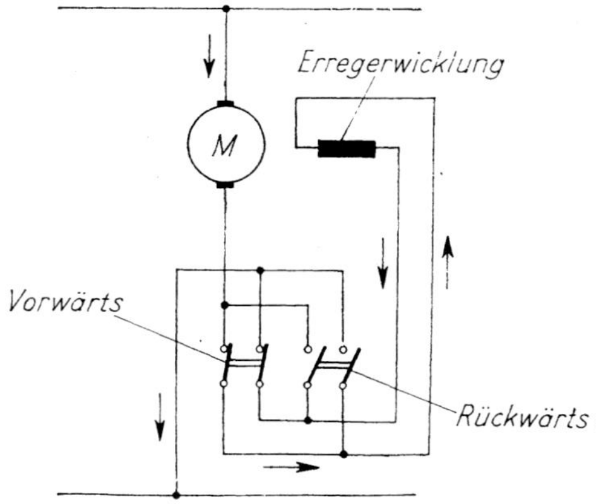

Bild 179.
Schaltung des Fahrtrichtungswenders

meist die Kontakte für die Richtungsänderung mehrerer Fahrmotoren. Da alle Fahrmotoren stets gleichzeitig umgepolt werden müssen, erscheint es zweckmäßig, die Schalter für alle Fahrmotoren in einem einzigen Fahrtrichtungswender zu vereinigen. Da in diesem Falle jedoch die Zuleitungen zu den einzelnen Motoren zu lang würden, ordnet man jeweils für eine Motorengruppe, zum Beispiel für alle Motoren eines Drehgestells, einen Fahrtrichtungswender an. Dieser kann dann verhältnismäßig klein ausfallen, da die Kontakte nur im stromlosen Zustand schalten. Aus diesem Grunde kann man auch auf Funkenhörner, Blaseinrichtungen usw. verzichten.

Die Richtungswender werden entweder als Nockenfahrtwender, Schwenkhebelfahrtwender oder Walzenfahrtwender ausgeführt. Sie werden von den Führerständen aus mit Hilfe des Fahrtrichtungshebels auf rein mechanischem, auf elektromagnetischem oder elektropneumatischem oder auch auf rein pneumatischem Wege betätigt. Bei den Baureihen E 04 und E 44 werden die Richtungswender durch zwei Druckluftzylinder mit elektrisch gesteuerten Ventilen angetrieben. Ein Fahrtrichtungswender kann nur die Stellungen „Vorwärts" oder „Rückwärts" einnehmen.

Bei den Neubaulokomotiven der Baureihe E 11/E 42 wird die Umkehr der Stromrichtung in den Erregerwicklungen der Fahrmotoren durch zwei Richtungswender (Typenbezeichnung DRW 17) erreicht (Bild 180). Sie können im Störungsfalle in Verbindung mit den Motortrennschützen auch zum leistungslosen Abschalten einzelner Fahrmotoren verwendet werden.

Das Schalten wird nicht wie üblich durch die Drehbewegung einer Walze, sondern durch eine geradlinige Schubbewegung erreicht. Ein beweglicher Schaltschlitten

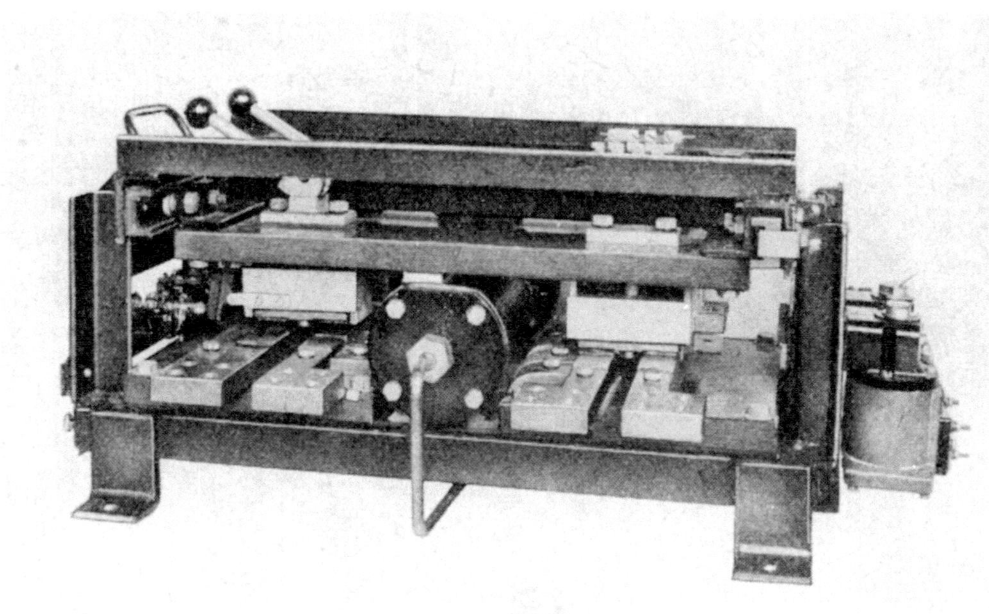

Bild 180. Fahrtrichtungswender

wird durch den Kolben eines Druckluftzylinders etwa 50 mm in die vorgewählte Stellung geschoben. Eine Rastung ist nicht vorgesehen, da der Druckluftkolben in den beiden Endstellungen beaufschlagt bleibt.
An der Unterseite des Schaltschlittens sind vier federnde Kontaktbrücken angebracht, die in der Vorwärts- oder Rückwärtsstellung die entsprechenden festen Gegenkontakte verbinden. An diese sind die Zuleitungen vom Trafo oder von den Fahrmotoren angeschlossen.
Zwei Kontaktbrücken können durch Umlegen eines Exzenterhebels um etwa 150° von den festen Kontakten abgehoben werden. Dadurch ist das Abschalten einzelner Fahrmotoren möglich. Gleichzeitig wird dabei ein am Unterrahmen befindlicher zweipoliger Stößelschalter betätigt, der mit seinen Steuerstromkontakten das betreffende Motortrennschütz abschaltet und seinen Selbsthaltekontakt überbrückt.
Zur Verriegelung fahrtrichtungsabhängiger Stromkreise (zum Beispiel Achslastausgleicher) sind noch mehrere Hilfskontakte vorgesehen, die gleichfalls durch den Schaltschlitten gesteuert werden.
Bei den Richtungswendern der Neubaulokomotiven betragen die Nennspannung 600 V, der Nennstrom 1400 A, der Betriebsdruck 5 kp/cm^2, die Steuerspannung 110 V Gleichstrom und die Masse etwa 88 kg.

3.4.4.5. Bremsumschalter

Einige elektrische Lokomotiven sind mit einer elektrischen Widerstandsbremse ausgerüstet, um bei längeren Talfahrten Bremsklötze und Radreifen zu schonen (siehe Abschnitt 3.6.1.). Die Fahrmotoren arbeiten dann nach einem entsprechenden Umschalten als Generatoren. Beim Übergang von Fahrt mit Leistung auf elektrische Bremsung sind verschiedene Umschaltungen erforderlich, die durch Bremswender erledigt werden. Da bei Leerlauf der Motoren geschaltet wird und die Kontakte daher in stromlosem Zustand schalten, genügen verhältnismäßig kleine Nocken- oder Walzenschalter in der Art der Richtungswender. Sie werden ausschließlich auf elektropneumatischem Wege angetrieben. Der Bremswender wird durch den Bremswendehebel von „Fahrt" auf „Bremse" oder umgekehrt gestellt. Fehlt ein eigener Bremswendehebel, so besitzt der Fahrtwendehebel noch zwei oder mehrere Kontakte zum Umstellen auf elektrisches Bremsen.

3.4.4.6. Verriegelung

Sämtliche Bedienungshebel, Schalter und Meßinstrumente sind in übersichtlicher Form auf den Führerständen angeordnet. Sie können vom Lokomotivführer gut übersehen und bei neueren elektrischen Lokomotiven auch im Sitzen bedient werden. Steuerhandrad, Fahrtwendehebel und, soweit vorhanden, auch Bremswendehebel sind gegeneinander verriegelt, um zu vermeiden, daß der Lokomotivführer versehentlich bei voller Fahrt den Fahrtwendehebel umstellt. Dies kann zu schweren Schäden an der elektrischen Ausrüstung führen. Die Verriegelung geschieht meist elektrisch über die Steuerstromkreise und zugleich mechanisch. Der Fahrtwendehebel kann nur dann umgestellt werden, wenn das Handrad sich in der Nullstellung befindet. Andererseits ist das Handrad in der Nullstellung blockiert, wenn der Fahrtwendehebel in der Mittelstellung steht, in der er abgezogen werden kann. Auf jeder elektrischen Lokomotive ist nur ein Fahrtwendehebel vorhanden, so daß eine gleichzeitige Betätigung beider Fahrschalter unmöglich ist.

3.5. Fahrmotor

Es sei an dieser Stelle erneut darauf hingewiesen, daß sich sämtliche Betrachtungen dieses Kapitels auf die elektrische Ausrüstung von Wechselstromlokomotiven beschränken, so daß auch in diesem Abschnitt nur der Einphasenwechselstrommotor behandelt werden soll. Dabei wird vorausgesetzt, daß Wirkungsweise und prinzipieller Aufbau eines Elektromotors bereits bekannt sind.
Den wechselnden Anforderungen des Bahnbetriebes entsprechend schwankt auch die Belastung der Fahrmotoren. Sie erreicht beim Anfahren schwerer Züge oder auf Steigungsstrecken kurzfristig ihren Höchstwert, geht während der Beharrungsfahrt zurück und fällt bei Talfahrten, während des Auslaufs und auch beim Stillstand bis Null ab. Für diese stark schwankenden Belastungen ist der Reihenschlußmotor am besten geeignet.
Im Gegensatz zu einem stationären Motor, dessen Größe und Masse im allgemeinen keiner Einschränkung unterliegen, verlangt man von einem Fahrmotor, daß er bei möglichst geringer Masse und kleinem Raumbedarf eine hohe Leistung abgibt, kurzfristig stark überlastbar ist und in einem großen, feinstufig steuerbaren Drehzahlbereich einen guten Wirkungsgrad und Leistungsfaktor aufweist.
Der Bahnmotor muß dem rauhen Eisenbahnbetrieb und den ständigen Erschütterungen der Schienenstöße standhalten. Er soll beim Anfahren eine große Zugkraft entwickeln, die bei zunehmender Geschwindigkeit allmählich abfällt. Bild 181 zeigt, daß der Reihenschlußmotor diese Forderung weitgehend erfüllt.

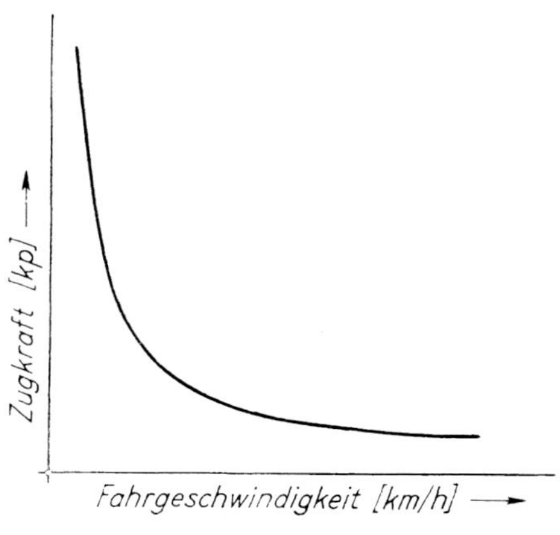

Bild 181.
Zugkraftverlauf bei einem Reihenschlußmotor

Den Wirkungsgrad des Motors beeinflussen die Ohmschen Kupferverluste sowie die Eisen-, Erreger-, Bürsten- und Reibungsverluste. Sämtliche Verluste bewirken eine Erwärmung, die letztlich die Leistung jedes Motors begrenzt.
Man kann den Wirkungsgrad einer Wechselstromlokomotive als durchaus befriedigend bezeichnen (siehe Abschnitt 1.4.1.1.). Er steigt mit zunehmender Geschwindigkeit stark an und erreicht bei 40 % der Höchstgeschwindigkeit einen nahezu konstanten Wert, der bei voller Auslastung des Motors im Mittel bei etwa 80 % liegt (Bild 182). Ist die Lokomotive jedoch nicht voll ausgelastet, so fällt der

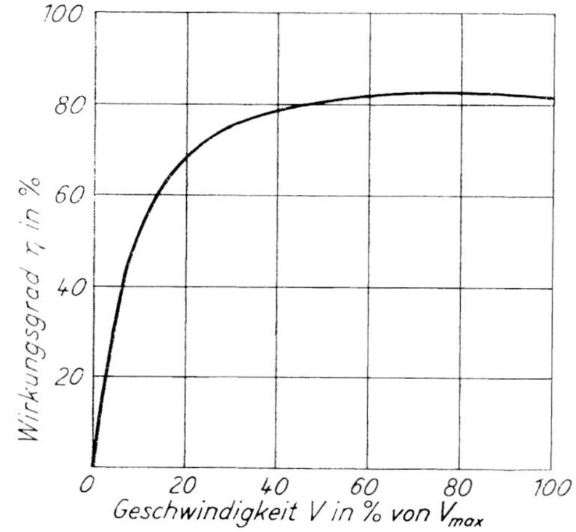

Bild 182.
Wirkungsgrad einer Wechselstromlokomotive

Wirkungsgrad stark ab und erreicht dann nur etwa 60 %. Der Leistungsfaktor beträgt bei 16⅔-Hz-Lokomotiven im Mittel $\cos \varphi \approx 0{,}92$.
Durch neue Erkenntnisse im Motorenbau, durch bessere Isolierstoffe und eine reichlich bemessene Luftkühlung war es möglich, trotz der räumlichen Beschränkung die Leistung eines Fahrmotors für Einzelachsantrieb bis auf etwa 900 kW zu erhöhen und das Verhältnis Masse zu Leistungseinheit bis auf einen Wert von etwa 4,2 kg/kW zu senken. Da ein Wechselstrom-Reihenschlußmotor auch auf 160 bis 180 % überlastet werden kann, ist ein moderner Bahnmotor in der Lage, sämtliche vorgenannten Forderungen zu erfüllen.
Außerdem hat man gelernt, die Motorencharakteristik so zu wählen und die Steuerung so zu entwickeln, daß mit einer Universallokomotive sowohl Schnellzüge als auch Güterzüge wirtschaftlich befördert werden können. Dadurch ist es möglich, die Vielzahl der bisherigen Lokomotivtypen wesentlich einzuschränken und somit die Herstellungs- und Unterhaltungskosten in großem Umfang zu senken.

3.5.1. Aufbau des Gehäuses, des Ständers und des Läufers

Jeder Fahrmotor besteht aus dem Motorgehäuse, dem Ständer, dem Läufer mit dem Stromwender und dem Bürstenring. Während das Gehäuse früher im allgemeinen gegossen wurde, bevorzugt man heute Schweißkonstruktionen, um mit einer geringeren Masse auszukommen (Bild 183).

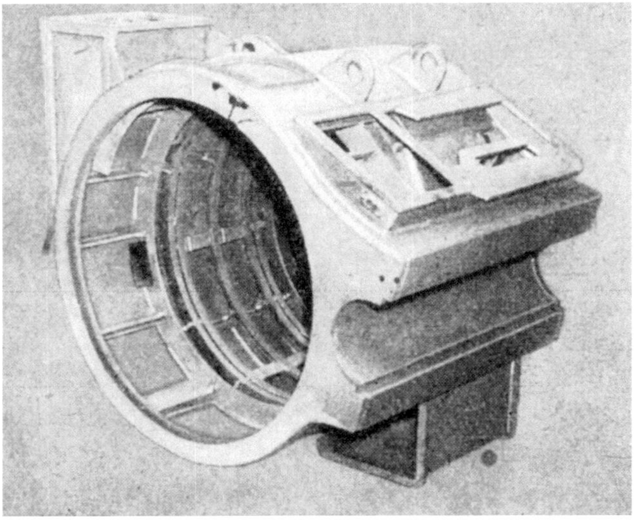

Bild 183.
Fahrmotorgehäuse

Je nach der Art des verwendeten Antriebs kann das Gehäuse noch Tatzlager oder Lager für eine Hohlwelle, für Zahnräder, Schutzkästen oder dergleichen enthalten (siehe Bilder 60 und 77). An beide Stirnseiten des Gehäuses werden Lagerschilde angeschraubt, die zugleich die Lager für die Läuferwelle aufnehmen. Während man früher meist Gleitlager, und zwar sogenannte Ringschmierlager verwendete, bevorzugt man heute im allgemeinen Wälzlager. Diese weisen einen geringen Reibwert auf und benötigen auch weniger Wartung, da das Lagerfett nur etwa alle 1½ Jahre ergänzt zu werden braucht. Durch Labyrinth- und Spritzringe, Filzpackungen usw. ist das Lager sorgfältig abzudichten, da eventuell eindringendes Öl die Isolation aufweichen und den Motor zerstören würde.

Das Motorgehäuse enthält Hohlräume zur Führung der Kühlluft. Mehrere große, durch Deckel verschlossene Öffnungen ermöglichen die ständige Überprüfung des Stromwenders und der Kohlebürsten. Die Anschlußklemmen werden in einem besonderen Klemmkasten am Gehäuse zusammengefaßt.

In das Gehäuse wird der einteilige Ständer eingepreßt und durch einen Flachkeil gegen Verdrehen gesichert (Bild 184). Sein Eisenkörper ist mit Rücksicht auf die Eisenverluste aus einzelnen, etwa 0,5 mm dicken Blechen aufgebaut, die durch Lack oder Papier gegeneinander isoliert sind. Die einzelnen Ringe, die auch aus mehreren Segmenten bestehen können, werden aus Blechtafeln ausgestanzt und durch Preßringe zusammengehalten. Die Wicklungen liegen in halb geschlossenen Nuten, die zum Schutze der Spulen mit Preßspan ausgekleidet sind und durch Holz- oder Fiberkeile verschlossen werden. Die breiten Nuten nehmen die Erreger- und die Wendepolwicklung auf, während die Kompensationswicklung in den kleinen Nuten untergebracht wird. Die Pole (meist 8 bis 16 Stück) sind bei Wechselstrommotoren nicht mehr deutlich zu erkennen, da sie über den Innendurchmesser nicht hervorragen. Die einzelnen Stäbe der Wicklung sind durch Glimmer, Glasseide oder dergleichen isoliert. Die Spulen werden mit Baumwollband umwickelt und anschließend in einer Isoliermasse getränkt. Die Erreger-, Kompensations- und

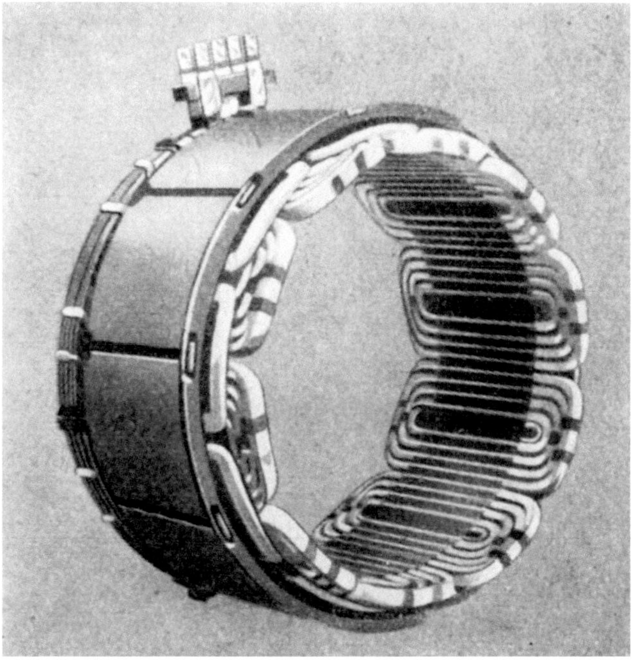

Bild 184.
Ständer eines Fahrmotors

Wendepolwicklungen sind hintereinandergeschaltet. Ihre Lage ist aus Bild 185 zu erkennen.
Die Enden der einzelnen Wicklungsspulen sind an Anschlußringe gelegt, die mit den Zuführungsleitungen verbunden sind. Parallel zur Wendepolwicklung jedes

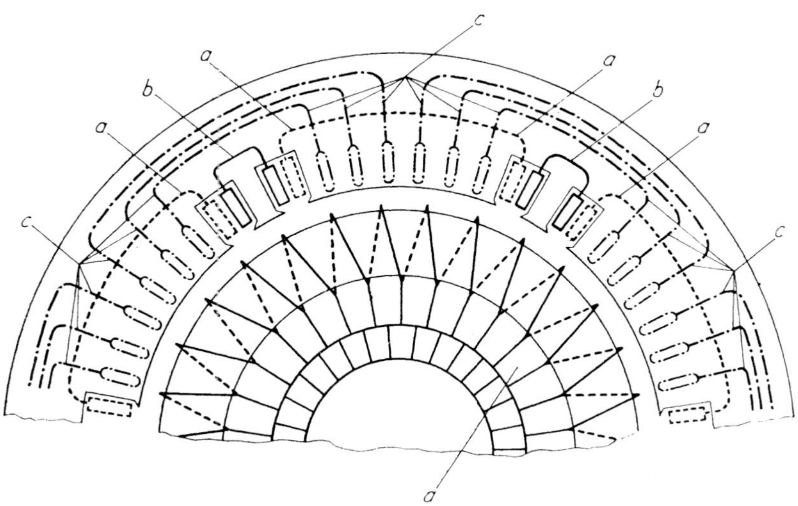

Bild 185. Wicklungsanordnung eines Reihenschlußmotors

a Feldwicklung
b Wendepolwicklung
c Kompensationswicklung
d Ankerwicklung mit Kollektor

Motors ist zur Verbesserung der Kommutierung stets noch ein induktionsfreier Widerstand geschaltet. Der Läufer eines Bahnmotors besitzt eine Welle aus hochwertigem Stahl, die im Motorgehäuse gelagert ist. Auf die Welle ist ein Tragkörper aufgepreßt und durch Nut und Feder gegen Verdrehen gesichert. Er wird aus Stahlguß oder als Schweißkonstruktion hergestellt (Bild 186).

Bild 186. Tragkörper des Läufers

Auf den Tragkörper wird das Läufereisen aufgepreßt, das, wie beim Ständer, aus vielen dünnen Blechen besteht. Diese werden durch kräftige Preßringe zusammengehalten und durch Nut und Feder gegen Verdrehen gesichert. Die über den ganzen Umfang gleichmäßig verteilten Nuten laufen jedoch nicht immer wie beim Ständer parallel zur Welle, sondern häufig schräg. Dadurch kommt beim Lauf des Motors die Nut allmählich unter den Pol und man vermeidet elektrische Schwingungen, die sonst die benachbarten Fernmeldeleitungen empfindlich stören würden (Bild 187).

Die Ankerwicklung besteht aus nur einer Windung je Spule und ist im allgemeinen als Schleifenwicklung ausgeführt (Bild 188). Die Wellenwicklung ist bei Bahnmotoren weniger gebräuchlich. In einer Nut werden stets mehrere Spulenstäbe untergebracht, weil die Zahl der Spulen viel kleiner ist als die der Lamellen des Stromwenders. Die Spulenstäbe der in einer Nut zusammentreffenden Spulen werden übereinander angeordnet. In einer Nut können bis zu zehn Spulenstäbe eingebaut werden, von denen die eine Hälfte linke, die andere Häfte rechte Stäbe

Bild 187. Läufer eines Fahrmotors

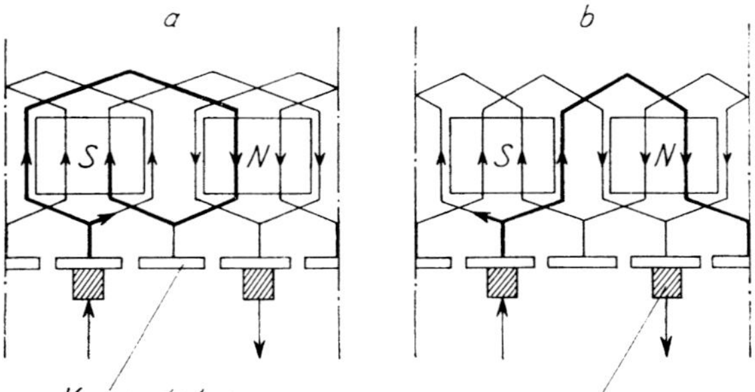

Bild 188.
a Schleifenwicklung
b Wellenwicklung

sind. Die zusammenliegenden linken sowie rechten Spulenstäbe werden mit Glimmerband umwickelt und dann jeweils als Spulenseiten bezeichnet.
Somit sind in einer Nut stets zwei Spulenseiten untergebracht, wobei zum Beispiel die linken Spulenseiten oben und die rechten unten angeordnet sind (Bild 189).
Die einzelnen Nuten sind mit Nutenkästen aus Preßspan ausgekleidet, so daß eine gute Isolation zwischen Wicklung und Läufereisen gewährleistet ist. Die Spulenseiten sind durch Wickelköpfe miteinander verbunden, die auf Wickelkopfträgern liegen. Die Wickelköpfe der Läuferwicklung sind durch lackierte Segeltuchkappen bedeckt und werden durch Stahldrahtbandagen und einen eisernen Abschlußring zusammengehalten und so gegen die Fliehkraft geschützt. Die höchstzulässige Ankerumfangsgeschwindigkeit beträgt etwa 60 bis 70 m/s. Um Spannungs-

unterschiede, die bei verschieden großen Feldstärken der einzelnen Pole auftreten können, auszugleichen, verbindet man die Stellen der Wicklungen miteinander, die stets gleiche Spannungen haben sollen. Diese Ausgleichleiter sollen verhindern, daß Ausgleichströme über die Bürsten fließen und die Stromwendung erschweren.

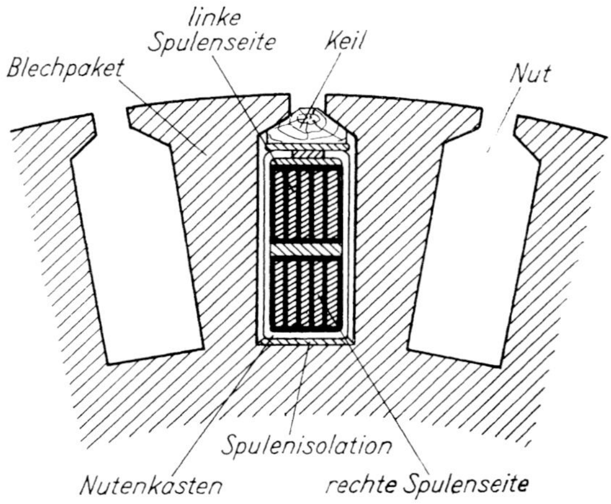

Bild 189.
Anordnung der Spulenseiten in einer Nut

Es ist zweckmäßig, den Läufer vollständig abzudecken, um das Eindringen von Staub, Öl und Feuchtigkeit zu den spannungführenden Teilen zu verhindern. Die Läufer schnellaufender Motoren werden ausgewuchtet, um Störungen bei der Kommutierung, starke Erschütterungen und Lagerschäden zu vermeiden.
Die Läuferwelle trägt am Ende das Ritzel, das in das große Vorgelegezahnrad eingreift. Dieses ist bei Tatzlagerantrieb auf der Achswelle, bei elastischen Antrieben meist auf einer Hohlwelle gelagert. Bei einer Stundenleistung über 350 kW/Achse ist doppelseitiger Antrieb erforderlich.

3.5.2. Stromwendung

Der Kommutator (Stromwender), auch Kollektor genannt, wird auf die lang gehaltene Nabe der Läufertrommel aufgepreßt, so daß die Läuferwelle jederzeit ausgewechselt werden kann (Bild 190). Der Kommutator besteht aus einem zylindrischen Stahlgußkörper und vielen kupfernen Lamellen, die untereinander und gegen den Kommutatorkörper durch Glimmerzwischenlagen isoliert sind. Die Lamellen haben einen keilförmigen Querschnitt und Aussparungen, in die die Preßringe eingreifen. Der eine davon ist mit dem Kommutatorkörper aus einem Stück hergestellt, der andere wird durch axiale Schrauben angepreßt. Dadurch wird ein Zusammenpressen der Lamellen in axialer und radialer Richtung erreicht, was unbedingt erforderlich ist, um eine spätere Formänderung zu vermeiden. Die Lamellen werden mit den Spulenenden der Ankerwicklung durch Kupferbänder, den sogenannten Kommutatorfahnen, verbunden. Diese sind mit den Lamellen aus einem Stück hergestellt oder fest miteinander verlötet. Die Zwischenlagen aus

Glimmer müssen etwas unter die Oberfläche des Kommutators zurücktreten, um den glatten Lauf der Bürsten auf den Laufflächen nicht zu stören. Der Durchmesser des Kommutators wird so bemessen, daß die Umfangsgeschwindigkeit maximal 50 m/s beträgt.

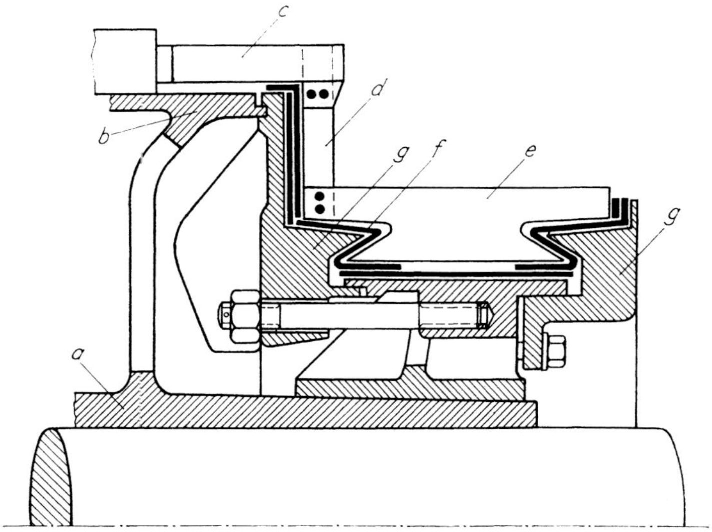

Bild 190.
Kommutator im Schnitt

- a Läufernabe
- b Wickelkopfträger
- c Läuferspule
- d Fahne
- e Lamelle
- f Isolation
- g Kommutatorpreßring

Der Strom wird dem Kommutator durch Bürsten zugeführt. Sie bestehen meist aus mehreren nebeneinanderliegenden Bürstenkohlen, die in Bürstenhaltern geführt werden. Elektrographitische Kohle ist für diesen Zweck besonders geeignet, weil sie den großen mechanischen und elektrischen Beanspruchungen gewachsen ist und den Kommutator weder beschädigt noch verschmiert. Damit die Kohlen nur etwa 2 bis 3 Lamellen überdecken, sind sie nur 10 bis 16 mm dick. In der Längsrichtung liegen dann allerdings 4 bis 6 Kohlen nebeneinander, um die erforderliche Fläche für den Stromübergang zu erzielen. Durch die Kohlen werden also mehrere benachbarte Lamellen verbunden und dadurch die entsprechenden Läuferwicklungen kurzgeschlossen. Dies ist unerwünscht und verschlechtert die Stromwendung.

Um dem quer durch die Kohle fließenden Strom einen möglichst großen Widerstand zu bieten, werden die Bürsten neuerdings gespalten (Bild 191). Man erreicht

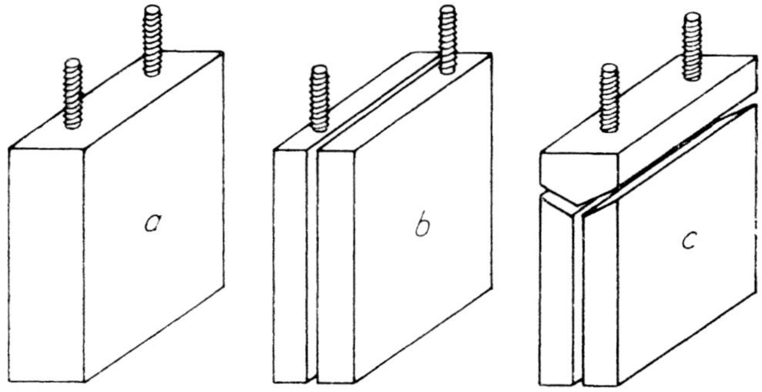

Bild 191.
Bürstenkohlen

- a normale Kohle
- b Schichtkohle
- c Spreizkohle

dadurch eine gute Stromwendung, eine glatte Oberfläche der Lamellen und einen geringeren Verschleiß der Kohlen. Unter günstiger Voraussetzung beträgt dieser nur etwa 0,2 mm je 1000 km Fahrt, so daß Laufleistungen von 100 000 km und mehr mit einer Kohle erreicht werden können. Bei gut arbeitenden Stromwendern bildet sich nämlich nach kurzer Laufzeit auf den Kupferlamellen eine Politur aus Kupferoxid, die zwar den Übergangswiderstand von Kohle zu Kupfer etwas erhöht, den Reibwert jedoch herabsetzt. Auch die Kohlen bekommen dann an der Auflagestelle eine glänzende Oberfläche.
Die einzelnen Bürsten werden in Bürstenhaltern untergebracht, und zwar sind, je nach Polzahl des Motors, insgesamt etwa 8 bis 16 Stück vorhanden (Bild 192).

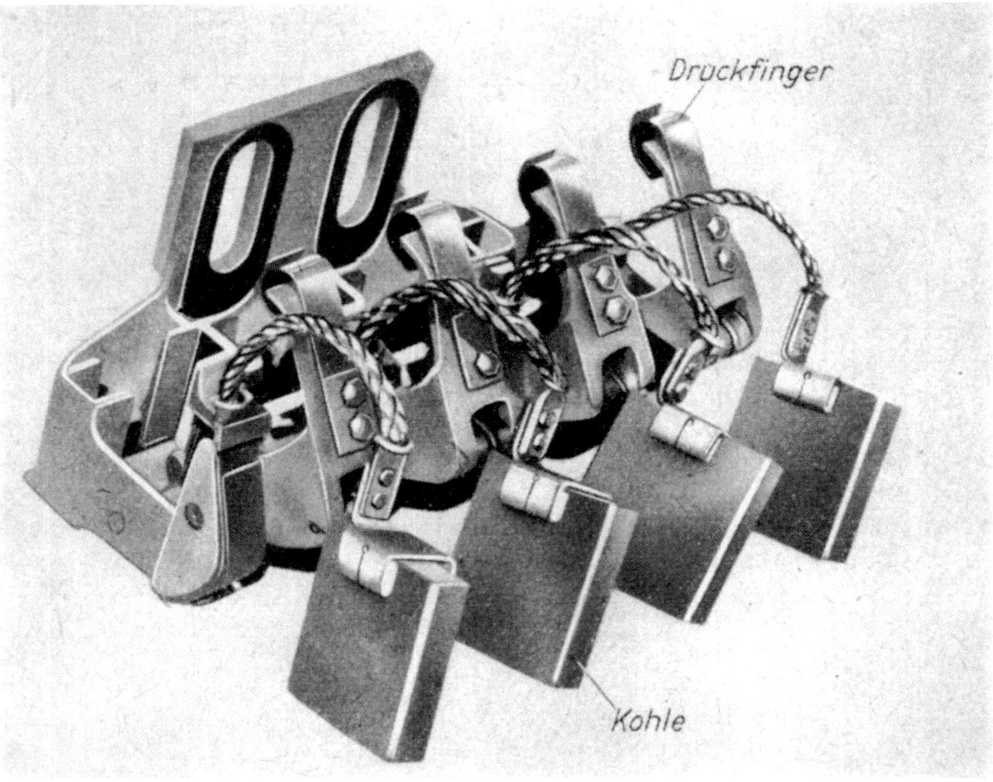

Bild 192. Bürstenhalter mit Kohlen

In den Taschen werden die Kohlen genau radial und parallel zur Welle geführt und durch Federn und Druckfinger auf die Lauffläche des Kommutators gedrückt. Der Anpreßdruck muß unabhängig von der Abnützung der Kohlen sein und soll etwa 0,25 kp/cm^2 Schleiffläche betragen. Der Druckfinger kann zurückgeklappt und die Kohle herausgenommen werden.
Nach der Art der Stromzuführung vom Bürstenhalter zu den Bürstenkohlen unterscheidet man bewehrte und unbewehrte Kohlen, je nachdem, ob der Strom über

eine besondere Kupferlitze oder durch den Druckfinger der Kohle zugeführt wird. Um ein schnelles Auswechseln zu ermöglichen, bevorzugt man im allgemeinen die unbewehrten Kohlen. Der Druckfinger hat dann an der Berührungsstelle mit der Kohle eine Silberauflage, so daß stets ein guter Stromübergang gewährleistet ist.
Die Halter sind stets an einem gemeinsamen Bürstenhalterring befestigt, der im Motorgehäuse gelagert ist und den Kommutator zentrisch umgibt (Bild 193). An diesem Bürstenhalterring sind noch isolierte Schaltringe befestigt, denen der Ankerstrom

Bild 193.
Lagerschild mit Bürstenhalterring

durch zwei Bürstenkontakte zugeführt wird. Nach Lösen einer gesicherten Verriegelung kann der Bürstenhalterring durch ein Zahnradgetriebe um 360° gedreht werden. Auf diese Weise ist es möglich, alle Bürsten vom Maschinenraum aus nach Abnahme des Gehäusedeckels nachzusehen und die einzelnen Bürstenkohlen, wenn nötig, auszuwechseln. Im Betriebszustand sind die einzelnen Bürsten so eingestellt, daß jede Bürste genau auf Polmitte steht. Eine falsche Bürstenstellung macht sich durch starkes Feuern am Kommutator bemerkbar. Das gefürchtete Bürstenfeuer kann auch bei schweren Anfahrten auftreten und ist darauf zurückzuführen, daß das magnetische Wechselfeld des Ständers bei Stillstand des Läufers durch Induktion in der Läuferspule zwischen den einzelnen Lamellen des Kommutators Spannungen bis zu 3,5 V erzeugt. Da die Kohlen zwei bis drei Lamellen überbrücken, entstehen Kurzschlußströme, die eine ungleichmäßige Stromverteilung und

eine Schwächung des Anfahrdrehmoments bewirken. Da dieses Moment im Takte des Wechselfeldes schwingt, treten bei schweren Anfahrten starke Erschütterungen des Motors und somit auch des Kommutators auf. Dadurch entstehen mehr oder weniger starke Lichtbögen, die durch die hohen Temperaturen von annähernd 3000 °C die Kontaktflächen stark angreifen und die Festigkeit des Lamellenkupfers herabsetzen. Im weiteren Betrieb werden diese weichen und oft porösen Stellen stark abgenutzt, und es bilden sich muldenförmige Vertiefungen aus. Diese verursachen bei der hohen Umfangsgeschwindigkeit ein Springen der Bürsten und somit starke Lichtbögen. Dadurch werden die glatten Oberflächen der Lamellen und Bürsten rauh, was wiederum zu einem starken Kohleverschleiß und eventuell sogar zu Kohlebruch führt.
Der Lokomotivführer muß daher bestrebt sein, auch mit hohen Zuglasten möglichst schnell anzufahren. Es ist richtiger, mit dem höchstmöglichen Anfahrstrom das Anlaufen der Motore zu erzwingen, als mit etwas niedrigeren Strömen mehrmalige Anfahrversuche zu unternehmen (siehe Abschnitt 8.3.).

3.5.3. Kühlung

Die Leistungsfähigkeit der Fahrmotoren wird durch die Stromwendung, die Ankerumfangsgeschwindigkeit und vor allem durch die Erwärmung begrenzt. Die Wärme entsteht durch die Ohmschen Verluste in den Wicklungen, den Übergangswiderstand und die Reibung zwischen Bürsten und Kommutator sowie die durch Wirbelströme erzeugten Eisenverluste in Ständer und Läufer. Diese Verluste nehmen etwa quadratisch mit dem Belastungsstrom und außerdem mit der Drehzahl und damit auch mit der Spannung zu. Die Höhe der zulässigen Erwärmung hängt von der Art des verwendeten Isoliermaterials ab. Die Grenztemperatur für die Erwärmung der Wicklungen des Ankers und des Ständers sowie des Kommutators sind für die verschiedenen Isolierstoffe in den Regeln für elektrische Maschinen und Transformatoren auf Bahn- und anderen Fahrzeugen durch VDE 0535 des Vorschriftenwerks Deutscher Elektrotechniker im einzelnen festgelegt.
Da durch die Drehung des Ankers und die dadurch bedingte Luftwirbelung jeder Motor eine gewisse Wärmemenge an die umgebende Luft abführt, brauchen kleine Motoren keine besondere Kühleinrichtung. Große, leistungsfähige Fahrmotoren müssen jedoch stets künstlich gekühlt werden, und zwar unterscheidet man die Eigenlüftung, bei der der Anker, gegebenenfalls in Verbindung mit einem Lüfterrad, selbst als Lüfter dient und die Luft durch den Motor saugt, und die Fremdlüftung. Bei dieser werden besondere Gebläse verwendet, die von Hilfsmotoren angetrieben werden und die Luft durch den Fahrmotor hindurchdrücken. Die Lüfter stehen dann mit ihren Antriebsmotoren im Maschinenraum und führen den einzelnen Fahrmotoren die Kühlluft durch Blechkanäle zu. Der Luftstrom wird im Motor durch besondere Kühlkanäle so geleitet, daß er den Ständer, den Läufer und vor allem den Kommutator bestreicht (Bild 194). Dabei ist anzustreben, daß die Kühlluft an der Kommutatorseite austritt, damit der Kohlenstaub der Bürsten nicht in den Motor hineingeblasen wird.

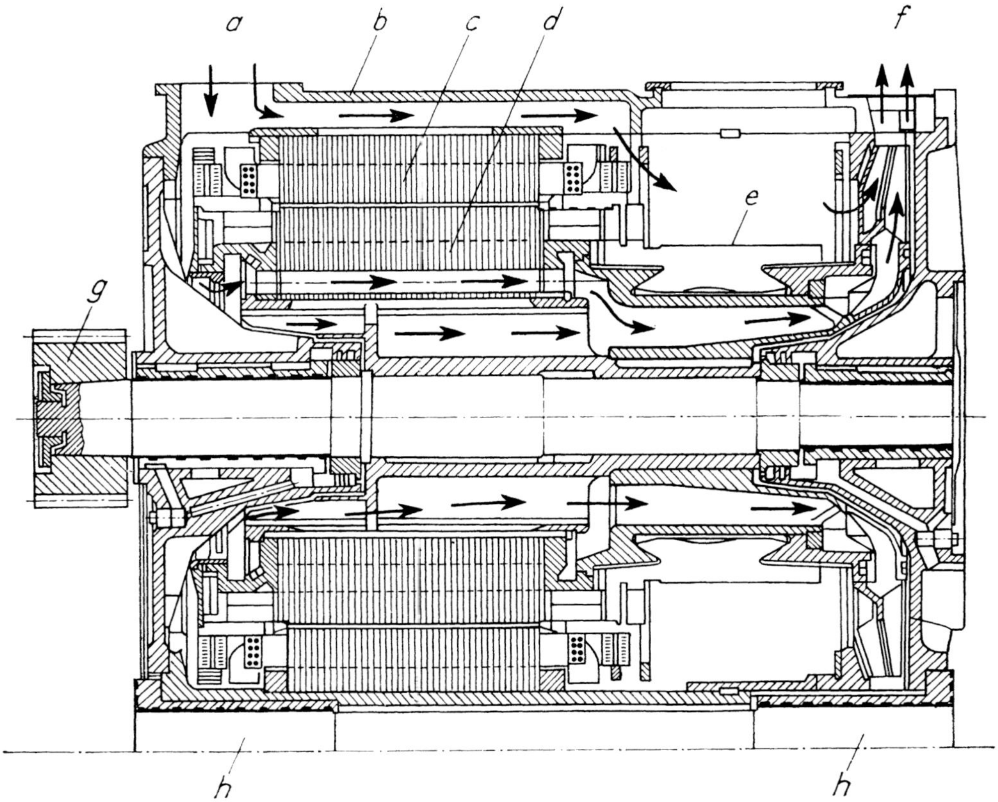

Bild 194. Weg der Kühlluft im Motor

a Lufteintritt
b Gehäuse
c Ständer
d Läufer
e Kommutator
f Luftaustritt
g Ritzel
h Tatzlager

Die Kühlluft soll trocken und möglichst sauber sein, das heißt, sie darf kein Öl und keinen Bremsstaub enthalten, um die Wicklungen und den Kommutator nicht zu beschädigen. Sie wird daher im allgemeinen dem Maschinenraum entnommen und von außen durch jalousieartige Lüftungsschlitze angesaugt. Diese liegen meist im oberen Teil der Seitenwände und sind innen mit feinmaschigem Drahtgeflecht abgedeckt, um das Ansaugen von Bremsstaub, Schnee, Laub usw. zu verhindern. Die erforderliche Luftmenge ist recht beachtlich und beträgt je Fahrmotor im Sommer etwa 3 m^3/s bei einem statischen Gegendruck von etwa 200 mm WS. Bei niedrigeren Außentemperaturen genügt eine geringere Luftmenge, und es ist dann üblich, den Lüftermotor mit Hilfe des Sommer-Winterschalters an eine geringere Spannung zu legen (siehe Abschnitt 3.7.2.).

3.5.4. Betriebsverhalten

Aus den vorstehenden Ausführungen geht hervor, daß die Leistung einer elektrischen Lokomotive hauptsächlich von der Erwärmung der Fahrmotoren abhängt. Hierbei ist es jedoch wichtig, ob die Lokomotive nur kurzfristig oder längere Zeit sehr stark belastet wird. Man unterscheidet daher zwischen der Dauerleistung, der Stundenleistung und der Anfahrleistung. Die einzelnen Kennlinien sind aus dem Leistungsschaubild (Bild 195) zu ersehen, in dem für die elektrischen Lokomotiven der Baureihe E 04 die einzelnen Leistungen in Abhängigkeit von der Fahrgeschwindigkeit dargestellt sind.

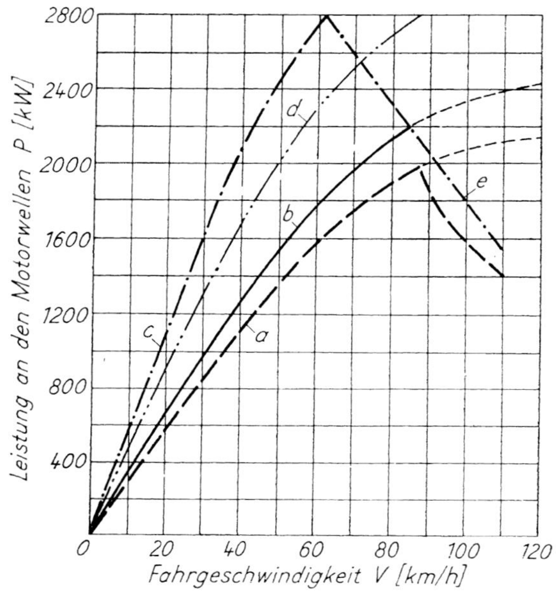

Bild 195.
Leistungskennlinien einer elektrischen Lokomotive, Baureihe E 04
- a Dauerleistung
- b Stundenleistung
- c Anfahrleistung
- d Haftwertgrenzleistung
- e Kommutierungsgrenze

Der größte Belastungsstrom, mit dem ein Fahrmotor bei einer bestimmten Drehzahl dauernd betrieben werden kann, ohne daß seine Grenztemperaturen überschritten werden, bezeichnet man als den Dauerstrom, die ihm entsprechende Leistung als Dauerleistung (Kurve a). Dabei beträgt die für den Stromwender zulässige Temperatur etwa 95 °C und die Höchsttemperatur der Wicklungen je nach Güte der Isolation ungefähr 125 °C. Da die Verluste bei gleichbleibendem Strom mit der Drehzahl zunehmen, ist auch der Dauerstrom um so geringer, je höher die Drehzahl ist. Die Dauerleistung steigt also nur im unteren Drehzahlbereich annähernd linear an und weicht dann bei etwa 60 bis 70 % der Höchstgeschwindigkeit infolge der anwachsenden Eisenverluste von der Geraden ab. In der höchsten Spannungsstufe fällt die Leistung entsprechend der natürlichen Charakteristik des Reihenschlußmotors hyperbolisch ab. Es gilt

$$M = \frac{P_D \cdot 974}{n}$$

M	P_D	n
kpm	kW	min^{-1}

Dabei ist M Motordrehmoment
P_D Dauerleistung
n Drehzahl des Motors

Der Motor erreicht bei ununterbrochenem Betrieb mit seiner Dauerleistung nach etwa zwei Stunden seine zulässige Höchsttemperatur. Die Wärmeerzeugung entspricht in diesem Fall der Wärmeabfuhr.

Ist jedoch beabsichtigt, den Motor nicht länger als eine Stunde gleichmäßig stark zu belasten, kann der zulässige Strom noch etwas größer sein. Erreicht der anfangs kalte Motor nach einer Stunde seine zulässige Grenzerwärmung, so bezeichnet man diese Leistung als Stundenleistung (Kurve b). Sie liegt bei älteren elektrischen Lokomotiven im hohen Geschwindigkeitsbereich etwa 15 bis 20 % über der Dauerleistung.

Um bei schweren Anfahrten noch größere Leistungen aus den Fahrmotoren herausholen zu können, darf für kurze Zeit, das heißt etwa 5 min, mit der sogenannten Anfahrleistung (Kurve c) gefahren werden. Diese liegt bei älteren Lokomotiven im unteren Geschwindigkeitsbereich 80 bis 100 % über der Dauerleistung. Bei neuentwickelten Fahrmotoren gelang es durch konstruktive Verbesserungen, wie Leichtbau, hochwertiges Isoliermaterial, verbesserte Luftkühlung usw., ohne Erhöhung der Masse und Vergrößerung des Platzbedarfs die Dauerleistung beträchtlich zu steigern. Aus diesem Grunde liegen die Stundenleistung dann nur 5 bis 10 % und die Anfahrleistung etwa 100 bis 120 % über der Dauerleistung.

Es wäre zwecklos, die Leistung einer elektrischen Lokomotive bei niedrigen Geschwindigkeiten, zum Beispiel durch Einbau stärkerer Motoren, noch weiter zu steigern. Die größte Zugkraft hängt nämlich nicht nur von der installierten Maschinenleistung ab, sondern auch von der Haftreibung zwischen Rad und Schiene. Diese wird bestimmt durch die Reibungslast der elektrischen Lokomotive und den Haftwert μ, der mit Rücksicht auf die gleichförmige Zugkraft am Zughaken bei elektrischen Lokomotiven besser ausgenutzt wird als bei Dampflokomotiven. Dieser Wert beträgt beim Anfahren etwa 0,3 (Bild 196). Er fällt mit zunehmender Geschwindigkeit, aber auch bei öligen, vereisten oder mit feuchtem Laub bedeckten Schienen stark ab und kann Werte von etwa 0,1 erreichen. In diesem Falle ist es dann erforderlich, durch Sandstreuen die Haftreibung zu verbessern. Es kommt dann lediglich auf die Güte der Steuerung an, die Haftwertgrenzleistung (Kurve d) auch tatsächlich auszunutzen.

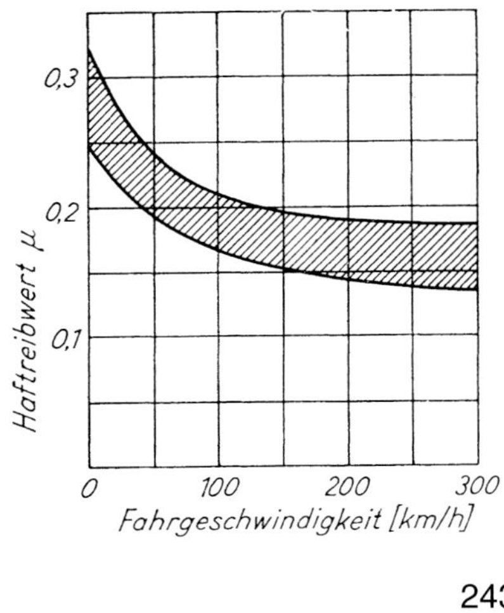

Bild 196.
Haftreibwert zwischen Rad und Schiene

Bei hohen Strömen und großen Geschwindigkeiten wird jedoch die Kommutierung bei Einphasenwechselstromlokomotiven schwierig. Es entstehen kräftige Lichtbögen, die einzelnen Lamellen des Kommutators werden stark erwärmt oder sogar beschädigt, und es ist nicht ratsam, diese „Kommutierungsgrenze" zu überschreiten (Kurve e). Ist also in der höchsten Fahrstufe die größte Klemmenspannung erreicht, so läßt sich die Leistung nicht weiter steigern. Ihr weiterer Verlauf entspricht der bekannten Charakteristik eines Reihenschlußmotors.

Für das Betriebsverhalten einer elektrischen Lokomotive ist auch die Größe der Zugkraft am Zughaken in Abhängigkeit von der Fahrgeschwindigkeit von großer Bedeutung. Sie läßt sich nach der bekannten Formel

$$Z = \frac{P \cdot 367}{V}$$

Z	P	V
kp	kW	km/h

leicht errechnen. Es bedeuten

- Z Zugkraft
- P Leistung
- V Fahrgeschwindigkeit

In Bild 197 sind die Zugkraftkennlinien für den gleichen Lokomotivtyp, Baureihe E 04, zusammengestellt. Daraus geht hervor, daß im unteren Geschwindigkeitsbereich die größte Zugkraft nicht von der Anfahrleistung abhängt, sondern der Reibungszugkraft Z_R entspricht, die sich aus

$$Z_R = G_R \cdot \mu$$

Z_R, G_R	μ
kp	—

errechnen läßt.

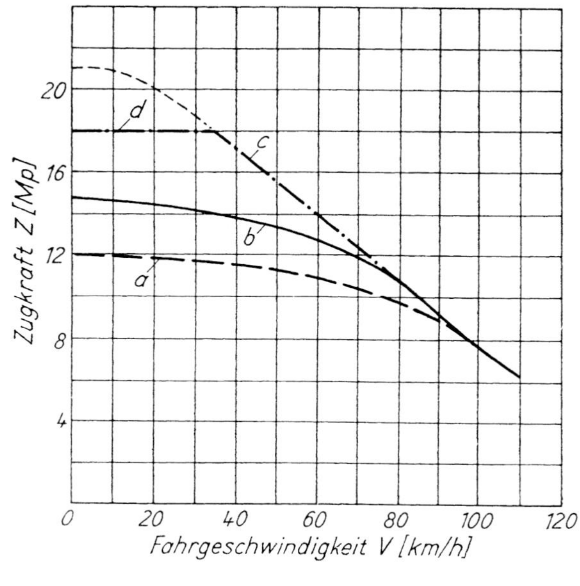

Bild 197. Zugkraftkennlinien einer elektrischen Lokomotive, Baureihe E 04

- a Dauerzugkraft
- b Stundenzugkraft
- c Anfahrzugkraft
- d Haftwertgrenze

Da die Fahrmotoren stark überlastbar sind, braucht bei elektrischen Lokomotiven die Dauerzugkraft nicht der Reibungskraft zu entsprechen, zumal man bei Anwendung des Sandstreuers mit der Anfahrzugkraft in der Lage ist, bis zu verhältnismäßig hohen Geschwindigkeiten hinaus an der Reibungsgrenze zu fahren. Im elektrischen Bahnbetrieb gilt neuerdings die Dauerleistung eines Fahrmotors als seine Nennleistung, und sie wird neben der Stundenleistung und der Anfahrleistung zur Fahrzeitermittlung und Aufstellung der s,V-Diagramme herangezogen. Um eine noch bessere Ausnutzung der elektrischen Lokomotiven zu gewährleisten, sollen neuerdings auch die Kennlinien der 10-min-, 20-min- und 40-min-Leistung ermittelt werden.

Die Neubaulokomotiven der Baureihe E 11/E 42 erhielten Fahrmotoren, die vom VEB Elektromaschinenbau Sachsenwerk nach neuesten Gesichtspunkten entwickelt wurden (Typenbezeichnung EBM 1012/107). Es sind 12polige Reihenschlußmotoren in Tatzlagerbauart, die über beiderseitig angeordnete geradverzahnte Stirnradgetriebe mit gefedertem Großrad die zugehörige Achse antreiben. Ihr Aufbau entspricht den vorstehenden Ausführungen.

Da man eine möglichst niedrige Masse anstrebte, wurde für das Gehäuse eine leichte Schweißkonstruktion gewählt (siehe Bild 183). Das einteilige Ständerblechpaket ist eingepreßt. In seinen Nuten sind die Erreger-, Kompensations- und Wendefeldwicklungen untergebracht.

Auch der Läufer entspricht der normalen Bauart. Die Nuten verlaufen parallel zur Welle und nehmen die Läuferwicklungen auf. Die einzelnen Wicklungsstäbe sind mit den Lamellen des Kommutators verbunden. Die Läuferwelle ist in Wälzlagern gelagert. Der um 360° drehbare Bürstenhalterring trägt zwölf Bürstenhalter mit je sechs Spreizkohlen.

Zur Kühlung der insgesamt vier Fahrmotoren dienen zwei Lüftersätze mit je einem Antriebsmotor mit zwei Radiallüftern. Bild 198 zeigt eine Gesamtansicht des neuen Bahnmotors, dessen Leistung inzwischen noch gesteigert werden konnte.

Bild 198.
Fahrmotor der Baureihe E 11 / E 42

Die technischen Daten der neuen Ausführung (ab E 11 008 und ab E 42 003) betragen:

Stundenleistung	730 kW	bei 1070 min^{-1}
Stundenstrom	1730 A	bei 475 V
Dauerleistung	685 kW	bei 1130 min^{-1}
Dauerstrom	1630 A	bei 475 V
höchste Motorspannung	570 V	
höchstzulässige Drehzahl	1500 min^{-1}	
Kühlluftbedarf	2,5 m^3/s	bei 180 mm WS
Masse des Motors ohne Getriebe und ohne Radschutzkasten	3600 kg	± 3 %
Masse je Leistungseinheit	4,9 kg/kW	

Die Leistungs- und Zugkraftkennlinien für die Lokomotiven der Baureihe E 11 und E 42 sind aus den Bildern 199 und 200 zu erkennen.

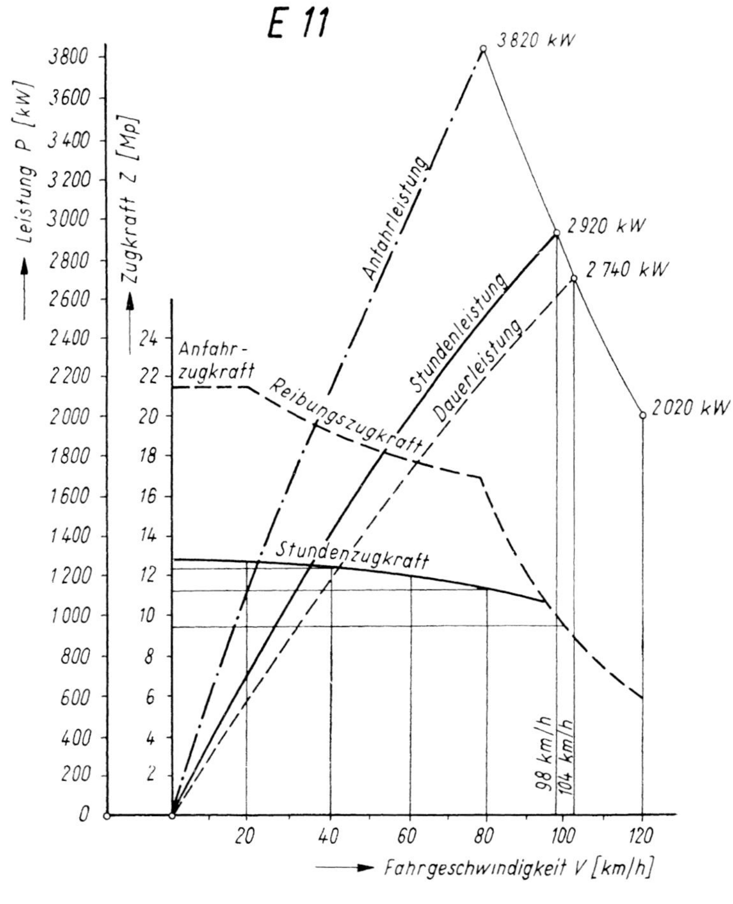

Bild 199. Leistungs- und Zugkraftkennlinien der Baureihe E 11

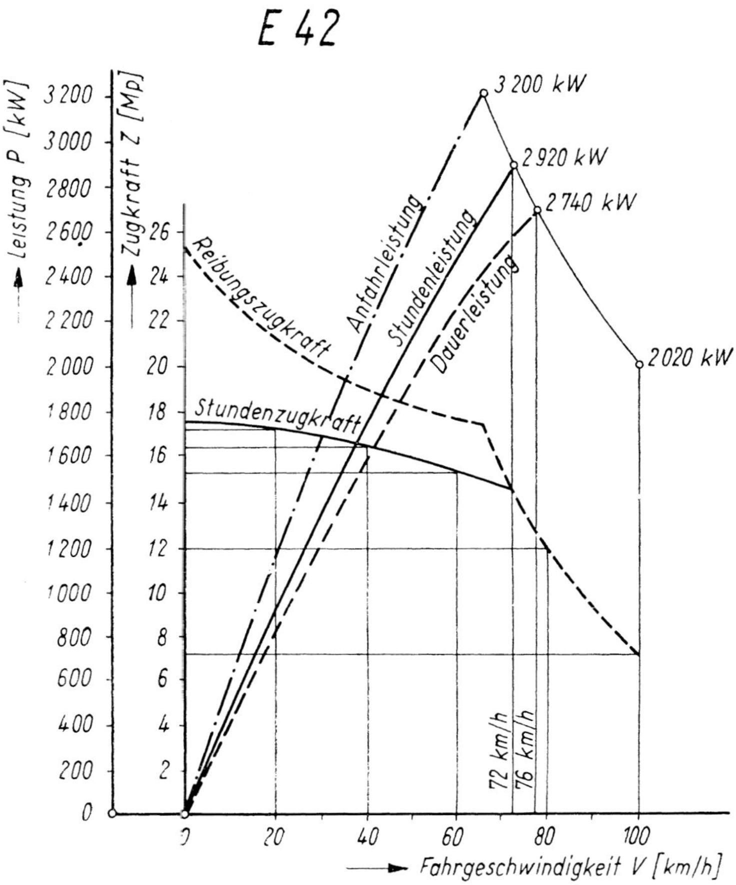

Bild 200. Leistungs- und Zugkraftkennlinien der Baureihe E 42

3.6. Elektrische Bremsen

Mechanische Bremsen haben einen starken Verschleiß an Bremsklötzen und Radreifen zur Folge. Bei lang anhaltenden Bremsungen können die Radreifen infolge der starken Erwärmung leicht locker werden. Außerdem führt der metallene Bremsstaub bei elektrisch angetriebenen Fahrzeugen leicht zu Überschlägen. Daß es sich auf Strecken mit starkem Verkehr und dichten Haltestellenabständen um erhebliche Mengen Bremsstaub handelt, beweist die Tatsache, daß allein auf dem Gebiet der Berliner S-Bahn im Jahr 3000 t Bremsstaub entstehen. Aus diesem Grunde ist es zweckmäßig, die auf starken und lang anhaltenden Gefällestrecken verkehrenden elektrischen Lokomotiven zusätzlich mit einer elektrischen Bremse auszurüsten.

3.6.1. Widerstandsbremse

Die elektrische Bremse ist von der mechanischen Bremse völlig unabhängig. Sie beruht darauf, daß die Fahrmotoren nach einer entsprechenden Umschaltung als Generatoren laufen und, wenn sie durch die Achsen angetrieben und ihre Feldmagnete erregt werden, eine elektrische Leistung abgeben. Um mit einfachen Schaltungen auszukommen, wird die erzeugte elektrische Leistung im allgemeinen in Bremswiderständen in Wärme umgesetzt und geht somit verloren. Man bezeichnet dies als Widerstands- oder Kurzschlußbremsung. Die Spannung hängt von der Drehzahl und der Stärke des Magnetfeldes ab.

Da jedoch bei Wechselstromlokomotiven der Feldaufbau durch den remanenten Magnetismus völlig unbestimmt ist, läßt sich eine betriebssichere Widerstandsbremsung nur mit Hilfe der Fremderregung verwirklichen. Die einfachste Art der Fremderregung ist dadurch gegeben, daß man die Feldwicklung des Motors durch den Hauptumspanner speist (Bild 201). Wird der Stromkreis des Motors in irgend-

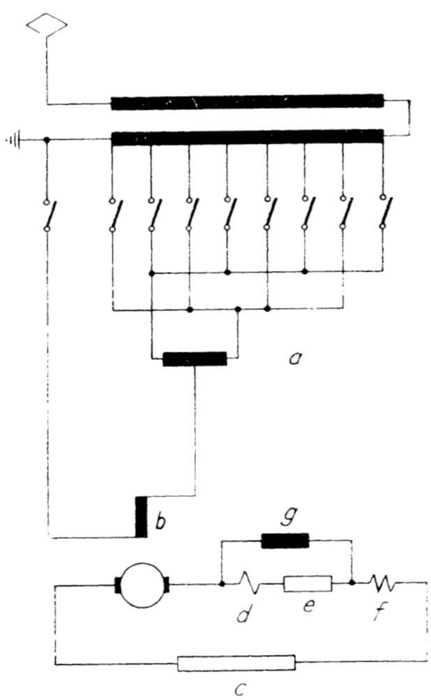

Bild 201.
Widerstandsbremsung mit Feldregelung
a Stromteiler
b Erregerwicklung
c Bremswiderstand
d Wendepolwicklung
e Ohmscher Widerstand
f Kompensationswicklung
g Drosselspule

einer Weise geschlossen, so fließt durch die Ankerwicklung ein Strom. Dieser wird um so größer, je mehr die vom Anker erzeugte Spannung zunimmt und je kleiner der Widerstand des Stromkreises wird. Die dabei abgegebene elektrische Leistung ist proportional dem Produkt aus Ankerspannung und Ankerstrom. Durch das Zusammenwirken zwischen Ankerstrom und Magnetfeld entsteht ein Drehmoment, das der Drehung des Ankers entgegenwirkt, das heißt, die Lokomotive wird gebremst.

Die durch elektrische Bremsung erzeugte Energie ist abhängig von der Zugmasse und der Größe und Länge des Gefälles. Sie beträgt etwa $\frac{2}{3}$ von der Leistung, die derselbe Zug bei Bergfahrt auf derselben Strecke verbrauchen würde. Da sich bei

elektrischer Bremsung die Fahrmotoren und der Trafo auch bei Talfahrt stark erwärmen, sind zusätzliche Kühleinrichtungen erforderlich. Auch die Bremswiderstände sind verhältnismäßig schwer und erfordern viel Platz, so daß ihre Unterbringung häufig große Schwierigkeiten bereitet. Auch darf nicht übersehen werden, daß durch elektrische Bremsung nur das Triebfahrzeug, aber nicht der Zug abgebremst werden kann, so daß die Bremswirkung letztlich durch die Reibungslast der Lokomotive begrenzt wird.
Außerdem ist es nicht zweckmäßig, lange Züge bei Talfahrt nur durch die voranfahrende Lokomotive abzubremsen, weil die Gefahr besteht, daß in starken Krümmungen die Wagen seitlich aus dem Gleis gedrückt werden. Man kommt also auf starken Gefällestrecken mit der elektrischen Bremse allein nicht aus und muß zusätzlich die durchgehende und bei Zugtrennungen selbsttätig wirkende Druckluftbremse verwenden. Da die Strecken der Deutschen Reichsbahn nur wenig starke und lang anhaltende Steigungen oder Gefälle aufweisen, wurden nur einige elektrische Lokomotiven der Baureihen E 19, E 44, E 45, E 94 und E 95 mit Widerstandsbremse ausgerüstet. Auch die Neubaulokomotiven der Deutschen Bundesbahn Baureihen E 10^1 und E 50 sind mit entsprechenden Bremseinrichtungen versehen.

3.6.2. Nutzbremse

Während bei der Widerstandsbremse die erzeugte Energie ungenutzt verlorengeht, gibt es auch Bremsschaltungen, bei denen die Ankerstromkreise der Fahrmotoren einerseits über den Trafo der elektrischen Lokomotive an die Fahrleitung angeschlossen und andererseits geerdet werden. Der erzeugte Strom wird also in das Netz zurückgespeist und kann von anderen Triebfahrzeugen verbraucht werden. Die Nutzbremsung wird jedoch nur dann wirksam, wenn die ins Netz zurückgespeiste Energie einem Verbraucher in ausreichender Nähe der Einspeisungsstelle sofort wieder zugeführt werden kann. Da der Steuerbereich der Nutzbremsung beschränkt ist, wird diese im allgemeinen nur als Gefällebremse zum Abbremsen ganzer Züge verwendet. Im Gegensatz zum Asynchronbahnmotor, der ohne weiteres zur Nutzbremsung herangezogen werden kann, ist der Reihenschlußmotor für diesen Zweck nicht geeignet, da er unstabil arbeitet und daher stets fremd erregt werden muß. Die komplizierte Schaltung und die zusätzlichen Einrichtungen verteuern die Anschaffung und erschweren die Unterhaltung, so daß man bei den Einphasenwechselstromlokomotiven der Deutschen Reichsbahn auf Nutzbremsung verzichtete.

3.7. Hilfseinrichtungen

Die bisher beschriebene Ausrüstung der elektrischen Lokomotiven diente ausschließlich der Zugkrafterzeugung und ihrer Steuerung. Darüber hinaus sind jedoch noch einige Hilfseinrichtungen erforderlich, um das störungsfreie Arbeiten der vorgenannten Teile zu gewährleisten, die Betriebssicherheit zu erhöhen oder den Lokomotivbetrieb zu erleichtern.

3.7.1. Stromversorgung der Hilfsbetriebe

Die meisten Hilfseinrichtungen haben elektrischen Antrieb und arbeiten mit Einphasenwechselstrom, der einer 200-V-Anzapfung des Trafos entnommen wird. Die Zugheizung wird mit einer wesentlich höheren Spannung von etwa 800 oder 1000 V gespeist. Nur die Beleuchtung und gegebenenfalls ein Teil der Steuerung werden bei älteren Lokomotiven mit Gleichstrom von 24 V betrieben. Dieser wird einer Batterie entnommen, die ebenfalls aus der 200-V-Anzapfung des Trafos über einen Trockengleichrichter gespeist wird. Bei Spannungsschwankungen im Fahrdraht (12,3 bis 18,0 kV) schwankt also auch die Spannung der Hilfsbetriebe, was sich meist ungünstig auswirkt.
Um durch Standardisierung die Herstellung und Unterhaltung elektrischer Triebfahrzeuge zu vereinfachen, wurde auf einer im Jahre 1958 in Warschau durchgeführten Tagung der OSShD für alle elektrischen Neubautriebfahrzeuge eine einheitliche Steuerspannung von 110 V Gleichstrom festgelegt.
Die Hilfseinrichtungen und insbesondere die Steuerung müssen geprüft werden können, auch wenn die Lokomotive im Schuppen steht und dort aus Sicherheitsgründen keine Fahrleitung vorhanden ist. Zu diesem Zweck sind in den Werkstätten Anschlüsse für 200 V Wechselstrom mit einer Frequenz von 16⅔ Hz vorhanden.

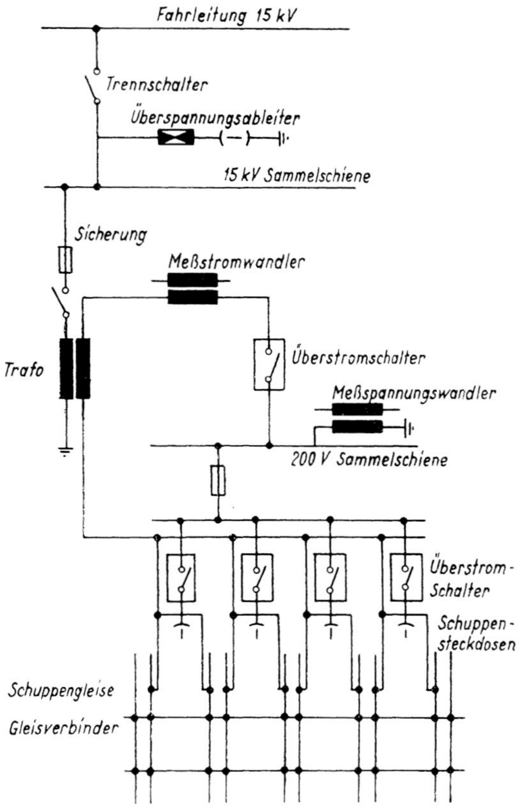

Bild 202.
Schaltung der Schuppenprüfanlage

Bild 202 zeigt das Prinzipschaltbild einer Schuppenprüfanlage. Die elektrischen Lokomotiven sind dann an beiden Längsseiten mit Steckdosen versehen und außerdem mit einem Prüfumschalter ausgerüstet, der vor dem Anschließen der Hilfseinrichtungen an die Schuppensteckdose den Trafo abschaltet. Dieser würde sonst über seine Sekundärwicklung mitgespeist werden und in der Primärwicklung eine hohe Spannung erzeugen, die das Personal gefährdet und eine Erprobung der Steuerung unmöglich macht. Aus Sicherheitsgründen ist während des Prüfens das Besteigen der Aufbauten und des Daches untersagt.

Der Prüfumschalter hat zwei Betriebsstellungen und verbindet in der Stellung „Strecke" die Hilfseinrichtung mit dem Trafo, in der Stellung „Schuppen" dagegen mit den Steckdosen der Schuppenprüfanlage. In der Mittelstellung des Umschalters sind die Hilfsstromkreise sowohl vom Trafo als auch von den Prüfdosen abgeschaltet. Unmittelbar hinter den Prüfumschaltern verzweigt sich dann die Zuleitung und führt über Steuerstromsicherungen oder Automaten zu den einzelnen Hilfseinrichtungen. Dadurch erreicht man, daß Störungen auf den schadhaften Stromkreis beschränkt bleiben.

Bei den Neubaulokomotiven der Baureihe E 11/E 42 sind für die Stromversorgung der Hilfsbetriebe zwei Sammelschienen vorgesehen, die mit den Trafoanzapfungen 198 V oder 138,5 V verbunden sind. Der Hilfsbetriebe-Umschalter besitzt die vier Stellungen „Aus", „Sommer", „Winter" und „Schuppen". Er wird mit Hilfe des Schaltgriffes für den Stromabnehmer-Wahlschalter betätigt.

In der Stellung „Sommer" wird beiden Sammelschienen eine Spannung von 198 V zugeführt, während in der Stellung „Winter" die Sammelschiene für die Stromversorgung der Lüfterantriebe mit einer Spannung von 138,5 V gespeist wird. In der Stellung „Schuppen" werden beide Sammelschienen mit den Schuppensteckdosen verbunden. Der Griff ist dann aus Sicherheitsgründen nicht abziehbar, so daß während der Prüfung kein Stromabnehmer gehoben werden kann.

Alle Steuer-, Überwachungs- und Beleuchtungsstromkreise werden von einem Ladegerät und einer parallelgeschalteten Bleibatterie gespeist. Diese hat ein Speichervermögen von 80 Ah und setzt sich aus 48 Zellen zusammen. Die abgegebene Spannung beträgt etwa 100 V.

Das Ladegerät befindet sich unmittelbar hinter der Rückwand des Führerstandes 2 und stützt sich auf Schwingmetallfedern ab. Der Wechselstrom (198 V) wird über eine 50-A-Sicherung zugeführt und gelangt über Transduktoren und einen Zwischentransformator zu einem Halbleitergleichrichter in Brückenschaltung. Ein eingebauter Magnetregler hält die Gleichstromspannung konstant. Das Gleichstromnetz wird vom Ladegerät oder von der Batterie gespeist.

3.7.2. Lüfter

Zur Kühlung der Fahrmotoren und des Trafos bzw. des Trafoöls wird Kühlluft verwendet, die durch radiale oder neuerdings auch axiale Kreiselrad- oder Schleuderlüfter erzeugt wird. Diese werden durch einen besonderen Lüftermotor angetrieben und saugen mit Hilfe eines leichten Schaufelrades die Luft aus dem Maschinenraum an und drücken sie durch die Luftkanäle der Fahrmotoren oder durch den

Ölkühler des Trafos hindurch. Um mit kurzen Zuleitungen auszukommen, werden die Lüfter in unmittelbarer Nähe dieser Teile angeordnet.
Je nach dem Luftbedarf der einzelnen Anlagen werden auch manchmal zwei Fahrmotoren durch nur einen Lüfter mit Kühlluft versorgt oder zwei Lüfter gemeinsam an einen Lüftermotor angeschlossen (Bild 203). Für den Antrieb verwendet man

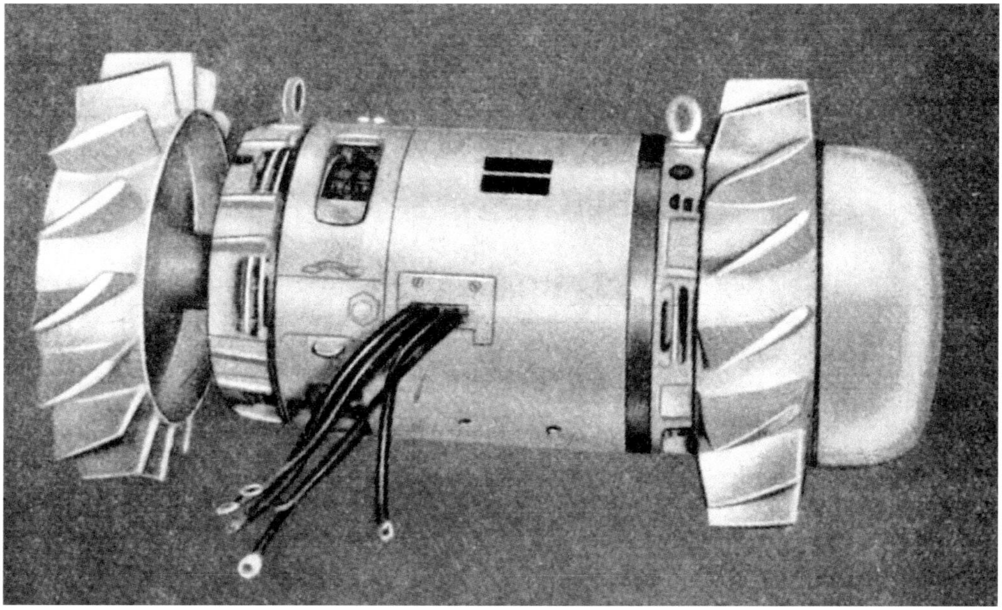

Bild 203. Lüftermotor mit zwei Lüfterrädern

meist Einphasenreihenschlußmotoren, die ähnlich wie die Fahrmotoren aufgebaut sind. Da ihre Leistung jedoch nur etwa 5 bis 20 kW beträgt, wird im allgemeinen auf die Wendepolwiderstände verzichtet. Kleinere Lüftermotoren können beim Einschalten unmittelbar an die 200-V-Anzapfungen des Trafos angeschlossen werden. Um bei großen Leistungen starke Stromstöße zu vermeiden, verwendet man beim Einschalten Anlaßwiderstände und Lüfterschütze, die durch einfache Handschalter oder Kontakte an den Fahrschaltern ein- und ausgeschaltet werden (Bild 204). Auf diese Weise ist es auch möglich, während der Rangierarbeiten, bei denen die Erwärmung der Motoren gering ist, die Lüfter abzuschalten, um durch das Geräusch der Lüfter die Aufnahme der akustischen Rangiersignale nicht zu erschweren. Für den Fall, daß der Lokomotivführer das Einschalten vergißt, schalten sämtliche Lüfter bei der dritten oder vierten Fahrstufe selbsttätig ein, unabhängig davon, ob der Handschalter eingelegt ist oder nicht.
Bei niedrigen Außentemperaturen kann die Luftmenge, die im Sommer je Fahrmotor etwa 3 m^3/s beträgt, wesentlich eingeschränkt werden, um eine Unterkühlung des Maschinenraums und gegebenenfalls auch das Ansaugen von Schnee zu vermeiden. Man erreicht dies durch die Sommer-Winterschaltung, die darauf

beruht, daß man die Lüftermotoren an eine niedrigere Spannung legt (etwa 140 V) oder mehrere Motoren, die im Sommer parallelgeschaltet sind, im Winter hintereinander an die 200-V-Anzapfung anschließt. Will man im Winter den Maschinenraum anwärmen, so kann man durch Umstellen der Lüfterklappen die warme Luft anstatt ins Freie in den Maschinenraum strömen lassen.

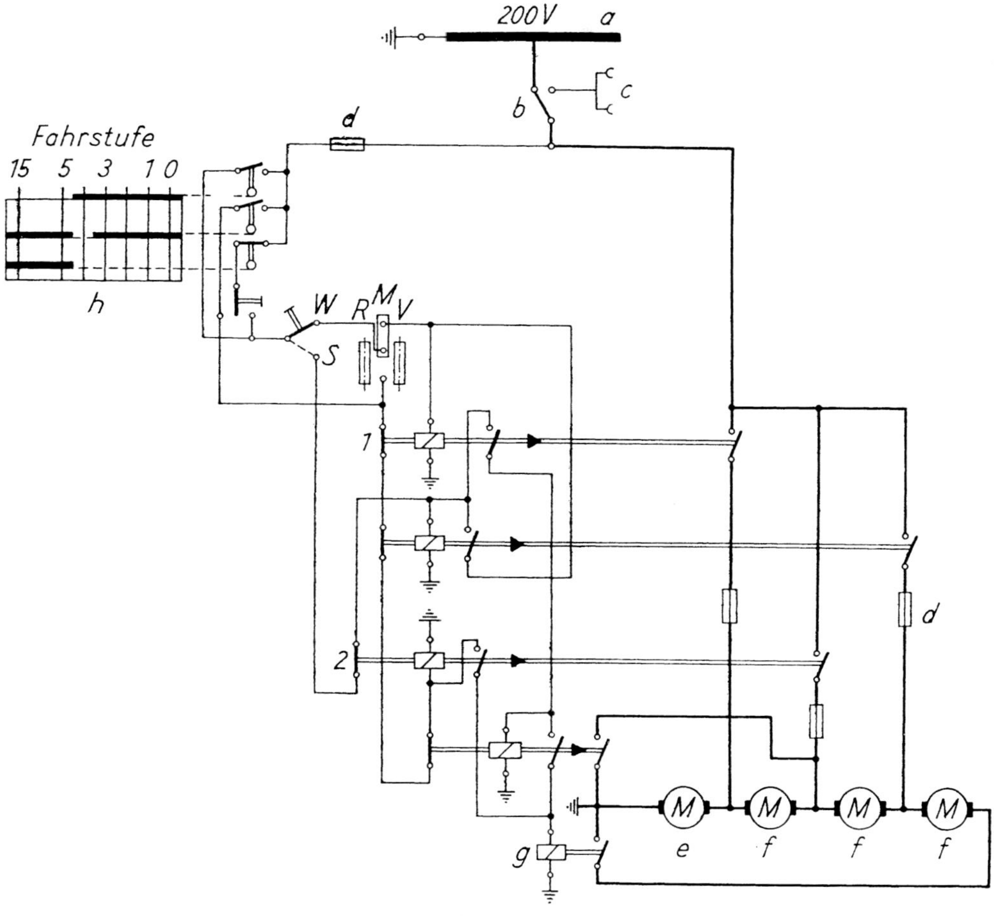

Bild 204. Schaltung eines Lüftermotors

a Umspanner
b Prüfumschalter
c Prüfdose
d Sicherung
e Lüftermotor für Trafo
f Lüftermotor für Fahrmotor
g elektromagnetisch betätigtes Schütz
h Fahrschalter
W Winterschaltung
S Sommerschaltung
R Rückwärtsfahrt
M Mittelstellung
V Vorwärtsfahrt
1 Schütz 1
2 Schütz 2

Die Neubaulokomotiven der Baureihe E 11/E 42 sind für die Kühlung der Fahrmotoren mit zwei Lüftersätzen ausgerüstet. Jeder enthält zwei Lüfter (Typenbezeichnung LAN 138), die jeweils 150 m^3 Luft je Minute bei einem Gegendruck von 140 mm WS fördern. Als Antrieb jedes Lüftersatzes dient ein Einphasenreihenschlußmotor (Typenbezeichnung EHB 41/10/4 B), der eine Leistung von 15 kW bei

1800 min^{-1} aufweist. Er wird durch ein elektropneumatisches Schütz in zwei Stufen über Widerstände angelassen.
Da im Winter ein geringerer Luftbedarf besteht, wird der Motor dann nicht an die 198-V-, sondern an die 138,5-V-Anzapfung angeschlossen.
Die Neubaulokomotiven besitzen außer den Lüftern für die Fahrmotoren noch einen Lüfter für die Kühlung des Trafoöls. Hierbei handelt es sich um einen Axiallüfter, der 175 m^3/min Luft bei einem Gegendruck von 185 mm WS fördert.
Der Lüfter wird durch einen Einphasenreihenschlußmotor (Typenbezeichnung EHB 24/12/4 B) mit einer Leistung von 5 kW und einer Drehzahl von 2900 min^{-1} angetrieben. Der Lüftermotor wird durch ein elektropneumatisches Schütz über einen den Anlaufstrom dämpfenden Vorwiderstand eingeschaltet.
Der Einschaltvorgang aller drei Lüfter wird auf den Führerständen durch den Leuchtmelder „Lüfter" überwacht. Das Leuchtzeichen erlischt, wenn die Einschaltschütze aller drei Lüfter geschlossen sind.

3.7.3. Ölpumpe

Die in einem Trafo entstehende Wärme wird am einfachsten dadurch abgeführt, daß man den Eisenkern und sämtliche Wicklungen ständig mit Öl umspült und das erwärmte Öl in besonderen Kühlrohren wieder auf seine Ausgangstemperatur zurückkühlt (siehe Abschnitt 3.2.4.). Zu diesem ständigen Umwälzen ist eine Ölpumpe erforderlich, die meist als einstufige Kreiselpumpe ausgeführt ist und etwa 500 bis 1000 l Öl/min gegen 6 bis 8 m WS fördert. Die Ölpumpe ist im allgemeinen eine senkrecht stehende, einstufige Kreiselpumpe, die durch ein Eisengestell mit dem Kessel des Umspanners verbunden ist. Sie wird durch einen Reihenschlußmotor angetrieben, der mit einer Umdrehungszahl von etwa 2000 min^{-1} umläuft und etwa 1,5 bis 4,0 kW leistet. Er ist unter Vorschalten einer Sicherung unmittelbar an die 200-V-Anzapfung des Trafos angeschlossen und läuft deshalb dauernd, solange die Lokomotive unter Spannung steht. Bei einigen älteren elektrischen Lokomotiven wird er, ähnlich wie der Lüftermotor, durch Handschalter oder ein elektropneumatisches oder elektromagnetisches Schütz nach Bedarf ein- und ausgeschaltet.
Bei neueren elektrischen Lokomotiven wird für den Antrieb der Ölpumpe anstelle eines Reihenschlußmotors ein Einphasen-Asynchronmotor verwendet. Da Kommutator und Bürsten wegfallen, ist sein Aufbau wesentlich einfacher, und auch die Erhaltungsarbeiten im Betrieb werden geringer. Nachteilig ist jedoch, daß die Drehzahl des Asynchronmotors wegen der geringen Periodenzahl des Bahnstromes trotz zweipoliger Ausführung nur knapp 1000 min^{-1} beträgt und sowohl der Motor als auch die Ölpumpe dadurch wesentlich größer und schwerer werden.
Die Neubaulokomotiven der Baureihe E 11/ E 42 besitzen eine stopfbuchslose Ölpumpe (Typenbezeichnung UT 100/285). Die Fördermenge beträgt 63 m^3/h bei einer Förderhöhe von 10 m. Der Motor ist ein Induktionsmotor, der in seinem Aufbau einem Drehstrom-Asynchronmotor ähnelt. Er bildet mit der Pumpe zusammen eine geschlossene Einheit. Das Innere des Motors wird vom Öl durchströmt. Der Motor leistet 3,5 kW bei einer Umdrehungszahl von 945 min^{-1}.

3.7.4. Drucklufterzeugung

Die gesamte von der elektrischen Lokomotive benötigte Druckluft wird durch eine Luftpumpe erzeugt, und zwar bei den Lokomotiven der Deutschen Reichsbahn einheitlich durch eine Kolbenluftpumpe. Diese ist stets zweistufig und fördert stündlich etwa 100 m^3 Luft gegen 8 bis 10 kp/cm^2. Als Antrieb dient ein Einphasenreihenschlußmotor von etwa 15 kW bei 200 V, der mit der Pumpe zu einem Aggregat zusammengebaut ist (Bild 205).

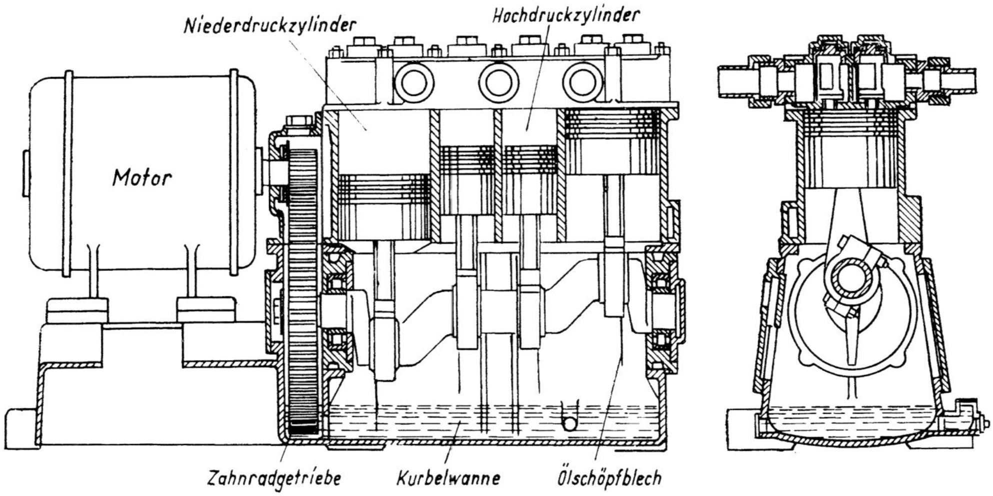

Bild 205. Luftverdichter mit Antriebsmotor

Da die Drehzahl des Motors jedoch wesentlich höher liegt als die der Kolbenpumpe, ist es erforderlich, ein Zahnradgetriebe einzuschalten. Die Kolbenverdichter haben vier in einer Reihe stehende Zylinder, von denen die beiden Niederdruckzylinder die Luft auf 1,9 kp/cm^2, die Hochdruckzylinder auf 8 kp/cm^2 verdichten. Dabei erhitzt sich die Luft stark, und es ist zweckmäßig, sie beim Übergang von der ersten zur zweiten Stufe durch einen Zwischenkühler zu leiten. Dieser besteht aus Rohrschlangen und wird vom Fahrwind oder durch einen besonderen Lüfter gekühlt.
Die vom Kompressor verdichtete Luft enthält Wasser und Öl, die zunächst in einem Ölabscheider zurückgehalten werden. Dann wird die Druckluft über ein Rückschlagventil den Haupt- und Hilfsluftbehältern zugeleitet. Diese sollen den stark schwankenden Bedarf an Druckluft ausgleichen und haben ein Fassungsvermögen von insgesamt etwa 800 bis 1000 l. Mit den Hauptluftbehältern steht ein Druckwächter in Verbindung, der meist als Membrandruckregler ausgebildet ist. Ein Kontakt wird geöffnet, sobald der Überdruck 8 kp/cm^2 oder bei neueren Lokomotiven 10 kp/cm^2 erreicht hat und wird selbsttätig wieder geschlossen, sobald der Überdruck unter 6,5 kp/cm^2 oder bei neueren Lokomotiven unter 8 kp/cm^2 gesunken ist. Geregelt wird also völlig selbsttätig, sobald der Lokomotivführer auf

einem Führerstand den Pumpenschalter einlegt (Bild 206). Das Schütz für den Luftpumpenmotor ist meist als Druckluftanlaßschütz ausgebildet und besitzt zwei Kontakte, die nacheinander schließen. Das heißt, der Motor wird zunächst über einen Anlaßwiderstand mit der 200-V-Anzapfung verbunden und erhält erst bei einer bestimmten Drehzahl seine volle Spannung.

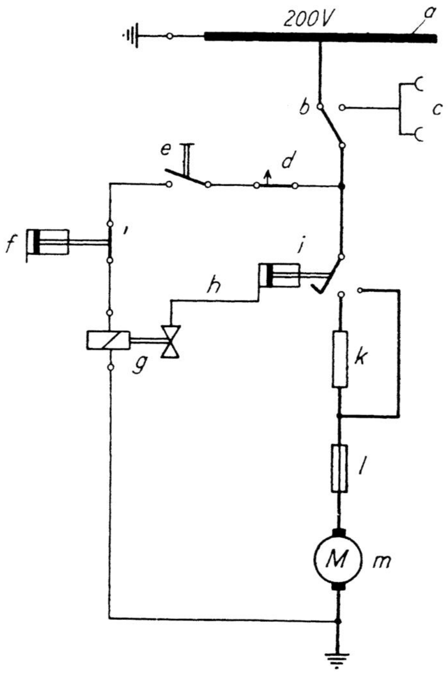

Bild 206.
Schaltplan der Luftpumpe

- a Umspanner
- b Prüfumschalter
- c Prüfdose
- d Überstromauslöser
- e Handschalter
- f Druckwächter
- g elektromagnetisch betätigtes Ventil
- h Luftleitung
- i Druckluftschütz
- k Widerstand
- l Sicherung
- m Pumpenmotor

Die erzeugte Druckluft dient zur Betätigung folgender Einrichtungen:

1. Druckluftbremse,
2. Leistungssteuerung, sofern sie nicht ausschließlich auf elektrischem Wege erfolgt,
3. Stromabnehmer,
4. Hauptschalter,
5. Fahrtrichtungswender,
6. Sandstreuer,
7. Luftpfeife bzw. Typhon,
8. Achslastausgleich,
9. Sicherheitsfahrschaltung und
10. Scheibenwischer.

Die Neubaulokomotiven der Baureihe E 11/E 42 erhielten zur Drucklufterzeugung einen zweistufigen Kolbenkompressor (Typenbezeichnung VV 224), der im Maschinenraum quer vor dem Trafokühler auf Gummipuffern angeordnet ist. Er saugt etwa 110 m^3 entspannte Luft je Stunde an und verdichtet sie auf einen Überdruck von 10 kp/cm^2. Die Drehzahl beträgt 335 min^{-1}. Zwischen dem Niederdruck- und dem Hochdruckteil liegt ein Zwischenkühler.
Die Druckluft wird über einen Ölabscheider und ein Rückschlagventil zwei Hauptluftbehältern mit einem Fassungsvermögen von je 400 l zugeführt. Der Druckwächter schaltet bei einem Überdruck von 8,5 kp/cm^2 den Antriebsmotor ein und bei einem Überdruck von 10 kp/cm^2 selbsttätig ab.

Kompressor und Motor sind zu einem Aggregat zusammengebaut, das einschließlich seines Tragrahmens eine Masse von 1100 kg besitzt. Als Antrieb dient ein Einphasenreihenschlußmotor (Typenbezeichnung EHB 41/10/4 B), dessen Leistung 15 kW bei 1800 min^{-1} beträgt.
Zum Einschalten des Motors dient ein elektromagnetisches Schütz, das über die Richtungssteuerwalze durch einen Kippschalter betätigt wird. Für das Anlaufen ist ein besonderer Anlaßwiderstand vorgesehen.
Die in letzter Zeit gebauten Lokomotiven der Baureihe E 11/E 42 sind mit einem vom VEB Berliner Bremsenwerk neu entwickelten Luftverdichter (Typenbezeichnung 2 V 2 – 100/145) ausgerüstet (Bild 207). Auch er arbeitet zweistufig.

Bild 207.
Luftverdichter neuer Bauart

Die vier Zylinder sind jedoch nicht in Reihe, sondern V-förmig angeordnet (Bild 208). Jeder einzelne Zylinder ist am Kurbelgehäuse angeschraubt und durch einen Zylinderkopf abgeschlossen, in dem die Saug- und Druckventile untergebracht sind.

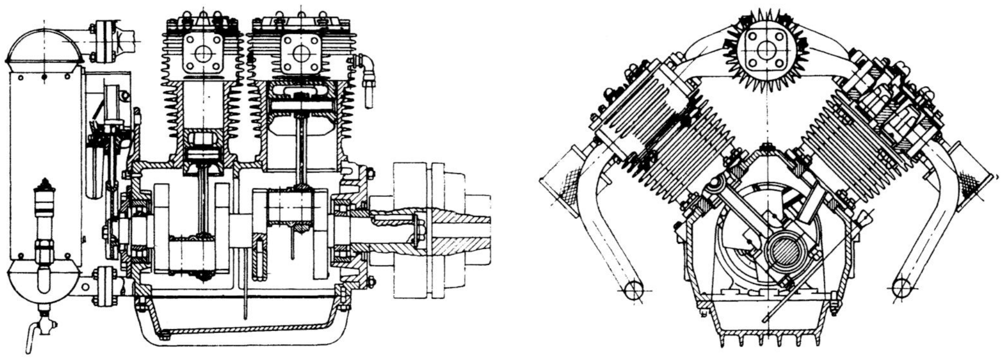

Bild 208. Luftverdichter neuer Bauart im Schnitt

Zwischen den beiden Niederdruck- und den beiden Hochdruckzylindern liegt ein Zwischenkühler. Er ist ebenso wie die Zylinder und die Zylinderdeckel mit Kühlrippen versehen, um eine bessere Wärmeabfuhr zu erreichen. Zwei am Gehäuse befestigte Ventilatoren führen ständig Frischluft zu.

Bei einer Drehzahl von 1000 min^{-1} beträgt der Förderstrom 150 m^3/h bei einem Überdruck von 10 kp/cm^2. Wegen der hohen Drehzahl kann ein Zwischengetriebe entfallen. Die Anordnung des Ölabscheiders, der Sicherheitsventile und der sonstigen Zusatzeinrichtungen zeigt Bild 209.

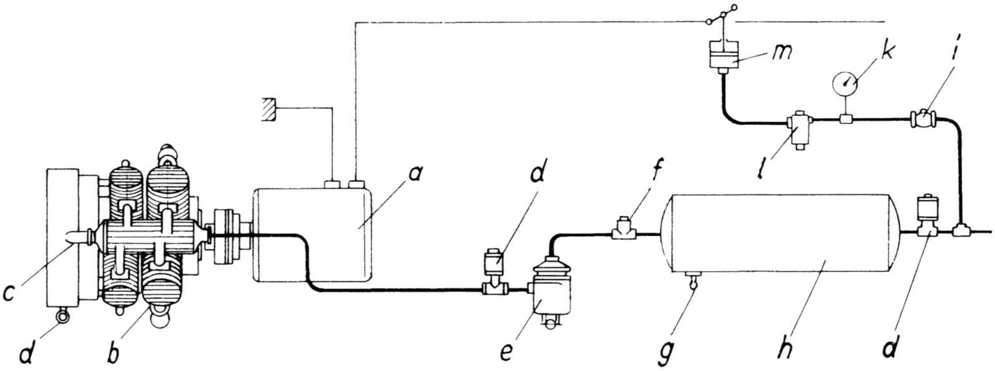

Bild 209. Gesamtanordnung der Drucklufterzeugungsanlage

a Elektromotor
b Luftverdichter
c Zwischenkühler
d Sicherheitsventil
e Ölabscheider
f Rückschlagventil
g Ablaßhahn
h Luftbehälter
i Absperrhahn
k Luftdruckmesser
l Luftfilter
m elektropneumatischer Druckschalter

Außer diesem Hauptluftverdichter besitzen die Neubaulokomotiven noch zwei kleine Hilfsverdichter (Typenbezeichnung T 7510). Diese werden dann verwendet, wenn bei Inbetriebnahme der Lokomotive zum Anlegen der Stromabnehmer oder zum Einschalten des Hauptschalters keine Druckluft aus dem Hauptluftbehälter zur Verfügung steht.

Jeder Hilfsverdichter saugt 3 m^3 entspannte Luft je Stunde an und verdichtet sie auf einen Überdruck von 8 kp/cm^2. Als Antrieb dient jeweils ein Gleichstrommotor mit der Steuerspannung von 110 V, der von der Akkumulatorenbatterie gespeist wird. Beide Aggregate sind am Druckluftgerätegerüst angeordnet und werden durch einen Schalter eingeschaltet.

Während der Hauptschalter und die Typhons durch Druckluft mit einem Überdruck von 10 kp/cm^2 betrieben werden, erhalten Stromabnehmer, Schütze, Richtungswender, Sandstreuer, Scheibenwischer und auch die Schleuderschutzbremse über ein Druckminderventil Druckluft von 5 kp/cm^2. Lediglich die Achslastausgleicher arbeiten mit Druckluft von nur 4 kp/cm^2 Überdruck.

3.7.5. Beleuchtung

Einige Hilfseinrichtungen der Lokomotiven, wie die gesamte Beleuchtung, die Sicherheitsfahrschaltung und die damit verbundene Auslösung des Hauptschalters müssen auch dann betriebsbereit sein, wenn die Stromabnehmer gesenkt sind oder die Fahrdrahtspannung aus irgendeinem Grunde wegbleibt. Für diesen Zweck ist jede elektrische Lokomotive mit einer Gleichstromanlage und mit einer Batterie ausgerüstet. Die Gleichstromspannung beträgt bei älteren Lokomotiven einheitlich 24 V und bei neueren 110 V. Sie wurde seinerzeit deshalb so niedrig gewählt, um die gleichen Glühlampen wie für die Wagenbeleuchtung verwenden zu können, die mit ihren verhältnismäßig dicken Glühdrähten gegen die unvermeidlichen Erschütterungen des Fahrzeugs weniger empfindlich sind als Glühlampen für eine höhere Spannung. Außerdem besteht dann auch die Möglichkeit, die Lampen mit Wechselstrom von nur $16\frac{2}{3}$ Hz zu speisen, da dickfädige Glühlampen infolge ihrer Wärmeträgheit bei geringer Periodenzahl weniger flimmern.
Zum Aufladen der Batterie wird entweder ein kleiner Lichtgenerator oder ein Trockengleichrichter verwendet. Solange diese Spannung liefern, speisen sie die elektrischen Beleuchtungs- und Hilfseinrichtungen direkt und laden zugleich die Batterie auf. Ist jedoch der Trafo spannungslos, so übernimmt die Batterie die Stromversorgung und wird dabei entladen.
Der Lichtgenerator ist eine kleine Gleichstromnebenschlußmaschine von etwa 1 bis 2 kW Leistung, die, wenn sie nicht mit einem Lüfter gekuppelt ist, von einem kleinen Wechselstromreihenschlußmotor, neuerdings auch von einem Einphasen-Asynchronmotor, angetrieben wird. Dieser ist ohne Anlaßwiderstand an die 200-V-Spannung angeschlossen und wird durch einen einfachen Handschalter auf den Führerständen eingeschaltet. Der mit ihm gekuppelte Gleichstromgenerator wird mit Hilfe eines selbsttätigen Ladereglers geregelt.
Um die Batterie während des Betriebes, das heißt, solange der Trafo unter Spannung steht, zu entlasten, werden die Lampen auch häufig noch mit Wechselstrom von 24 V Spannung gespeist. Für diesen Zweck wird dann im Maschinenraum noch ein Hilfstrafo mit einer Leistung von 0,5 bis 1,0 kVA aufgestellt. Das Umschalten von Batterie auf Trafo geschieht durch einen selbsttätigen Lichtumschalter.
Wesentlich einfacher ist jedoch das Aufladen der Batterie durch Gleichrichter, die viel leichter sind, weniger Platz beanspruchen und mit geringeren Unterhaltungskosten auskommen. Auch in diesem Falle ist wieder ein kleiner, primärseitig mit 200-V-Wechselstrom gespeister Einphasentrockenumspanner vorhanden (Bild 210). Zur Ladeeinrichtung gehören dann außerdem noch ein oder mehrere Trockengleichrichter.
An die Gleichstromanlage sind die Deckenlampen in den Führerständen und im Maschinenraum, die Instrumentenleuchten und die Leselampe für den Begleiter oder Zugführer angeschlossen. Auch die Signallaternen über den Puffern gehören hierzu, die entweder zwei Glühlampen verschiedener Lichtstärke enthalten oder durch einen Abblendschalter in jedem Führerstand auf volle oder durch Vorschalten eines Widerstandes auf verminderte Lichtstärke eingestellt werden können. Zusätzlich sind sämtliche elektrischen Lokomotiven noch mit einer oberen Signallaterne ausgerüstet.

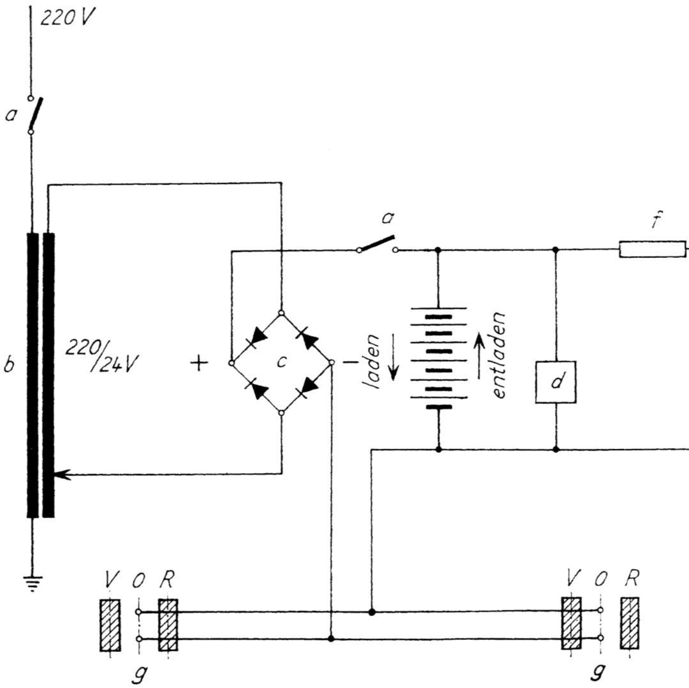

Bild 210. Stromversorgung der Beleuchtung

a Schalter
b Hilfsumspanner
c Gleichrichter
d Lichtschalttafel vorn
e Lichtschalttafel hinten
f Lampen
g Fahrtwendekontakte

Im Maschinenraum und an den Außenseiten der Lokomotiven sind noch mehrere Steckdosen für Handlampen vorgesehen. Außerdem sind noch die Fensterwischer an die Gleichstromanlage angeschlossen, sofern sie nicht durch Druckluft bedient werden, während die Klarsichtscheiben im allgemeinen mit Wechselstrom betrieben werden, um die Gleichrichter und die Batterie zu entlasten. Sämtliche Lampen und Geräte werden durch Kippschalter bedient und sind durch Automaten einzeln gesichert, die auf den Führerständen in besonderen Schalttafeln zusammengefaßt sind.

Bei den Neubaulokomotiven der Baureihe E 11/E 42 sind auf jedem Führerstand eine Deckenleuchte, zwei Ultraviolettstrahler für die Instrumentenbeleuchtung, eine Leuchte am Schreibpult und eine Beleuchtung für den Buchfahrplan angeordnet. Für die Beleuchtung des Maschinenraums sind acht Deckenleuchten und für die Drehgestelle je zwei Leuchten vorhanden. Außerdem sind im Maschinenraum sechs Steckdosen für den Anschluß von Handlampen vorgesehen. Sämtliche Beleuchtungsstromkreise werden mit 110-V-Gleichspannung gespeist.

3.7.6. Heizung

Um die Führerstände der elektrischen Lokomotiven im Winter zu erwärmen, ist jeder Führerstand mit mehreren elektrischen Heizkörpern ausgerüstet, von denen einer als Wärmeschrank ausgeführt ist und zugleich zum Wärmen von Speisen verwendet werden kann. Die Heizöfen sind über Kippschalter an die 200-V-Anzapfung des Hauptumschalters angeschlossen.

Auch sämtliche Reisezugwagen, die auf elektrisch betriebenen Strecken verkehren, müssen mit elektrischen Heizeinrichtungen ausgerüstet sein, wenn man nicht das unwirtschaftliche Mitführen von Heizkesselwagen in Kauf nehmen will. Die elektrischen Heizkörper in den einzelnen Abteilen haben eine Leistung von 500 bis 1500 W und können durch die Fahrgäste oder auch automatisch geregelt werden. Sämtliche Heizkörper eines Wagens sind über einen gemeinsamen Hauptschalter und eine Hauptsicherung an die durchgehende Zugheizleitung angeschlossen. Da die Heizleistung eines vierachsigen Reisezugwagens im Mittel etwa 25 bis 30 kW beträgt, ergibt sich für einen ausgelasteten Zug ein Leistungsbedarf von etwa 300 bis 400 kW. Die Heizleistung eines elfteiligen Doppelstockgliederzuges ist noch wesentlich höher.

Um allzu große Querschnitte für die Leitungen und hohe Verluste zu vermeiden, werden hohe Spannungen verwendet. Es hat sich als zweckmäßig er-

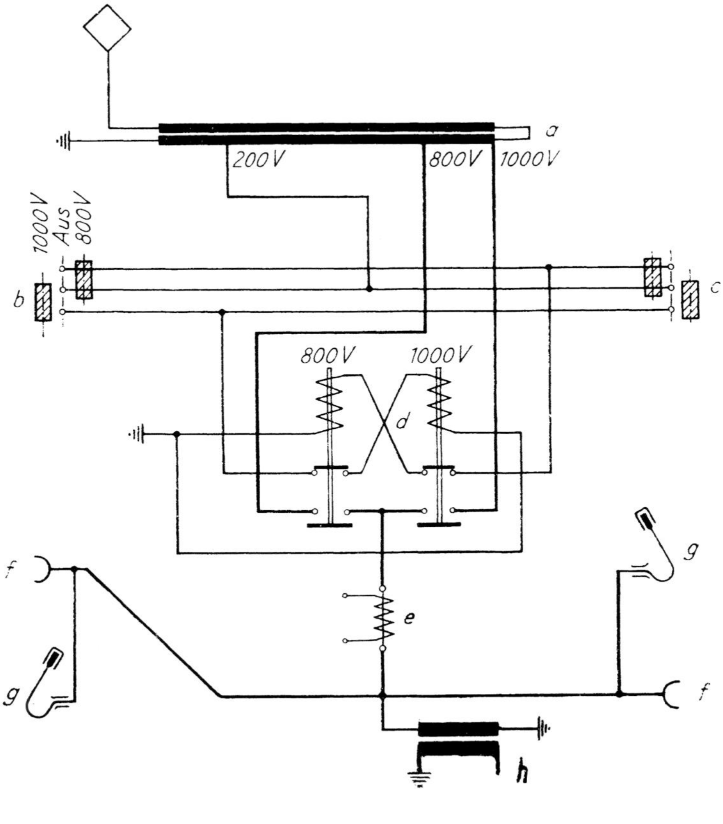

Bild 211.
Schaltung der Zugheizung
- a Hauptumspanner
- b Heizkontroller vorn
- c Heizkontroller hinten
- d Heizschütz
- e Stromwandler für Zugheizung
- f Kupplungsdose
- g Kupplungskabel mit Heizstecker
- h Heizspannungswandler

wiesen, den Heizstrom der 800- oder 1000-V-Anzapfung des Lokomotivumspanners zu entnehmen. Die jeweilige Heizspannung wird auf den Führerständen angezeigt. Der Heizstrom fließt über die Drehgestelle der Wagen und die Schienen zur geerdeten Klemme des Trafos im Unterwerk zurück. Als Heizschütze werden meist elektromagnetische, seltener elektropneumatische Schütze verwendet, die von den Führerständen aus durch Handschalter oder Schaltwalzen bedient werden. Sind bei verschiedenen Spannungen zwei Schütze vorhanden, so sind diese gegenseitig durch Ruhekontakte elektrisch verriegelt, um zu vermeiden, daß sie gleichzeitig eingeschaltet werden können und dadurch einen Kurzschluß im Trafo hervorrufen (Bild 211). Bei elektromagnetischen Heizschützen sind noch Sperrmagnete vorhanden, die verhindern sollen, daß ein Kurzschluß im Heizstromkreis vom Heizschütz abgeschaltet wird. In diesem Falle geht nämlich die Spannung im Trafo zurück und dabei sinkt auch proportional die Steuerspannung (200 V). Daher würde das Heizschütz bereits vor dem Hauptschalter den Stromkreis abschalten. Bei elektropneumatischen Schützen sind zusätzliche Sperrmagnete nicht erforderlich, weil eine konstante Batteriespannung vorhanden ist.
Die durchgehende Zugheizleitung ist bei Lokomotiven und Wagen für einen Strom von 400 A bemessen und hat einen Kupferquerschnitt von 185 mm^2. Sie gabelt sich an den beiden Stirnseiten jedes Fahrzeugs, so daß sich unter dem gewölbten Puffer stets eine Kupplungsdose und unter dem flachen Puffer stets ein etwa 1,5 m langes Kupplungskabel mit dem Heizstecker befindet (Bild 212). Von den beiden

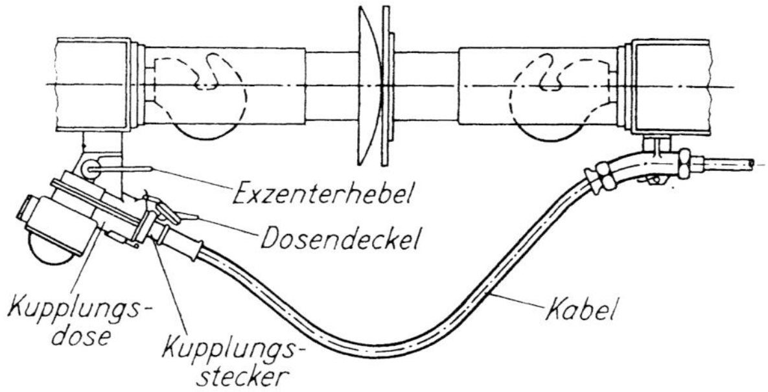

Bild 212.
Elektrische Heizkupplung

Kupplungen wird jedoch stets nur eine benutzt, während die andere als Ersatz dient. Der nicht benutzte Stecker wird in einer Blinddose verwahrt und die nicht benutzte Steckdose bleibt verschlossen, so daß die Kontaktstellen immer gegen Berührung, Nässe und Verschmutzung geschützt sind. Zwischen der elektrischen Lokomotive und dem ersten Wagen soll das Wagenheizkabel benutzt werden, da beim Abfallen des spannungsführenden Lokomotivheizkabels ein Kurzschluß auftreten würde.
Sämtliche Kupplungen dürfen nur stromlos geschlossen oder getrennt werden, und zwar stets bei gesenktem Stromabnehmer, um Unfälle zu vermeiden. Wird ein Zug von einer stationären Vorheizanlage aus vorgeheizt, so ist darauf zu achten, daß während des Kuppelns der Heizschalter ausgeschaltet bleibt und nicht zugleich von der Lokomotive und der Vorheizanlage geheizt wird.

Bei den Neubaulokomotiven der Baureihe E 11/E 42 entspricht die Ausrüstung für die Zugheizung den obigen Ausführungen. Die Anzapfungen am Hauptumspanner liegen bei 812 V und bei 1010 V. Der Heizstrom wird auf den Führerständen angezeigt und darf maximal 400 A erreichen. Wird dieser Wert bei Überlast oder Kurzschluß im Heizstromkreis überschritten, schaltet ein an den Heizstromwandler angeschlossenes Heizüberstromrelais den Hauptschalter ab.
Zum Ein- und Ausschalten der Zugheizung verwendet man elektropneumatische Schütze, die steuerstromseitig so gegeneinander verriegelt sind, daß immer nur ein Schütz eingeschaltet werden kann.
Für die Beheizung der Führerstände sind jeweils zwei Raumheizkörper von je 1200 W, zwei Strahlenheizkörper von je 600 W und für die Fußheizung noch zwei weitere Strahlheizkörper von je 300 W eingebaut.

3.7.7. Sicherheitsfahrschaltung

Während eine Dampflokomotive wegen der Bedienung des Kessels stets mit zwei Mann besetzt sein muß, ist der Führer einer elektrischen Lokomotive in den meisten Fällen selbst in der Lage, die gesamte Strecke zu übersehen und alle Einrichtungen zu bedienen. Es besteht also in technischer Hinsicht die Möglichkeit, den zweiten Mann einzusparen und somit die Personalkosten wesentlich zu senken. Bei elektrischen Triebfahrzeugen ist daher eine Einmannbedienung zulässig, jedoch aus Gründen der Betriebssicherheit nur dann, wenn eine Sicherheitsfahrschaltung (Sifa) eingebaut ist. Diese überwacht ständig die Dienstfähigkeit des Lokomotivführers, der in diesem Falle gezwungen ist, während der Fahrt stets einen Kontaktknopf (Totmannknopf) niederzudrücken. Wird jedoch bei Dienstuntauglichkeit des Lokomotivführers der Stromkreis unterbrochen, so sorgt die Sifa dafür, daß die Fahrmotoren abgeschaltet werden und der Zug auf kürzestem Wege zum Halten kommt.
Es gibt zeitabhängige Schutzeinrichtungen, die nach kurzer Zeit, zum Beispiel 6 bis 8 s, in Tätigkeit treten und auch wegabhängige Fahrschaltungen, wie sie bei der Deutschen Reichsbahn gebräuchlich sind. Sie leiten nach einer Fahrstrecke von etwa 150 m nach Loslassen des Kontaktknopfes die Zwangsbremsung ein.
Zeitabhängige Sicherheitsfahrschaltungen haben den Nachteil, daß die Lokomotive bei hoher Geschwindigkeit bis zum Auslösen der Sicherheitsmaßnahmen einen großen Weg zurücklegt.
Bei wegabhängigen Sicherheitsfahrschaltungen und sehr hohen Fahrgeschwindigkeiten ist dagegen die Ansprechzeit sehr kurz und entspricht nicht mehr der Reaktionszeit, die dem Lokomotivführer zugebilligt werden muß. Bei sehr geringen Geschwindigkeiten, zum Beispiel beim unbeabsichtigten Abrollen eines Fahrzeugs, ist dagegen die Ansprechzeit sehr lang.
Die wegabhängige Sicherheitsfahrschaltung besteht aus einem Schaltwerk, das über ein Kegelradgetriebe angetrieben wird, einer Auslösevorrichtung und einem Notbremsventil.
Die einzelnen Teile arbeiten folgendermaßen zusammen. Im Gehäuse der Sifa ist ein Schneckenrad gelagert, das während der Fahrt von der benachbarten Treib-

achse aus über Kegelräder und eine kurze Kardanwelle angetrieben wird (Bilder 213 und 214). Unmittelbar über dieser Schnecke liegt, an einem Hebel drehbar gelagert, ein Zahnrad, dem auf einem kleinen Teil des Umfangs die Zähne fehlen. Im Betriebszustand wird dieser Hebel durch einen Hubmagneten so hoch gehalten, daß das Zahnrad nicht in die Schnecke eingreift. Wird jedoch der Erregerstrom

Bild 213. Antrieb der Sicherheitsfahrschaltung

des Hubmagneten, der über einen der obengenannten Druckknöpfe fließt, unterbrochen, so fällt der Hebel nach unten, und das Zahnrad greift in die Schnecke ein. Sobald sich das Rad um nahezu 90° gedreht hat, das entspricht einem Fahrweg von etwa 75 m, wird durch eine Trommel am Zahnrad ein Kontakt geschlossen, und es ertönt auf dem Führerstand ein Summer.

Drückt der Lokomotivführer daraufhin einen der drei Knöpfe oder den Fußtritt, so zieht der Hubmagnet wieder an, das Zahnrad kommt außer Eingriff und wird durch eine Rückstellfeder wieder in seine Ruhelage gebracht. Wird jedoch nach Ertönen des Summers infolge Dienstunfähigkeit des Lokomotivführers kein Kontaktknopf gedrückt, so bleiben Schnecke und Zahnrad in Eingriff, und das Rad dreht sich so lange weiter, bis die Schnecke an die Aussparung des Rades kommt.

In diesem Augenblick hat sich das Rad insgesamt um annähernd 180° gedreht, was einem Fahrweg von 150 m nach Loslassen des Kontaktknopfes entspricht. Da in der Aussparung die Zähne fehlen, fällt das Rad noch tiefer herab und der Hebel, in dem es gelagert ist, betätigt ein Umschaltventil in der Druckluftleitung. In der Ruhelage läßt dieses Ventil Druckluft aus der Hauptluftleitung hinter den Kolben eines Druckluftschalters treten und hält ihn gegen die Kraft einer Feder

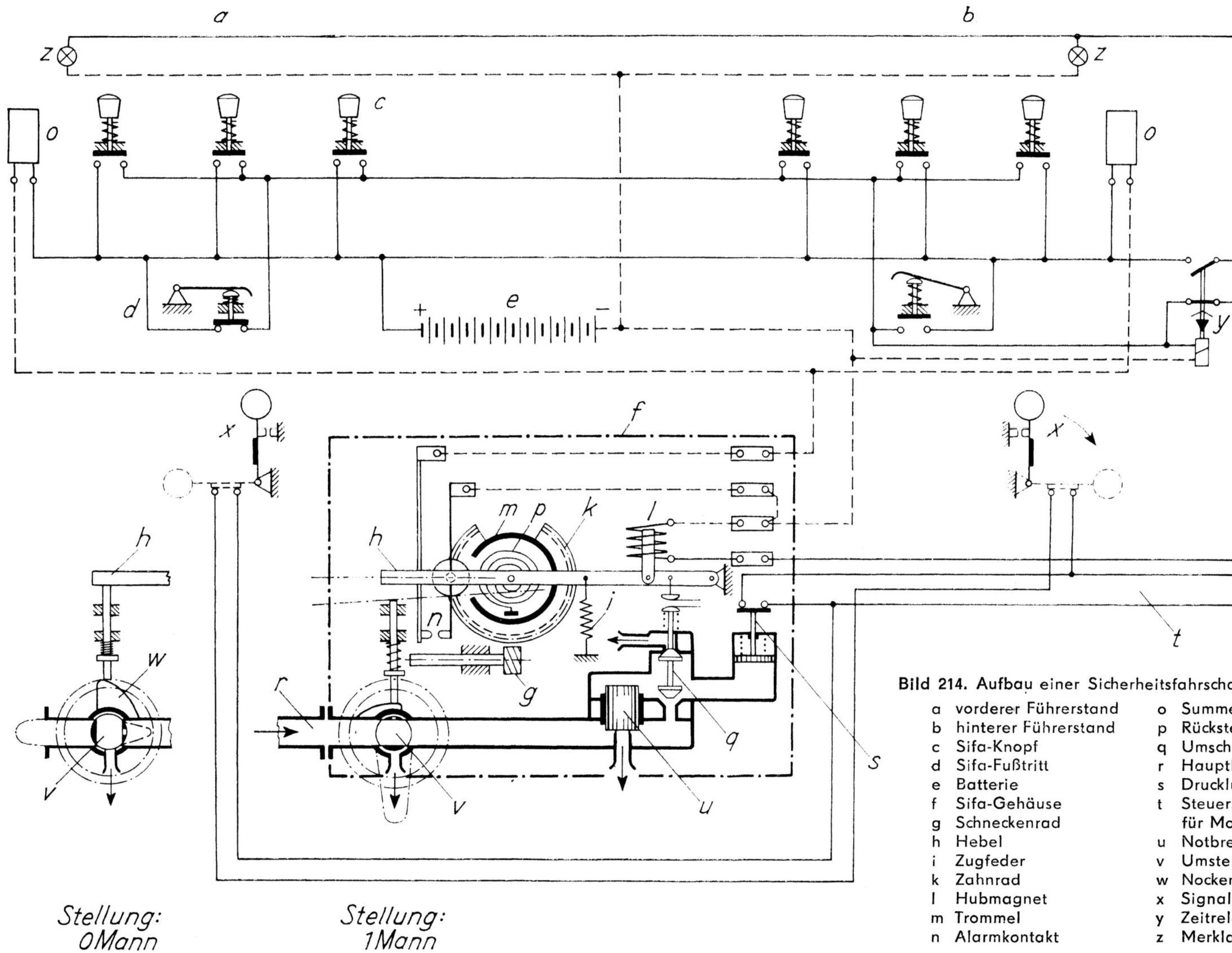

Bild 214. Aufbau einer Sicherheitsfahrschaltung

a vorderer Führerstand
b hinterer Führerstand
c Sifa-Knopf
d Sifa-Fußtritt
e Batterie
f Sifa-Gehäuse
g Schneckenrad
h Hebel
i Zugfeder
k Zahnrad
l Hubmagnet
m Trommel
n Alarmkontakt
o Summer
p Rückstellfeder
q Umschaltventil
r Hauptluftleitung
s Druckluftschalter
t Steuerstromkreis für Motortrennschütze
u Notbremsventil
v Umstellhahn
w Nocken
x Signalarm
y Zeitrelais
z Merklampe

geschlossen. Wird nun das Umschaltventil betätigt, so wird der Steuerstromkreis unterbrochen und die Motortrennschütze schalten die gesamte Antriebsleistung ab. Gleichzeitig wird durch das Umschaltventil das Notbremsventil geöffnet, die Bremsluft strömt durch große Querschnitte ins Freie und leitet eine Schnellbremsung des ganzen Zuges ein.

Die Antriebsleistung wird auch dann sofort unterbrochen, sobald aus einem anderen Grunde, zum Beispiel Ziehen der Notbremse oder bei Zugtrennung, der Luftdruck in der Bremsleitung plötzlich stark abfällt. Dadurch ist es möglich, den Bremsweg zu verkürzen und eine Überlastung der Fahrmotoren, die bei Fahrt mit angezogenen Bremsen eintreten würde, zu verhindern.

Wird nach Inkrafttreten der Sifa einer der Kontaktknöpfe gedrückt, so zieht der Hubmagnet den Hebel mit dem Zahnrad an und das Umschaltventil geht wieder in seine ursprüngliche Lage zurück. Die Lokomotive ist somit wieder voll betriebsfähig.

Um eine unbemannte elektrische Lokomotive abschleppen zu können, ist am Sifa-Gehäuse ein Umstellhahn mit den beiden Stellungen „0 Mann" und „1 Mann" angebracht. Bei der letztgenannten Stellung ist die Sifa betriebsbereit, im anderen Falle jedoch außer Tätigkeit gesetzt. Will man eine elektrische Lokomotive mit gestörter Sifa in Betrieb nehmen, so muß man den Umstellhebel ebenfalls auf die Stellung „0 Mann" umlegen, und auf beiden Führerständen durch Kurzschließer die Steuerstromleitung zu den Motortrennschützen oder Steuerrelais überbrücken. Dadurch schwenkt ein Signalarm vor das linke Führerstandsfenster, und man kann von außen sofort erkennen, daß die Sifa außer Betrieb ist.

Eine Sifa ist an allen elektrischen Lokomotiven der Deutschen Reichsbahn zu finden und hat sich bestens bewährt. Die vorgenannte Bauart hat jedoch den Nachteil, daß sie durch Festklemmen oder Anbinden eines Kontaktknopfes leicht unwirksam gemacht werden kann. Bei einer Neukonstruktion wird daher der Strom für den Hubmagneten nicht nur über die Druckknöpfe, sondern zugleich über den Kontakt eines Zeitrelais geführt. Hubmagnet und Zeitrelais liegen parallel, bekommen also beide über einen Druckkontakt Strom. Der Hubmagnet zieht sofort an, während das Zeitrelais erst nach einer bestimmten einstellbaren Zeit (etwa 1 min) anspricht und dadurch den Hubmagneten ausschaltet. Der Lokomotivführer muß dann den Druckknopf kurz loslassen, damit auch das Zeitrelais abfallen kann. Unterläßt der Lokomotivführer diese periodische Unterbrechung, dann warnt ihn zuerst eine Lampe, etwas später der Summer. Bei Nichtbeachtung der beiden Zeichen wird in der bekannten Form die Antriebsleistung unterbrochen und die Schnellbremsung eingeleitet.

Auch die Neubaulokomotiven der Baureihe E 11/E 42 sind mit einer wegabhängigen Sicherheitsfahrschaltung und einer zusätzlichen zeitabhängigen Wachsamkeitskontrolle ausgerüstet. Somit ist auch bei Einmannbesetzung die volle Betriebssicherheit gewährleistet.

Solange der Lokomotivführer einen Handknopf oder den Fußtritt niederdrückt, wird ein Hilfsrelais erregt, das den Stromkreis für das Zeitrelais unterbricht. Dieses fällt nach 60 s ab, falls nicht inzwischen durch Loslassen des Sifa-Knopfes das

Hilfsrelais den Erregerstromkreis für das Zeitrelais erneut schließt und der Zeitablauf von vorn beginnt.

Sonst öffnet der Arbeitskontakt des Zeitrelais und unterbricht den Stromkreis zur Zugspule des Magneten im Sifa-Schaltkasten. Daraufhin schließt nach etwa 75 m Fahrweg der Alarmkontakt, und auf jedem Führerstand ertönt ein Summer. Wird daraufhin der Sifa-Knopf weder gedrückt noch losgelassen, so wird nach weiteren 75 m der Steuerstrom für die Motortrennschütze unterbrochen. Die Fahrmotoren werden abgeschaltet und der Zug wird durch Schnellbremsung zum Halten gebracht.

Auch bei den Neubaulokomotiven können Störungen an der Sifa-Einrichtung durch zwei in Reihe geschaltete und plombierte Störungsschalter überbrückt werden.

3.7.8. Meß- und Schutzeinrichtungen

Auf jedem Führerstand befinden sich mehrere Meßgeräte, die dem Lokomotivführer die Steuerung der Fahrmotoren und die Bedienung der Hilfseinrichtungen erleichtern. Hierzu gehören:

1. Spannungsmesser für die Fahrleitungsspannung, die am Oberspannungswandler angeschlossen sind und die Fahrdrahtspannung auch bei ausgeschaltetem Hauptschalter anzeigen. Bei fehlendem Oberspannungswandler wird die Spannung der 200-V-Trafoanzapfung am Prüfumschalter entnommen und entsprechend geeichten Meßinstrumenten auf dem Führerstand zugeführt.
2. Strommesser für den insgesamt der Fahrleitung entnommenen Strom. Der Meßstrom wird dem Oberstromwandler entnommen, der zwischen Ober- und Unterspannungswicklung des Hauptumspanners geschaltet ist.
3. Strommesser, die den von jedem Fahrmotor aufgenommenen Strom anzeigen. Sie sind meist an Motorstromwandler angeschlossen und mit dem Motorüberstromauslöser in Reihe geschaltet. Da es schwierig ist, die am Umfang jedes Treibrades auftretende Zugkraft zu messen, mißt man den Motorstrom, der dieser Zugkraft zugeordnet ist und bringt am Strommesser eine zweite Skala an, auf der die Zugkräfte aufgetragen sind.
4. Spannungsmesser für die Zugheizung (oder bei den Neubaulokomotiven der Baureihe E 11/E 42 Strommesser), die an entsprechende Wandler angeschlossen sind.
5. Geschwindigkeitsmesser, die außer der Fahrgeschwindigkeit auf einer zweiten innenliegenden Skala auch die bei jeder Geschwindigkeit zulässige höchste Zugkraft für einen Motor anzeigen (Bild 215). Durch einen Vergleich mit den auf den Strommessern angezeigten wirksamen Zugkräften kann also jederzeit mit Hilfe der Zugkrafttafel (Tafel 4) festgestellt werden, ob eine Zugkraftsteigerung durch Weiterschalten auf die nächste Fahrstufe zulässig ist.
6. Bremsstrommesser, vorausgesetzt, daß eine elektrische Bremse vorhanden ist.

Bild 215.
Geschwindigkeitsmesser mit Angabe der maximalen Anfahrzugkraft

Tafel 4:

Zugkrafttafel

	Baureihe E 11	Baureihe E 42
Geschwindigkeit (km/h)	maximale Stundenzugkraft je Motor (Mp)	maximale Stundenzugkraft je Motor (Mp)
bis 20	3,2	4,3
bis 40	3,0	4,1
bis 60	2,9	3,8
bis 80	2,8	3,0
bis 100	2,4	1,8
bis 120	1,4	—

Diese Meßinstrumente sind bei allen elektrischen Lokomotiven einheitlich im direkten Blickfeld des Lokomotivführers nebeneinander auf dem Führerpult in einem gemeinsamen Meßgerätekasten untergebracht. Es werden meist Weicheisengeräte in Profilform verwendet, die für Spannungen bis 150 V und für Ströme bis zu 5 A bemessen sind. Da die auf der elektrischen Lokomotive auftretenden Werte wesentlich höher liegen, ist es notwendig, die im Abschnitt 3.3. erwähnten Meßwandler vorzuschalten.

Außer den Meßgeräten auf den Führerpulten ist im Maschinenraum in der Nähe der Gleichstromanlage noch ein Spannungsmesser für den Sammler vorhanden, der jedoch nur zeitweise abgelesen wird. Um feststellen zu können, ob der Haupttrafo unter Spannung steht, das heißt, ob der Hauptschalter ein- oder ausgeschaltet ist, wird in jedem Führerstand oft noch ein Schauzeichen angebracht, das bei spannungslosem Umspanner ein weißes und sonst ein schwarzes Feld anzeigt. Ebenso kann durch einfache Schauzeichen, Meldelampen, Summer oder Fallklappen der Lokomotivführer über den Zustand einzelner Geräte oder Einrichtungen unterrichtet werden.

Diese Meldeeinrichtungen sind an die Steuerspannung von 200 V oder an das 24-V- oder 110-V-Gleichstromnetz angeschlossen und zeigen dem Lokomotivführer an, ob die Ölpumpe oder der Lüfter ausgefallen ist, ob ein Motorrelais angesprochen hat oder der Zug geheizt wird. Bei vielen Steuerungen ist es üblich, durch einen einfachen Zeiger die jeweils eingeschaltete Fahrstufe anzugeben.
Auch sind in jedem Führerstand noch Meßinstrumente für die Drucklufteinrichtung untergebracht, und zwar je ein Luftdruckmesser für den Hauptluftbehälter, für die Hauptluftleitung und für die Bremszylinder.
Außerdem sind auf elektrischen Lokomotiven noch zahlreiche Schutzeinrichtungen vorhanden, die eine allzu starke Erwärmung oder Beschädigung einzelner Teile durch fehlerhafte Behandlung oder Überlastung verhindern sollen. Als Schutz gegen Kurz- und Erdschlußströme verwendet man für kleine Ströme Sicherungen oder Kleinselbstschalter, sogenannte Automaten. Die großen Anlagen, wie der Trafo, die Fahrmotoren oder die Zugheizung, werden durch Relais geschützt, die mit den zum betriebsmäßigen Ein- und Ausschalten benötigten Schützen zusammenarbeiten. Spricht zum Beispiel ein Motorrelais an, so wird das entsprechende Motortrennschütz ausgeschaltet. Der Trafo ist durch ein Primärrelais gesichert, das den Hauptschalter ausschaltet. Aus Abschnitt 3.1.4.5. ist bereits bekannt, daß dieser bei Unterschreiten einer bestimmten Fahrdrahtspannung auch durch ein Spannungsrückgangsrelais (Nullspannungsrelais) abgeschaltet wird, das allerdings mit Zeitverzögerung arbeitet, damit es nicht schon beim Springen des Stromabnehmers anspricht. Das Nullspannungsrelais wird vom Oberspannungswandler, und wenn ein solcher nicht vorhanden ist, von der 200-V-Trafoanzapfung gespeist. Außerdem haben elektrische Lokomotiven noch ein Erdstromrelais, das mit einem Erdstromwandler zusammenarbeitet und die gefürchteten Erdschlüsse sofort unschädlich macht.
Als weitere Schutzeinrichtung sei das Schleuderrelais genannt. Dieses hat eine ähnliche Aufgabe wie die pneumatisch wirkende Schleuderschutzbremse (siehe Abschnitt 2.1.3.3.). Es soll beim Anfahren schwerer Züge auf elektrischem Wege das Schleudern einzelner Treibachsen vermeiden und das Schaltwerk auf eine niedrigere Fahrstufe zurückschalten.
Auch die Neubaulokomotiven der Baureihe E 11/E 42 sind mit verschiedenen Meßeinrichtungen ausgerüstet. Diese sollen einen störungsfreien Betrieb gewährleisten. Sie sind meist an entsprechende Wandler angeschlossen. Zu den wichtigsten elektrischen Meßinstrumenten gehören:

4 Fahrmotorenstrommesser, Meßbereich 0 bis 3000 A, (Wandler 3000 A : 5 A);
1 Zugheizstrommesser, Meßbereich 0 bis 600 A, (Wandler 600 A : 5 A);
1 Oberstrommesser, Meßbereich 0 bis 400 A, (Wandler 300 A : 5 A);
1 Fahrdrahtspannungsmesser, Meßbereich 0 bis 20 kV, (Wandler 1500 V : 150 V);
1 Batteriespannungsmesser, Meßbereich 0 bis 150 V;
1 Batteriestrommesser, Meßbereich 25 . . . 0 . . . 25 A;
1 Geschwindigkeitsmesser, Meßbereich 0 bis 150 km/h.

Die Neubaulokomotiven sind auch mit verschiedenen Schutzeinrichtungen ausgerüstet, um Unfälle des Personals oder Schäden an der elektrischen Ausrüstung der Lokomotive zu vermeiden. Hierzu gehören die bereits in den vorangegange-

nen Abschnitten erwähnten Überstrom- und Kurzschlußrelais, die Überspannungs- und Nullspannungsrelais, die Erdschlußrelais und der Buchholzschutz.
Da der Hilfsgang der Lokomotiven nur bei abgeschalteter Oberspannung betreten werden darf (siehe Abschnitt 2.2.4.), sind an den Türen Kontakte angebracht, die sicherstellen, daß der Hauptschalter erst eingeschaltet werden kann, wenn beide Türen geschlossen sind.
Der vom Hauptumspanner über die Fahrschienen zum Unterwerk zurückfließende Betriebsstrom darf nicht über die Achsrollenlager der Radsätze geführt werden, da sonst die Lebensdauer der Lager infolge der Wärmewirkung des Stromdurchganges erheblich verringert würde. Zur Überbrückung der Lager sind daher im Tatzlagerdeckel jedes Fahrmotors zwei Erdungsbürsten eingebaut, die unmittelbar auf der Achswelle schleifen.

3.7.9. Zubehör

Außer den obengenannten Hilfseinrichtungen ist jede elektrische Lokomotive noch mit einigen Zubehörteilen ausgerüstet, die entweder der Leistungssteigerung der Lokomotive dienen oder durch die BO vorgeschrieben sind.
Hierzu gehören die Luftpfeifen, die über jedem Führerstand auf dem Dach der Lokomotive angebracht sind. Sie ähneln den Dampfpfeifen, erhalten Druckluft aus dem Hilfsluftbehälter und werden durch einen Handhebel vom Führerstand aus bedient.
Auch eine Sandstreuvorrichtung ist vorhanden, um bei schweren Anfahrten oder bei starkem Bremsen die Haftreibung zwischen Rad und Schiene zu erhöhen. Die Sandstreuer arbeiten meist mit Druckluft; Düsen blasen den Streusand durch die Sandrohre dicht vor die Räder. Diese Anlage wird durch einen Sandstreuhahn betätigt, der in jedem Führerstand untergebracht ist und folgende drei Stellungen „Abschluß", „Sanden der vorderen Treibachse in Fahrtrichtung" und „Sanden aller Treibachsen in Fahrtrichtung" aufweist. Die Sandkästen sind meist in der Nähe der Treibachse untergebracht und oben durch einen Deckel abgeschlossen. An den Enden der Sandrohre sind ovale Streuschuhe angeschweißt.
Die übrigen ebenfalls meist mit Druckluft betätigten Einrichtungen, wie Stromabnehmer, Hauptschalter und Achslastausgleichvorrichtung wurden bereits erwähnt.
Elektrische Lokomotiven sind häufig noch mit Scheibenwischern und Klarsichtscheiben ausgerüstet, um dem Lokomotivführer bei jedem Wetter eine gute Sicht zu ermöglichen. Die Klarsichtscheibe wird mit 110-V-Wechselstrom beheizt. Die Heizspannung wird dem gleichen Hilfstrafo entnommen, an dem die Ladegleichrichter für die Batterie angeschlossen sind.
Die Fensterwischer werden von Hand, mit Druckluft oder elektrisch betrieben. Im allgemeinen wird ein Gleichstrommotor verwendet, der, genau wie die Klarsichtscheibe, durch Kleinselbstschalter ein- und ausgeschaltet wird. Einige neuere elektrische Lokomotiven haben noch einen kleinen Hilfsluftpresser, der ebenfalls vom Gleichstromnetz gespeist wird. Dieser erzeugt nur so viel Druckluft, wie zum Auf-

richten eines Stromabnehmers oder Einschalten des Hauptschalters erforderlich ist, wenn die Lokomotive längere Zeit abgestellt war und der Druck im Hauptluftbehälter nicht ausreicht.
Abschließend sei noch erwähnt, daß sämtliche elektrische Lokomotiven mit Feuerlöschern und mit einem Werkzeugschrank ausgestattet sind.
Auch die Neubaulokomotiven der Baureihe E 11/E 42 sind mit dem obengenannten Zubehör ausgerüstet. Anstelle von Luftpfeifen sind Typhons vorgesehen, die über Druckknopfventile direkt aus der Hauptluftbehälterleitung gespeist werden.
Die Scheibenwischer werden durch Druckluft betätigt. In die Rückwand des vorderen Führerstandes ist ein klappbares Waschbecken eingebaut. Darüber sind im Maschinenraum ein Heißwasserspeicher und ein Wasservorratsbehälter angeordnet. Außerdem ist eine elektrische Kochplatte vorgesehen. Auf der linken Lokomotivseite ist an der vierten Achse ein Kilometerzähler angebaut.
Zum Besteigen des Lokomotivdaches ist jede Lokomotive mit einer zusammenklappbaren Leiter ausgerüstet, die ebenso wie die Erdungsstangen im Maschinenraum aufbewahrt wird. Auch für Kleider, Werkzeuge, Knallkapseln, Ölkannen und Ersatzteile ist ausreichend Platz vorgesehen.
Die für den Wendezugbetrieb bestimmten Neubaulokomotiven der Baureihe E 11/E 42 wurden nachträglich mit einer Rufanlage ausgerüstet. Diese ermöglicht bei Störung der direkten Wendezugsteuerung die Durchgabe von festgelegten Klingelzeichen zwischen Steuerwagen und Lokomotive oder umgekehrt, so daß im Störungsfall der Wendezugbetrieb mit einem zusätzlichen Lokomotivführer oder -bediener fortgesetzt werden kann.

4. Elektrische Ausrüstung einer Gleichstromlokomotive

Mit Rücksicht darauf, daß sämtliche elektrische Lokomotiven der Deutschen Reichsbahn mit Einphasenwechselstrom betrieben werden, traten bei den bisherigen Betrachtungen die Gleichstromlokomotiven in den Hintergrund. Aus den Abschnitten 1.1. und 1.2. ist bekannt, daß Gleichstrom für den Nahverkehr gewisse Vorteile bietet. So ist es erklärlich, daß sämtliche Straßenbahnen und Überlandbahnen Gleichstrom verwenden. Auch die Berliner S-Bahn und die Berliner U-Bahn werden mit Gleichstrom von 800 bzw. 750 V betrieben.
Die elektrischen Lokomotiven der Braunkohlengebiete im Raum Halle und Leipzig arbeiten, wie die übrigen Industriebahnen, ebenfalls mit Gleichstrom und verwenden eine Spannung von 1200 V und 2400 V. Berücksichtigt man noch, daß etwa ⅔ aller elektrischen Fernbahnen der Welt mit Gleichstrom betrieben werden und daß die Deutsche Demokratische Republik bereits eine große Anzahl Gleichstromlokomotiven exportiert hat, so erscheinen einige Hinweise auf Gleichstromlokomotiven sehr zweckmäßig.

4.1. Allgemeines

Die Gleichstromlokomotive ist die älteste der elektrischen Lokomotiven und hat jetzt eine Entwicklung von mehr als 80 Jahren hinter sich. Etwa 75 % aller bisher gebauten elektrischen Lokomotiven sind Gleichstromlokomotiven. Dies ist darauf zurückzuführen, daß man bei Gleichstrom ebenso wie bei Einphasenwechselstrom mit nur e i n e r Fahrleitung auskommt und daß der Gleichstrommotor wegen seines Betriebsverhaltens als Bahnmotor besonders geeignet ist.

Der mechanische Teil einer Gleichstromlokomotive entspricht in jeder Hinsicht dem einer Wechselstromlokomotive, so daß sich die Betrachtungen dieses Abschnitts auf die elektrische Ausrüstung einer Gleichstromlokomotive beschränken können.

Auch bei Gleichstrombahnen wurde von Anfang an der Reihenschlußmotor verwendet, der auf Grund seiner Charakteristik den Anforderungen des elektrischen Zugbetriebes am besten entspricht (siehe Abschnitt 1.2.1.). Durch entsprechende Bemessung der Wicklungen, des magnetischen Flusses und vor allem des Luftspaltes ist es möglich, seine Kennlinien in weiten Grenzen zu beeinflussen. Während der Einphasenmotor im allgemeinen so bemessen wird, daß seine Stundendrehzahl bei 70 % der höchsten Betriebsdrehzahl liegt, kann man die Drehzahl des Gleichstrommotors auf das zwei- bis dreifache der Stundendrehzahl erhöhen. Auch in bezug auf Überlastbarkeit ist der Gleichstrommotor dem Wechselstrommotor überlegen, da er ohne Bedenken mit dem dreifachen Stundendrehmoment beansprucht werden darf.

4.2. Steuerung

Reihenschlußmotoren werden stets durch Ändern der ihnen aufgedrückten Spannung gesteuert. Während dies bei Wechselstromlokomotiven am einfachsten mit Hilfe eines Stufenumspanners erreicht wird, müssen bei Gleichstrommotoren Vorschaltwiderstände mit hohem Energieverbrauch verwendet werden. Diese werden bei der Anfahrt stufenweise kurzgeschlossen. Um jedoch mehr als eine wirtschaftliche Dauerfahrstufe zu erreichen, bei der alle Widerstände abgeschaltet sind, ist es zweckmäßig, stets zwei Fahrmotoren zu einer Motorengruppe zusammenzufassen. Die beiden Motoren werden dann zunächst unter allmählichem Kurzschließen der Vorschaltwiderstände in Reihe gelegt. Dann werden sie mit Hilfe einer Übergangsstufe parallelgeschaltet, wobei die Widerstände zunächst wieder eingeschaltet und dann stufenweise kurzgeschlossen werden. Diese Reihen-Parallelschaltung bietet den Vorteil, daß im Vergleich zur reinen Parallelschaltung die Verluste in den Vorschaltwiderständen auf die Hälfte zurückgehen. Zugleich verringern sich die Masse und der Platzbedarf der Widerstände.

Um die Steuerbarkeit einer Gleichstromlokomotive zu erweitern, wird nach dem vollständigen Kurzschließen der Anlaßwiderstände auch noch das Hauptfeld durch Parallelwiderstände stufenweise geschwächt. Bei kompensierten Motoren kann die

Erregung bis auf 25 % des vollen Werts herabgemindert werden. Im Bild 216 sind die Leistungskennlinien einer Gleichstromlokomotive denen einer Wechselstromlokomotive gegenübergestellt (siehe Bild 195). In beiden Fällen wird eine maximale Stundenleistung von 3000 kW zugrunde gelegt. Dabei besteht das Leistungsdiagramm der Gleichstromlokomotive aus der durch die Reibungslast bestimmten schwach gekrümmten Anfahrkennlinie *a* und den beiden stark abfallenden hyperbelartigen Kurven *b* bei voller bzw. *c* bei auf die Hälfte verringerter Felderregung. Die senkrecht schraffierte Fläche stellt das Gebiet der verlustlosen Steuerung einer Gleichstromlokomotive dar.

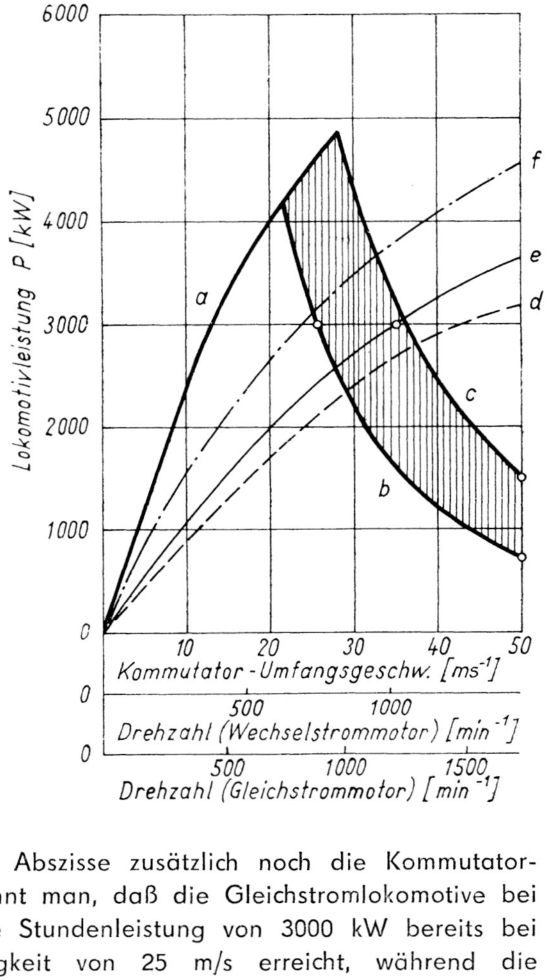

Bild 216.
Leistungskennlinien einer Gleichstrom- und Wechselstromlokomotive
- a Anfahrkennlinie einer Gleichstromlokomotive
- b Leistungkennlinie einer Gleichstromlokomotive bei voller Felderregung
- c Leistungskennlinie einer Gleichstromlokomotive bei halber Felderregung
- d Dauerleistung einer Wechselstromlokomotive
- e Stundenleistung einer Wechselstromlokomotive
- f Anfahrleistung einer Wechselstromlokomotive

Trägt man in dieses Diagramm als Abszisse zusätzlich noch die Kommutatorumfangsgeschwindigkeit auf, so erkennt man, daß die Gleichstromlokomotive bei voller Erregung der Fahrmotoren die Stundenleistung von 3000 kW bereits bei einer Kommutatorumfangsgeschwindigkeit von 25 m/s erreicht, während die Wechselstromlokomotive 35 m/s benötigt. Die Kennlinien zeigen auch deutlich, daß die Leistung einer Gleichstromlokomotive mit zunehmender Geschwindigkeit stark abfällt, während die Leistung einer Einphasenlokomotive mit steigender Geschwindigkeit zunimmt.

Die Gleichstromlokomotive kann also bei Stundenleistung ihre Fahrmotoren nur zu etwa 50 bis 75 % ihrer Höchstdrehzahl ausnutzen. Da sie nur bei geringer Geschwindigkeit in der Lage ist, eine höhere Leistung abzugeben, wird ihr Belastungsbereich stark eingeschränkt. In Bild 217 ist der Wirkungsgrad einer Gleichstromlokomotive in Abhängigkeit von der Geschwindigkeit aufgezeichnet und dem einer Wechselstromlokomotive gegenübergestellt. Beim Übergang von der Reihen- zur Parallelschaltung bleiben entweder beide Motoren, mindestens aber ein Motor, dauernd unter Strom, so daß beim Anfahren keine Zugkraftunterbrechung auftritt.

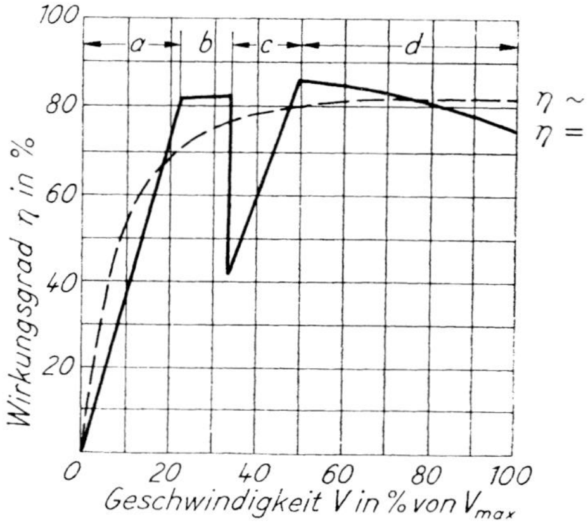

Bild 217.
Wirkungsgrad einer Gleichstromlokomotive
a zwei Fahrmotore in Reihe geschaltet mit Vorwiderstand
b zwei Fahrmotore in Reihe geschaltet ohne Vorwiderstand
c zwei Fahrmotore parallel geschaltet mit Vorwiderstand
d zwei Fahrmotore parallel geschaltet ohne Vorwiderstand

Bei elektrischen Lokomotiven geringer Leistung und bei Triebwagen verwendet man die Abrißschaltung, die mit nur einem Widerstandssatz und wenig Schaltern auskommt. Dabei muß jedoch in Kauf genommen werden, daß die Anfahrzugkraft vorübergehend auf die Hälfte zurückgeht.

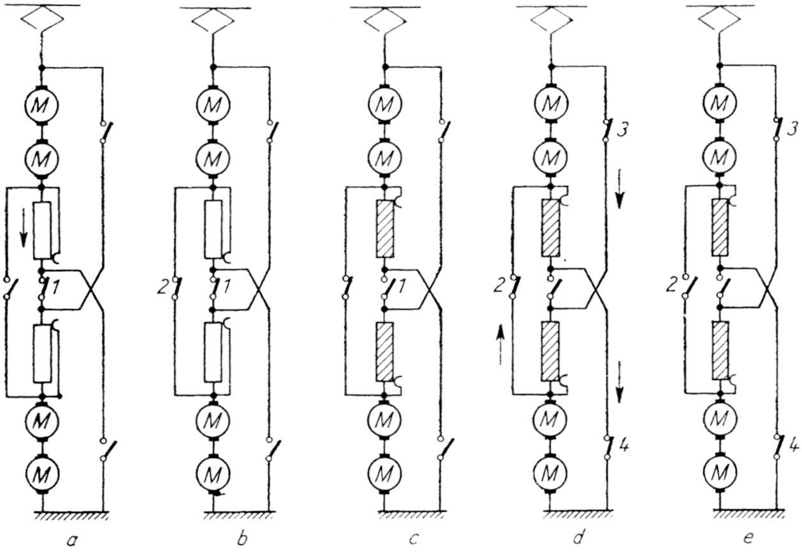

Bild 218. Brückenschaltung

Für leistungsfähige Streckenlokomotiven bevorzugt man die Brückenschaltung, die bei richtiger Schaltweise diesen Zugkraftsprung vermeidet, jedoch unbedingt zwei Widerstandssätze und daher auch wesentlich mehr Schalter benötigt. Nähere Einzelheiten sind aus Bild 218 zu erkennen. Während der Anfahrt liegen die Motorengruppen in Reihe, der Schalter 1 ist geschlossen. Die Vorschaltwiderstände werden stufenweise kurzgeschlossen (Bild 218 a). In der Übergangsstellung (Bild 218 b) wird der Brückenschalter 2 geschlossen. Sofort anschließend wird der Schalter 1 wieder geöffnet und ein entsprechender Widerstand eingeschaltet (Bild 218 c). Werden dann in der nächsten Schaltung (Bild 218 d) die beiden Schalter 3 und 4

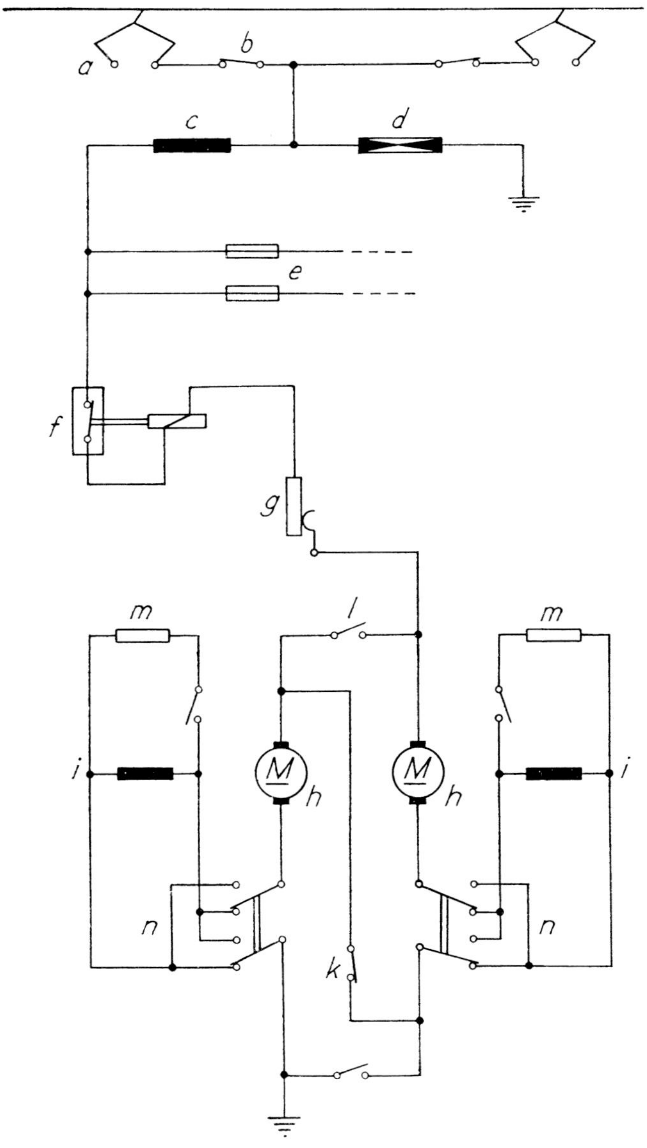

Bild 219.
Vereinfachtes Schaltbild einer Gleichstromlokomotive

- a Stromabnehmer
- b Trennschalter
- c Drosselspule
- d Überspannungsableiter
- e Hilfsstromkreise
- f Hauptschalter
- g Anfahrwiderstände
- h Fahrmotor
- i Erregerwicklung
- k Gruppierungsschalter für Serienschaltung
- l Gruppierungsschalter für Parallelschaltung
- m Feldschwächungswiderstand
- n Fahrtwendeschalter

gleichzeitig geschlossen, dann liegen die beiden Motorengruppen bereits in Parallelschaltung. Beim nächsten Schaltvorgang (Bild 218 e) wird nur noch der Brückenschalter 2 geöffnet. Bild 219 zeigt den vereinfachten Schaltplan einer viermotorigen Gleichstromlokomotive.

Durch die Reihen-Parallelschaltung und die Feldschwächung ist es möglich, die Motorkennlinien stark zu beeinflussen. Die Anfahrkennlinien einer Co′Co′-Gleichstromlokomotive zeigt Bild 220. Dabei sind die Geschwindigkeitskennlinien für

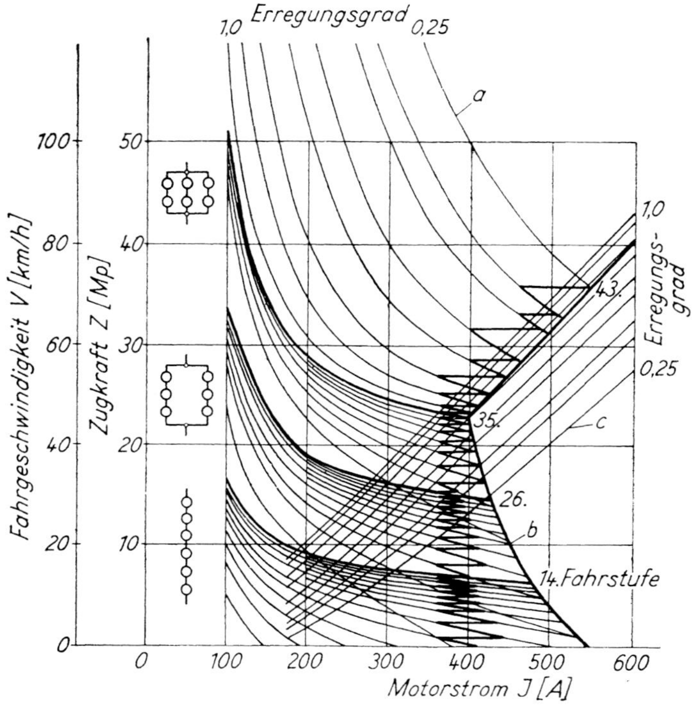

Bild 220.
Anfahrkennlinien einer Co′Co′-Güterzuglokomotive (Gleichstrom)
a Geschwindigkeitskennlinie
b Haftreibungsgrenze
c Zugkraftkennlinie

die einzelnen Stufen in Abhängigkeit vom Motorstrom aufgetragen. Da man stets bemüht ist, möglichst in der Nähe der Haftreibungsgrenze anzufahren, wird ähnlich wie bei der Wechselstromlokomotive von Kennlinie zu Kennlinie hochgeschaltet (siehe Abschnitt 3.4.1.). Dabei bleiben Zugkraft und Motorstrom zwar nicht konstant, jedoch stets in der Nähe des zulässigen Höchststromes. Um mit der Lokomotive allein oder mit kleinen Anhängelasten schnell anfahren zu können, werden noch einige Vorstufen eingebaut. Streckenlokomotiven mit feinstufiger Steuerung haben bis zu 45 Fahrstufen. Davon sind etwa 35 Widerstandsstufen (einschließlich 4 bis 5 Vorstufen) und etwa 8 bis 10 Feldschwächungsstufen. Dabei werden die verschiedenen Widerstandssätze durch entsprechende Kombination einzelner Widerstände gebildet, um mit möglichst wenig Schaltern auszukommen und das vorhandene Widerstandsmaterial möglichst gut auszunutzen. Auch bei Gleichstromlokomotiven ist es ratsam, ein Fortschaltrelais einzubauen, das ein Weiterschalten auf die nächsthöhere Fahrstufe erst dann gestattet, wenn der Motorstrom auf ein bestimmtes Maß abgesunken ist.

Die bei Gleichstromlokomotiven verwendeten Steuerelemente und Übertragungssteuerungen entsprechen denen der Wechselstromlokomotive, so daß es sich erübrigt, an dieser Stelle näher darauf einzugehen. Bild 221 zeigt ein automatisches Nockenschaltwerk, wie es bei schweren Industrielokomotiven verwendet wird.

Bild 221. Automatisches Nockenschaltwerk

Mit Hilfe der Vorschaltwiderstände, der Reihen-Parallelschaltung und der Feldschwächung läßt sich eine Gleichstromlokomotive zwar sehr feinstufig steuern, doch sind die Verluste wesentlich größer als bei einer Wechselstromlokomotive.

Aus diesem Grunde verdient die neuentwickelte Impulssteuerung besondere Beachtung, bei der den Gleichstromfahrmotoren die Spannung nicht kontinuierlich, sondern intermittierend zugeführt wird. Für die Erzeugung der einzelnen Schaltimpulse stellt die moderne Halbleitertechnik steuerbare Siliziumzellen zur Verfügung, die den Strom in kürzester Zeit verschleißfrei unterbrechen. Durch parallel zum Motorkreis geschaltete Halbleiterelemente, sogenannte Freilaufdioden, kann der Motorstrom in der spannungslosen Pause unter dem Einfluß der Induktivität des Stromkreises weiterfließen. Daher zeichnet sich die Impulssteuerung durch besonders geringe Verluste aus.

4.3. Fahrmotor

Der konstruktive Aufbau eines Gleichstrombahnmotors erinnert an den des Einphasenmotors, der im Abschnitt 3.5. behandelt wurde. Die äußeren Abmessungen werden auch in diesem Falle durch die Spurweite, den Treibraddurchmesser und, wenn es sich um einen Tatzlagermotor handelt, durch die Bodenfreiheit bestimmt (Bild 222). Dadurch ergibt sich für den Motor einer Lokomotive mit Normalspur bei einer Fahrdrahtspannung von 3000 V ein Grenzwert von etwa 530 kW Stundenleistung.

Bild 222.
Gleichstrombahnmotor mit Tatzlagern

Der Motor besteht aus dem einteiligen Magnetgehäuse mit vier Haupt- und vier Wendepolen einschließlich Feldwicklungen und aus dem Läufer. Bild 223 zeigt einen Querschnitt durch den Gleichstrommotor Typ GBM 530, der im Jahre 1954 vom VEB LEW „Hans Beimler", Hennigsdorf, für einen Exportauftrag entwickelt wurde. Das Motorgehäuse hat mit Rücksicht auf die Anordnung der Pole einen achteckigen Querschnitt. Die Hauptpole bestehen aus dünnen Blechen je 1 mm Dicke, die stirnseitig durch 8 mm dicke Endplatten zusammengehalten werden. Die Wendepole bestehen aus massivem Flußeisen. Mit Rücksicht auf die Lage der Bürsten sind die Hauptpole in den Ecken unter 45° geneigt, und dazwischen sind die Wendepole angeordnet. Alle Haupt- und Wendespulen sind aus blankem Kupferband gewickelt und gegen Eisen sorgfältig isoliert. Die Kompensationswicklungen sind in gestanzten Nuten der Hauptpole untergebracht und gewährleisten eine gute Kommutierung. Zur Drosselung oder zur Dämpfung von Überspannungen ist diese Wicklung besonders gut gegen Eisen isoliert.
Das Motorgehäuse hat mehrere große Öffnungen, die durch abnehmbare Deckel verschlossen sind (Bild 224). Dadurch sind die vier Bürstenhalter mit je vier Bürsten gut zugänglich. Das Blechpaket des Läufers ist aus 0,5 mm dicken, einseitig lackierten Blechen geschichtet und hat bei diesem Motor einen Außendurchmesser von 720 mm. Die Läuferumfangsgeschwindigkeit erreicht maximal einen Wert von

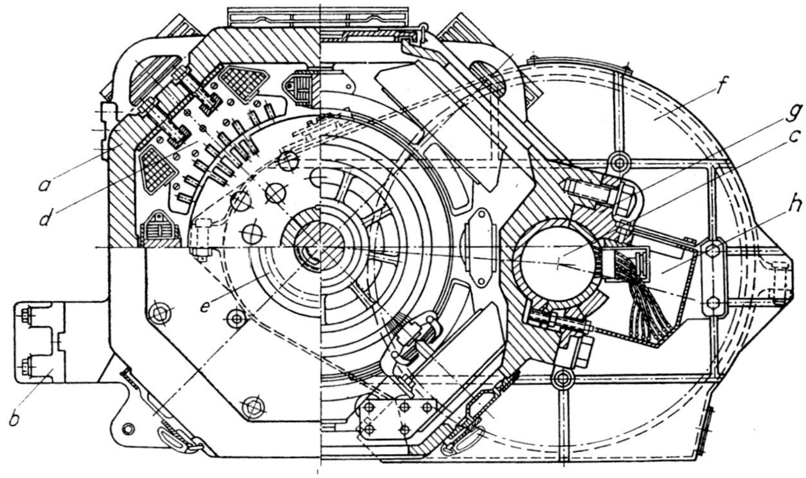

Bild 223. Querschnitt durch einen Gleichstrombahnmotor

a Motorgehäuse
b Konsole für Lagerung im Rahmen
c Tatzlager
d Hauptpol
e Ritzel
f Getriebeschutzkasten
g Tatzlagerdeckel
h Ölschmierung

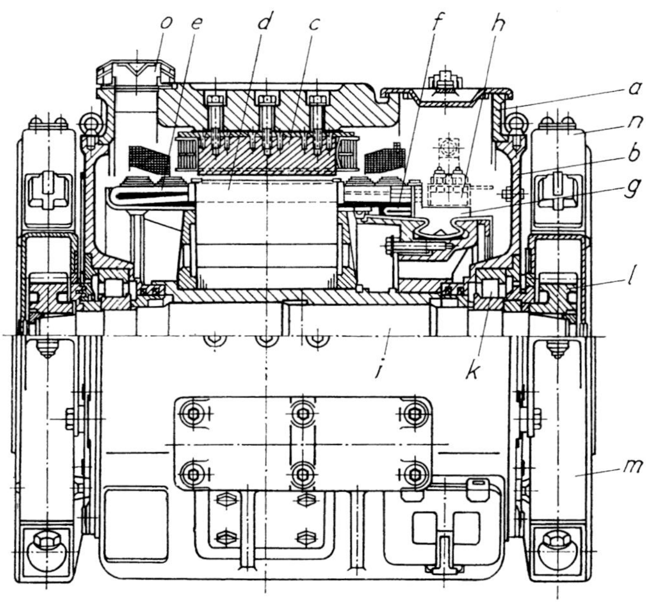

Bild 224.
Längsschnitt durch einen Gleichstrombahnmotor

a Motorgehäuse
b Lagerschild
c Wendepol
d Läufer
e Läuferwicklung
f Ausgleichwicklung
g Kommutator
h Kohlebürsten
i Läuferwelle
k Walzlager
l Ritzel
m Getriebeschutzkasten
n Schmierdeckel
o Luftaustritt

92 m/s. Die Lauffläche des Kommutators hat bei diesem Motor einen Durchmesser von 600 mm, so daß sich bei der maximalen Drehzahl von 1820 min^{-1}, die einer Höchstgeschwindigkeit der Lokomotive von 120 km/h entspricht, eine Umfangsgeschwindigkeit von 79 m/s ergibt.

Die Läuferwicklung dieses Motors liegt in 66 Nuten des Läuferkerns, und zwar sind in jeder Nut sieben Leiter nebeneinander angeordnet. Die Wickelköpfe sind

gegen Eisen sorgfältig isoliert und nach außen gegen Feuchtigkeit, Staub und mechanische Beschädigung geschützt.
Der Motor hat Fremdbelüftung und benötigt etwa 150 m^3 Luft je Minute. Die Kühlluft tritt in diesem Falle auf der Kommutatorseite ein und strömt dann durch besondere Kühlluftkanäle des Ständers und Läufers. Dadurch ist es möglich, eine allzu starke Erwärmung dieses Hochleistungsmotors zu vermeiden. Gleichzeitig wird durch diese Lüftungsweise erreicht, daß die bei Überlastung des Motors eventuell am Kommutator auftretenden Lichtbögen nicht nach geerdeten Teilen des Motors überspringen.

4.4. Elektrische Bremse

Auch bei Gleichstrombahnen ist es ohne weiteres möglich, eine elektrische Bremsung anzuwenden. Sie entspricht im Prinzip der elektrischen Bremse der Wechselstromlokomotive (siehe Abschnitt 3.6.).
Am gebräuchlichsten ist die selbsterregte Widerstandsbremse, die sich wegen ihrer Einfachheit, ihrer Betriebssicherheit und ihrer bequemen Bedienungsweise durchgesetzt hat. Die Fahrmotoren arbeiten nach entsprechender Umschaltung als Hauptstromgeneratoren auf die Anfahrwiderstände. Besonders vorteilhaft ist dabei die völlige Unabhängigkeit vom Fahrdraht, die eigentlich im Interesse der Betriebssicherheit von allen Bremsschaltungen gefordert werden müßte. Um Schalter einzusparen, läßt man dann mehrere Fahrmotoren auf einen gemeinsamen Bremswiderstand arbeiten. Da jedoch die als Generatoren arbeitenden Fahrmotoren unterschiedliche Leerlaufkennlinien aufweisen und auch ihre Selbsterregung zu verschiedenen Zeiten einsetzt, muß man die sogenannte „Kreuzschaltung" anwenden (Bild 225).

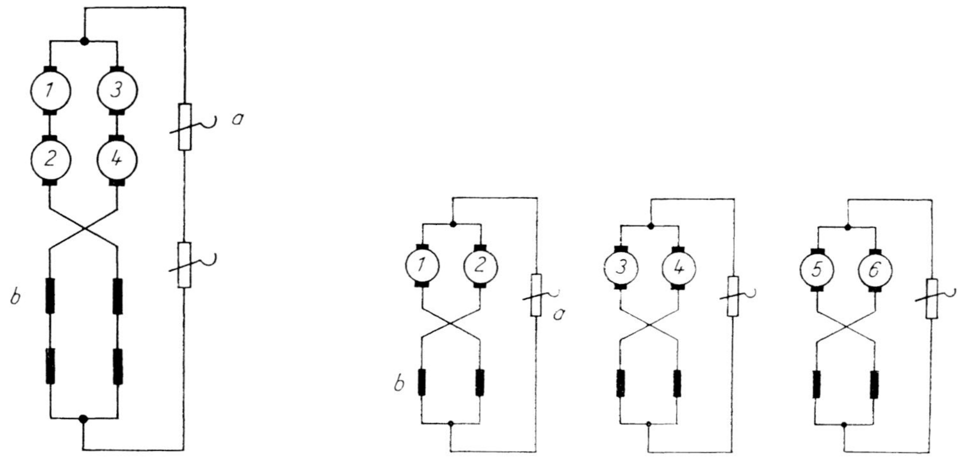

Bild 225. Bremsschaltung für eine elektrische Lokomotive mit vier bzw. sechs Fahrmotoren
a verstellbarer Bremswiderstand b Erregerwicklung

Die aus dem Netz fremderregte Widerstandsbremse wird dort angewendet, wo eine sofortige Bremsbereitschaft bei gleichzeitiger feinstufiger Steuerbarkeit verlangt wird. Sie hat den Vorteil, daß eine Bremsung bis zum Stillstand der Lokomotive möglich ist, doch geht die Unabhängigkeit vom Fahrdraht wieder verloren.
Auch für Nutzbremsung sind Gleichstrom-Reihenschlußmotoren gut geeignet. Die Feldwicklung wird dann durch eine besondere Stromquelle gespeist oder über Widerstände an Netzspannung gelegt. Der Ankerstromkreis wird unmittelbar an das Netz angeschlossen, in das zurückgespeist wird. Von der bei Bergfahrt aufgewendeten Energie können etwa 15 bis 30 % durch Nutzbremsung zurückgewonnen werden. Da die zusätzlich erforderlichen Einrichtungen jedoch die Anschaffung und Unterhaltung dieser Lokomotiven verteuern, wird auch bei Gleichstrombahnen von der Nutzbremsung nur dann Gebrauch gemacht, wenn lange und steile Gefällestrecken vorliegen.

4.5. Sonstige Besonderheiten der Gleichstromlokomotiven

Da auch die Hilfseinrichtungen einer Gleichstromlokomotive weitgehend denen einer Wechselstromlokomotive entsprechen, soll an dieser Stelle nur kurz auf die Teile eingegangen werden, die von der früher behandelten Regelausführung abweichen. So ist es zum Beispiel bei Gleichstromlokomotiven üblich, für die Schleifstücke der Stromabnehmer anstelle der Kontaktkohle verhältnismäßig breite Kupferleisten mit Schmiernuten zu verwenden.
Der Hauptschalter unterscheidet sich ebenfalls von dem der Wechselstromtriebfahrzeuge. Bei Gleichstrom fließen wesentlich größere Ströme, auch gibt es keinen Nulldurchgang, also muß der volle Stromfluß abgeschaltet und der dabei entstehende Lichtbogen zuverlässig gelöscht werden. Demzufolge ist der Gleichstromschnellschalter schwerer und kompakter und mit einem großen Funkenkamin sowie kräftigen Blasspulen ausgestattet.

5. Aufbau der Wechselstromlokomotiven für 50 Hz

Da die ständige Weiterentwicklung der Technik gerade in den letzten Jahren günstige Vorraussetzungen schuf, um den Drehstrom aus dem öffentlichen Netz auch für Bahnzwecke wirtschaftlich zu verwenden, soll auch der Aufbau verschiedener Einphasenwechselstromlokomotiven für 50 Hz noch kurz behandelt werden. Daß es dabei sehr unterschiedliche konstruktive Lösungen gibt, ist aus dem Abschnitt 1.2.4. bereits bekannt.
Grundsätzlich unterscheidet man zwischen den Lokomotiven, die den Einphasenwechselstrom 50 Hz, den sie dem Fahrdraht entnehmen, in ihren Fahrmotoren

verarbeiten (Direktmotorlokomotiven), und solchen Lokomotiven, die den Landesstrom in eine Stromart umwandeln, für die sich leistungsfähigere Fahrmotoren bauen lassen. Nach dem Verfahren der Umartung unterteilt man diese Umarterlokomotiven in Umformerlokomotiven und Gleichrichterlokomotiven.

5.1. Direktmotorlokomotiven

Direktmotorlokomotiven entsprechen in ihrem Aufbau den Einphasenwechselstromlokomotiven für 16⅔ Hz. Nur der Aufbau der Fahrmotoren ist komplizierter, da aus den im Abschnitt 1.2. genannten Gründen bei großen Leistungen die Stromwendung schwieriger ist. Um das Kommutatorfeuer einzuschränken, muß der magnetische Kraftfluß auf ein Drittel des sonst üblichen Wertes herabgesetzt werden. Das bedeutet, daß bei 50-Hz-Motoren die Polzahl erhöht und die Betriebsspannung gegenüber 16⅔-Hz-Motoren verringert werden muß. Wegen der geringeren Spannung werden aber wiederum die Ströme größer, und es macht sich eine Verlängerung der Kommutatoren erforderlich.
Im Laufe der langjährigen Entwicklung wurden verschiedene Typen von 50-Hz-Direktmotoren entwickelt. Alle Konstruktionen zeigen gewisse Schwierigkeiten bei der Stromwendung, die in starkem Kommutatorfeuer und großem Verschleiß an Kohlen und Lamellen zum Ausdruck kommen. Auch sind die 50-Hz-Motoren wesentlich größer und schwerer und somit teurer als 16⅔-Hz-Motoren gleicher Leistung. Legt man jedoch etwa die gleiche Masse und den gleichen Platzbedarf zugrunde, so bleibt die Leistung der 50-Hz-Motoren wesentlich zurück. Das spiegelt sich am deutlichsten in dem spezifischen Wert Masse je Leistungseinheit wider, der bei einem 50-Hz-Motor etwa 6 bis 8 kg/kW beträgt, während neuzeitliche 16⅔-Hz-Motoren Werte von etwa 4 bis 5 kg/kW erreichen.
Um trotz der geringeren Leistung der einzelnen Motoren eine ausreichende Gesamtleistung zu erzielen, kann man jede Treibachse durch zwei Motoren antreiben, von denen der eine vor, der andere hinter der Achse angeordnet wird. Diese Bauart wurde bei der E 244 21 angewendet, die im Jahre 1935 von der Firma SSW für die Höllentalbahn gebaut wurde. Die im Vergleich zu 16⅔-Hz-Lokomotiven wesentlich größere Masse der Fahrmotoren wurde dadurch ausgeglichen, daß der Hauptumspanner nur knapp die Hälfte der sonst üblichen Ausführung wog. Diese Lokomotive war mit Nockenschaltwerk und Feinreglersteuerung ausgerüstet.
Im Jahre 1950 baute die Firma AEG eine kriegsbeschädigte Lokomotive der Baureihe E 44 auf 50 Hz um. Auf diese Weise entstand die E 244 22, die mit vier Kommutatormotoren in Tandembauart ausgerüstet wurde (Bild 226). Bei dieser Bauart sitzen zwei Läufer und zwei Kommutatoren in einem gemeinsamen Gehäuse auf einer gemeinsamen Welle. Die Betriebsergebnisse sind gut, doch ist ein solcher Motor groß, schwer, kompliziert und teuer. Als man im Jahre 1960 die Höllentalbahn auf Einphasenwechselstrom 16⅔ Hz umstellte, wurde die E 244 22 in eine Mehrfrequenzlokomotive umgebaut und erhielt die neue Bezeichnung E 344 01 (siehe Abschnitte 6.2. und 7.7.)

An dem weiteren Ausbau des 50-Hz-Systems haben auch die Französischen Staatsbahnen (SNCF) einen wesentlichen Anteil, indem sie in den Jahren 1950 bis 1954 für ihr weit verzweigtes 50-Hz-Netz vier neue 50-Hz-Lokomotiven entwickelten. Eine davon, der Typ BB 13 000, ist eine Direktmotorlokomotive mit vier 18poligen, unkompensierten Einphasen-Reihenschlußmotoren. Obgleich sich diese Fahrzeuge im Betrieb gut bewährt haben, ist mit einer weiteren Entwicklung derartiger Direktmotorlokomotiven nicht zu rechnen, da Gleichrichterlokomotiven wesentlich günstiger sind.

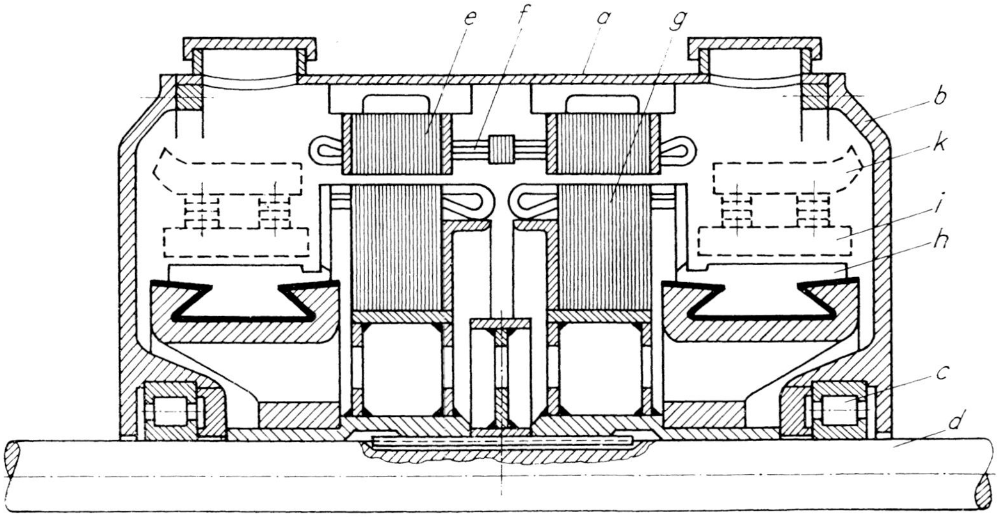

Bild 226. Längsschnitt durch einen Tandemmotor

a Motorgehäuse
b Lagerschild
c Wälzlager
d Ankerwelle
e Ständereisenpaket
f Ständerwicklung
g Ankereisenpaket
h Kommutator
i Kohlebürsten
k Bürstenhalter

5.2. Umformerlokomotiven

Bei den Umformerlokomotiven wird der Einphasenwechselstrom 50 Hz, der dem Fahrdraht entnommen wird, durch rotierende Maschinen in Drehstrom oder in Gleichstrom umgeformt. Diese Stromarten ermöglichen, die Fahrmotoren wesentlich einfacher und leistungsfähiger zu bauen, als das bei Einphasenwechselstrom möglich ist.

5.2.1. Umformerlokomotiven mit Drehstromfahrmotoren

So bietet zum Beispiel der leichte, einfache und robuste, kommutatorlose Drehstrom-Asynchronmotor mancherlei Vorteile, und zwar in der einfachsten Form mit Kurzschlußläufer oder mit Schleifringläufer. Die mangelhafte Steuerbarkeit und die starre Drehzahlcharakteristik (Nebenschlußkennlinie) müssen dann allerdings in Kauf genommen werden.

Will man jedoch die Schwierigkeiten vermeiden, die bei der Zuführung von Drehstrom infolge der komplizierten Fahrleitung entstehen, so muß man den Einphasenwechselstrom 50 Hz auf der Lokomotive in Drehstrom umformen. Hierfür gibt es verschiedene Möglichkeiten.

Der im Jahre 1917 erstmalig in Nordamerika verwendete Phasenumformer (Bild 227) wurde im Jahre 1924 von dem Ungarn K a n d o weiterentwickelt

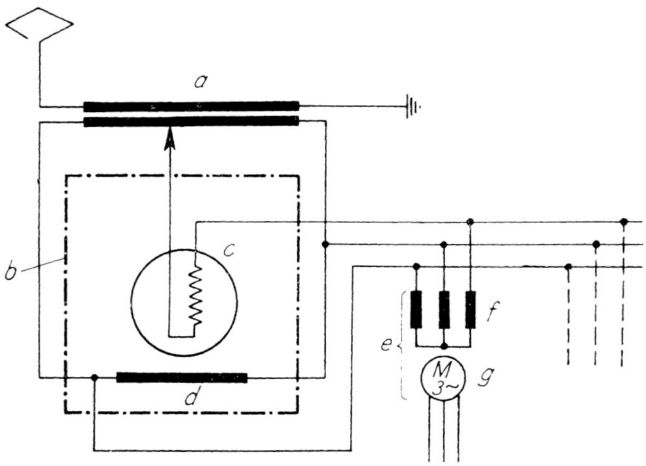

Bild 227.
Schaltbild einer Asynchron-Phasenumformerlokomotive
- a Umspanner
- b Asynchron-Phasenumformer
- c Läuferwicklung
- d Ständerwicklung
- e Fahrmotor
- f Ständerwicklung des Fahrmotors
- g Schleifringläufer des Fahrmotors

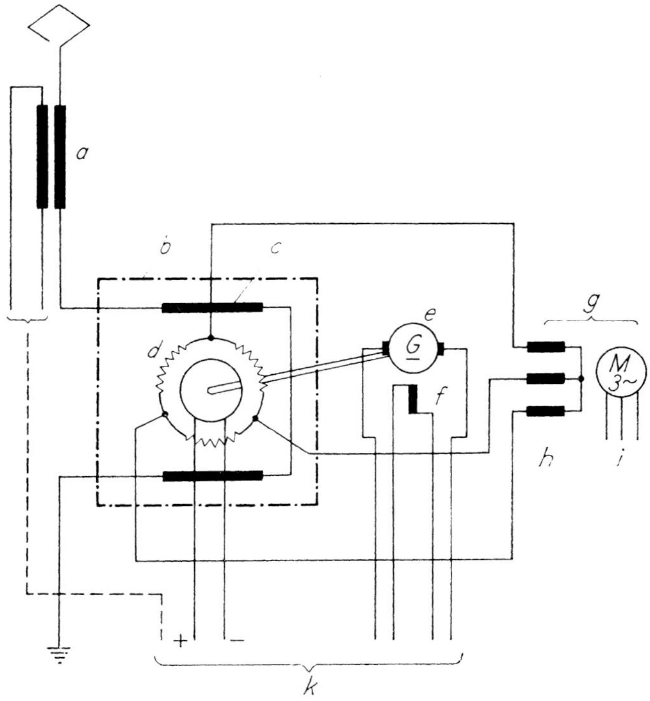

Bild 228.
Schaltbild der Kando-Umformerlokomotive
- a Umspanner
- b Phasenumformer
- c Einphasenwicklung im Ständer
- d Mehrphasenwicklung im Ständer
- e Erregergenerator
- f Erregerwicklung
- g Fahrmotor
- h Ständerwicklung des Fahrmotors
- i Schleifringläufer des Fahrmotors
- k automatische Anlaß- und Stabilisierungseinrichtung

(Bild 228). Dadurch wurde es möglich, die einphasige Spannung von 15 000 V in einen dreiphasigen Wechselstrom von rund 1000 V umzuformen und damit einen großen Drehstrom-Asynchronmotor anzutreiben. Dieser überträgt dann durch Stangen und einen sogenannten Kando-Gelenkrahmen die Antriebsleistung auf die vier Treibradsätze. Durch Polumschaltung werden vier Frequenzen erreicht, die wiederum die vier Geschwindigkeitsstufen von 100, 75, 50 und 37,5 km/h bestimmen. Das Überschalten geschieht über besondere Wasserwiderstände. Es ist ein ungewohntes Bild, wenn bei starker Erwärmung des Wassers leichte Dampfwolken aus den beiden schornsteinähnlichen Aufsätzen entweichen, oder wenn diese elektrische Lokomotive zum Wassernehmen unter einem Wasserkran hält. Um Raum und Masse zu sparen, baute Kando seine Umformer für die volle Fahrdrahtspannung, vermied also den sonst üblichen Trafo. Der äußerst komplizierte Aufbau des mechanischen Teiles und der elektrischen Ausrüstung erforderte jedoch hohe Anschaffungs- und Unterhaltungskosten, so daß sich diese Bauart nicht durchsetzen konnte.
Um Geschwindigkeiten über 100 km/h und Einzelachsantrieb zu ermöglichen, verbesserten die Ganz-Werke in Budapest das Kandosystem durch zusätzlichen Einbau eines Periodenumformers (Bild 229). Dieser erlaubt eine stetige Veränderung der

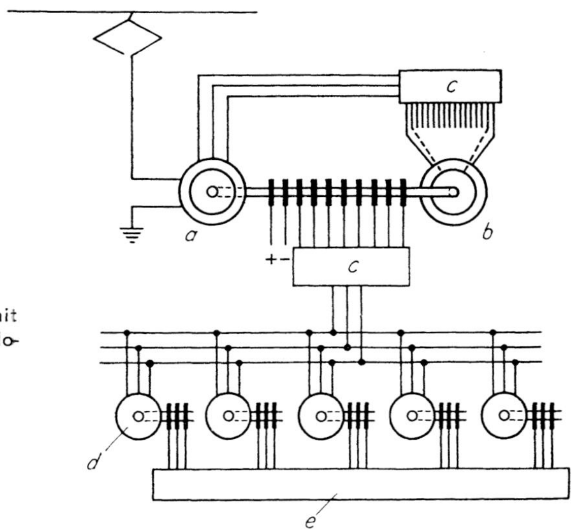

Bild 229.
Schaltbild einer elektrischen Lokomotive mit Phasen- und Frequenzumformung nach Kando-Ratkovszky

a Phasenumformer
b Frequenzumformer
c Schaltwerk
d Fahrmotor
e Wasserwiderstand

Frequenz von 0 bis 125 Hz und somit eine gute Steuerbarkeit. Um mehrere Anfahr- und Zwischenstufen zu erreichen, arbeiten die Motoren auf einen gemeinsamen Wasserwiderstand. Diese Bauart hat sich seit dem Jahre 1950 in Ungarn bei Schnellzuglokomotiven mit der ungewohnten Achsfolge Bo′Co′ gut bewährt (siehe Bild 308).
Nach einem ähnlichen Prinzip arbeiten die bei den Französischen Staatsbahnen (SNCF) entwickelten Güterzuglokomotiven vom Typ CC 14 000 (Bild 230). Die stetige Frequenzsteuerung erreicht man durch einen zwischengeschalteten Leonardsatz.

Der Phasenumformer ist wegen der hohen Fahrdrahtspannung (25 kV) an einen Trafo angeschlossen. Der Phasenumformer treibt den Gleichstromgenerator an, während der zum Leonardsatz gehörende Gleichstrommotor mit dem Frequenzumformer gekuppelt ist. Der Dreiphasenstrom veränderlicher Frequenz wird dann den Fahrmotoren zugeführt, die als Kurzschlußläufer ausgeführt sind.

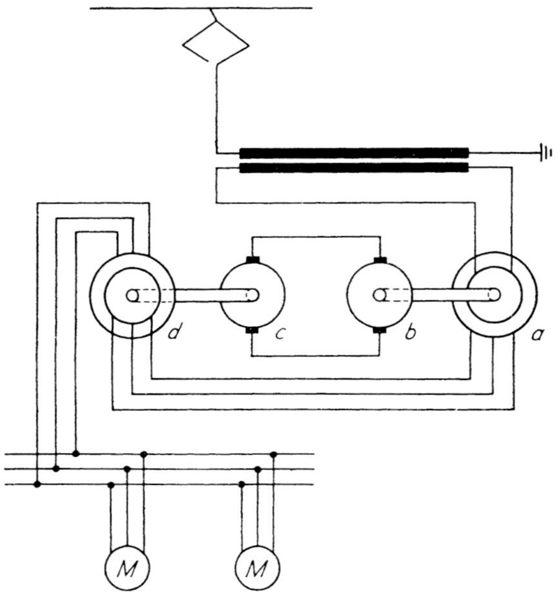

Bild 230.
Prinzipschaltbild der Umformerlokomotive CC 14 000 (SNCF)

a Phasenumformer
b Gleichstromgenerator
c Gleichstrommotor
d Frequenzumformer

Eine andere interessante Lösung ist die Krupp-Umformerlokomotive E 244 31, die im Jahre 1935 nach Entwürfen von P u n g a und S c h ö n für die Höllentalbahn entwickelt wurde. Bei dieser elektrischen Lokomotive mit Einzelachsantrieb sind Phasenumformer und Fahrmotor in einem Bauteil vereinigt. Der Motor besteht aus dem Ständer, dem Läufer und einem sogenannten Zwischenläufer, der als Hohltrommel mit Hilfe besonderer Stützlager sich frei um die Ankerwelle drehen kann (Bild 231). Dieser Zwischenläufer bildet mit dem Ständer zusammen den Phasenumformer, jedoch mit dem Läufer zusammen den Drehstrommotor. Das Drehmoment wird vom Ständer über den Zwischenläufer, der das Drehfeld liefert, und den eigentlichen Läufer auf den Treibradsatz übertragen. Dieser Motor zeigt das Verhalten eines Asynchron-Drehstrommotors.

Um eine bessere Geschwindigkeitssteuerung zu erreichen, wird jede Achse noch durch einen zusätzlichen Drehstrommotor angetrieben, der aus der mehrphasigen Ständerwicklung des Krupp-Motors gespeist wird. Bei entsprechender Schaltung, nämlich

1. Krupp-Motor und Drehstrommotor in Kaskadenschaltung,
2. Krupp-Motor allein oder
3. Drehstrommotor allein (Krupp-Motor arbeitet nur als Phasenumformer)

kann man drei Geschwindigkeitsstufen (34, 59 und 85 km/h) erreichen. Zum Anfahren und für den Übergang von einer Fahrstufe zur anderen dienen Wasserwiderstände. Der Leistungsfaktor wird selbsttätig auf $\cos \varphi = 1$ gehalten; mit geringem Aufwand ist Nutzbremsung möglich.
Die komplizierte Ausrüstung erfordert jedoch hohe Anschaffungs- und Unterhaltungskosten, so daß auch diese Bauart nicht weiterentwickelt wurde.
Als man im Jahre 1960 den 50-Hz-Probebetrieb auf der Höllentalbahn einstellte, fand diese Lokomotive, deren elektrische Ausrüstung eine Besonderheit darstellt, im Deutschen Museum in München einen würdigen Platz.

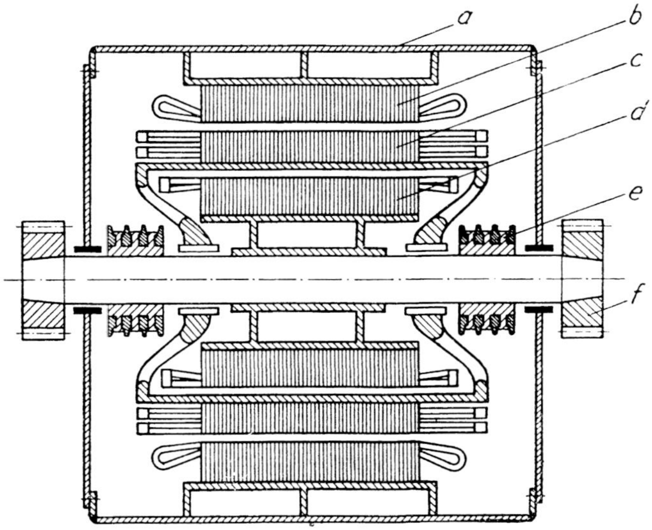

Bild 231.
Längsschnitt durch den Krupp-Motor
- a Gehäuse
- b Ständer
- c Zwischenläufer
- d Läufer
- e Schleifringe
- f Ritzel

5.2.2. Umformerlokomotiven mit Gleichstromfahrmotoren

Trotz seines einfachen und robusten Aufbaus ist der Drehstrommotor wegen der schlechten Steuerbarkeit als Bahnmotor nicht recht geeignet. Wesentlich günstiger ist das Betriebsverhalten des Gleichstrommotors.
Von der Möglichkeit, den Einphasenwechselstrom mit Hilfe rotierender Umformer in Gleichstrom zu verwandeln, machte man in den zwanziger Jahren in den USA erstmalig Gebrauch, ging dabei jedoch von 25 Hz und 11 kV Fahrdrahtspannung aus. Im Jahre 1952 entwickelten dann die Französischen Staatsbahnen (SNCF) für ihre 50-Hz-Strecken derartige Umformerlokomotiven (Typ CC 14 100), die im schweren Güterzugdienst eingesetzt wurden. Nach dem in Bild 232 dargestellten Schaltplan treibt dann ein Synchronmotor, der über einen Trafo mit festem Übersetzungsverhältnis aus der Fahrleitung gespeist wird, zwei Gleichstromgeneratoren und den Erregergenerator an. Diese arbeiten dann in Leonardschaltung auf die Fahrmotoren, die ein völlig gleichmäßiges Drehmoment erzeugen. Auf diese Weise kann die Reibungszugkraft restlos ausgenutzt werden, was zum Beispiel daraus hervorgeht, daß diese vierachsige Lokomotive mit 84 Mp Reibungs-

last und einer Dauerleistung von 1840 kW schwere Güterzüge von 1800 t auf Steigungen bis zu 11 ‰ befördert. Durch den vierfachen Einbau der Lokomotivleistung ergeben sich jedoch eine große Masse je Leistungseinheit und ein schlechter Wirkungsgrad. Derartige Lokomotiven wurden auch im schweren Grubenbetrieb erfolgreich eingesetzt.

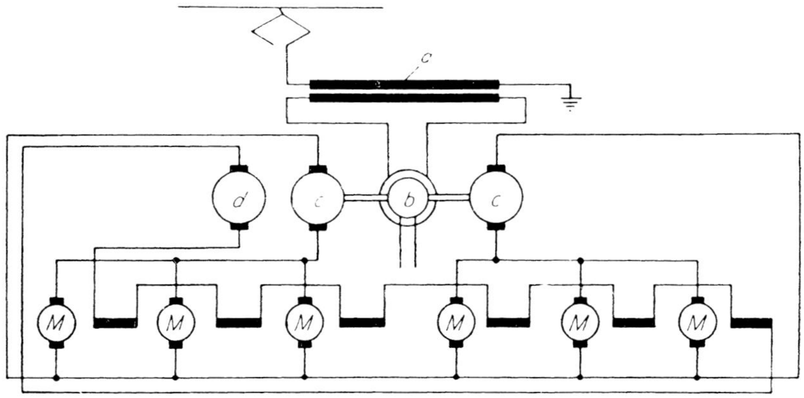

Bild 232. Schaltplan der Motorgeneratorlokomotive CC 14 100 (SNCF)

a Hauptumspanner
b Synchronmotor
c Gleichstromgenerator
d Erregergenerator

5.3. Gleichrichterlokomotiven

Ruhende Umartergeräte sind wesentlich leichter als Motorgeneratoren und benötigen keine ständige Wartung. Sie besitzen einen hohen Wirkungsgrad und haben daher in ortsfesten Unterwerken die Maschinenumformer fast völlig verdrängt. Bei Gleichrichterlokomotiven liegen jedoch etwas andere Verhältnisse vor, da durch die Fahrleitung nicht Dreiphasen-, sondern nur Einphasenstrom zugeführt wird. Auch soll die Sekundärspannung nicht konstant bleiben, sondern sich von Null bis zum höchsten Wert möglichst stufenlos verändern lassen. Ein durch mehranodige Gefäße gleichgerichteter Drehstrom ist ein Gleichstrom, der nur noch einige Oberwellen hoher Ordnungszahl aufweist. Dagegen besteht gleichgerichteter Einphasenstrom aus gleichgerichteten, nicht überlappten Halbwellen mit hohem Oberwellengehalt und kann durch zusätzliche Drosseln nur teilweise geglättet werden. Die Fahrmotoren sind dann als Wellenstrommotoren auszulegen. Je nach der Art der verwendeten Gleichrichter ist der Aufbau dieser Lokomotiven zum Teil recht unterschiedlich.
Gleichrichterlokomotiven sind in den letzten Jahren in großer Stückzahl gebaut worden. Sie vereinen die guten Eigenschaften des Gleichstrom-Reihenschlußmotors mit der Möglichkeit einer wirtschaftlichen Leistungssteuerung durch Einphasentransformator.

5.3.1. Gleichrichterlokomotiven mit mehranodigen Gleichrichtern

Die erste Lokomotive dieser Art wurde im Jahre 1936 für die Höllentalbahn entwickelt. Um einen möglichst guten Wirkungsgrad der Gleichrichter zu erreichen, wurden die Motoren für große Spannungen zwischen 1200 und 1500 V ausgelegt, was allerdings auch eine hohe Motormasse zur Folge hatte. Bei der von der Firma AEG gebauten E 244 01 wird der zugeführte Wechselstrom über Umspanner und gittergesteuerte Eisen-Quecksilber-Dampfgleichrichter in Gleichstrom von maximal 1600 V umgewandelt (Bild 233). Dieser gleichgerichtete Strom wird dann den Fahr-

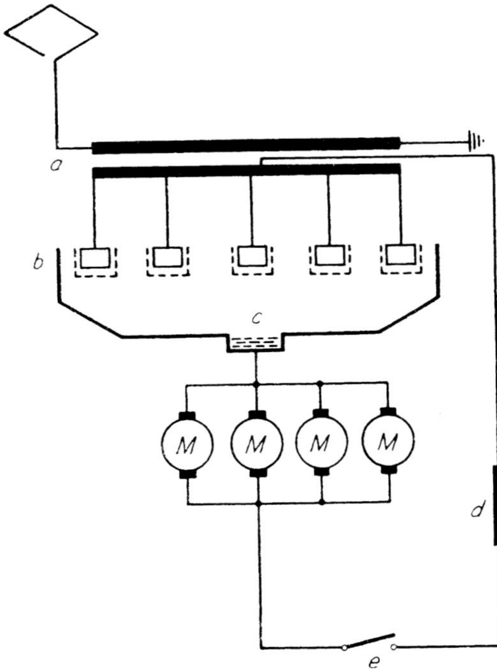

Bild 233.
Schaltbild der Gleichrichterlokomotive E 244 01 (AEG)

a Hauptumspanner
b Anode mit Gitter
c Kathode
d Glättungsdrossel
e Schnellschalter

motoren zugeführt. Die Motorspannung wird durch den mit zwei Spannungsstufen versehenen Umspanner und durch Verändern der Motorschaltung (Reihenparallel- oder Parallelschaltung) grobstufig gesteuert. Auch von der Feldschwächung wird Gebrauch gemacht. Die Gittersteuerung dient dann zur Feineinstellung.

Eine zweite Gleichrichterlokomotive E 244 11 wurde von der Firma BBC gebaut. Einem ungesteuerten Gleichrichter wird über eine Hochspannungssteuerung eine ständig veränderliche Spannung zugeführt (Bild 234). Von den Enden der Niederspannungsseite des Gleichrichtertrafos wird der Strom gleichzeitig auf die zehn Hauptanoden des Gleichrichters verteilt (nur zwei sind eingezeichnet). Er fließt dann von der Kathode über die zwei parallel geschalteten Motorengruppen und über eine Glättungsdrossel zur Mitte der Niederspannungswicklung. Die Gitter des Gleichrichters dienen, wie bei der AEG-Lokomotive, zum schnellen Abschalten des Motorstromes.

Beide Gleichrichterlokomotiven haben einen etwas komplizierteren Aufbau als Direktmotorlokomotiven und weisen daher auch stets etwas höhere Unterhaltungskosten auf. Sie waren von 1935 bis zur Umstellung dieser Strecke auf Einphasenwechselstrom $16\frac{2}{3}$ Hz im Mai 1960 in Betrieb und haben sich gut bewährt.

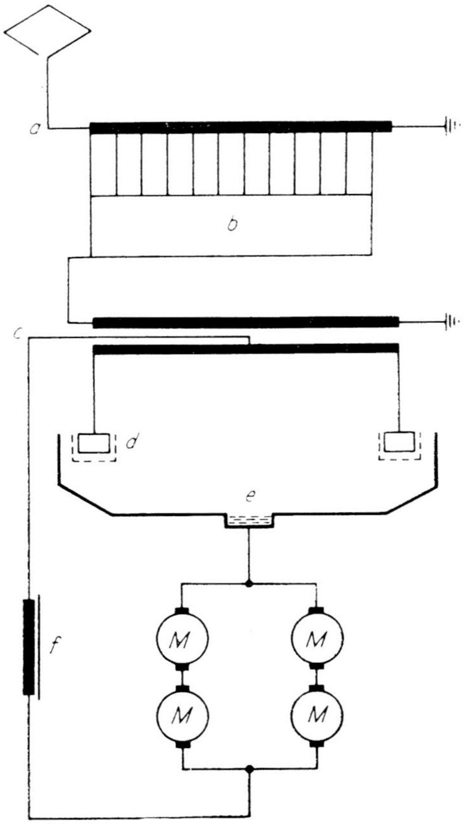

Bild 234.
Schaltbild der Gleichrichterlokomotive E 244 11 (BBC)

- a Steuerumspanner
- b Schaltwerk
- c Gleichrichterumspanner
- d Anode mit Gitter
- e Kathode
- f Glättungsdrossel

5.3.2. Gleichrichterlokomotiven mit einanodigen Gleichrichtern

Gleichrichterlokomotiven mit einanodigen Gleichrichtern können mit Ignitrons oder mit Excitrons ausgerüstet werden. Das Ignitron ist ein pumpenloser, einanodiger Gleichrichter mit flüssiger Kathode, bei dem die Zündeinrichtung jedes einzelnen Gefäßes bei jeder zweiten Halbwelle in Tätigkeit tritt (Bild 235). Es ist kein ständiger Erregerlichtbogen vorhanden. Dieses neue Umrichterelement wurde im Jahre 1949 in den USA erstmalig im Bahnbetrieb erprobt. Ignitrons sind im Vergleich zu mehranodigen Gleichrichtern wesentlich leichter und kleiner, auch ist die Gefahr der Rückzündung geringer. Die Geräte sind jedoch temperaturempfindlich und müssen im Betrieb durch Wasser oder Luft ständig gekühlt werden.
An der Weiterentwicklung der Ignitronlokomotiven haben die Sowjetunion und auch Frankreich große Verdienste. Bild 236 zeigt den Schaltplan der Ignitron-

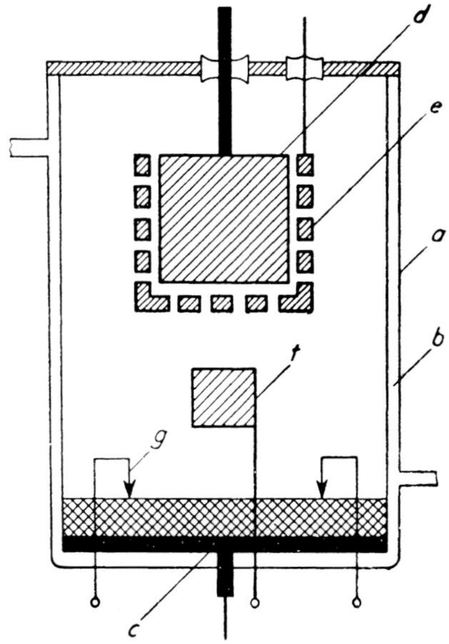

Bild 235.
Aufbau eines Ignitrons
a Vakuumgefäß
b Wassermantel
c Quecksilberkathode
d Anode
e Gitter
f Hilfsanode
g Zünder

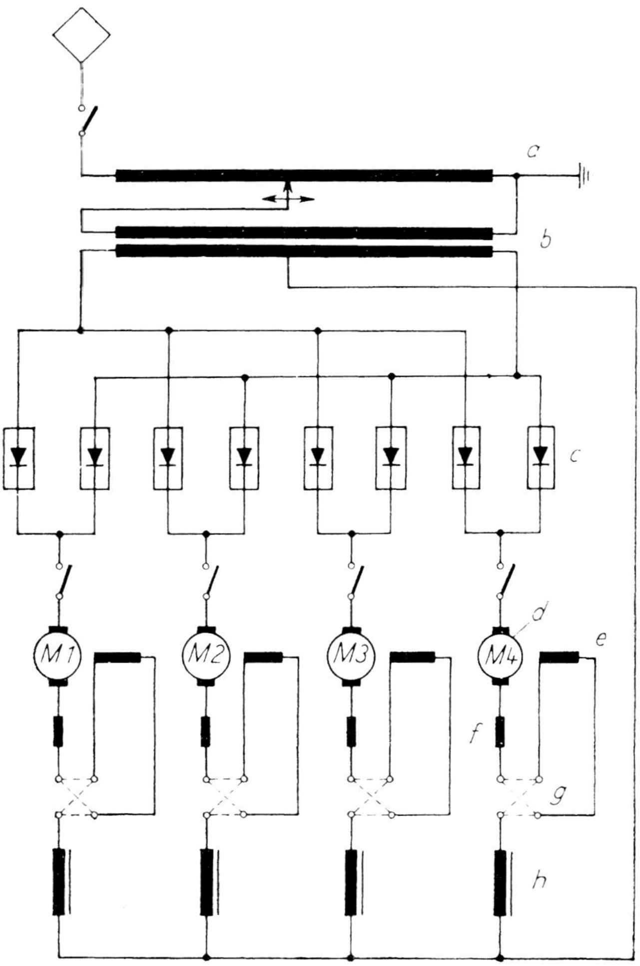

Bild 236.
Schaltplan der Ignitronlokomotive BB 12 000 (SNCF)
a Steuerumspanner
b Gleichrichterumspanner
c Ignitron
d Wellenstrommotor
e Erregerwicklung
f Kompensations- und Wendefeldwicklung
g Fahrtrichtungswender
h Glättungsdrossel

lokomotive BB 12 000, die von der SNCF für die nordfranzösischen Strecken entwickelt wurde. Auch bei dieser elektrischen Lokomotive wird eine Hochspannungssteuerung angewendet. Vom Gleichrichtertrafo werden die Ignitrons in Gleichrichter-Zweiwegeschaltung gespeist. In den Stromkreis eingeschaltete Drosseln sorgen für ausreichende Glättung des durch die Gleichrichtung welligen Stromes.
Der Wirkungsgrad der Ignitrons beträgt etwa 95 %, so daß sich für eine mit Ignitrons ausgerüstete Gleichrichterlokomotive bei 0,7 V_{max} ein Wirkungsgrad von 82 bis 84 % ergibt. Der Leistungsfaktor erreicht bei der gleichen Geschwindigkeit einen Wert von 0,91 bis 0,93. Die Verhältnisse liegen also bei solchen Gleichrichterlokomotiven günstiger als bei Lokomotiven mit Direktmotoren.
Ähnlich aufgebaut sind die mit Excitrons ausgerüsteten Gleichrichterlokomotiven. Das Excitron ist ebenfalls ein einanodiges, quecksilberdampfgefülltes Stromrichtergefäß mit Dauerzündung, bei dem der Zündlichtbogen während des Betriebes durch eine Hilfsanode ständig aufrechterhalten wird. Der Aufbau eines Excitrons ist aus Bild 237 zu erkennen. Excitronlokomotiven wurden erstmalig im Jahre 1954

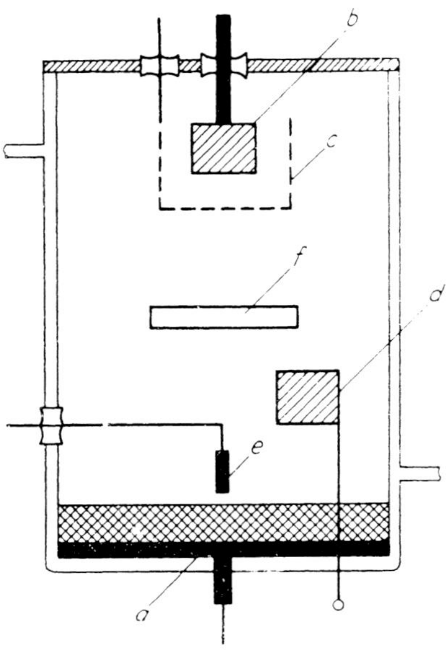

Bild 237.
Aufbau eines Excitrons
a Quecksilberkathode
b Anode
c Steuergitter
d Erregeranode
e Zündelektrode
f Quecksilberspritzschutz

auf normalspurigen Strecken des Rheinischen Braunkohlenbergbaus in Dienst gestellt. Sie sind für Einphasenwechselstrom 50 Hz und eine Fahrdrahtspannung von 6 kV gebaut und haben sich gut bewährt.

5.3.3. Gleichrichterlokomotiven mit Trockengleichrichtern

Die Entwicklung der Einkristallhalbleiter für Gleichrichterzwecke begann im Jahre 1942 und hatte anfangs nur für Nachrichtentechnik Bedeutung, da die Belastbarkeit der einzelnen Elemente nur wenige Milliampere betrug. Durch umfangreiche Forschungsarbeiten gelang es, die Eigenschaften der Halbleiter laufend zu verbessern, so daß heute in der Starkstromtechnik Elemente für 200 A zur Verfügung stehen (Bild 238).

Die neuen Halbleiterelemente aus Germanium und neuerdings auch aus Silizium weisen gegenüber den bisher verwendeten Gleichrichtern mancherlei Vorteile auf. Sie sind gekennzeichnet durch einen großen Leistungs- und Spannungsbereich, hohe Betriebssicherheit und Stoßfestigkeit, einfachen Aufbau bei kleiner Masse und geringem Platzbedarf, hohe Verschleißfestigkeit, lange Lebensdauer, Wartungsfreiheit und geringen Aufwand für zusätzliche elektrische Einrichtungen. Bei einer Silizium-Gleichrichterzelle mit Kühlblock beträgt der Wert Masse je Leistungseinheit nur etwa 0,1 kg/kW. Vorteilhaft ist auch, daß selbst bei großen Leistungen Luftkühlung ausreicht. Die Silizium-Gleichrichter werden meist in die Luftschächte der Fahrmotoren eingebaut. Sie erfordern dann keinen zusätzlichen Raum und auch keine besonderen Belüftungseinrichtungen.

Bild 238.
Halbleiterzelle im Schnitt
- a Anschlußlitze
- b Durchführung
- c Isolierkörper
- d flexible Stromabnahme
- e Haube
- f Gleichrichterkristall
- g Bodenplatte

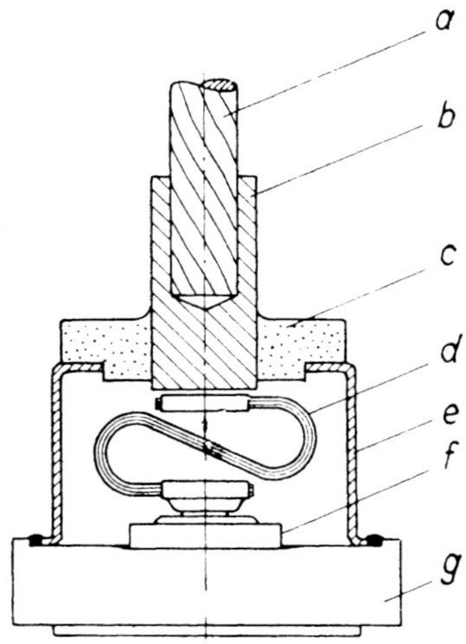

Nachteilig ist nur, daß es zur Zeit noch recht schwierig ist, die geforderte Reinheit der Halbleiter mit einfachen Mitteln zu erreichen. Auch muß man im allgemeinen auf Nutzbremsung verzichten, sobald derartige Halbleitergleichrichter im Unterwerk oder auf den elektrischen Lokomotiven verwendet werden. Ein großer Nachteil der Halbleitergleichrichter liegt noch in ihrer großen Empfindlichkeit gegenüber raschem Spannungsanstieg und gegenüber Überspannungen und Überströmen. Hier können zur Zeit nur umfangreiche Schutzeinrichtungen helfen.

Der Wirkungsgrad eines Siliziumgleichrichters beträgt 99,5 % und ist somit außerordentlich günstig im Vergleich zu Ignitrongleichrichtern.

Es ist damit zu rechnen, daß die hervorragenden Eigenschaften der Halbleitergleichrichter die gesamte Entwicklung des 50-Hz-Systems entscheidend beeinflussen werden.

Gleichstromlokomotiven mit Halbleitergleichrichtern wurden in letzter Zeit bei der Deutschen Bundesbahn und auch im Ausland mit bestem Erfolg erprobt.

Auch für die Deutsche Reichsbahn wurden moderne Gleichrichterlokomotiven entwickelt, die seit dem Jahre 1961 auf der Strecke Hennigsdorf – Wustermark im Einsatz sind (siehe Abschnitt 7.5. und Anlage 9). Während für die Gleichrichtung des Motorstromes ursprünglich einanodige Gefäßgleichrichter Verwendung finden sollten, entschloß man sich später infolge der schnellen Entwicklung der Halbleitergleichrichter für den Einbau von Siliziumgleichrichtern. Diese wurden im Maschinenraum so angeordnet, daß später gegebenenfalls auch die Möglichkeit besteht, in diesen Lokomotiven ohne allzu große Änderungen Gefäßgleichrichter zu erproben. Die Leistungssteuerung erfolgt hochspannungsseitig über ein Schaltwerk mit 26 Fahrstufen. Bild 239 zeigt den vereinfachten Schaltplan der Starkstromkreise. Der

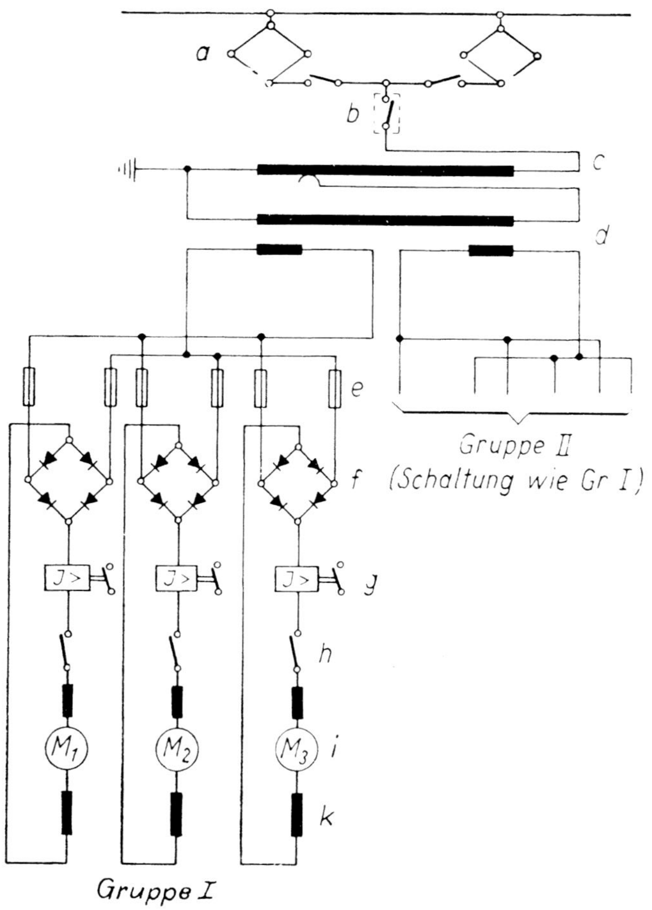

Bild 239.
Starkstromkreis der 50-Hz-Gleichrichterlokomotive

a Stromabnehmer
b Hauptschalter
c Steuerumspanner
d Gleichrichterumspanner
e Schnellsicherung
f Gleichrichter
g Motor-Überstromrelais
h Motortrennschütz
i Fahrmotor
k Glättungsdrossel

als Mantelumspanner ausgebildete Hauptumspanner besteht aus dem Steuerumspanner und dem Gleichrichterumspanner. Letzterer hat eine geteilte Sekundärwicklung, so daß jeweils drei Fahrmotoren über die entsprechenden Gleichrichter an einen Wicklungsteil angeschlossen sind.
Die Schaltung der LEW-Versuchslokomotiven erlaubt im Bedarfsfall die Erprobung von Gefäßgleichrichtern und ist daher nicht typisch für reine 50-Hz-Halbleitergleichrichter-Lokomotiven. Bei diesen sind oftmals jedem Fahrmotor ein eigener Gleichrichtersatz und eine eigene Trafo-Sekundärwicklung zugeordnet, um die Betriebs-

sicherheit des Fahrzeugs auch im Falle einer Störung in einem Fahrmotorenkreis zu gewährleisten (Blockschaltung).

Die beiden Baumuster haben sich in der Praxis gut bewährt. Sie dienten als Vorbild für die Neuentwicklung der Baureihe E 251, die ab 1965 im Harz auf der Strecke Blankenburg – Rübeland – Elbingerode – Tanne vorwiegend im schweren Güterzugdienst eingesetzt werden soll. Diese Lokomotiven sind mit einem Hochspannungsschaltwerk ausgerüstet und entsprechen, wie aus Abschnitt 7.5. hervorgeht, dem neuesten Stand der Technik.

Außer diesen sechsachsigen Güterzuglokomotiven mit der Achsfolge Co′Co′ entwickelt LEW „Hans Beimler", Hennigsdorf, zur Zeit noch eine vierachsige Gleichrichterlokomotive. Sie wird wahlweise als Schnellzuglokomotive mit einer Höchstgeschwindigkeit von 160 km/h oder als Personen- und Güterzuglokomotive mit einer Höchstgeschwindigkeit von 110 km/h ausgelegt und sowohl für Normalspur- als auch für Breitspurstrecken gebaut werden. Sie wird die Empfehlungen der OSShD und des RGW berücksichtigen und, wie aus Abschnitt 7.5. näher hervorgeht, mit einer Stundenleistung von 3 360 kW die leistungsstärkste vierachsige Gleichrichterlokomotive aller sozialistischen Länder sein.

6. Aufbau elektrischer Lokomotiven für verschiedene Spannungen, Frequenzen und Stromarten

Die einzelnen Länder sind bei der Wahl der Stromart zum Teil recht unterschiedliche Wege gegangen. Die Wahl der Stromart war nicht nur allein von der günstigsten Stromversorgung abhängig, sondern wurde auch weitgehend von der Eignung des Antriebsmotors als Bahnmotor beeinflußt. So ist es zu erklären, daß in Europa zur Zeit fünf verschiedene Stromsysteme bestehen, und zwar:

1. Gleichstrom		1,5 kV
2. Gleichstrom		3,0 kV
3. Drehstrom		3,6 kV
4. Einphasenwechselstrom	16⅔ Hz,	15,0 kV
5. Einphasenwechselstrom	50 Hz,	25,0 kV

Vergleicht man die elektrische Ausrüstung einer Wechselstromlokomotive für 16⅔ Hz mit der einer 50-Hz-Lokomotive oder sogar mit der einer Gleichstromlokomotive, so stellt man sofort große Abweichungen fest. Es ist also nicht ohne weiteres möglich, eine für ein bestimmtes Stromsystem entwickelte elektrische Lokomotive auch auf Strecken mit einer anderen Stromart oder Frequenz einzusetzen. Dadurch ergeben sich an den Übergängen große betriebliche Schwierigkeiten.

Man unterscheidet folgende Stoßstellen:

a) Gleichstrom 3 kV + Gleichstrom 1,5 kV,
zum Beispiel am Grenzübergang Belgien/Niederlande

b) Einphasenwechselstrom $16\frac{2}{3}$ Hz, 15 kV + Einphasenwechselstrom 50 Hz, 25 kV, zum Beispiel am Grenzübergang Westdeutschland/Frankreich oder Schweiz/Frankreich
c) Einphasenwechselstrom 50 Hz, 25 kV + Gleichstrom 1,5 kV, zum Beispiel bei den beiden Stromsystemen innerhalb Frankreichs
d) Einphasenwechselstrom 50 Hz, 25 kV + Gleichstrom 3 kV, zum Beispiel am Grenzübergang Frankreich/Belgien
e) Einphasenwechselstrom $16\frac{2}{3}$ Hz, 15 kV + Drehstrom 3,6 kV, zum Beispiel am Grenzübergang Österreich/Italien
f) Drehstrom 3,6 kV + Gleichstrom 3 kV, zum Beispiel innerhalb Italiens.

Auch wenn man für die Überbrückung einer solchen Stoßstelle die einfachste Lösung wählt, nämlich das Auswechseln der Lokomotive, so muß man doch gewisse zusätzliche Anlagen schaffen. Von der gleichen Stelle, auf der die elektrische Lokomotive des Systems A zum Halten kam, muß nämlich die elektrische Lokomotive des Systems B weiterfahren können. Es ist dann am einfachsten, wenn man die beiden unterschiedlichen Fahrleitungen durch eine kurze stromlose Schutzstrecke miteinander verbindet. Überfährt dann der einfahrende Zug mit einer elektrischen Lokomotive des Stromsystems A die Schutzstrecke mit gesenkten Stromabnehmern, so braucht nur diese Lokomotive mit einem nichtfahrdrahtgebundenen Schleppfahrzeug, zum Beispiel Dampf- oder Diesellokomotive umgesetzt zu werden, und die neue elektrische Lokomotive des Stromsystems B kann dann an den Zug heranfahren.
Es besteht jedoch auch die Möglichkeit, einen bestimmten Streckenabschnitt auf beide Stromsysteme umzuschalten. Doch auch in diesem Falle ist es erforderlich, die umschaltbare Fahrleitung durch isolierte Schutzstrecken von den Fahrleitungen mit festem Stromsystem zu trennen. Die Stromversorgung eines solchen Systemwechselbahnhofs ist also verhältnismäßig kompliziert und gibt zu vielerlei betrieblichen Schwierigkeiten und Störungen Anlaß.
Wesentlich zweckmäßiger ist es, auf solchen Strecken Triebfahrzeuge einzusetzen, die für beide Stromsysteme eingerichtet sind. Man unterscheidet dann zwischen elektrischen Lokomotiven für mehrere Spannungen, für verschiedene Frequenzen und für mehrere Stromarten.
Es sei jedoch besonders betont, daß es vom wirtschaftlichen Standpunkt aus nicht vertretbar ist, derartige Fahrzeuge in großer Stückzahl zu bauen. Sie sind wesentlich komplizierter als die sonst üblichen Bauarten und viel teurer und störanfälliger. Daher ist in jedem Falle genau zu untersuchen, ob die Beschaffung und der Einsatz derartiger Spezialfahrzeuge überhaupt wirtschaftlich sind.

6.1. Mehrspannungslokomotiven

Bei den mit Gleichstrom betriebenen Fernbahnen kommen nur die beiden Spannungen 3 kV und 1,5 kV in Frage. Da man heute Gleichstrommotoren nur bis zu einer Spannung von 1,5 kV baut, sind bei 3-kV-Lokomotiven stets zwei Motoren zu einer Gruppe zusammengefaßt und in Reihe geschaltet. Beim Übergang auf ein Streckennetz mit 1,5 kV Fahrdrahtspannung ist es dann lediglich erforderlich, von der Serienschaltung auf Parallelschaltung überzugehen. Auch die Hilfsbetriebe und die Zugheizung müssen für eine zweite Spannung ausgelegt werden.

6.2. Mehrfrequenzlokomotiven

Hier kommen Lokomotiven in Frage, die auf Wechselstromstrecken mit etwa gleicher Fahrdrahtspannung, aber verschiedener Frequenz, zum Beispiel 16⅔ und 50 Hz, eingesetzt werden können. Man erreicht dies entweder durch den Einbau von Wechselstrommotoren, die mit zwei verschiedenen Frequenzen betrieben werden können, oder durch Gleichstrommotoren, die über einen auf der Lokomotive angeordneten Umarter betrieben werden. Im ersten Falle müssen die Motoren für 50 Hz und der Trafo für 16⅔ Hz ausgelegt werden, beide Teile also nach der ungünstigsten Seite hin.

Bei Gleichrichterlokomotiven (siehe Abschnitt 5.3.) arbeiten die Antriebsmotoren mit Gleichstrom. Die Hilfsmotoren können vom Haupttrafo aus mit Einphasenwechselstrom 16⅔ Hz oder 50 Hz gespeist werden. Sie können über einen Umformer Drehstrom erhalten oder über Trockengleichrichter mit Gleichstrom betrieben werden. Derartige Lokomotiven gewinnen infolge der ständigen Ausweitung

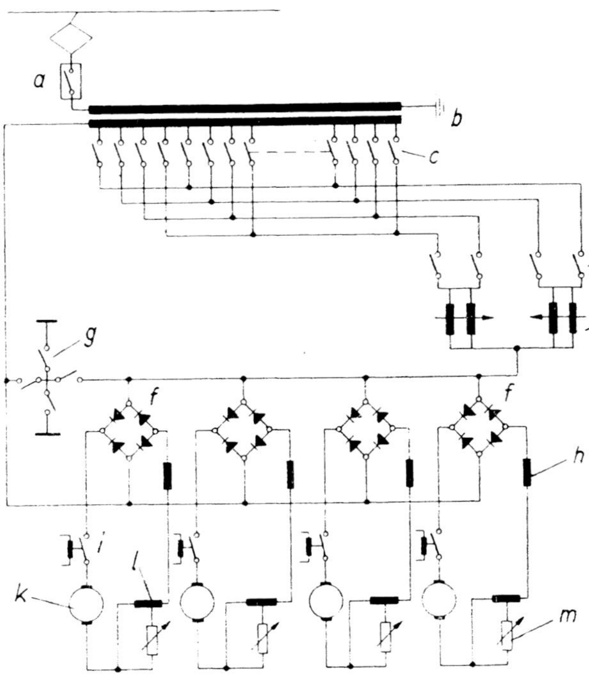

Bild 240.
Prinzipschaltbild der Lokomotive E 320 01

- a Hauptschalter
- b Hauptumspanner für Niederspannungssteuerung
- c Stufenschalter
- d Lastschalter
- e Haupttransduktoren
- f Gleichrichter
- g Kurzschließer
- h Glättungsdrossel
- i Motortrennschütz
- k Fahrmotor
- l Erregung
- m Feldschwächung

des 50-Hz-Systems ständig an Bedeutung und wurden in verschiedenen Ausführungen bereits in Österreich, in der Schweiz und in Frankreich gebaut.
Auch bei der Deutschen Bundesbahn sind seit 1959 im grenzüberschreitenden Verkehr mit Frankreich verschiedene Mehrfrequenzlokomotiven im Einsatz. Bild 240 zeigt das Prinzipschaltbild der mit Siliziumgleichrichtern ausgerüsteten Mehrfrequenzlokomotive E 320 01 der Deutschen Bundesbahn. Nähere Einzelheiten über diese Lokomotiven sind im Abschnitt 7.7. und in der dazugehörigen Zahlentafel (Anlage 11) zu finden.

6.3. Mehrstromlokomotiven

Hierbei handelt es sich um elektrische Triebfahrzeuge, die auf Strecken mit verschiedenen Stromarten eingesetzt werden sollen, zum Beispiel auf den unterschiedlichen Streckennetzen innerhalb Frankreichs oder eventuell später im internationalen Verkehr DDR – ČSSR (Einphasenwechselstrom 15 kV, $16\frac{2}{3}$ Hz und Gleichstrom 3 kV).
Bei der Kombination von Einphasenwechselstrom und Gleichstrom wird stets ein Umarter verwendet, der entweder nur für den Wechselstrom- oder nur für den Gleichstrombetrieb ausgelegt wird, je nachdem, mit welchen Antriebsmotoren die elektrische Lokomotive ausgerüstet ist. Während für die Umartung früher meist Umformer verwendet wurden, werden neuerdings Stromrichter bevorzugt.
In Italien ist es noch erforderlich, Triebfahrzeuge zu entwickeln, die sowohl mit Drehstrom 6,3 kV als auch mit Gleichstrom 3 kV betrieben werden können. Man erreicht dies durch Einbau von Excitrongleichrichtern, die den aus der Fahrleitung entnommenen Drehstrom in Gleichstrom umwandeln.
Derartige Zweistromlokomotiven sind zum Beispiel die im Abschnitt 7.7. näher erläuterten Lokomotiven der Baureihe BB 20 005 der SNCF, die auf Strecken mit Gleichstrom 1,5 kV und Einphasenwechselstrom 50 Hz eingesetzt werden können.

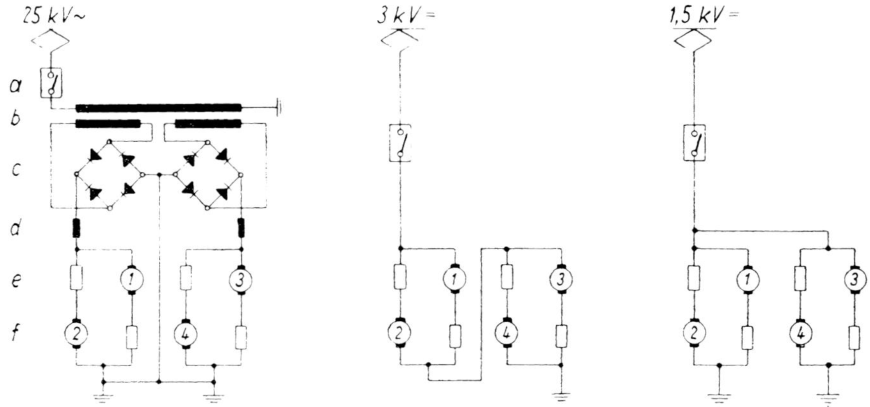

Bild 241. Prinzipschaltbild der Baureihe BB 150

a Leistungsschalter
b Hauptumspanner mit geteilter Sekundärwicklung
c Gleichrichter
d Glättungsdrossel
e Widerstand
f Fahrmotor

Unter Umständen ist es sogar erforderlich, elektrische Triebfahrzeuge für mehr als zwei verschiedene Stromsysteme auszurüsten, wie es im durchgehenden Reiseverkehr zwischen den Niederlanden (Gleichstrom 1,5 kV), Belgien (Gleichstrom 3 kV) und Frankreich (Einphasenwechselstrom 25 kV, 50 Hz) der Fall ist. Diesen Anforderungen genügen die Dreistromlokomotiven BB 150 der Belgischen Staatsbahn oder die französischen Lokomotiven der Baureihe BB 26 001 (siehe Abschnitt 7.7.). Das Starkstromschaltbild der BB 150 zeigt Bild 241.

Die vierpoligen Fahrmotoren haben eine Nennspannung von 1500 V und sind gegen 3000 V isoliert. Für den Gleichstrombetrieb mit 3000 V Fahrdrahtspannung sind die Motoren reihenparallel und mit 1500 V Fahrdrahtspannung parallel geschaltet. Unter der Wechselstromfahrleitung werden die Motoren über einen Trafo und Siliziumgleichrichter gespeist und mit 1500 V parallel betrieben.

Das Ideal ist das Allstromfahrzeug, das so aufgebaut ist, daß es sowohl Gleichstrom verschiedener Spannungen als auch Einphasenwechselstrom verschiedener Frequenzen verarbeiten kann. In diesem Falle müssen die in den Abschnitten 6.1. bis 6.3. genannten Möglichkeiten kombiniert werden. Die Allstromlokomotive ist also am zweckmäßigsten eine Umarterlokomotive, die mit vier Gleichstrommotoren ausgerüstet ist (Bild 242).

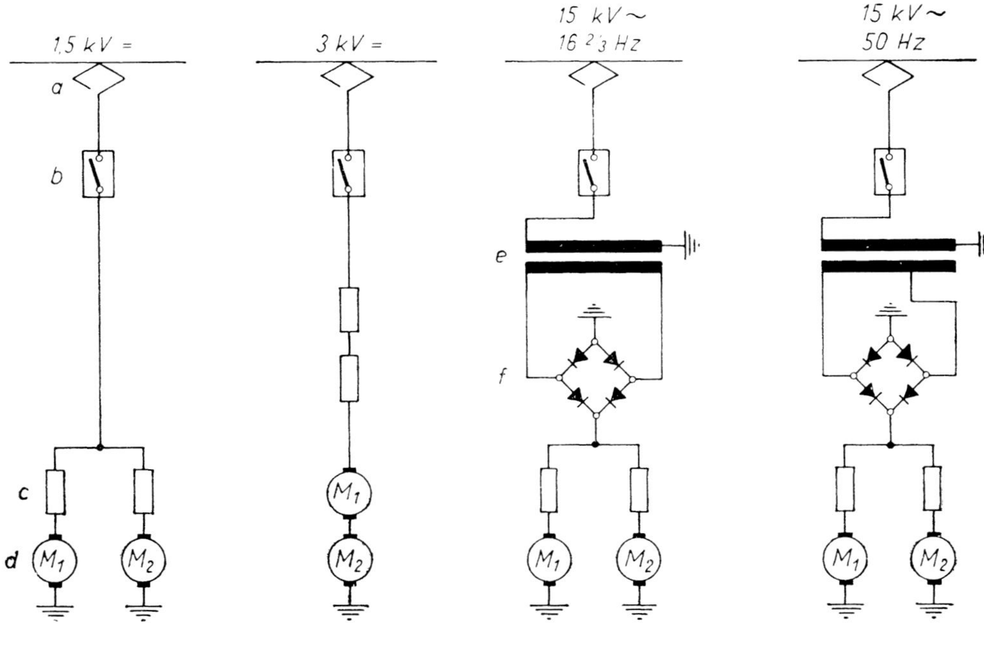

Bild 242. Schaltplan einer Allstromlokomotive

a Stromabnehmer
b Hauptschalter
c Widerstand
d Fahrmotor
e Umspanner
f Gleichrichter

Wird dem Fahrdraht Gleichstrom mit einer Spannung von 1,5 kV entnommen, so werden zwei Gleichstrommotoren je 1,5 kV parallel, bei 3 kV Fahrdrahtspannung in Reihe geschaltet. Aus diesem Grunde sind auch die Vorwiderstände geteilt. Wird jedoch über die Fahrleitung Einphasenwechselstrom zugeführt, so wird dieser

zunächst mit Hilfe eines Gleichrichters in Gleichstrom umgewandelt und geglättet. Durch eine entsprechende Anzapfung am Trafo, die den Spannungsabfall der Gleichrichter und der Drossel berücksichtigt, wird eine Motorspannung von 1,5 kV erzeugt. Auch in diesem Falle haben sich die Halbleitergleichrichter bestens bewährt, da die elektrische Ausrüstung einer solchen Allstromlokomotive verhältnismäßig kompliziert ist und sonst viel Platz und Masse beanspruchen würde.
Eine solche Viersystemlokomotive ist zum Beispiel die Baureihe CC 27 001 der SNCF (siehe Abschnitt 7.7.). Da diese Lokomotiven durch den komplizierten Aufbau jedoch recht hohe Anschaffungs- und Unterhaltungskosten erfordern, wird die Notwendigkeit eines Allstrombetriebes im allgemeinen auf Triebwagen für internationale Langstreckenverbindungen beschränkt bleiben.
Als Abschluß dieses Kapitels sei noch auf Systemwechselstellen hingewiesen, bei denen die Art der Stromzuführung verändert wird. Während man bei Fernbahnen im allgemeinen eine Oberleitung verwendet, ist am Stadtrand von Großstädten mit Stadtbahnen ein Übergang auf Strecken mit Stromschiene vorhanden (zum Beispiel bei Bahnen im Umkreis von New York). In diesem Falle müssen die elektrischen Lokomotiven neben den sonst üblichen Scherenstromabnehmern noch zusätzlich mit tiefliegenden Seitenstromabnehmern ausgerüstet sein.
Elektrische Lokomotiven, die im internationalen Verkehr eingesetzt werden und dabei Strecken mit unterschiedlichem Lichtraumprofil befahren, besitzen zwei verschiedene Stromabnehmer. Von denen wird immer nur derjenige aufgerichtet, der dem jeweiligen Profil entspricht. Dies trifft zum Beispiel für elektrische Lokomotiven zu, die von Strecken der Deutschen Bundesbahn auf Strecken der Schweizerischen Bundesbahnen übergehen.

7. Bewährte elektrische Lokomotiven des In- und Auslands

Während die bisherigen Ausführungen meist allgemein gehalten waren und nicht auf besondere Lokomotivtypen Bezug nahmen, sollen in diesem Kapitel noch einige bewährte Lokomotiven des In- und Auslands näher betrachtet werden. Da es meist neuere Konstruktionen sind, lassen sie die Entwicklung der letzten Jahre deutlich erkennen.
Der Stangenantrieb, der besonders bei hohen Geschwindigkeiten zu betrieblichen Schwierigkeiten führte, ist fast überall durch den Einzelachsantrieb verdrängt worden. Auch ist die Meinung längst überholt, daß schnellfahrende elektrische Lokomotiven an den äußeren Enden führende Lenk- oder Drehgestelle unbedingt haben müssen, und zahlreiche Lokomotiven mit zwei Triebdrehgestellen haben inzwischen bewiesen, daß man auch ohne Laufachsen eine gute Kurvenläufigkeit und einen ruhigen Lauf bei hohen Geschwindigkeiten erreichen kann. Ein weiterer, sehr wichtiger Grundsatz bei der Neuentwicklung von elektrischen Triebfahrzeugen ist

das Streben nach einer Universallokomotive, die im schnellen Reisezugverkehr genauso zweckmäßig und wirtschaftlich eingesetzt werden kann wie im schweren Güterzugdienst. Die Beschränkung auf möglichst wenige Typen ermöglicht auch eine Standardisierung, die eine Entlastung der Industrie, eine Senkung der Herstellungskosten und vor allem auch wesentliche Vorteile bei der Unterhaltung der Fahrzeuge zur Folge hat.

7.1. Wechselstromlokomotiven der Deutschen Reichsbahn für $16^2/_3$ Hz

Diese Erkenntnisse sind auch bei den deutschen Wechselstromlokomotiven zu finden, die in Anlage 5 zusammengestellt sind. Die an erster Stelle genannten elektrischen Lokomotiven der Baureihe E 04 haben sich im Reisezugdienst sehr gut bewährt und sind auch heute wieder auf den mitteldeutschen Strecken eingesetzt (Bild 243). Sie besitzen nur drei Treibachsen und haben an jedem Ende noch eine Laufachse, die mit der benachbarten Treibachse zu einem Krauss-Helmholtz-Gestell zusammengefaßt ist. Die unsymmetrische Anordnung des Fahrwerks wird durch die Lagerung des Trafos bedingt und ist aus der Maßskizze (Bild 244) gut zu er-

Bild 243. 1'Co1'-Lokomotive der Deutschen Reichsbahn, Baureihe E 04

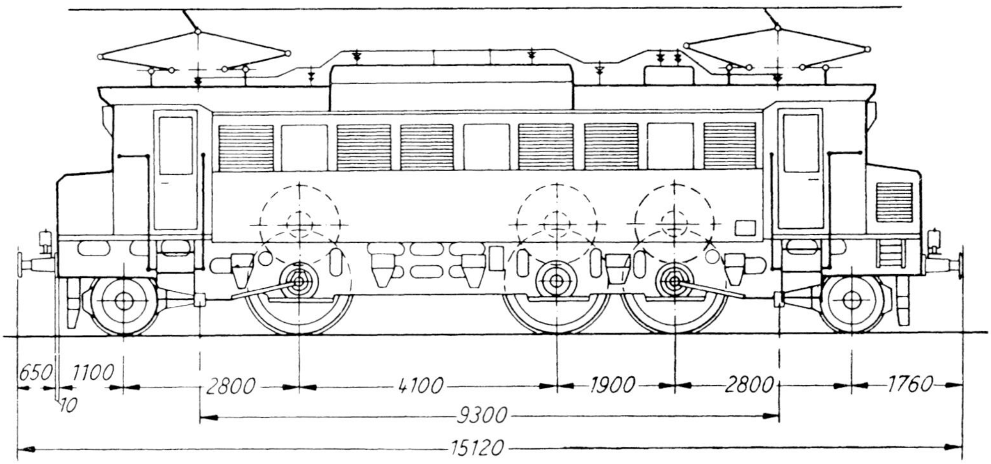

Bild 244. Maßskizze der Baureihe E 04

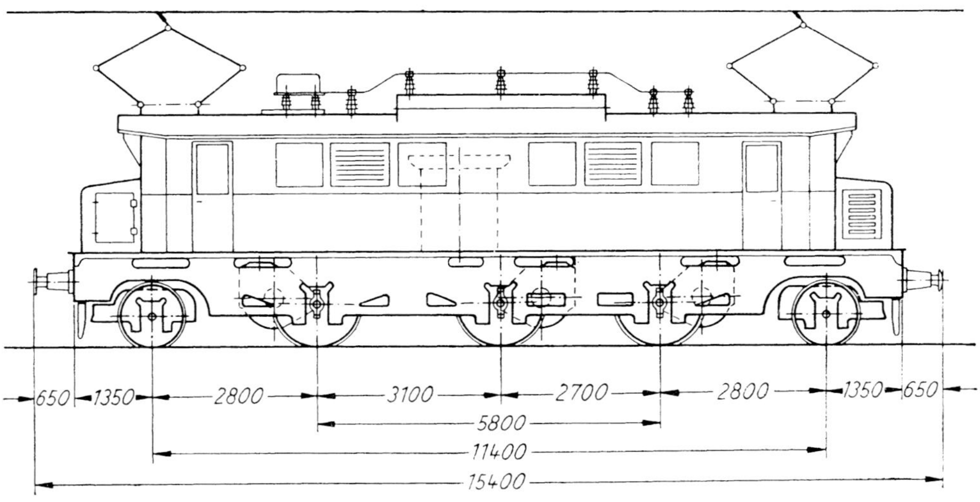

Bild 245. Maßskizze der Baureihe E 05

kennen. Diese elektrischen Lokomotiven sind infolge des Federtopfantriebs für höhere Geschwindigkeiten gut geeignet und erreichten bereits im Jahre 1933 mit einer Zugmasse von 309 t eine Höchstgeschwindigkeit von über 150 km/h. In den letzten Jahren kam auch wieder eine Lokomotive der Baureihe E 05 zum Einsatz. Diese Bauart hat ebenfalls die Achsfolge 1'Co1', sie unterscheidet sich jedoch von der Baureihe E 04 dadurch, daß sie fast symmetrisch aufgebaut ist (Bild 245). Das ist möglich, weil bei diesem Typ keine Gestellmotoren, sondern Tatzlagermotoren verwendet werden, so daß der Raum über der mittleren Treibachse zur Aufstellung des Trafos zur Verfügung steht. Von der Baureihe E 05 sind im ganzen nur drei Stück gebaut worden. Während die ersten beiden besondere

Laufachsgestelle nach der Art der Bissel-Achsen erhielten, wurde die dritte Lokomotive mit Krauss-Helmholtz-Gestellen ausgerüstet, so daß es möglich war, die Höchstgeschwindigkeit auf 130 km/h heraufzusetzen. Bei der Deutschen Reichsbahn ist zur Zeit keine Lokomotive der Baureihe E 05 mehr im Einsatz.

Die Lokomotiven der Baureihe E 17 erinnern an die vorgenannten Typen, sind jedoch mit insgesamt vier Treibachsen ausgerüstet, so daß sich ihre maximale Anfahrzugkraft auf 24,0 Mp erhöht (Bild 246). Diese Lokomotiven haben vier Doppel-

Bild 246. 1'Do1'-Lokomotive der Baureihe E 17

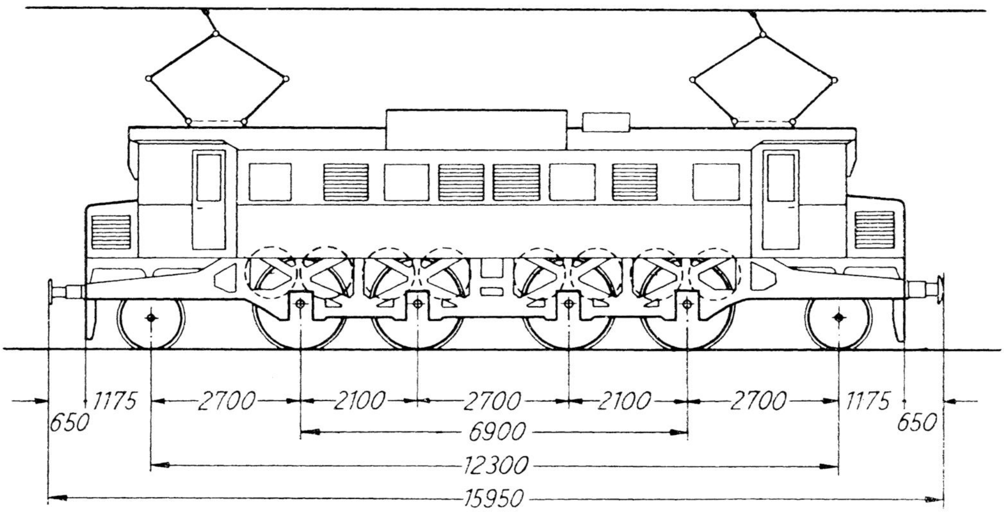

Bild 247. Maßskizze der Baureihe E 17

motoren, die über Federtöpfe die Achsen antreiben. Mit Rücksicht auf die bessere Zugänglichkeit des Triebwerks wurde ein Gitterrahmen gewählt, der 400 mm in den Maschinenraum hineinragt (Bild 247). Infolge der beiden Krauss-Helmholtz-Drehgestelle haben diese Lokomotiven eine gute Bogenläufigkeit und auch einen ruhigen Lauf bei hohen Geschwindigkeiten. Bei der Deutschen Reichsbahn ist zur Zeit keine Lokomotive der Baureihe E 17 mehr im Einsatz.

Die Lokomotiven der Baureihe E 18 stellen eine Weiterentwicklung der vorgenannten Bauart dar. An die Stelle der Vorbauten und der eckigen Führerhäuser trat ein stromlinienförmiger Lokomotivkasten, der sich bei der auf 150 km/h gesteigerten Höchstgeschwindigkeit günstig auswirkte (Bild 248). Der Rahmen ist vollständig geschweißt. Die Doppelmotoren wurden durch vier stärkere Einzelmotoren ersetzt, die eine Stundenleistung von mehr als 3000 kW erzeugen. Die Abmessungen der Lokomotiven sind aus Bild 249 zu ersehen.

Bild 248. 1'Do1'-Lokomotive der Baureihe E 18

Durch zweckmäßige Kühlung der Fahrmotoren konnte auch die Anfahrleistung beträchtlich gesteigert werden, und so ist es möglich, die über 100 t schwere Lokomotive innerhalb 100 s auf eine Geschwindigkeit von 100 km/h zu beschleunigen. Diese Lokomotiven sind für die Beförderung schwerer Schnellzüge gut geeignet und erreichen mit einer Zugmasse von 400 t eine mittlere Reisegeschwindigkeit von über 100 km/h.

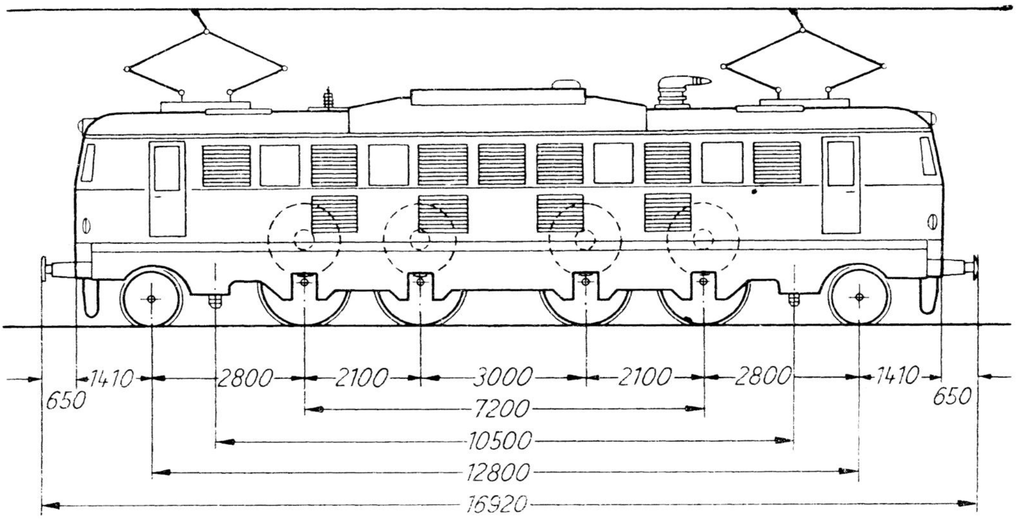

Bild 249. Maßskizze der Baureihe E 18

Aus der Baureihe E 18 entwickelte man im Jahre 1939 die Baureihe E 19, von der insgesamt nur vier Stück gebaut wurden (Bild 250). Diese elektrischen Lokomotiven sind bei einer planmäßigen Höchstgeschwindigkeit von 180 km/h für die Beför-

Bild 250. 1'Do1'-Lokomotive der Baureihe E 19

derung schwerer Fernschnellzüge bestimmt und leisten kurzfristig bis 6000 kW. Sie entsprechen in ihrem Aufbau den Lokomotiven der Baureihe E 18. Die Abmessungen sind die gleichen, lediglich der Laufraddurchmesser wurde von 1000 mm auf 1100 mm vergrößert. Diese Lokomotiven waren viele Jahre lang die modernsten und leistungsfähigsten elektrischen Lokomotiven der Welt. Auf den außerordentlich günstigen Wert Masse je Leistungseinheit von nur 28,3 kg/kW sei besonders hingewiesen. Bei Schnellfahrversuchen im Jahre 1939 erreichte eine dieser Lokomotiven mit einem D-Zug von 400 t eine Geschwindigkeit von 200 km/h bereits nach 4 min und 48 s und benötigte für eine Strecke von 30 km nur 11 min und 20 s, was einer Reisegeschwindigkeit von 160 km/h entspricht. Weitere Schnellfahrten konnten infolge des Krieges nicht durchgeführt werden.
Die Baureihe E 44 wurde im Jahre 1932 entwickelt und weist gegenüber älteren Konstruktionen manche Verbesserungen auf (Bild 251). Sie hat einen völlig ge-

Bild 251. Bo'Bo'-Lokomotive der Baureihe E 44

schweißten Rahmen, einen ölgekühlten Umspanner und ein Nockenschaltwerk mit Feinregler. Die wichtigsten Maße sind aus Bild 252 zu erkennen. Diese Lokomotiven sind für den Reisezugdienst geeignet, können jedoch auch für die Beförderung von Güterzügen bis 1400 t bei 5 ‰ Steigung eingesetzt werden. Sie wurden 15 Jahre lang mit nur geringfügiger Änderung in großer Stückzahl gebaut und sind auch heute wieder auf den elektrifizierten Strecken der DDR zu finden.

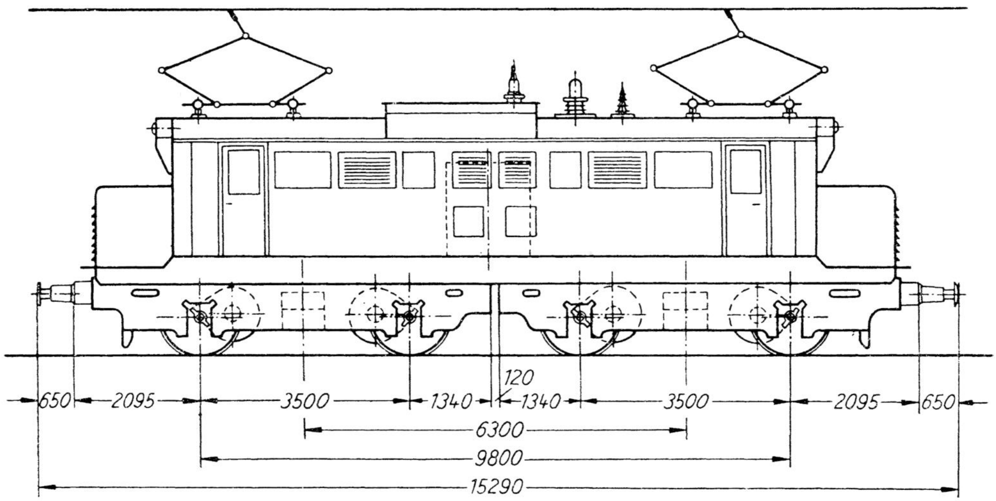

Bild 252. Maßskizze der Baureihe E 44

Die Lokomotiven der Baureihe E 94 stellen eine Verbesserung der Baureihe E 93 dar, die für den schweren Güterzugdienst auf den Riesengebirgsstrecken entwickelt worden war.
Sie unterscheiden sich von dieser durch stärkere Antriebsmotoren und durch den vollständig geschweißten Brückenrahmen, dessen Hauptträger in der Mitte wesentlich verstärkt sind (Bild 253). Bei der Konstruktion des Fahrgestells wurden die mit den Lokomotiven der Baureihe E 44 gesammelten Erfahrungen angewendet. Auch die Tatzlagermotoren wurden von dieser Baureihe übernommen.
Die äußere Form der Lokomotiven der Baureihe E 94 ist durch die langen Vorbauten an jedem Ende gekennzeichnet, die aus der Maßskizze (Bild 254) gut zu erkennen sind. Die Antriebsmotoren leisten kurzfristig 3900 kW, so daß diese Lokomotive in der Lage ist, auf Steigungen von 10 $^0/_{00}$ eine Zugmasse von 1600 t mit einer Geschwindigkeit von 40 km/h und auf einer Steigung von 25$^0/_{00}$ eine Masse von 600 t mit 50 km/h zu befördern. Ein großer Teil dieser Lokomotiven ist mit einer fremderregten Widerstandsbremse ausgerüstet.
Auch die Baureihe E 94 ist zur Zeit wieder auf Strecken im Gebiet um Halle und Leipzig eingesetzt. Da sie auf Flachlandstrecken jedoch nicht voll ausgenutzt werden kann, ist sie für den späteren Einsatz auf den bergigen Strecken im Raum Zwickau, Karl-Marx-Stadt und Dresden vorgesehen. Sie hat sich auf den gebirgigen Strecken Süddeutschlands so gut bewährt, daß die Deutsche Bundesbahn noch nach dem Jahre 1945 eine größere Stückzahl dieser Baureihe in verstärkter Ausführung bauen ließ. Die Stundenleistung wurde dabei auf 4680 kW bei einer Geschwindigkeit von 68 km/h und die maximale Anfahrzugkraft auf 41 Mp erhöht.
Bei den in Anlage 5 an letzter Stelle genannten Lokomotiven der Baureihe E 11 und E 42 handelt es sich um eine Neukonstruktion der letzten Jahre. Diese Baureihe wurde vom VEB Lokomotivbau Elektrotechnische Werke „Hans Beimler" in Hennigsdorf in enger Zusammenarbeit mit der Deutschen Reichsbahn und der volkseigenen

Zulieferindustrie nach neuesten Erkenntnissen entwickelt. Diese Neubaulokomotiven wurden schon im Abschnitt 1.1.5. erwähnt. Sie laufen bereits in großer Stückzahl auf den Strecken der Deutschen Reichsbahn und haben sich bei den unterschiedlichsten Anforderungen gut bewährt. Da ständig weitere Lokomotiven gebaut wer-

Bild 253. Co'Co'-Lokomotive der Baureihe E 94

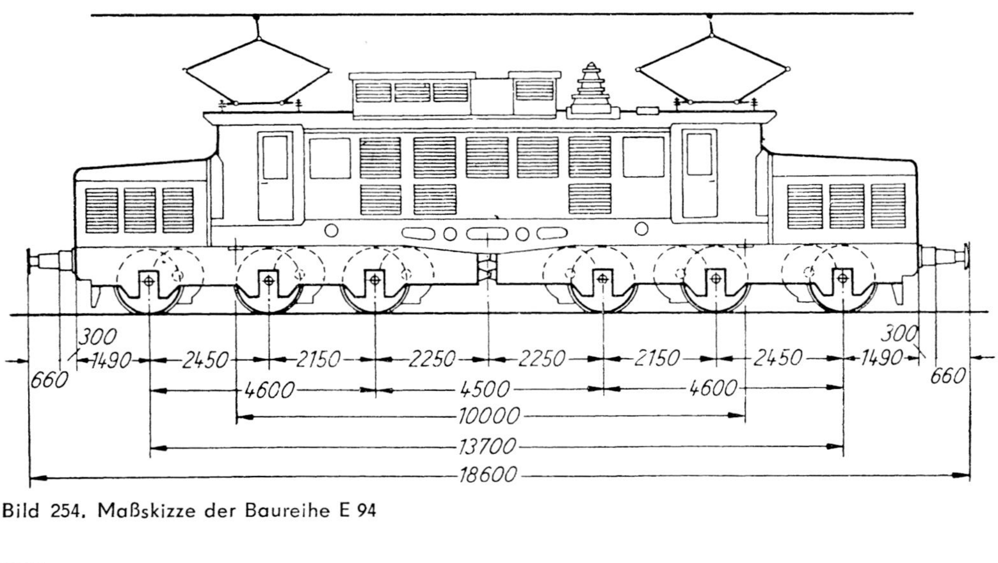

Bild 254. Maßskizze der Baureihe E 94

Bild 255. Bo'Bo'-Neubaulokomotive der Baureihe E 11

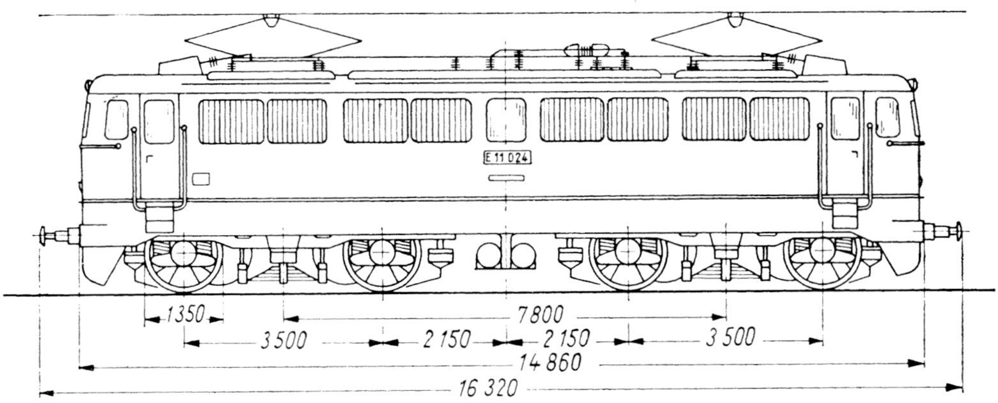

Bild 256. Maßskizze der Baureihe E 11

den, kommt dieser Baureihe eine besondere Bedeutung zu. So ist es verständlich, daß auch in den vorangegangenen Abschnitten immer wieder auf diese Neubaulokomotiven hingewiesen wurde. Bild 255 zeigt das Äußere der Lokomotive und Bild 256 läßt die wichtigsten Abmessungen erkennen.

Bei der Konstruktion des mechanischen und elektrischen Teiles wurde besonderer Wert darauf gelegt, möglichst viel standardisierte Baugruppen und Bauelemente zu verwenden. So wurde zum Beispiel die Hochspannungsausrüstung dieser neuen Lokomotive, das heißt Stromabnehmer, Stützisolator, Trennschalter und Hauptschalter, bereits für eine Fahrleitungsspannung von 25 kV bemessen und damit gleichzeitig für die spätere Verwendung in 50-Hz-Fahrzeugen standardisiert. Auch wählte man für diese beiden Neubaulokomotiven die gleiche Steuerspannung (Gleichstrom 110 V), die auch für die neuen 50-Hz-Lokomotiven, für Oberleitungs- und Verbrennungstriebwagen und auch für die neuen Diesellokomotiven vorgesehen wurde. Dadurch war es möglich, eine große Anzahl von Schaltgeräten zu standardisieren und somit die Kosten für die Herstellung und Unterhaltung dieser Teile zu senken. Außerdem konnten für die obengenannten Fahrzeuge einheitliche Ladegeräte und Gleichrichter für den Steuerstrom der Hilfsbetriebe und einheitliche Sicherheitsfahrschaltungen, Heizeinrichtungen, Klarsichtscheiben, Scheibenwischer, Signallaternen usw. verwendet werden. Bei der Konstruktion wurde auch durch reichliche Bemessung einzelner Teile und durch Verwendung hochwertigen Materials auf einen möglichst geringen Verschleiß besonderer Wert gelegt, um später mit geringen Unterhaltungskosten auszukommen.

Diese Lokomotiven haben eine moderne Kastenform ohne Vorbauten, einen geschweißten Rahmen und ein laufachsloses Fahrgestell. Die doppelte Abfederung durch Schraubenfedern und zusätzliche Blattfedern an den Wiegen ermöglicht einen ruhigen Lauf auch bei der Höchstgeschwindigkeit von 140 km/h. Demzufolge ist auch die Bremse als automatische Druckluftbremse mit Zusatzbremse der Bauart Kssbr m. Z. mit Einfachsteuerventil und Druckübersetzer ausgelegt. Die Bremskräfte werden der Geschwindigkeit entsprechend durch einen Bremsdruckregler abgestuft. Durch Achslastausgleicher, eine Schleuderschutzbremse und Sandstreuer ist es möglich, beim Anfahren schwerer Züge die Haftwertgrenzleistung voll auszunutzen.
Für die Drehmomentübertragung vom Motor zur Achse ist ein Kegelringfederantrieb vorgesehen (siehe Abschnitt 2.3.2.2.3.). Bis zum Abschluß seiner Erprobung wurde ein direkter Tatzantrieb eingebaut, so daß die Höchstgeschwindigkeit dieser Lokomotiven auf 120 km/h beschränkt werden mußte.

Auch die elektrische Ausrüstung der Baureihe E 11/E 42 wurde nach neuesten Gesichtspunkten entwickelt. Der als Mantelumspanner ausgeführte Hauptumspanner mit Ölkühlung hat eine Leistung von 3100 kVA. Durch einen Steuerumspanner und ein zusätzliches Feinstufenschaltwerk sind günstige Anfahreigenschaften und eine genaue Steuerung von Zugkraft und Geschwindigkeit gewährleistet. Die Übertragungssteuerung ist eine servomotorische Nachlaufsteuerung, zugleich für Wendezugbetrieb und Mehrfachtraktion geeignet.

Die Fahrmotoren wurden vom VEB Sachsenwerk in Dresden/Niedersedlitz nach den neuesten Erkenntnissen im Bahnmotorenbau entwickelt. Sie haben eine Stundenleistung von je 730 kW, ihr Wirkungsgrad beträgt 90,5 %. Da das Gehäuse aus einer leichten Schweißkonstruktion besteht und auf hochwertige Isolation der Wicklungen und eine zweckmäßige Führung des Kühlluftstromes besonderer Wert gelegt wurde, konnte für das Verhältnis Masse zu Leistungseinheit der recht günstige Wert von 4,9 kg/kW erreicht werden.
Für die Lokomotiven der Baureihe E 11/E 42 wurden auch die meisten Meß-, Schutz- und Hilfseinrichtungen neu entwickelt und entsprechen somit dem neuesten Stand der Technik.

7.2. Wechselstromlokomotiven der Deutschen Bundesbahn für $16^2/_3$ Hz

Die in Anlage 6 zusammengestellten elektrischen Lokomotiven sind Neukonstruktionen der Deutschen Bundesbahn. Bei den ersten vier Typen handelt es sich um Probelokomotiven der Baureihe E 10, die das Bundesbahn-Zentralamt München im Jahre 1952 in enger Zusammenarbeit mit den Lieferwerken entwickelte. Es wurde folgendes Leistungsprogramm aufgestellt:

Güterzüge	1300 t	auf Steigung	5‰	mit	$V = 70$	km/h
	900 t	„ „	10‰	„	$V = 60$	„
	500 t	„ „	25‰	„	$V = 50$	„
Schnellzüge	700 t	„ „	10‰	„	$V = 90$	„
	400 t	„ „	25‰	„	$V = 70$	„

Außerdem sollte die Neukonstruktion als Universallokomotive im Reisezug- und Güterzugdienst wirtschaftlich eingesetzt werden können, die Achsfolge Bo'Bo' aufweisen, eine Höchstgeschwindigkeit von 130 km/h erreichen und eine geringe Wartung und einfache Unterhaltung erfordern.

An der Neuentwicklung der Baureihe E 10 beteiligte sich die gesamte einschlägige Industrie. Das Ergebnis dieses Wettbewerbs waren fünf Lokomotiven, die sich äußerlich sehr ähnlich waren, jedoch durch einen völlig anderen Aufbau des Einzelachsantriebs, des Trafos, der Steuerung und anderer Teile sich unterschieden. Diese fünf Probelokomotiven wurden in den folgenden Jahren unter schwierigen Betriebsverhältnissen einer gründlichen Prüfung unterzogen. Sämtliche Erkenntnisse wurden ausgewertet mit dem Ziel, die leistungsfähigste und zugleich wirtschaftlichste Lokomotive herauszukristallisieren.

Auf diese Weise entstand die Konstruktion der Baureihe E 10^1, die seit dem Jahre 1956 in großer Stückzahl in Serienfertigung gebaut wurde. Bild 257 zeigt den äußeren Aufbau, der sowohl den Probelokomotiven als auch den modernen ausländischen elektrischen Lokomotiven weitgehend entspricht. Durch verschiedene Verbesserungen, zum Beispiel durch Vergrößerung des Drehgestellachsstandes auf 3400 mm, konnte die Höchstgeschwindigkeit von 130 km/h auf 150 km/h heraufgesetzt werden (Bild 258). Da die Leistung dieser Lokomotiven wesentlich höher liegt als die der Baureihe E 18, sind diese Lokomotiven, die übrigens auch mit einer elektrischen Widerstandsbremse ausgerüstet wurden, besonders für die Beförderung schwerer Schnell- und Eilzüge geeignet. Durch Anwendung der modernen Schweißtechnik und den Bau eines freitragenden Wagenkastens war es möglich, den mechanischen Teil sehr leicht zu gestalten. Durch neuentwickelte Isolierstoffe und eine wohldurchdachte Kühlung konnte auch bei der elektrischen Ausrüstung viel Masse eingespart werden, so daß der Wert Masse je Leistungseinheit der Baureihe E 10^1 mit 22,7 kg/kW als äußerst günstig angesehen werden kann.

Die Baureihe E 40 entspricht im mechanischen Aufbau und auch in der elektrischen Ausrüstung vollkommen der Baureihe E 10^1. Sie unterscheidet sich lediglich durch eine andere Übersetzung, da diese Lokomotive für den gemischten Dienst bestimmt ist. Ihre Höchstgeschwindigkeit beträgt nur 100 km/h, dafür kann sie 1600 t auf Steigungen von $5^0/_{00}$ anziehen. Beide Neuentwicklungen besitzen eine Hochspannungssteuerung. Auch die Baureihe E 40 wurde in Großserie gefertigt und hat sich im Reisezug- und Güterzugdienst gut bewährt.

Bild 257. Bo'Bo'-Lokomotive der Baureihe E 10[1]

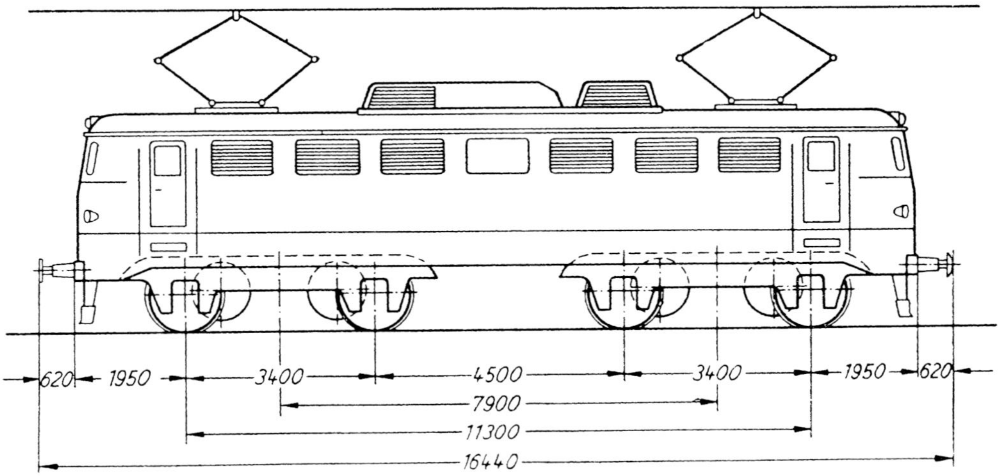

Bild 258. Maßskizze der Baureihe E 10[1]

Bild 259. Bo'Bo'-Lokomotive der Baureihe E 41

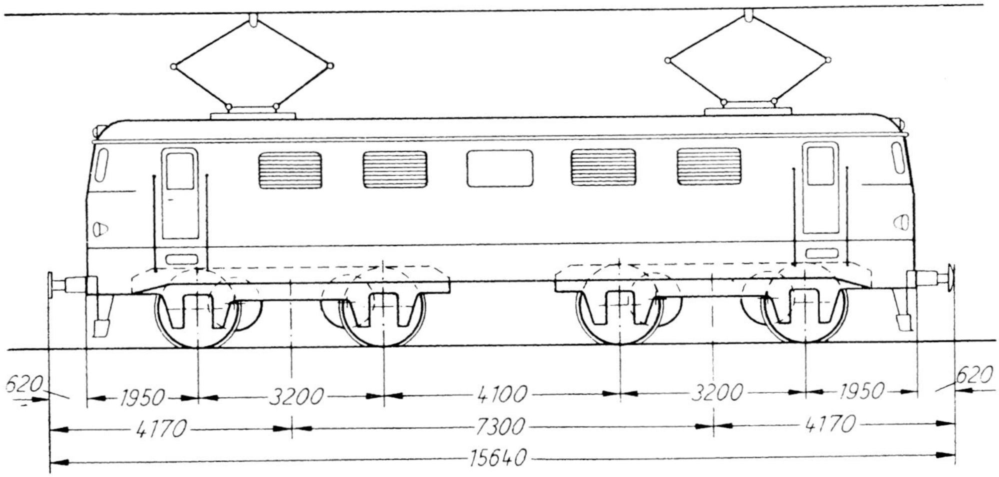

Bild 260. Maßskizze der Baureihe E 41

Die Baureihe E 41 hat ebenfalls die Achsfolge Bo'Bo', doch wurde hier eine Achslast von 16,6 Mp zugrunde gelegt (Bild 259). Die geringe Masse konnte durch einen selbsttragenden Wagenkasten (Blechdicke etwa 2 mm), durch einen geschweißten Kastenrahmen (Blechdicke 3 bis 5 mm) und durch Verwendung von hochwertigem Werkstoff erreicht werden. Infolge Einbau einer Niederspannungssteuerung wiegt die gesamte elektrische Ausrüstung dieser Lokomotive einschließlich Antrieb nur 31 t. Die wichtigsten Maße sind aus Bild 260 zu erkennen. Diese Lokomotiven sind für die Beförderung von Personen- und leichten Güterzügen auf Haupt- und Nebenbahnen bestimmt und können 900 t auf einer Steigung von $5^0/_{00}$ anziehen. Da diese Fahrzeuge auch im Städte-Schnellverkehr und Wendezugbetrieb eingesetzt werden sollen, sind sie mit Fern- und Mehrfachsteuerung ausgerüstet.

Die Baureihe E 50 ist für den schweren Güterzugdienst auf gebirgigen Strecken bestimmt und hat nach dem Vorbild der Baureihe E 94 die Achsfolge Co'Co' (Bild 261). Sie soll folgendes Leistungsprogramm erfüllen:

Güterzüge	von	2300 t	auf	$5^0/_{00}$	Steigung	mit	60 km/h
„	„	1600 t	„	$10^0/_{00}$	„	„	60 km/h
Eilgüterzüge	„	800 t	„	$5^0/_{00}$	„	„	100 km/h
Schnellzüge	„	600 t	„	$10^0/_{00}$	„	„	100 km/h

Als Antrieb wurde, wie bei den Baureihen E 10^1, E 40 und E 41, der bewährte Gummiringfederantrieb verwendet, lediglich die Lokomotiven mit den Betriebsnummern E 50 001 bis 025 erhielten direkten Tatzlagerantrieb. Das Fahrgestell entspricht etwa dem der Baureihe E 94, die gesamte Länge wurde um 840 mm vergrößert (Bild 262). Die Lokomotiven der Baureihe E 50 sind ebenfalls mit Hochspannungssteuerung und Widerstandsbremse ausgestattet. Der Doppeltrafo hat eine Gesamtmasse von 16,1 t. Da die Stundenleistung annähernd so groß ist wie bei der verstärkten Baureihe E 94, sind auch diese Lokomotiven für den schweren Güterzugdienst auf bergigen Strecken besonders gut geeignet.

Als im Jahre 1962 die Deutsche Bundesbahn für die mit 160 km/h verkehrenden Fernschnellzüge „Rheingold" und „Rheinpfeil" besonders schnelle Lokomotiven benötigte, entwickelten die Firmen Krauss-Maffei und Siemens-Schuckert aus der Baureihe E 10^1 die Schnellfahrlokomotiven E 10^{12}. Diese erhielten einen besonders windschnittigen Wagenkasten, der auch in seinem Anstrich dem Wagenzug angepaßt wurde (Bild 263).

Durch Verändern der Getriebeübersetzung konnte die Höchstgeschwindigkeit auf 160 km/h erhöht werden. Berücksichtigt man, daß der Laufkreisdurchmesser der Radreifen, der neu 1250 mm beträgt, bis 1180 mm abgenutzt werden darf, so steigen bei der größten zulässigen Fahrgeschwindigkeit

die Drehzahl der Räder	bis	720	min^{-1}
die Drehzahl der Fahrmotoren	bis	1380	min^{-1}
die Umfangsgeschwindigkeit der Kommutatoren	bis	50,8	m/s

an.

Durch Veränderungen an der Abstützung des Lokomotivkastens, durch eine bessere Federung und durch den Einbau von Stoßdämpfern konnten auch bei hohen Geschwindigkeiten gute Laufeigenschaften erreicht werden.
Um die Geschwindigkeit dieser Züge noch weiter steigern zu können, gab die Deutsche Bundesbahn eine neue Schnellfahrlokomotive Baureihe E 03 in Auftrag,

Bild 261. Co'Co'-Lokomotive der Baureihe E 50

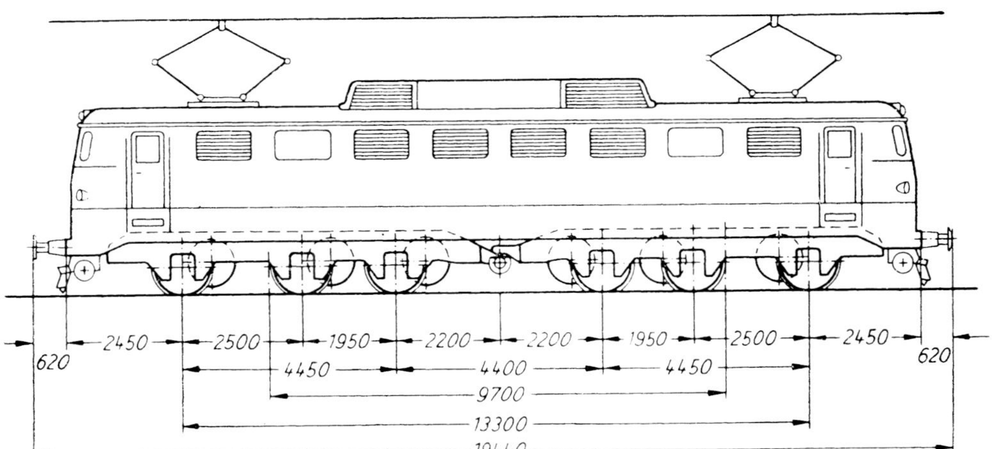

Bild 262. Maßskizze der Baureihe E 50

Bild 263. Bo'Bo'-Schnellfahrlokomotive der Baureihe E 10^{12}

deren Höchstgeschwindigkeit 200 km/h betragen soll. Bild 264 zeigt die Anfahrkennlinien, die bei einer Zugmasse von 300 t dem Entwurf zugrunde gelegt wurden.

Diese Lokomotive wird die Achsfolge Co'Co' erhalten und eine Stundenleistung von 4690 kW aufweisen. Damit bei dieser ungewöhnlich hohen Geschwindigkeit

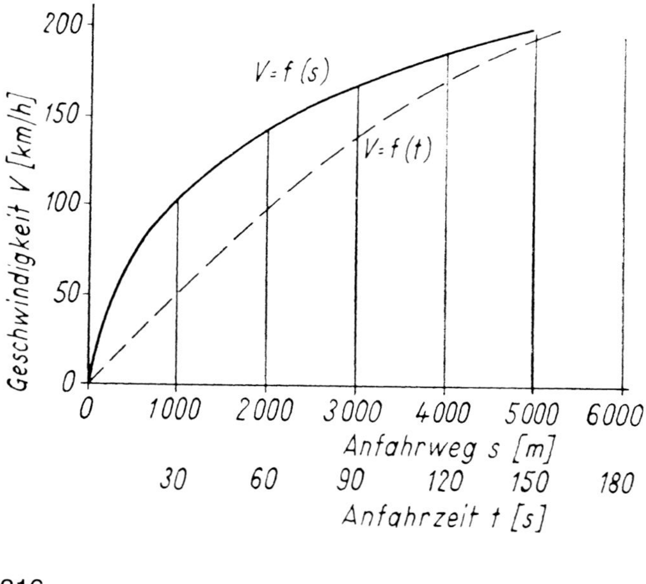

Bild 264.
Anfahrkennlinien der Baureihe E 03

ausreichende Betriebssicherheit und genügend kurze Bremswege garantiert werden, ist eine fahrdrahtunabhängige, fremderregte Widerstandsbremse vorgesehen. Um den Oberbau zu schonen, soll die Achslast 18 Mp nicht überschreiten.

7.3. Ausländische Wechselstromlokomotiven für $16^2/_3$ Hz

Auch bei den Neukonstruktionen im Ausland ist deutlich zu erkennen, daß man auf Laufachsen in der letzten Zeit fast stets verzichtete und bestrebt ist, mit möglichst wenig Lokomotivtypen auszukommen. Neue ausländische Wechselstromlokomotiven sind in Anlage 7 zusammengestellt.

Aus früheren Abschnitten ist bekannt, daß in der Schweiz fast sämtliche Züge elektrisch befördert werden, und so ist es auch verständlich, daß man dort die Entwicklung neuer elektrischer Lokomotiven mit besonderer Gründlichkeit betrieb und gute Erfolge erzielte.

Eine neue Bo'Bo'-Lokomotive der SBB ist Ende 1963 fertiggestellt worden (Bild 265). Die Höchstgeschwindigkeit beträgt 140 km/h. Da die Lokomotive bei einer Eigenmasse von nur 75 t eine Stundenleistung von 4120 kW aufweist, ergibt sich für das Verhältnis Masse : Leistungseinheit der äußerst günstige Wert von nur

Bild 265. Bo'Bo'-Lokomotive der Schweizerischen Bundesbahn, E 11201 (Baureihe Re 4/4II)

18,2 kg/kW. Die Lokomotive hat nur einen Stromabnehmer und keine Sandstreuer. Sie ist mit einer Hochspannungssteuerung für 32 Fahrstufen ausgerüstet.

Durch die große Leistung ist es möglich, die neuen Lokomotiven für schwere Schnellzüge und schnellfahrende Güterzüge im Flachland zu verwenden oder im leichten Schnellzugdienst am Gotthard und am Simplon einzusetzen.

Die Lokomotiven der Baureihe Ae 6/6 sind für die Gotthard-Bahn bestimmt und befördern auf einer Steigung von 27‰ Reise- und Güterzüge von 600 t mit einer Geschwindigkeit von 75 km/h (Bild 266).

Um auf kurvenreichen Gebirgsstrecken noch schwerere Züge ohne Vorspann- und Schiebelokomotiven befördern zu können, wurden mehrteilige elektrische Lokomotiven entwickelt. Eine schwere Güterzuglokomotive (Bild 267) hat beispielsweise die Achsfolge 1'Bo1Bo1' + 1'Bo1Bo1', so daß sich eine Gesamtlänge von 34,1 m ergibt. Mit einer Stundenleistung von 8800 kW ist eine solche Lokomotive in der Lage, Züge mit einer Masse von etwa 1000 t auf steilen Gebirgsstrecken mit einer verhältnismäßig hohen Geschwindigkeit zu befördern. Da die Herstellungs- und Unterhaltungskosten für derart schwere Güterzuglokomotiven jedoch ungewöhnlich hoch sind, ist es wesentlich wirtschaftlicher, zwei in Serie hergestellte Bo'Bo'- oder auch Co'Co'-Lokomotiven zu verwenden und diese mit Hilfe der Mehrfachsteuerung von einem Führerstand aus zu steuern.

Bild 266. Co'Co'-Lokomotive der Schweizerischen Bundesbahn, Baureihe Ae 6/6

Bild 267. Schwere Güterzuglokomotive der Schweizerischen Bundesbahn, Baureihe Ae 8/14

Auch besteht die Möglichkeit, zwei Lokomotiven zu einer Doppellokomotive zusammenzufassen und dabei auf die in der Mitte liegenden Führerstände zu verzichten.

So wurde im Jahre 1959 für den schweren Güterzugdienst auf der Bern-Lötschberg-Simplon-Bahn (BLS) aus zwei Bo′ Bo′-Lokomotiven der Bauart Ae 4/4 die neue Reihe Ae 8/8 entwickelt (Bild 268). Sie kann eine Zugmasse von 900 t auf Steigungen von $27^{0}/_{00}$ mit einer Geschwindigkeit von 75 km/h befördern und weist eine maximale Anfahrzugkraft von 48 Mp auf. Diese Lokomotive ist mit einer elektrischen Widerstandsbremse und Hochspannungssteuerung ausgerüstet. Jede Hälfte hat einen eigenen Drucklufthauptschalter und einen Trafo mit radialgeblechtem Eisenkern.

Die anschließend genannten elektrischen Lokomotiven der Österreichischen Bundesbahn entsprechen in technischer Hinsicht ebenfalls den neuesten Erkenntnissen.

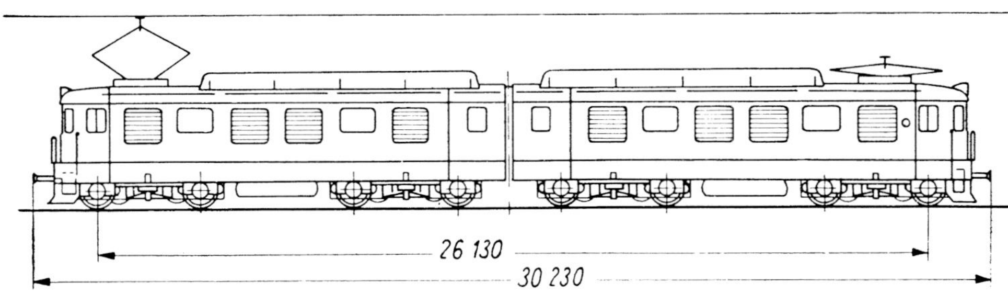

Bild 268. Bo′Bo′+Bo′Bo′-Lokomotive der Schweizerischen Bundesbahn, Baureihe Ae 8/8

Bild 269. Bo'Bo'-Lokomotive der Österreichischen Bundesbahn, Baureihe 1141

Während die Bo'Bo'-Lokomotive (Bild 269) den SSW-Gummiringantrieb erhielt, wurde die Co'Co'-Lokomotive (Bild 270) mit BBC-Federantrieb, Hochspannungssteuerung und radialgeblechtem Trafo ausgerüstet. Da die Gesamtmasse von 109,8 t für eine Co'Co'-Lokomotive mit einer Stundenleistung von 4000 kW recht niedrig liegt, ergibt sich der verhältnismäßig günstige Wert Masse je Leistungseinheit von 27,5 kg/kW. Die Maßskizze (Bild 271) ermöglicht einen Vergleich mit den Abmessungen der neuen Co'Co'-Lokomotiven der Deutschen Bundesbahn, Baureihe E 50, und zeigt, daß die Baureihe 1010 wesentlich kürzer ist.

Im Jahre 1963 wurden neue Bo'Bo'-Lokomotiven der Baureihe 1042 in Dienst gestellt. Durch technische Verbesserungen konnten die Höchstgeschwindigkeit auf 130 km/h und die Leistung auf reichlich 3600 kW gesteigert werden.

Bei einer Länge von 16,22 m hat diese Lokomotive eine Eigenmasse von 83,0 t. Für die Kraftübertragung vom Motor zur Achse wurde der Gummiringfederantrieb gewählt. Durch eine neuartige kombinierte Nutz- und Widerstandsbremse ist diese Lokomotive besonders für den Einsatz auf Gebirgsstrecken geeignet.

Auch die Schwedischen Staatsbahnen verfügen über einen umfangreichen elektrischen Lokomotivpark, aus dem drei charakteristische Typen herausgegriffen werden. Die Baureihe Ra 846 ist eine der leichtesten Schnellzuglokomotiven der Welt (Bild 272). Durch Anwendung der modernen Schweißtechnik, gute Materialausnutzung und zweckmäßigen Leichtbau (zum Beispiel hohlgebohrte Achswellen), konnte die Masse des mechanischen Teiles auf 31,2 t vermindert werden. Auch die Fahrmotoren sind äußerst leicht konstruiert und wiegen bei einer Stundenleistung von 622 kW nur 2420 kg, so daß sich für das Verhältnis Masse des Motors

Bild 270. Co'Co'-Lokomotive der Österreichischen Bundesbahn, Baureihe 1010

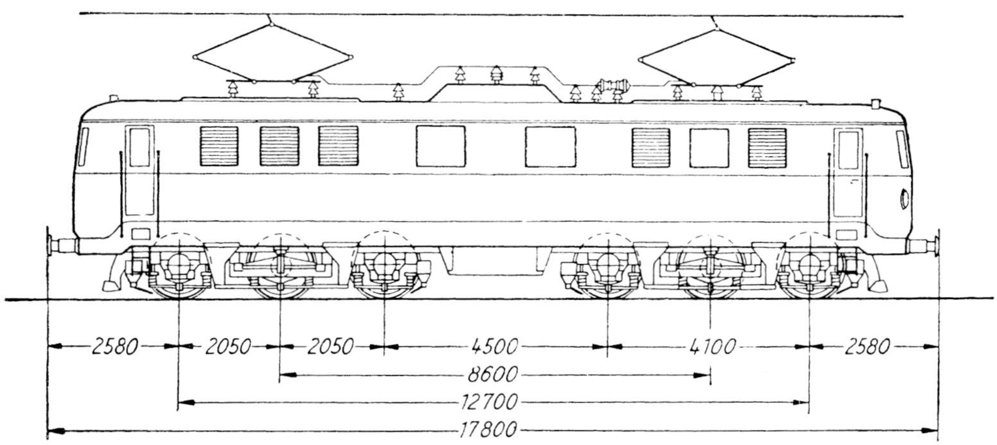

Bild 271. Maßskizze der Baureihe 1010

zu Leistungseinheit der günstige Wert von rund 4 kg/kW ergibt. Die gesamte elektrische Ausrüstung dieser Lokomotive wiegt daher nur 25,0 t.

Das Drehmoment wird vom Antriebsmotor durch einen Kardanantrieb auf die Achsen übertragen. Anstelle der bekannten Kardan-Scheiben bzw. -Lamellen wurden hier Gummikupplungen eingesetzt, die auch einen schnellen Ausbau des Motors zulassen. Die Maßskizze (Bild 273) läßt die wichtigsten Abmessungen erkennen und ermöglicht einen Vergleich mit anderen Bo'Bo'-Lokomotiven.

Eine Weiterentwicklung der Baureihe Ra stellen die Lokomotiven der Baureihe Rb dar, die im Jahre 1962 in Dienst gestellt wurden. Das Äußere einer solchen Loko-

Bild 272. Bo'Bo'-Lokomotive der Schwedischen Staatsbahn, Baureihe Ra 846

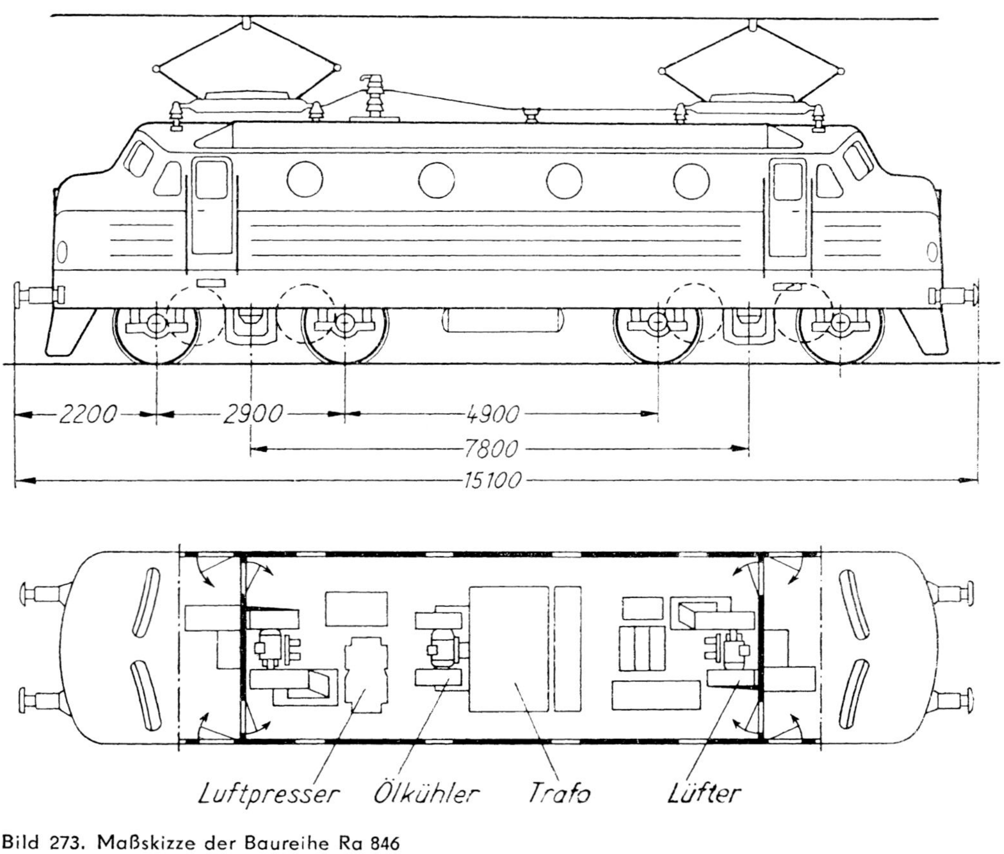

Bild 273. Maßskizze der Baureihe Ra 846

motive zeigt Bild 274, die wichtigsten Abmessungen sind aus Bild 275 zu erkennen. Während die Rb 1-Lokomotiven mit Siliziumgleichrichtern ausgerüstet wurden, erhielten die übrigen Lokomotiven der Rb-Reihe die übliche Ausrüstung mit 16⅔-Hz-Wechselstrom-Kommutatormotoren.

Bild 274. Bo'Bo'-Lokomotive der Schwedischen Staatsbahn, Baureihe Rb

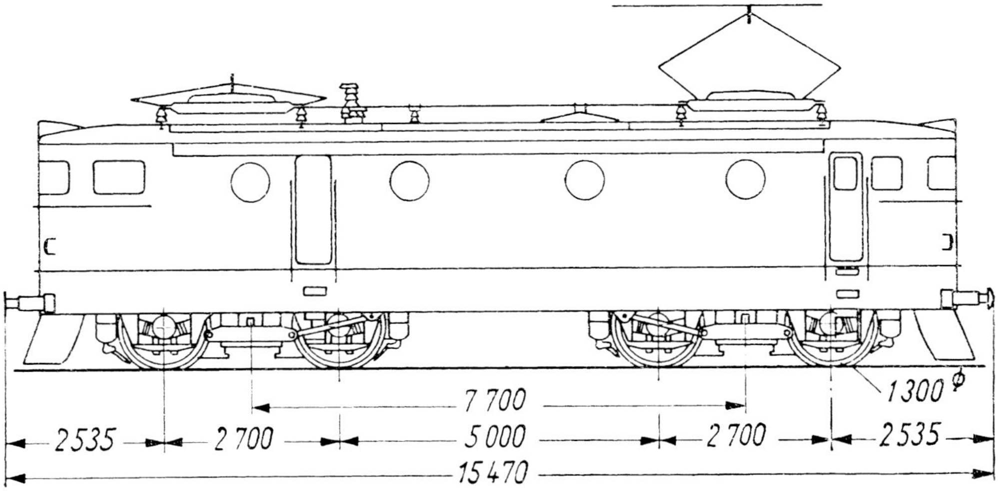

Bild 275. Maßskizze der Baureihe Rb

Bild 276. 1'C1'-Lokomotive der Schwedischen Staatsbahn, Baureihe Da

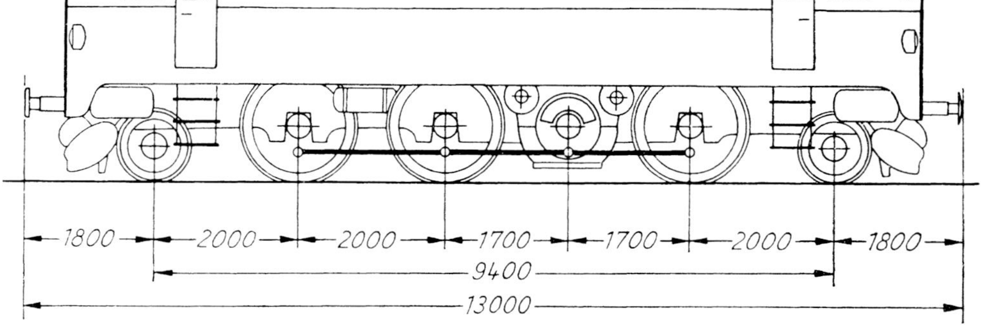

Bild 277. Maßskizze der Baureihe Da

Auf diese Weise ist es ohne große konstruktive Veränderungen möglich, die Rb 1-Lokomotiven auf Strecken mit Einphasenwechselstrom 50 Hz einzusetzen. Die Gesamtmasse wurde mit Rücksicht auf die in Schweden übliche sehr niedrige Achslast äußerst gering gehalten und beträgt nur 74,7 t. Dennoch konnte durch Verbesserung der elektrischen Ausrüstung die Stundenleistung auf etwa 3200 kW gesteigert werden.

Auch die Drehgestelle wurden nach neuesten Gesichtspunkten konstruiert, so daß es durch veränderte Getriebeübersetzung jederzeit möglich ist, die Höchstgeschwindigkeit auf 150 km/h heraufzusetzen. Um die Wartungskosten so gering wie möglich zu halten, werden alle Hilfsbetriebe mit Ausnahme des Luftverdichters durch 50-Hz-Asynchronmotoren angetrieben, die über einen Umformer gespeist werden.

Die beiden anderen elektrischen Lokomotiven der Schwedischen Staatsbahn sind ein Beweis dafür, daß im Gegensatz zu den neuesten Erkenntnissen anderer Länder in Schweden der Stangenantrieb auch noch bei Neukonstruktionen zu finden ist. Diese Tatsache läßt sich dadurch erklären, daß auf den dortigen Gebirgsstrecken die Haftreibung voll ausgenutzt werden muß und bei Einzelachsantrieb die Schleudergefahr etwas größer ist. Außerdem hatten die Schwedischen Staatsbahnen mit der Güterzuglokomotive der Baureihe D, die in mehreren 100 Stück gebaut wurde, sehr gute Erfahrungen sammeln können.

Die Baureihe Da stellt eine Weiterentwicklung dieser Bauart dar (Bilder 276 und 277). Zwei Gestellmotoren von 920 kW Stundenleistung treiben über Blindwelle und Stangen die drei gekuppelten Achsen an. Hervorzuheben ist noch, daß bei diesen elektrischen Lokomotiven durch Verändern der Übersetzung die Höchstgeschwindigkeit auf 135 km/h gesteigert werden kann und auf Strecken mit nur 15 Mp Achslast die Möglichkeit besteht, die Achslast von 3 × 17 Mp (Kuppelachsen) + 2 × 12 Mp (Laufachsen) auf 5 × 15 Mp zu verändern.

Der dritte Typ der Schwedischen Staatsbahn, die Baureihe Dm, wurde erstmalig im Jahre 1958 in Betrieb genommen (Bild 278). Es handelt sich dabei um eine schwere zweiteilige Güterzuglokomotive der Achsfolge 1'D + D1' mit einer Gesamtmasse von 186,0 t. Diese Lokomotive entstand aus zwei kurzgekuppelten Lokomotiven der Bauart Da, wobei zwecks Erhöhung der Zugkraft die innenliegenden Laufachsen durch angetriebene Achsen ersetzt wurden. Auch die elektrische Ausrüstung wurde von der Baureihe Da übernommen. Jede Lokomotivhälfte besitzt also vier Kuppelachsen, die über Blindwelle und Kuppelstangen von einem Doppelmotor (2 × 950 kW Stundenleistung) angetrieben werden. Diese Lokomotiven haben eine maximale Anfahrzugkraft von 57 Mp und sind in der Lage, 65 Erzwagen mit einer Masse von 3100 t auf einer Steigung von 10‰ anzuziehen und mit einer Geschwindigkeit von 40 bis 45 km/h zu befördern.

Um auch bei schlechtem Wetter ein Schleudern der Treibräder zu vermeiden und die mechanische Beanspruchung des Triebwerks herabzusetzen, wurde bei einer weiteren Neuentwicklung zwischen die beiden Lokomotivhälften noch eine dritte Einheit mit vier Kuppelachsen eingefügt (Bild 279). Es ergab sich dann die Achsfolge 1'D + D + D1' mit einer Gesamtlänge von 35,43 m und mit einer Stundenleistung von rund 5520 kW bei einer Geschwindigkeit von 54,4 km/h. Die Gesamtmasse dieser Lokomotive beträgt 258 t. Trotz Vergrößerung der maximalen Anfahrzugkraft auf fast 80 Mp ist es nicht möglich, die Anhängelast zu steigern, da die Zugvorrichtungen bereits bis zur Grenze beansprucht sind.

Bild 278. 1'D+D1'-Lokomotive der Schwedischen Staatsbahn, Baureihe Dm

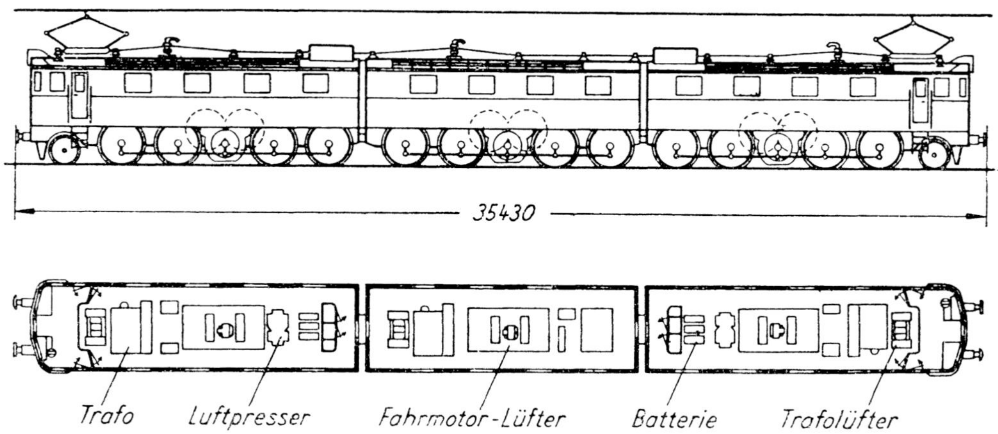

Bild 279. Schwere Güterzuglokomotive der Schwedischen Staatsbahn

Eine neuere elektrische Lokomotive der Norwegischen Staatsbahnen, Baureihe EL 11, zeigt Bild 280. Der mechanische Teil entspricht weitgehend den Bo'Bo'-Lokomotiven der Schweizer Bundesbahnen Typ Re 4/4. Der Lokomotivkasten ist freitragend und stützt sich auf die beiden austauschbaren Drehgestelle. Es wurde ein radialgeblechter Umspanner mit Hochspannungssteuerung eingebaut. Auch diese Lokomotiven haben sich im praktischen Einsatz gut bewährt.

Bild 280. Bo'Bo'-Lokomotive der Norwegischen Staatsbahn, Baureihe EL 11

7.4. Gleichstromlokomotiven

Die Abmessungen neuer Gleichstromlokomotiven sind in Anlage 8 zusammengestellt. Hier ist ebenfalls das Streben nach hoher Leistung bei geringer Eigenmasse deutlich zu erkennen, auch wenn das zum Teil außerordentlich günstige Verhältnis Masse zu Leistungseinheit der Wechselstromlokomotiven im allgemeinen nicht erreicht wird. Die beiden an erster Stelle genannten Lokomotiven wurden vom VEB LEW „Hans Beimler", Hennigsdorf, entwickelt und in großer Stückzahl an die Volksrepublik Polen geliefert. Beide Bauarten entsprechen dem neuesten Stand der Technik und weisen beachtliche Fortschritte auf dem Gebiet der Typisierung und Standardisierung auf. So verwenden zum Beispiel beide Lokomotiven

den gleichen 530-kW-Motor, der vom VEB LEW „Hans Beimler" neu entwickelt wurde und zu den leistungsfähigsten Tatzlagermotoren der Welt gehört. Die zweckmäßige Konstruktion des Fahrgestells gewährleistet auch bei der Höchstgeschwindigkeit von 110 km/h sehr gute Laufeigenschaften.
Bild 281 zeigt die Gesamtansicht der Bo'Bo'-Schnellzuglokomotive und läßt die tiefliegenden Wiegenfedern deutlich erkennen (siehe Bild 35). Die wichtigsten Maße dieser Lokomotive sind aus Bild 282 ersichtlich.
Eine Ansicht der Co'Co'-Lokomotive zeigt Bild 283. Auch hier erhielt der Wagenkasten eine moderne und übersichtliche Form, die in Verbindung mit einem zweck-

Bild 281. Bo'Bo'-Lokomotive vom VEB LEW „Hans Beimler" für die VR Polen

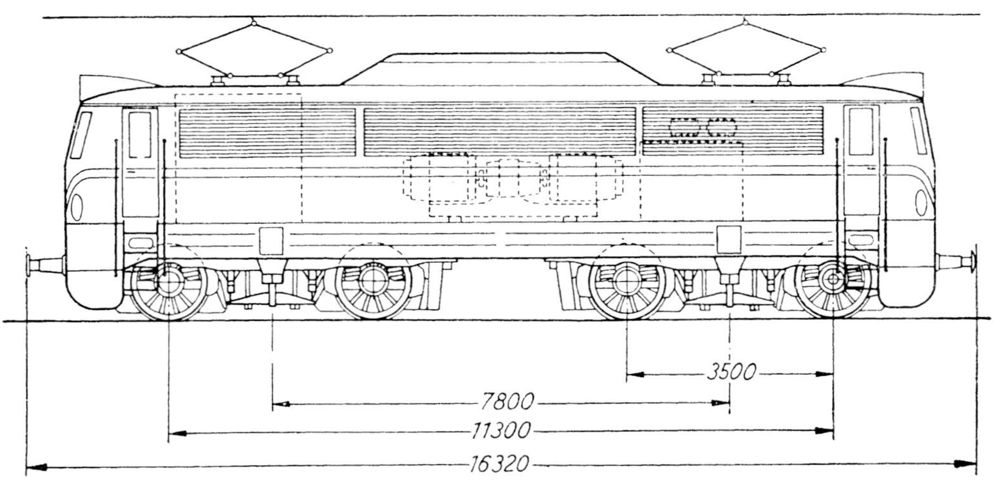

Bild 282. Maßskizze der Bo'Bo'-Lokomotive

mäßigen Farbanstrich ein formschönes und verkehrswerbendes Äußeres zeigt. Die wichtigsten Abmessungen der Co′Co′-Lokomotiven sind aus Bild 284 zu erkennen. Beide Lokomotiven können im Schnellzug- und Güterzugdienst eingesetzt werden. Die sechsachsige Bauart befördert auf ebener Strecke Reisezüge mit einer Masse

Bild 283. Co′Co′-Lokomotive vom VEB LEW „Hans Beimler" für die VR Polen

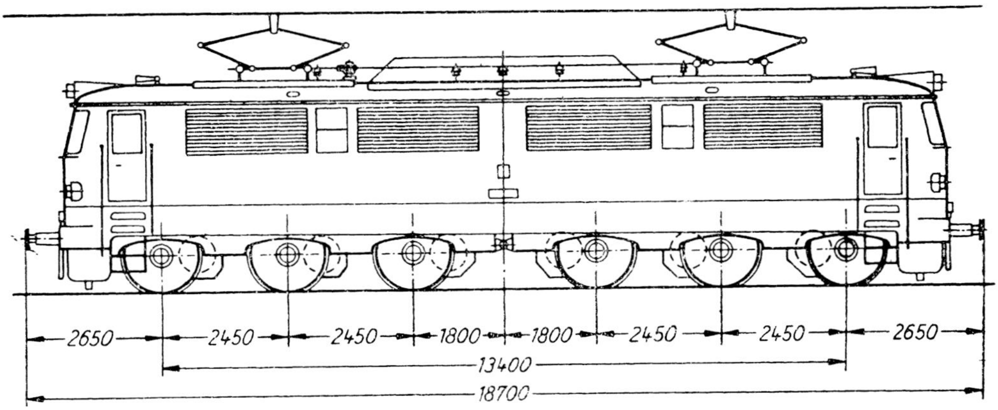

Bild 284. Maßskizze der Co′Co′-Lokomotive

von 650 t mit einer Geschwindigkeit von 110 km/h und Güterzüge von 2000 t mit 60 km/h. Beide Typen haben sich im Reisezug- und Güterzugdienst gut bewährt.

Die anschließend genannten elektrischen Lokomotiven der Französischen Staatsbahnen zeichnen sich durch ein besonders günstiges Verhältnis Masse zu Leistungseinheit aus. Dieses wurde durch eine selbsttragende Leichtbaukonstruktion des Wagenkastens und durch einen völlig geschweißten und verwindungssteifen Drehgestellrahmen erreicht (Bild 285). Bei der Baureihe BB 9000 wurde mit dem neu entwickelten Kardan-Gummiringantrieb eine sehr zweckmäßige Kraftübertragung vom gefederten Motor zum ungefederten Radsatz geschaffen. Ihre Eignung für besonders hohe Geschwindigkeiten stellte die elektrische Lokomotive mit der Betriebsnummer 9004 bei Schnellfahrversuchen unter Beweis und erreichte am 29. März 1955 die Rekordgeschwindigkeit von 331 km/h, nachdem die elektrische Lokomotive 7107 am Vortage die gleiche Höchstgeschwindigkeit erreicht hatte (Bild 286). Diese Versuche wurden auf der fast geradlinigen Strecke Bordeaux – Dax in Südfrankreich durchgeführt, deren Fahrdrahtspannung man vorübergehend auf 1800 V erhöht hatte. Durch umfangreiche theoretische und praktische Untersuchungen wurden diese Schnellfahrten sorgfältig vorbereitet, die Übersetzung der elektrischen Lokomotiven entsprechend abgeändert und mit Rücksicht auf die hohen Zentrifugalkräfte die Radkörper und Radreifen aus einem Stück gefertigt. Außerdem wurde der Luftwiderstand der drei angehängten Reisezugwagen mit einer Masse von 101 t durch Abbau der Lüfter, Griffstangen und Trittbretter verringert und eine allzu starke Wirbelbildung zwischen den einzelnen Fahrzeugen durch Faltenbälge und ein entsprechendes Endstück am Heck des letz-

Bild 285. Bo'Bo'-Lokomotive der SNCF, Baureihe 9 000

Bild 286. Co'Co'-Lokomotive der SNCF, Baureihe 7 100

ten Wagens vermieden. Es dürfte noch interessieren, daß diese Lokomotiven einen Anlaufweg von 21 km benötigten, um eine Geschwindigkeit von 300 km/h zu erreichen und bei den Höchstgeschwindigkeiten eine Stromaufnahme von 4800 A und eine Leistung an den Motorwellen von etwa 8800 kW aufwiesen.

Die Baureihe BB 9400 ist die modernste Gleichstromlokomotive Frankreichs (Bild 287). Ihr Äußeres ist durch die großen Führerstandfenster in Rundblick-Anordnung und durch die nichtunterbrochene Reihe der Jalousien in den Seitenwänden des Lokomotivkastens gekennzeichnet. Die wichtigsten Abmessungen gehen aus Bild 288 hervor. Der Lokomotivkasten stützt sich über Gleitstützen pendelnd auf die Drehgestelle ab. Drehzapfen sind nicht vorhanden.

Jedes Drehgestell hat nur einen Motor, der bei einer Masse von 6295 kg eine Stundenleistung von 1152 kW aufweist (siehe Bild 99). Das Drehmoment wird über Zwischenräder und den bekannten Kardan-Gummiringantrieb auf die beiden somit gekuppelten Achsen eines Drehgestells übertragen. Infolge der geringen Eigenmasse ist diese Lokomotive für den leichten Reisezug- und Güterzugdienst besonders geeignet. Ihre Leistung reicht aus, um Reisezüge mit einer Masse von 800 t in der Ebene mit einer Geschwindigkeit von 130 km/h zu befördern. Im Güterzugdienst erreicht sie mit einer Zugmasse von 1100 t auf einer Steigung von 8,8 $^0/_{00}$ eine Geschwindigkeit von 50 km/h.

Auch die Belgischen Staatsbahnen (SNCB) haben in den letzten Jahren den elektrischen Zugbetrieb stark ausgedehnt und im Einvernehmen mit der Luxemburger

Eisenbahngesellschaft eine große Anzahl Lokomotiven der Baureihe 123 beschafft (Bild 289).
In Italien machte sich durch die fortschreitende Elektrifizierung mit 3-kV-Gleichstrom und durch die laufende Umstellung noch vorhandener Drehstromstrecken ebenfalls die Konstruktion neuer elektrischer Lokomotiven erforderlich. Bei der sechs-

Bild 287. B-B'-Lokomotive der SNCF, Baureihe 9 400

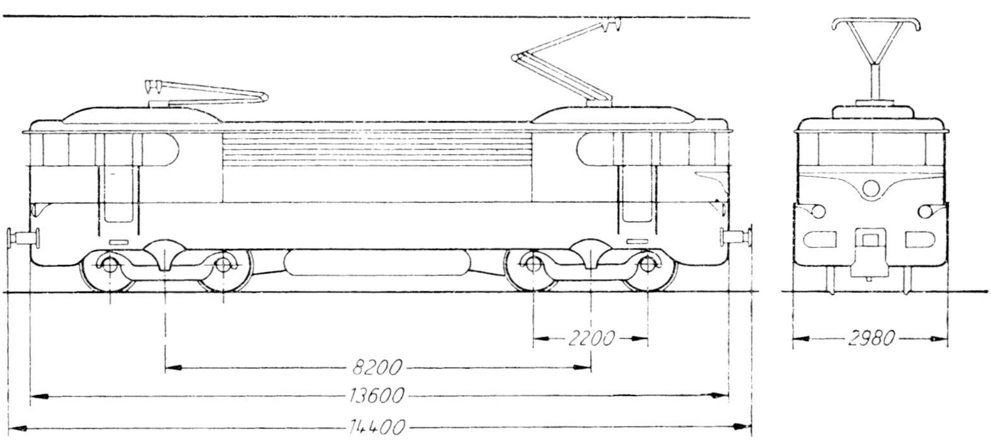

Bild 288. Maßskizze der Baureihe 9 400

Bild 289. Bo'Bo'-Lokomotive der Belgischen Staatsbahn, Baureihe 123

achsigen Schnellzuglokomotive E 646 sind die Achsfolge Bo'Bo'Bo' und auch der Aufbau des Wagenkastens beachtenswert (Bild 290). Der Wagenkasten ist nämlich geteilt, und die beiden Hälften stützen sich jeweils auf das äußere Drehgestell und gemeinsam auf das mittlere Drehgestell ab, das als Jakobsgestell ausgebildet ist. Jede Achse wird durch einen Doppelmotor angetrieben. Diese Lokomotiven werden auch mit einer anderen Getriebeübersetzung geliefert und erreichen dann im Güterzugdienst eine Höchstgeschwindigkeit von 85 km/h.

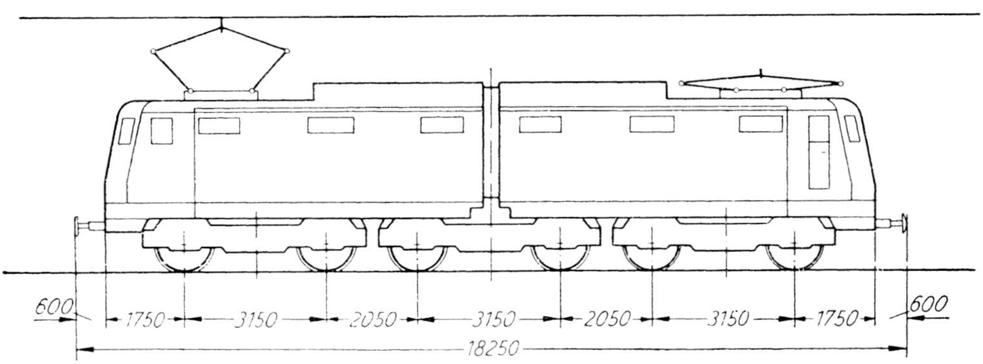

Bild 290. Maßskizze der italienischen Lokomotive, Baureihe E 646

Bei der tschechischen Lokomotive Baureihe E 499 handelt es sich um eine gelungene Neukonstruktion der Lenin-Werke in Plzeň (Bild 291). Diese Lokomotive ist als Universallokomotive für die Beförderung von Schnell- und Güterzügen gleich gut geeignet und erreichte bei Probefahrten eine Höchstgeschwindigkeit von 160 km/h. Sie ist zur Zeit die leistungsfähigste Bo'Bo'-Lokomotive für 3000 V Gleichstrom und 20 Mp Achslast.

Da jedoch auch 2200 t schwere Güterzüge auf Steigungsstrecken befördert werden müssen, reicht die Zugkraft e i n e r Lokomotive nicht aus, und es mußten noch zwei Schiebelokomotiven eingesetzt werden. Eine solche Zugförderung ist jedoch wegen fehlender Mehrfachsteuerung unwirtschaftlich, und so wurde im Jahre 1962 eine Co'Co'-Güterzuglokomotive der Baureihe E 699.1 entwickelt. Sie erreicht bei einem Treibraddurchmesser von 1250 mm eine Höchstgeschwindigkeit von 90 km/h. Die Stundenleistung konnte auf 3000 kW bei 46 km/h und die Dauerleistung auf 2640 kW bei 47,2 km/h gesteigert werden. Die größte Zugkraft wird mit 36,4 Mp angegeben. Bei einer Gesamtlänge von 18,8 m beträgt die Masse der betriebsfähigen Lokomotive 120 t, so daß sich für das Verhältnis Masse : Leistungseinheit ein Wert von 40,0 kg/kW ergibt.

Die beiden in Anlage 8 an letzter Stelle genannten Baureihen sind Gleichstromlokomotiven der UdSSR. Beide Typen wurden im mechanischen und elektrischen

Bild 291. Bo'Bo'-Lokomotive der ČSSR, Baureihe E 499

Bild 292. Co'Co'-Lokomotive der UdSSR, Baureihe WL–23

Teil weitgehend vereinheitlicht und sind auch mit den gleichen Tatzlagermotoren ausgerüstet. Sie werden auf steilen Gebirgsstrecken und unter schwierigen klimatischen Verhältnissen eingesetzt und müssen sehr hohen und niedrigen Außentemperaturen gewachsen sein. Sie sind für schwere Güterzüge bestimmt, für deren Beförderung vorher zwei oder drei leichtere elektrische Lokomotiven verwendet wurden, die miteinander gekuppelt waren und durch Zugsteuerung vom vordersten Führerstand aus bedient wurden.

Der leichtere Typ WL 23 (Bild 292) ist eine Weiterentwicklung des bewährten Typs WL 22-m und durchaus in der Lage, in der Ebene eine Zugmasse von maximal 4500 t mit einer Geschwindigkeit von 60 km/h zu befördern.

Die Doppellokomotive mit der Bezeichnung WL 8 (früher N 8) ist für den schweren Güterzugdienst auf Gebirgsstrecken besonders geeignet und daher auch mit Nutzbremsung ausgerüstet (Bild 293). Sie hat einen zweiteiligen, durch Faltenbälge verbundenen Wagenkasten, der sich auf insgesamt vier Drehgestelle abstützt.

Die Lokomotive entwickelt sehr hohe Zugkräfte und befördert Züge von

4300 t bei 6 ‰ Steigung mit einer Geschwindigkeit von 68 km/h,
3200 t „ 8 ‰ „ „ „ „ „ 64 km/h und
2400 t „ 12 ‰ „ „ „ „ „ 60 km/h.

Die Zug- und Stoßvorrichtungen sind bei diesen Lokomotiven an den Drehgestellen angebracht, die alle miteinander gekuppelt sind.

Da durch Erweiterung des Gleichstromnetzes und durch Ersatz veralteter Lokomotiven weiterhin ein Bedarf an Gleichstromlokomotiven bestehen wird, die vor-

genannten Bauarten jedoch nicht mehr dem neuesten Stand der Technik entsprechen, wurde im Jahre 1962 die Fertigung dieser Typen eingestellt. An die Stelle der Baureihe WL 8 tritt die neue Doppellokomotive WL 10 (frühere Bezeichnung T 8), die im Jahre 1961 nach neuesten Erkenntnissen entwickelt wurde. Sie hat ebenfalls die Achsfolge Bo'Bo' + Bo'Bo'.
Bei einem Treibraddurchmesser von 1250 mm beträgt die Höchstgeschwindigkeit 100 km/h. Durch den Einbau neuentwickelter Tatzlagermotoren konnte die Stundenleistung auf 5200 kW, die Dauerleistung auf 4460 kW erhöht werden. Bei einer Gesamtlänge von 30,44 m beträgt die Masse der betriebsfähigen Lokomotive 172 t und kann durch Ballast auf 184 t erhöht werden, so daß sich eine Achslast von 23 Mp ergibt. Das Verhältnis Masse zu Leistungseinheit beträgt 35,4 kg/kW.

Bild 293. Bo'Bo'+Bo'Bo'-Lokomotive der UdSSR, Baureihe WL 8

7.5. Deutsche Wechselstromlokomotiven für 50 Hz

In Anlage 9 sind verschiedene deutsche Wechselstromlokomotiven für 50 Hz zusammengestellt. Die ersten vier davon sind Versuchslokomotiven der Deutschen Reichsbahn, die im Jahre 1936 für die Höllentalbahn im Schwarzwald entwickelt wurden. Die an fünfter Stelle genannte Lokomotive wurde von der Deutschen Bundesbahn im Jahre 1950 für das gleiche Streckennetz beschafft. Die ersten beiden Lokomotiven sind mit ruhenden Quecksilberdampfgleichrichtern ausgerüstet und wandeln den durch den Fahrdraht zugeführten Wechselstrom in Gleichstrom um, der dann Reihenschlußmotoren antreibt. Die Siemens-Schuckert-Werke wählten für den Antrieb Einphasenkommutatormotoren für 50 Hz, während die Firma Krupp in ihrer Umformerlokomotive die von ihr entwickelten Einphaseninduktionsmotoren mit Zwischenläufern einbaute. Die zuletzt beschaffte E 244 22 ist mit vier Einphasenkommutatormotoren in Tatzlagerbauart (Tandemmotoren) ausgestattet (siehe Abschnitt 5.).

Fast 25 Jahre wurde die Höllentalbahn mit Wechselstrom der Industriefrequenz gespeist, ohne daß sich nennenswerte Beanstandungen ergaben. Wenn diese Strecken nun im Jahre 1960 auf 16⅔ Hz umgestellt wurden, so ist das darauf zurückzuführen, daß die vor etwa 25 Jahren gebauten Lokomotiven jetzt verbraucht waren und ausgemustert werden mußten. Hinzu kommt, daß der Ausgangsbahnhof der Höllentalbahn, Freiburg, inzwischen an die mit 16⅔ Hz elektrifizierte Rheintalstrecke angeschlossen wurde, so daß sich bei Aufrechterhaltung des 50-Hz-Betriebes unnötige Erschwernisse ergeben hätten.

Wie bereits erwähnt, wurden die Lokomotiven E 244 01 und E 244 31 inzwischen ausgemustert, die E 244 11 in E 44 188 und die E 244 21 in E 44 189 umgebaut. Aus der nachträglich gebauten E 244 22 entstand die Mehrfrequenzlokomotive E 344 01 (siehe Abschnitt 7.7.).

Bei der an nächster Stelle genannten Lokomotive für 50 Hz handelt es sich um eine Neukonstruktion, deren elektrische Ausrüstung die Siemens-Schuckert-Werke und deren mechanischen Teil die Friedrich-Krupp-Maschinenfabriken herstellten.

Bild 294. 50-Hz-Versuchslokomotive der DDR

Dieser Typ wurde im Auftrage der UdSSR entwickelt, die im Mai 1959 einen Auftrag über 20 Stück dieser schweren Güterzuglokomotiven erteilte. Sie sind in der Lage, auf ebenen Strecken 5000 t schwere Güterzüge und auf Steigungen bis 10 ‰ Anhängelasten von 3000 t zu befördern. Mit einer Stundenleistung von 4950 kW gehören sie zu den stärksten sechsachsigen Lokomotiven, die bisher gebaut wurden. Die Lokomotiven sind mit Gleichstrommotoren, Siliziumgleichrichtern und einer elektrischen Widerstandsbremse ausgerüstet. Zu den hohen Leistungsanforderungen tritt noch die Bedingung, daß diese Lokomotiven sowohl in heißen Zonen mit Außentemperaturen von + 40 °C als auch in Gebieten mit Temperaturen von – 50 °C universell einsatzfähig sein müssen.
Die drei letzten in Anlage 9 genannten Wechselstromlokomotiven für 50 Hz sind Neukonstruktionen vom VEB LEW „Hans Beimler", Hennigsdorf. Die beiden im Jahre 1961 fertiggestellten Baumuster sind bereits aus Abschnitt 5.3.3. bekannt. Bild 294 zeigt das Äußere, während Bild 295 die Anordnung der elektrischen Ausrüstung und zugleich die wichtigsten Abmessungen dieser 50-Hz-Gleichrichterlokomotive erkennen läßt.
Die Baureihe E 251 wird erstmalig im Jahre 1965 ausgeliefert werden. Es sind ebenfalls Co'Co'-Lokomotiven, die für den Transport schwerer Güterzüge auf der

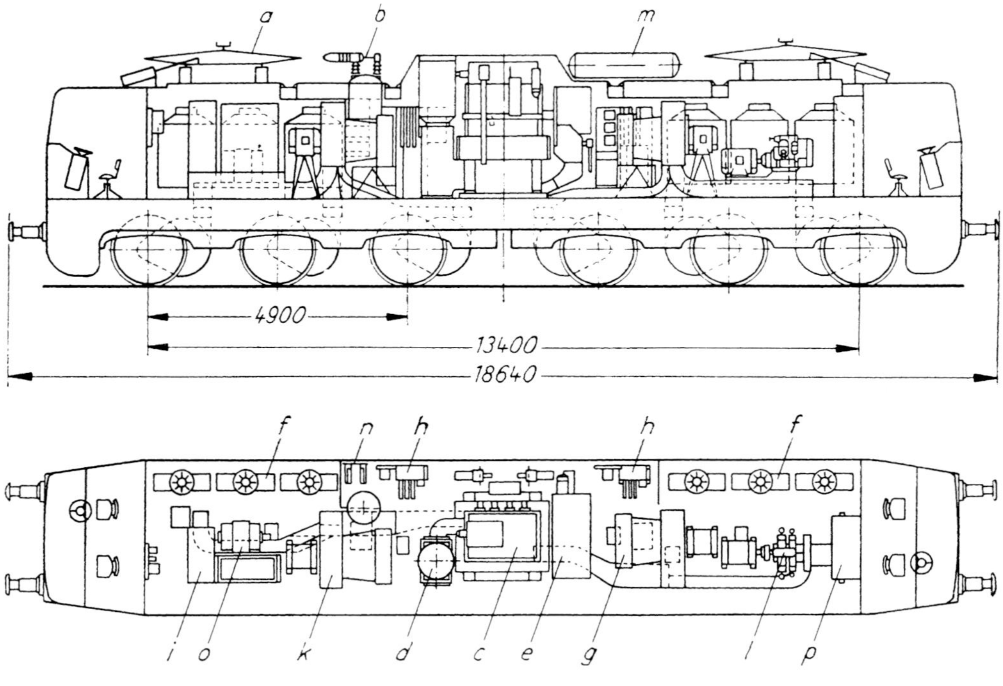

Bild 295. Gleichrichterlokomotive

a Stromabnehmer
b Druckgasschnellschalter
c Hauptumspanner
d Ölkühler mit Lüfter
e Schaltwerk
f Siliziumgleichrichter
g Glättungsdrossel
h Hochspannungsgerätegerüst
i Ladegerät
k Fahrmotorlüftersatz
l Luftpresser
m Hauptluftbehälter
n Shuntwiderstände für Fahrmotore
o Arno-Umformer
p Gerüst für Druckluftgeräte

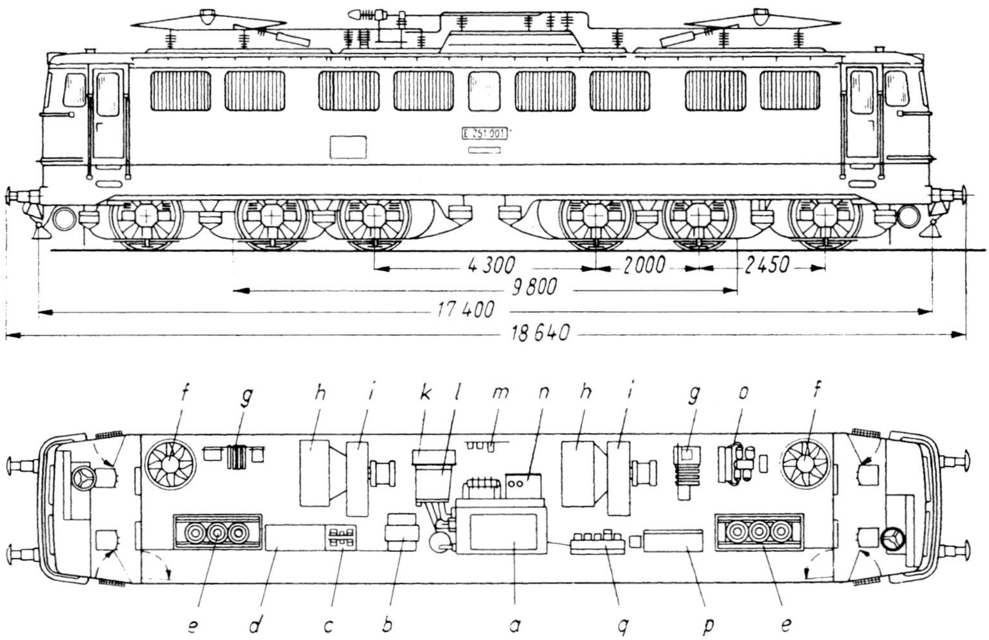

Bild 296. Co'Co'-Neubaulokomotive, Baureihe E 251

a Hauptumspanner
b Arnoumformer
c Relaiskabel
d Steuerstromversorgungsgerät
e Traktionsgleichrichter
f Bremswiderstand
g Hauptschützengerüst
h Glättungsdrosselbaueinheit
i Fahrmotorenlüfter
k Ölkühler
l Lüfter für Ölkühler
m Steuerschützengerüst
n Hochspannungsschaltwerk
o Hauptluftverdichter
p Druckluftgerätegerüst
q Hilfsbetriebeschützengerüst

Rübelandbahn bestimmt sind. Bild 296 läßt die Anordnung der elektrischen Ausrüstung und zugleich die wichtigsten Abmessungen erkennen. Da auf Grund der Streckenführung die Geschwindigkeit der Züge bei Bergfahrt mit 50 km/h und bei Talfahrt mit 30 km/h begrenzt ist, wurde die Höchstgeschwindigkeit dieser Lokomotive mit 80 km/h festgesetzt.

Die bisher eingesetzten Dampflokomotiven erreichten bei Bergfahrt mit einer Zugmasse von 150 t eine Geschwindigkeit von nur 6 km/h, während die neuen elektrischen Lokomotiven doppelt so schwere Züge mit einer Geschwindigkeit von 40 km/h befördern. In der Ebene erreichten diese Lokomotiven mit einem 1200 t schweren Zug ihre Höchstgeschwindigkeit.

Für Rahmen, Wagenkasten und Drehgestelle wurde eine leichte Schweißkonstruktion entwickelt. Die Masse der betriebsfähigen Lokomotive beträgt 120 t und kann zwecks Steigerung der Haftreibung durch Einbau von Ballast auf 126 t erhöht werden.

Um beim Befahren der starken Gefällestrecken den Bremsklotzverschleiß herabzusetzen, wurde außer der Druckluftbremse noch eine elektrische Bremse eingebaut. Der Stromabnehmer entspricht der neuen Bauart mit zwei Schleifstücken. Der ölgekühlte Hauptumspanner hat eine Leistung von 4300 kVA und wurde mit dem Hochspannungsschaltwerk zu einem Bauteil vereinigt (siehe Bild 156).

Das Gleichrichten des Wechselstromes übernehmen fremdbelüftete Siliziumgleichrichter mit nachgeschalteten Glättungsdrosseln. Die als Wellenstrom-Reihenschlußmotoren ausgeführten Fahrmotoren haben eine Stundenleistung von je 610 kW bei 1200 V und 540 A Gleichstrommittelwert. Wegen der geringen Höchstgeschwindigkeit konnte der direkte Tatzmotorantrieb angewendet werden.

Um die Unterhaltungskosten der Lokomotive so weit wie möglich zu senken, werden sämtliche Hilfsbetriebe durch 380-V-Drehstrommotoren mit Kurzschlußläufern angetrieben. Ein Arno-Umformer dient zur Erzeugung des Drehstromes aus dem auf der Lokomotive vorhandenen Einphasennetz. Nur die Heizung der Führerstände, die Klarsichtscheiben, die Kochplatte und die UKW-Sprechfunkeinrichtung sind an die 220-Volt-Anzapfung des Hauptumspanners angeschlossen. Die Steuerspannung beträgt wie üblich 110 V Gleichstrom.

Als Übertragungssteuerung vom Führerstand zum Schaltwerk kann wahlweise eine Nachlauf- oder eine Auf-Ab-Steuerung verwendet werden. Auch bei den Hilfsbetrieben und den Meß- und Schutzeinrichtungen wurden die neuesten Erkenntnisse im Lokomotivbau ausgewertet.

Bei der in Anlage 9 an letzter Stelle genannten Lokomotive handelt es sich um eine Neuentwicklung vom VEB LEW „Hans Beimler" (siehe Abschnitt 1.1.5.). Mit Rücksicht auf die hohe Fahrgeschwindigkeit wird der Kegelringfederantrieb eingebaut. Die Masse der betriebsfähigen Lokomotive wird etwa 84 t betragen und durch Einbau von Ballast auf 92 t gesteigert werden können.

Auch der Starkstromkreis wird nach neuesten Gesichtspunkten aufgebaut. Die von einem Hochspannungsschaltwerk gesteuerte Spannung wird über den Gleichrichtertransformator, die Siliziumgleichrichter in Brückenschaltung und über die Glättungsdrosseln den Fahrmotoren zugeführt. Außer der Druckluftbremse wird eine elektrische Bremse eingebaut.

Für den Antrieb der Hilfsmaschinen werden wieder die nahezu wartungsfreien Drehstrom-Asynchronmotoren eingesetzt, die über einen Einphasen-Dreiphasen-Umformer gespeist werden. Die Steuerung wird ebenfalls nach modernsten Gesichtspunkten aufgebaut sein und Mehrfachtraktion zulassen. Diese Lokomotive mit einer Höchstgeschwindigkeit von 160 km/h ist in erster Linie für den Schnellzugdienst bestimmt.

Um auch für die Beförderung von Personen- und Güterzügen eine moderne 50-Hz-Lokomotive anbieten zu können, wird vom VEB LEW „Hans Beimler" ein Teil dieser Lokomotiven auf Wunsch mit einer anderen Getriebeübersetzung (3,94 anstatt 2,78) ausgerüstet. Dadurch geht die Höchstgeschwindigkeit auf 110 km/h zurück, die Anfahrzugkraft steigt jedoch von 25,6 auf 30,9 Mp an. Anstelle des Kegelringfederantriebs genügt dann auch der einfache Tatzmotorantrieb mit gefedertem Großrad. Der Aufbau der Güterzuglokomotive entspricht sonst dem der Schnellzuglokomotive.

7.6. Ausländische Wechselstromlokomotiven für 50 Hz

Bei den in Anlage 10 genannten Wechselstromlokomotiven für 50 Hz handelt es sich um Neukonstruktionen des Auslands, bei denen die Erfahrungen mit den 50-Hz-Lokomotiven der Höllentalbahn ausgewertet wurden. Da das 1,5-kV-Gleichstromnetz der französischen Eisenbahnen den hohen Anforderungen nicht genügte, begann man nach gründlichen Untersuchungen im Jahre 1955 im Nordosten Frankreichs mit der Elektrifizierung der ersten 50-Hz-Strecke von Valenciennes nach Thionville. Auf Grund der guten Erfahrungen wurde das 50-Hz-Netz bis Ende 1960 bereits auf 2000 Streckenkilometer ausgedehnt und auch später laufend erweitert. Da auf diesen meist äußerst stark belasteten Strecken sehr viele Lokomotiven im Einsatz sind, haben sich die französischen Staatsbahnen bei der Weiterentwicklung der 50-Hz-Lokomotiven große Verdienste erworben. Das äußere Bild der Baureihen 12 000, 13 000 und 14 000 zeigt, daß die Konstruktion bei diesen Lokomotiven von den bisherigen Gepflogenheiten abweicht und daß anstelle der beiden Führerstände an den Stirnseiten ein in der Fahrzeugmitte liegender Zentralführerstand und lange niedrige Vorbauten gewählt wurden. Bild 297 zeigt die Maßskizze der

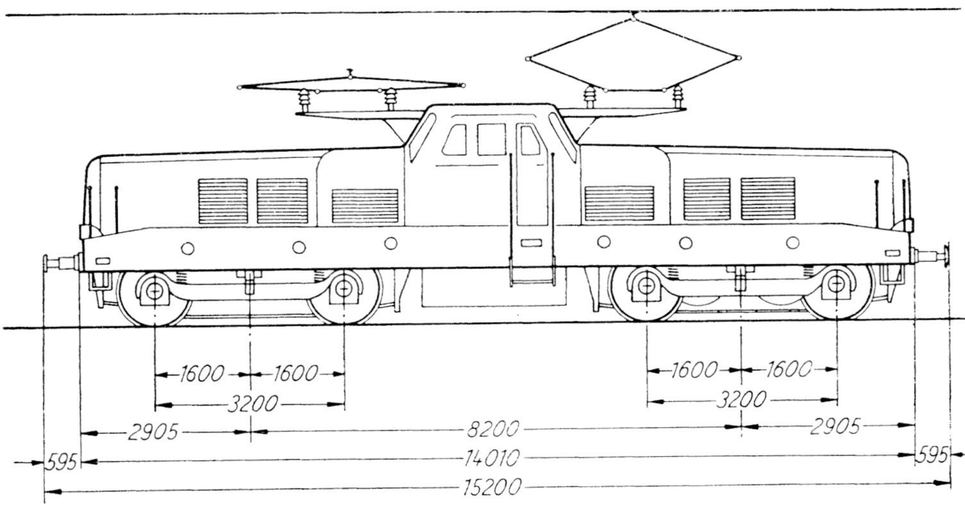

Bild 297. Maßskizze der französischen Lokomotive BB 12 000

BB 12 000 und läßt erkennen, daß das Dach des Führerstandes in beiden Fahrtrichtungen beträchtlich vorgezogen wurde, um eine entsprechende Auflage für die beiden Stromabnehmer zu schaffen. Bei den Lokomotiven der Baureihe 12 000 wird in acht wassergekühlten Ignitrons ein welliger Gleichstrom erzeugt, der die acht Fahrmotoren speist. Die beiden Treibachsen eines Drehgestells sind durch Zahnräder gekuppelt, um die Schleudergefahr herabzusetzen. Diese Lokomotiven weisen daher sehr hohe Anfahrkräfte auf und haben im Güterzugdienst etwa die gleichen Förderleistungen vollbracht wie der 124 t schwere Co'Co'-Typ. So konnten die Lokomotiven der Baureihe BB 12 000 auch in den Wintermonaten bei ungünstigsten

Witterungsbedingungen auf Steigungen von 10 ‰ Anfahrten mit einer Zugmasse von 1860 t einwandfrei bewältigen. Bei Probefahrten mit Zügen von insgesamt 2223 t wurde eine maximale Zugkraft am Zughaken von 38 Mp gemessen und eine Anfahrbeschleunigung von 0,032 m/s^2 erreicht.
Von diesem Typ wurden im Jahre 1957 insgesamt 33 Stück an die UdSSR geliefert. Im Gegensatz zu dieser mit Ignitrons ausgerüsteten Bauart werden die Lokomotiven der Baureihe BB 13 000 durch Einphasenwechselstrom-Kommutatormotoren für 50 Hz angetrieben (Bild 298). Beide Typen sind für den gemischten Dienst bestimmt und

Bild 298. Bo'Bo'-Lokomotive der Französischen Staatsbahnen, Baureihe BB 13 000

mit Rücksicht auf die über 100 km/h liegende Höchstgeschwindigkeit mit Gestellmotoren und einem elastischen Antrieb ausgerüstet. Der mechanische Aufbau ist bei beiden Lokomotiven gleich. Für den Güterzugdienst wurden ebenfalls zwei verschiedene Typen entwickelt, und zwar die Baureihen CC 14 000 und CC 14 100. Ihr mechanischer Teil ist völlig gleich. Da ihre Höchstgeschwindigkeit nur 60 km/h beträgt, konnten Tatzlagermotoren verwendet werden. Bild 299 zeigt den Aufbau der Baureihe CC 14 000. Sie hat zwei Umformer, nämlich einen Einphasenstrom/Gleichstromumformer und einen Gleichstrom/Drehstromumformer, der als Frequenzumformer arbeitet. Der Synchronmotor des ersten Umformers ist gleichzeitig Phasenspalter. Er liefert die dritte Phase für den läufererregten Drehstromgenerator des Frequenzumformers. Die sechs Fahrmotoren sind Drehstrom-Induktionsmotoren mit Käfigläufern.

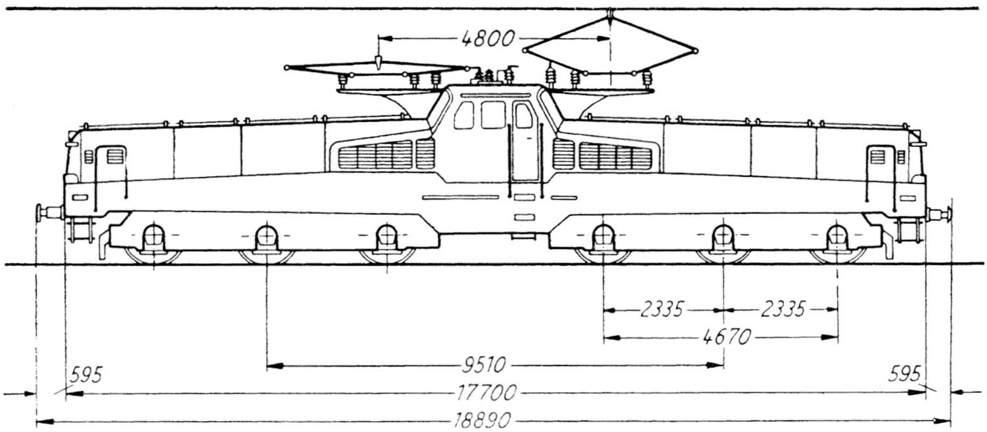

Bild 299. Maßskizze der französischen Lokomotive CC 14 000

Im Gegensatz dazu besitzt die Baureihe CC 14 100 nur einen Umformer und sechs Gleichstromfahrmotoren. Beide Typen sind für Nutzbremsung eingerichtet.
Auch die im Jahre 1958 entwickelte Baureihe BB 16 500 ist interessant und verdient, an dieser Stelle besonders erwähnt zu werden (Bild 300). Diese Lokomotiven besitzen ein umschaltbares Getriebe und können daher wirtschaftlich im Schnellzug- und auch im Güterzugdienst eingesetzt werden (siehe Abschnitt 2.3.4.).

Bild 300. B'B'-Lokomotive der Französischen Staatsbahnen, Baureihe BB 16 500

Auch ist in jedes Drehgestell nur ein Fahrmotor eingebaut, der sein Drehmoment über einen Gelenkstangenantrieb an die Treibachsen überträgt. Die Motoren werden von je zwei Ignitrongleichrichtern gespeist, die Steuerung ist als Hochspannungssteuerung ausgebildet. Die Abmessungen dieser Lokomotiven sind aus Bild 301 zu erkennen. Die Zugkraft reicht aus, um 2490 t schwere Güterzüge auf

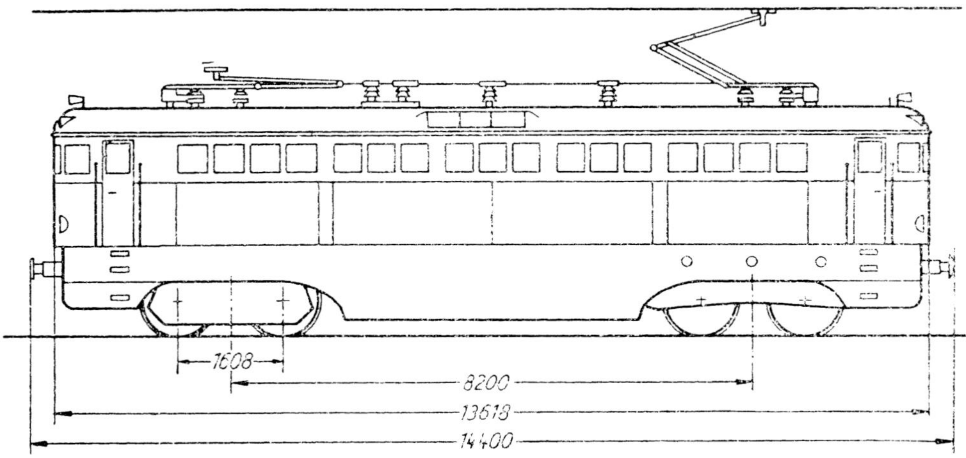

Bild 301. Maßskizze der französischen Lokomotive BB 16 500

einer Steigung von 5 ‰ zu befördern. Vor einem Personenzug mit 900 t Masse erreicht diese 50-Hz-Lokomotive eine Geschwindigkeit von 140 km/h. Die Reisezüge, die mit 13 Wagen (606 t) zwischen Paris und Lille verkehren, haben eine Durchschnittsgeschwindigkeit von 127 km/h. Diese äußerst günstigen Werte sind vor allem auf die gute Ausnutzung der Haftreibung zurückzuführen.

Die beiden anschließend genannten elektrischen Lokomotiven sind Neukonstruktionen, die im Jahre 1959 von den französischen Firmen Alsthom und MTE für die Sowjetunion entwickelt wurden. Die Bestellung umfaßte insgesamt

30 Stück Co′Co′-Güterzuglokomotiven der Baureihe Ф 01,

10 Stück Co′Co′-Güterzuglokomotiven mit Widerstandsbremse der Baureihe Ф P 01 und

10 Stück Co′Co′-Schnellzuglokomotiven der Baureihe Ф π 01.

Außerdem wurden 25 Lokomotiven gleicher Bauart von der Volksrepublik China in Auftrag gegeben. Als Bedingung wurde gestellt, daß sämtliche Lokomotiven mit Ignitrongleichrichtern ausgerüstet werden und in einem Temperaturbereich von – 50 °C bis + 40 °C betriebssicher arbeiten. Bei diesen Konstruktionen wurden die Erfahrungen mit den französischen elektrischen Lokomotiven der Baureihen 14 000 und 14 100 und mit den sowjetischen Lokomotiven der Baureihe WL 60 ausgewertet. Das Äußere der Lokomotiven der Baureihe Ф 01 (frühere Bezeichnung T 01) zeigt Bild 302. Die wichtigsten Abmessungen sind aus Bild 303 zu erkennen.

Auch die Tschechoslowakischen Staatsbahnen, die für ihren elektrischen Zugbetrieb bisher Gleichstrom 3 kV verwendeten, haben in Anbetracht der technischen und

Bild 302. Wechselstromlokomotive für 50 Hz, Baureihe Ф 01

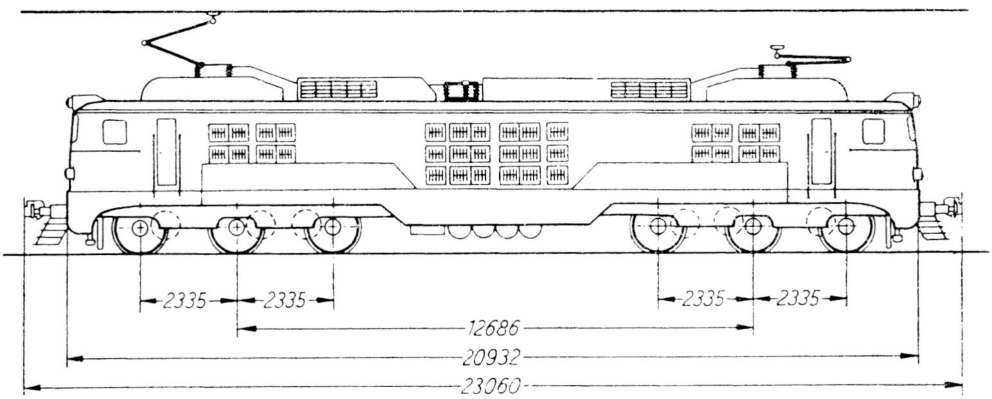

Bild 303. Maßskizze einer elektrischen Lokomotive, Baureihe Ф 01

wirtschaftlichen Vorteile des Einphasenwechselstroms hoher Frequenz beschlossen, bei der weiteren Elektrifizierung dieses Stromsystem zu bevorzugen. Sie entwickelten die neue Baureihe E 479, eine mit Siliziumgleichrichtern ausgerüstete Bo'Bo'-Lokomotive (Bild 304). Die Höchstgeschwindigkeit beträgt bei einer Getriebeübersetzung von 1 : 2,96 V_{max} = 140 km/h, bei einer Übersetzung von 1 : 4,04

Bild 304. Bo'Bo'-Gleichrichterlokomotive der ČSSR, Baureihe E 479

Bild 305. Sowjetische Co'Co'-Wechselstromlokomotive, Baureihe WL 61

jedoch nur v_{max} = 100 km/h, so daß diese Lokomotive mit nur geringfügigen Änderungen auch im Güterzugdienst wirtschaftlich eingesetzt werden kann.
Obgleich ihre Stundenleistung mit 3000 kW nicht besonders groß ist, wird sie hohe Zugkräfte entwickeln, da man für die Übertragung der Längskräfte zwischen Drehgestell und Lokomotivrahmen besondere Zugstangen einbaute und auf diese Weise die besonders beim Anfahren nachteiligen Achsentlastungen vermied. Für die Drehmomentübertragung wählte man den bewährten Kardanantrieb mit hohler Ankerwelle. Die Lokomotive ist 16,14 m lang und wiegt 82,4 t.
Auch in der UdSSR wurde das mit Einphasenwechselstrom hoher Frequenz betriebene Netz laufend erweitert, so daß sich der Bau neuer 50-Hz-Lokomotiven erforderlich machte. Die im Jahre 1954 von sowjetischen Konstrukteuren entwickelte Wechselstromlokomotive der Baureihe WL 61 (frühere Bezeichnung N-O) besitzt acht einanodige wassergekühlte Ignitrons, die den Wechselstrom in Gleichstrom umformen (Bild 305). Ein automatisches Schaltwerk, das durch einen Servomotor angetrieben wird, ermöglicht ein selbsttätiges Höherschalten der Steuerung mit verschiedenen Schaltgeschwindigkeiten und somit eine sehr gute Ausnutzung der Anfahrzugkraft. Nähere Einzelheiten der elektrischen Ausrüstung sind aus Bild 306 zu erkennen.

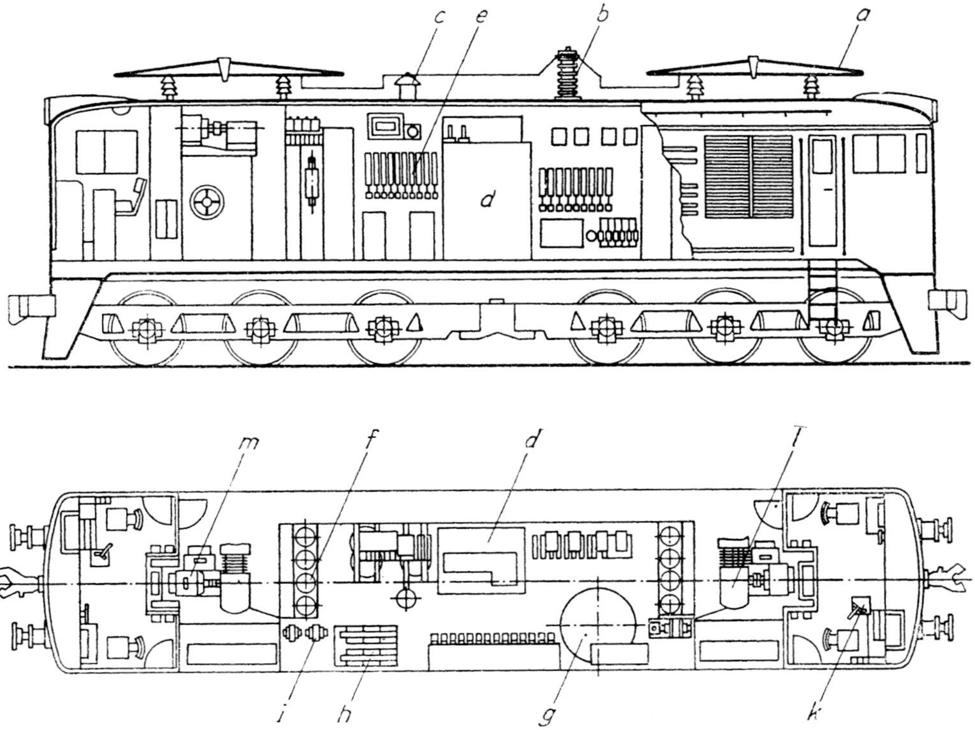

Bild 306. Anordnung der elektrischen Ausrüstung der sowjetischen Gleichrichterlokomotive, Baureihe WL 61

a Stromabnehmer
b Überspannungsableiter
c Hauptschalter
d Umspanner
e Schützensteuerung
f Ignitrons
g Glättungsdrossel
h Anodenschalter
i Motorgenerator für Steuerstrom
k Fahrschalter
l Luftpresser
m Lüfter

Im Jahre 1958 wurde eine neue sowjetische Wechselstromlokomotive für 50 Hz Baureihe WL 60 (frühere Bezeichnung N 60) entwickelt (Bild 307). Auch diese Lokomotive ist mit acht Ignitrons ausgerüstet, die in zwei Gruppen aufgeteilt sind und je drei Fahrmotoren speisen. Es sind sechspolige Reihenschlußmotoren in Tatzlagerbauart. Die Steuerung wird durch vier Feldschwächungsstufen erweitert.

Bild 307. Sowjetische Co′Co′-Wechselstromlokomotive, Baureihe WL 60

Im Jahre 1961 wurde erstmalig die Baureihe WL 80 (frühere Bezeichnung N 80) in Betrieb genommen. Diese Lokomotiven mit der Achsfolge Bo′Bo′ + Bo′Bo′ bestehen aus zwei Hälften, die untereinander völlig gleich sind. Jeder Fahrmotor wird von einem Ignitron gespeist. Die Steuerung erfolgt hochspannungsseitig.
Im Jahre 1961 wurde noch eine neue Schnellzuglokomotive Baureihe N 40 entwickelt. Diese vierachsige Lokomotive mit der Achsfolge Bo′Bo′ erreicht eine Höchstgeschwindigkeit von 160 km/h. Sie ist im Gegensatz zu den älteren 50-Hz-Lokomotiven mit Siliziumgleichrichtern ausgerüstet. Die vier Tatzmotoren entwickeln zusammen eine Stundenleistung von 3200 kW.
Die in Anlage 10 an letzter Stelle genannte ungarische Lokomotive Baureihe V 55 verwendet ebenfalls Einphasenwechselstrom mit einer Frequenz von 50 Hz und ist mit Phasen- und Periodenumformern ausgerüstet. Sie unterscheidet sich von allen übrigen elektrischen Lokomotiven durch das unsymmetrische Fahrwerk; denn sie hat vorn ein zweiachsiges und hinten ein dreiachsiges Drehgestell (Bild 308). Als Tragfedern werden ausschließlich Schraubenfedern verwendet. Da diese keine Eigendämpfung aufweisen, war der zusätzliche Einbau von Stoßdämpfern erforderlich.
Am Rande seien noch einige neue amerikanische Lokomotiven für Einphasenwechselstrom und eine Frequenz von 25 Hz erwähnt, die in ihrem Aufbau von den bisher beschriebenen Konstruktionen wesentlich abweichen. Die beiden Standardtypen,

Bild 308. Ungarische Einheitslokomotive, Baureihe V 55, Achsfolge Bo'Co'

die in großen Serien gebaut wurden, haben an beiden Enden noch führende Drehgestelle, so daß sich die Achsfolge (2'Co) (Co2') (Bild 309) bzw. (2'Do) (Do2') ergibt. Sie sind sehr solide gebaut, leicht zu unterhalten und meist mit Nutzbremse und Schützensteuerung ausgerüstet. Bei einer neuen elektrischen Lokomotive, die für den schweren Güterzudienst auf starken Steigungen bestimmt ist, werden auch die in den Drehgestellen gelagerten Achsen noch durch Tatzlagermotoren angetrieben, so daß sich die Achsfolge (Bo'Do) (DoBo') ergibt. Diese Lokomotiven ent-

Bild 309. Amerikanische (2'Co) (Co2')-Wechselstromlokomotive für 25 Hz

wickeln eine Dauerzugkraft von 53 Mp und erreichen eine Höchstgeschwindigkeit von 105 km/h, leisten jedoch bei einer Gesamtmasse von 326 t nur etwa 3700 kW. Sie sind also im Vergleich zu den vorgenannten Lokomotiven ungewöhnlich schwer.

7.7. Lokomotiven für verschiedene Spannungen, Frequenzen und Stromarten

Im Abschnitt 6. wurde bereits auf die Bedeutung dieser Lokomotiven hingewiesen, die gegenüber den Regelbauarten eine Sonderstellung einnehmen. Bei den ersten drei in Anlage 11 genannten Mehrfrequenzlokomotiven handelt es sich um Neuentwicklungen der Deutschen Bundesbahn, die im deutsch-französischen Grenzverkehr fahren. Bild 240 zeigte bereits das Prinzipschaltbild der E 320 01, die von den Firmen AEG und Krupp entworfen wurde und seit November 1960 im Schnellzug- und Güterzugdienst eingesetzt ist.
Am Bau der E 320 11 waren die Firmen BBC und Henschel beteiligt. Die von den Firmen Siemens und Krauß-Maffei entwickelte E 320 21 wurde bereits Ende 1959 in Betrieb genommen (Bild 310). Sie ist für die Spannungen 15 kV, 20 kV und 25 kV ausgelegt und kann mit 16⅔-Hz- und 50-Hz-Bahnstrom betrieben werden. Sie ist mit Siliziumgleichrichtern und einer elektrischen Bremse ausgerüstet. Die Anordnung der elektrischen Ausrüstung zeigt Bild 311. Die E 320 21 erreicht mit der Achsfolge Bo'Bo' eine Höchstgeschwindigkeit von 120 km/h, wiegt 83 t und leistet bei jeder Frequenz 2500 kW. Beim Übergang von einem auf das andere

Bild 310. Zweifrequenzlokomotive der Deutschen Bundesbahn, E 320 21

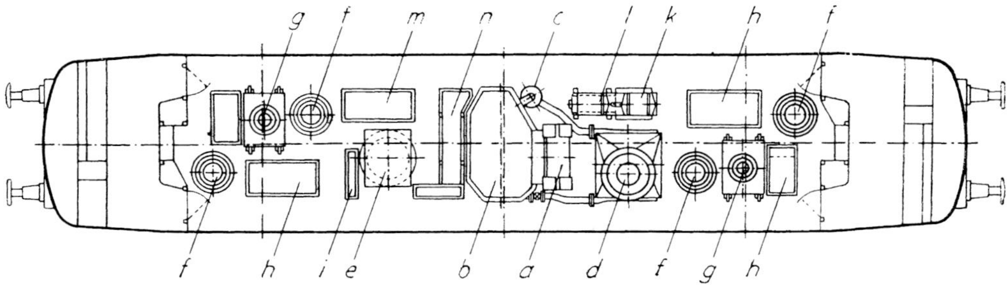

Bild 311. Anordnung der elektrischen Ausrüstung der E 320 21

a Hochspannungsschaltwerk
b Umspanner
c Ölpumpe für Umspanner
d Lüfter für Umspanner
e Bremswiderstand mit Lüfter
f Fahrmotorlüfter mit Siliziumgleichrichter
g Glättungsdrossel mit Lüfter
h Gerüst für Hauptstromgeräte
i Gerüst für Schutzgeräte
k Umformer
l Luftpresser
m Gerüst für Hilfsbetriebe
n Gerüst für Heizung und Druckluftgeräte

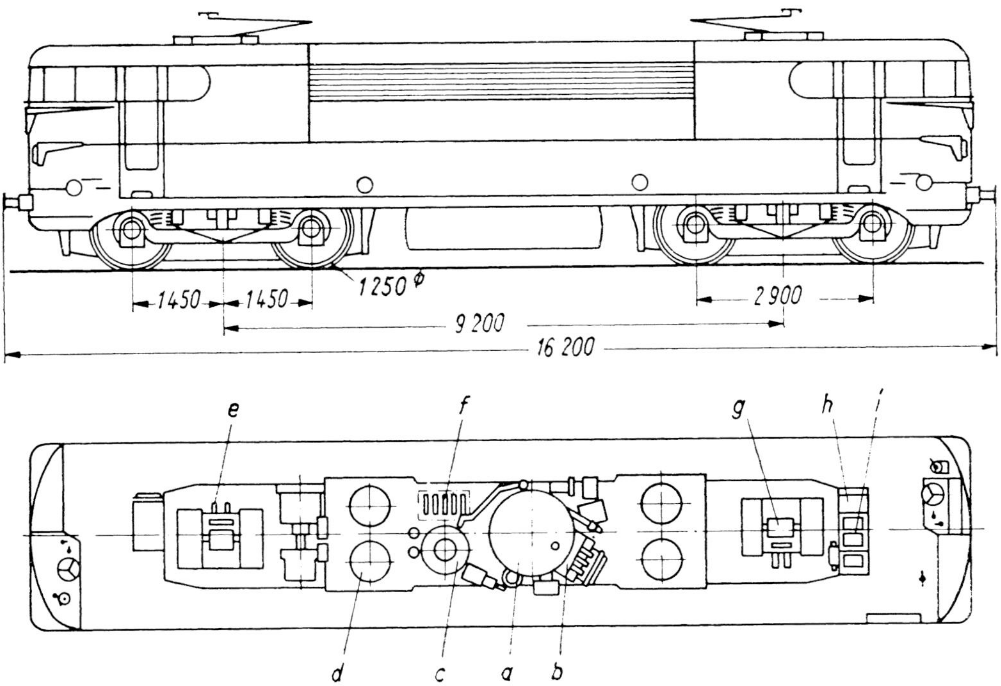

Bild 312. Zweifrequenzlokomotive BB 20 103 der SNCF

a Hauptumspanner
b Hochspannungsschaltwerk
c Lüfter für Ölkühler
d Siliziumgleichrichter
e Feldschwächungsschaltwerk
f Glättungsdrossel
g Fahrmotorenlüfter
h Akkumulatorenbatterie
i Hilfsbetriebe-Trockengleichrichter

Stromsystem ist nur eine geringfügige Umstellung im Wendekreis der Fahrmotoren erforderlich, die durch ein Relais völlig selbsttätig erfolgt.

Eine weitere Mehrfrequenzlokomotive ist die durch Umbau der E 244 22 entstandene E 344 01. Sie ist mit Wechselstromreihenschlußmotoren ausgerüstet und erhielt ein Niederspannungsschaltwerk mit Transduktorsteuerung. Diese Lokomotive erreicht eine Höchstgeschwindigkeit von 100 km/h, die Stundenleistung beträgt 2400 kW.

Die in Anlage 11 anschließend genannten Mehrfrequenzlokomotiven der SNCF sind für den französisch-deutschen und französisch-schweizerischen Grenzverkehr bestimmt. Die wichtigsten Abmessungen der BB 20 103 und die Anordnung ihrer elektrischen Ausrüstung zeigt Bild 312. Aus dem zugehörigen Zugkraft-Geschwindigkeits-Diagramm (Bild 313) geht hervor, daß die Zugkraft bis zu einer Geschwindigkeit von etwa 75 km/h bei beiden Frequenzen ungefähr gleich bleibt, im höheren Geschwindigkeitsbereich jedoch bei 16⅔ Hz stärker abfällt als bei 50 Hz.

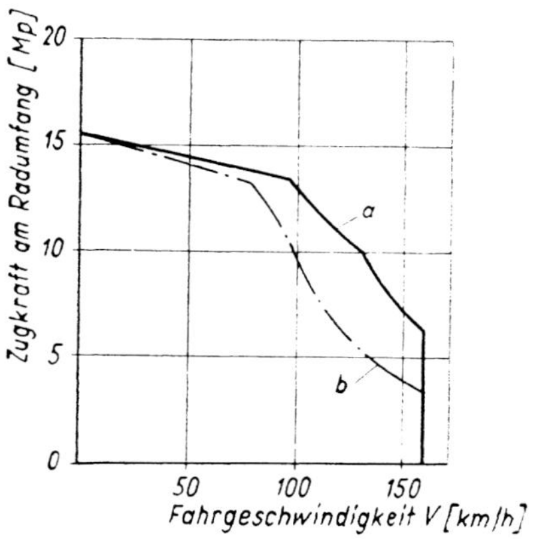

Bild 313.
Zugkraft-Geschwindigkeits-Diagramm der BB 20 103
a bei Einphasenwechselstrom 25 kV, 50 Hz
b bei Einphasenwechselstrom 15 kV, 16⅔ Hz

Die BB 20 103 erreichte am 8. Mai 1961 bei Versuchsfahrten auf der Strecke Straßburg-Mülhausen mit einer Zugmasse von 220 t eine Durchschnittsgeschwindigkeit von 161 km/h. Dabei ist zu beachten, daß die Höchstgeschwindigkeit von 190 km/h wegen mehrerer, durch die Strecke bedingter Geschwindigkeitsbeschränkungen nicht immer eingehalten werden konnte. Abgesehen von einer etwas kleineren Radreifenneigung und einem anderen Schleifstück am Stromabnehmer wurden keine konstruktiven Änderungen an der Lokomotive vorgenommen.

Interessant sind auch die anschließend genannten Mehrstromlokomotiven (siehe Abschnitt 6.3.). Das Starkstromschaltbild der belgischen Dreistromlokomotive BB 150 001 ist in Bild 241 dargestellt. Den Aufbau und die wichtigsten Abmessungen dieser Lokomotive zeigt Bild 314. Das Drehmoment der Fahrmotoren wird mit Hilfe eines Gelenkstangenantriebs an die Treibräder übertragen.

Die an folgender Stelle genannte Zweistromlokomotive BB 20 005 der SNCF hat etwa das gleiche Aussehen und die gleichen Abmessungen wie die im Bild 312 gezeigte Zweifrequenzlokomotive BB 20 103. Bild 315 zeigt das Zug-

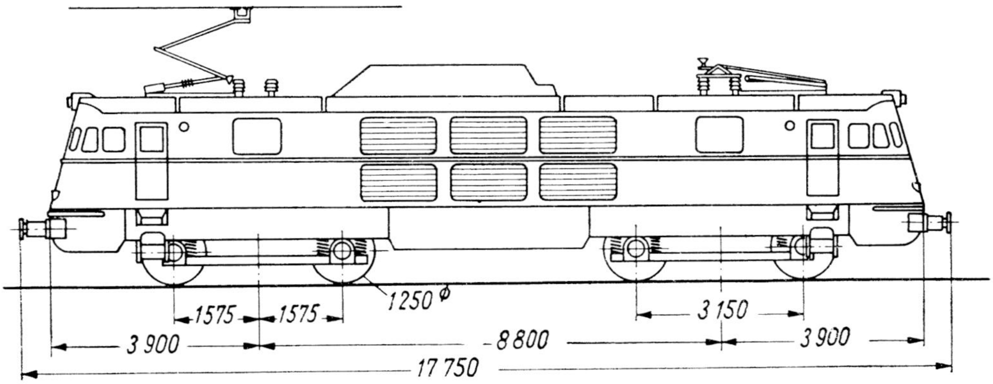

Bild 314. Maßskizze der belgischen Dreistromlokomotive BB 150 001

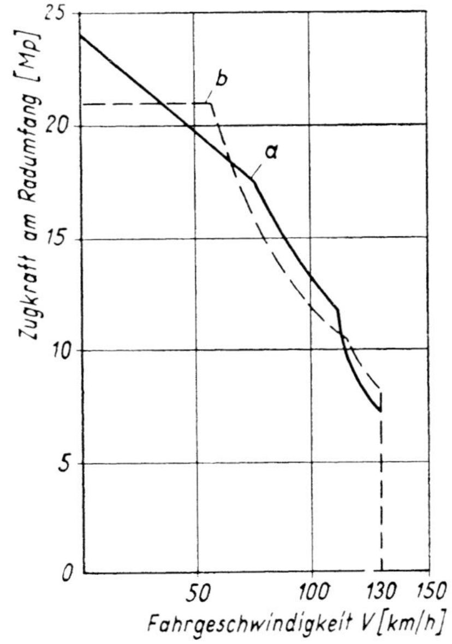

Bild 315.
Zugkraft-Geschwindigkeits-Diagramm der BB 20 005
a Betrieb mit Einphasenwechselstrom 25 kV, 50 Hz
b Betrieb mit Gleichstrom 1,5 kV

kraft-Geschwindigkeits-Diagramm für Einphasenwechselstrom und Gleichstrom. Es läßt erkennen, daß die Kennlinien nur unbedeutend voneinander abweichen.
Die Lokomotive ist mit zwei elektrisch unabhängigen Stromabnehmern ausgerüstet, der eine dient für Wechselstrom, der andere für Gleichstrom. Arbeitet die Lokomotive unter Einphasenwechselstrom, so werden die Fahrmotoren über einen Stufentrafo und acht wassergekühlte Ignitrons gespeist. Die Motoren sind parallelgeschaltet und werden hochspannungsseitig gesteuert. Bei Gleichstrombetrieb werden die vier Motoren zunächst in Reihe und dann reihenparallelgeschaltet. Die Lokomotive ist mit einer Widerstandsbremse ausgerüstet.
Die an letzter Stelle genannte Lokomotive CC 27 001 ist eine Vierstromlokomotive der SNCF. Bild 316 zeigt das Äußere dieser Lokomotive und läßt zugleich die

wichtigsten Abmessungen erkennen. Die ungewöhnlich große Länge von 22,07 m ist auf die einmotorigen Drehgestelle mit innenliegendem Getriebe zurückzuführen. Diese bedingen, daß die Fahrmotoren relativ hoch liegen und in den Maschinenraum hineinragen. Auch der Umspanner mit Schaltwerk und Kühler, die

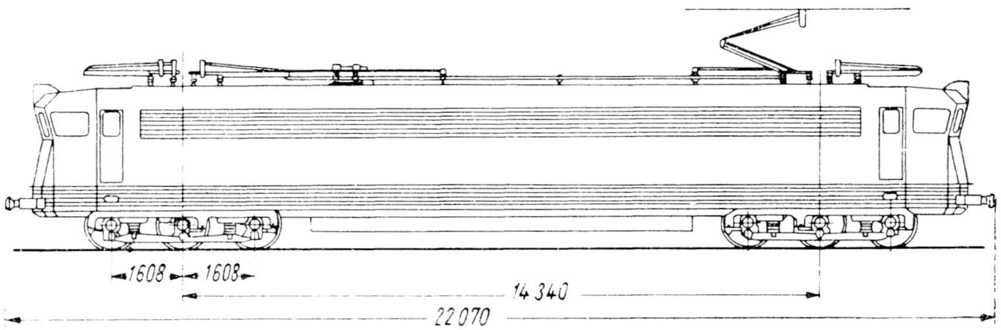

Bild 316. Maßskizze der französischen Vierstromlokomotive C'C' 27 001

Gleichrichter, die Anfahrwiderstände und die sonstige, sehr umfangreiche elektrische Ausrüstung einer solchen Vierstromlokomotive benötigen viel Platz.
Drei Lokomotiven dieser Baureihe erhielten das von der Baureihe BB 16 500 bekannte umschaltbare Getriebe für zwei Geschwindigkeiten. Zur Drehmomentübertragung dient der Gelenkstangenantrieb. Auf dem Dach sind vier getrennte Einholm-Stromabnehmer mit unterschiedlichen Schleifstücken angeordnet.

8. Betrieb mit elektrischen Lokomotiven

Den Abschluß dieser Ausführungen über elektrische Lokomotiven sollen einige Hinweise für den Betrieb mit elektrischen Lokomotiven bilden. Das ist erforderlich, weil dieser zum Teil ganz erheblich von dem Betrieb mit Dampflokomotiven oder Dieselfahrzeugen abweicht.

8.1. Zugkraft und Leistung einer elektrischen Lokomotive

Die Zugkraft, die eine elektrische Lokomotive am Zughaken ausübt, wird hauptsächlich durch die Leistung der Fahrmotoren bestimmt, sie hängt aber auch von der Haftreibung zwischen Rad und Schiene ab, die von der Reibungslast der Lokomotive G_R und dem Haftwert μ beeinflußt wird. Dabei ist die Reibungslast gleich der Summe der Achslasten der angetriebenen Achsen. Bei Einzelachsantrieb ist jedoch zu beachten, daß die einzelnen Achsen unter Umständen recht unterschiedlich belastet werden können. Dies ist zum Beispiel bei Drehgestellokomotiven mit Tatzlagermotoren der Fall (siehe Abschnitt 2.3.2.2.1.) und wird nur zum Teil durch Achslastausgleicher abgestellt. Die einzelnen Treibachsen werden auch dann ungleichmäßig belastet, wenn eine elektrische Lokomotive beim Anziehen eines schweren Zuges „aufbäumt". Dies bedingt eine Entlastung der vorderen und eine zusätzliche Belastung der hinteren Achsen und ist auf das Moment aus der Zugkraft, die am Zughaken angreift, und ihrem Abstand von der Schienenoberkante bzw. Achsmitte zurückzuführen.

Der Haftwert μ ist von der Oberflächenbeschaffenheit der Schienen abhängig und wird bei elektrischen Lokomotiven besser ausgenutzt als bei Dampflokomotiven, da dort die Zugkraft infolge der sich ständig ändernden Kolbenkräfte stark schwankt. Dieser Wert beträgt bei niedrigen Geschwindigkeiten und trockenen oder vollkommen nassen Schienen etwa 0,33, er fällt bei feuchten oder durch Schmieröl verunreinigten Schienen auf 0,15, bei starkem Laubfall sogar auf 0,1 ab und kann durch Sandstreuen vorübergehend auf 0,4 erhöht werden. Mit zunehmender Geschwindigkeit fällt der Reibwert allmählich ab (siehe Bild 196).

Soll ein Wagenzug mit einer bestimmten Masse auf einer geraden ebenen Strecke von der Länge l befördert werden und bezeichnet man die am Zughaken aufzubringende Zugkraft mit Z_W, dann ist die zu verrichtende Arbeit

$$A_W = 10^6 \cdot Z_W \cdot l$$

A	Z	l
mkp	kp	m

Soll die Beförderung in der Zeit t erfolgen, so errechnet sich die am Zughaken aufzubringende Leistung

$$P_W = 10^6 \cdot Z_W \cdot \frac{l}{t}$$

P	Z	l	t
mkp/s	kp	m	s

$$P_W = 10^6 \cdot Z_W \cdot v$$

P	Z	v
mkp/s	kp	m/s

Wird die Leistung P_W in PS ausgedrückt (1 PS = 75 mkp/s), so beträgt

$$P_W = \frac{1000}{75} \cdot Z_W \cdot v$$

P	Z	v
PS	kp	m/s

$$P_W = \frac{1000}{3600 \cdot 75} \cdot Z_W \cdot V$$

$$P_W = \frac{Z_W \cdot V}{270}$$

P	Z	V
PS	kp	km/h

Da nach gesetzlicher Verordnung (Verordnung vom 14. 8. 1958 über die physikalisch-technischen Einheiten) die Leistung bevorzugt in kW anzugeben ist, beträgt die für die Fortbewegung eines angehängten Wagenzuges erforderliche Leistung (1 kW = 1,36 PS)

$$P_W = \frac{Z_W \cdot V}{367}$$

P	Z	V
kW	kp	km/h

Andererseits benötigt die elektrische Lokomotive, um sich selbst auf der gleichen Strecke mit der gleichen Geschwindigkeit fortzubewegen, die Leistung

$$P_L = \frac{Z_L \cdot V}{367}$$

P	Z	V
kW	kp	km/h

Die gesamte, am Treibradumfang der elektrischen Lokomotive aufzubringende Leistung beträgt daher

$$P_{Ges} = \frac{(Z_L + Z_W) \cdot V}{367}$$

P	Z	V
kW	kp	km/h

oder allgemein

$$P = \frac{Z \cdot V}{367}$$

P	Z	V
kW	kp	km/h

Diese Leistung muß ausreichen, um den größten jeweils auftretenden Widerstand des gesamten Zuges zu überwinden.

8.2. Fahrwiderstände

Der Zugwiderstand W besteht aus

dem Bahnwiderstand der elektrischen Lokomotive	W_L
dem Bahnwiderstand der Wagen	W_W
dem Steigungswiderstand	W_s
dem Krümmungswiderstand	W_k und
dem Beschleunigungswiderstand	W_b,

die je nach den Streckenverhältnissen einzeln oder zusammen auftreten.

$$W = W_L + W_W + W_s + W_k + W_b$$

W
kp

Anstelle des Zugwiderstandes W kann man auch die Widerstandsziffer w angeben. Der Zugwiderstand wird dann auf die jeweilige Lokomotiv- oder Zuglast G bezogen.

$$W = w \cdot G$$

W	w	G
kp	kp/Mp	Mp

8.2.1. Bahnwiderstand der elektrischen Lokomotive

Der Bahnwiderstand W_L einer elektrischen Lokomotive auf gerader ebener Strecke besteht aus dem Lagerwiderstand, dem Getriebewiderstand und dem Luftwiderstand. Der Lagerwiderstand ist bei Gleitlagern größer als bei Wälzlagern und wird durch die Schmierung und den Unterhaltungszustand der Achslager beeinflußt. Der Getriebewiderstand hängt ab von der Art der Kraftübertragung vom

gefederten Motor zu den ungefederten Radsätzen und ist bei Einzelachsantrieben günstiger als bei Stangenantrieben. Der Luftwiderstand ist auf den Staudruck an der Stirnfläche, die Reibung an den Seitenwänden, am Dach und Boden und auf den Sog hinter dem Fahrzeug zurückzuführen. Er ist abhängig von der Form der Fahrzeuge, der Windgeschwindigkeit und der Windrichtung. Da der Staudruck mit dem Quadrat der Geschwindigkeit ansteigt, ist besonders bei schnellfahrenden Lokomotiven auf eine zweckmäßige Form des Wagenkastens zu achten.
Für die Berechnung des Bahnwiderstandes von elektrischen Lokomotiven verwendet man im allgemeinen die Formel von *Kother*:

$$W_L = c_1 G_1 + c_2 G_2 + c_3 F_L \left(\frac{V+15}{10}\right)^2 \quad \left|\frac{W}{\text{kp}}\right|\frac{G}{\text{Mp}}\left|\frac{c}{\text{kp/Mp}}\right|\frac{F}{\text{m}^2}\left|\frac{V}{\text{km/h}}\right|$$

Dabei berücksichtigt der erste Teil $c_1 G_1$ den Bahnwiderstand der Laufradsätze, der zweite Teil $c_2 G_2$ den Bahnwiderstand der Treibradsätze einschließlich Getriebewiderstand und der Rest den Luftwiderstand. Es bedeuten

W_L Bahnwiderstand einer elektrischen Lokomotive

G_1 Summe der Achslasten der Laufachsen

G_2 Summe der Achslasten der Treibachsen

c_1 Beiwert für Laufachswiderstand
zum Beispiel $c_1 = 1{,}5$ kp/Mp für Laufachsen mit Rollenlagern
$c_1 = 2{,}0$ kp/Mp für Laufachsen mit Außenlagern
$c_1 = 2{,}5$ kp/Mp für Laufachsen mit Innenlagern

c_2 Beiwert für Treibachswiderstand (einschließlich Getriebewiderstand)
zum Beispiel $c_2 = 4{,}5$ kp/Mp für Tatzlager- und Buchli-Antrieb
$c_2 = 5{,}0$ kp/Mp für Hohlwellenantriebe
$c_2 = 5{,}5$ bis $7{,}0$ kp/Mp für Stangenantriebe

c_3 Beiwert für Luftwiderstand
zum Beispiel $c_3 = 0{,}3$ kp/Mp für elektrische Lokomotiven mit windschnittigem Wagenkasten
$c_3 = 0{,}45$ kp/Mp für elektrische Lokomotiven älterer Bauform

F_L Stirnfläche der elektrischen Lokomotiven
zum Beispiel $F_L = 10{,}0$ m^2 für elektrische Lokomotiven neuer Bauform

V Fahrgeschwindigkeit

8.2.2. Bahnwiderstand der Wagen

Der Bahnwiderstand der angehängten Wagen W_W wird wie bei den anderen Zugförderungsarten ermittelt. Für Schnell- und Eilzugwagen verwendet man im allgemeinen die Formel von *Sauthoff*:

$$W_W = (1{,}9 + aV)\, G_W + 0{,}48\, F_W (n + 2{,}7) \left(\frac{V+15}{10}\right)^2 \quad \left|\frac{W}{\text{kp}}\right|\frac{a,n}{-}\left|\frac{V}{\text{km/h}}\right|\frac{F}{\text{m}^2}\left|\frac{G}{\text{Mp}}\right|$$

Dabei bedeuten

W_W Bahnwiderstand des Wagenzuges

a Beiwert für den Laufwiderstand

zum Beispiel $a = 0{,}0025$ für vierachsige Wagen
$a = 0{,}004$ für dreiachsige Wagen
$a = 0{,}007$ für zweiachsige Wagen

V Fahrgeschwindigkeit

G_W Last des Wagenzuges ohne Lokomotive

F_W Stirnfläche der Wagen

zum Beispiel $F_W = 1{,}15\ m^2$ für zwei- und dreiachsige Personenwagen
$F_W = 1{,}45\ m^2$ für neuere D-Zug-Wagen
$F_W = 1{,}55\ m^2$ für ältere D-Zug-Wagen

n Anzahl der Wagen

Für die Berechnung des Bahnwiderstandes von Personen- und Güterwagen verwendet man im allgemeinen folgende Formel:

$$W_W = \left[2 + (0{,}007 + m)\left(\frac{V + 15}{10}\right)^2\right] G_W$$

W	m	V	G
kp	—	km/h	Mp

Dabei bedeutet

m Beiwert für Zusammensetzung des Wagenparks

$m = 0{,}025$ für D-Züge, Eilzüge und Güterzüge aus gleichartigen Wagen (Kohlenzüge),
$m = 0{,}033$ für Personenzüge
$m = 0{,}04$ für Eilgüterzüge (gedeckte Güterwagen)
$m = 0{,}05$ für gemischte Güterzüge (O- und G-Wagen)
$m = 0{,}1$ für Leerwagenzüge (O-Wagen)

V Fahrgeschwindigkeit

G_W Last des Wagenzuges ohne Lokomotive

8.2.3. Steigungswiderstand

Der Steigungswiderstand W_s ist von dem Steigungswinkel abhängig und läßt sich nach folgender Formel mit genügender Genauigkeit berechnen:

$$W_s = s \cdot G$$

W	s	G
kp	‰	Mp

Dabei bedeuten

W_s Steigungswiderstand des ganzen Zuges

s Steigung

G Last des ganzen Zuges

Bei Gefällestrecken wird der Steigungswiderstand abgezogen.

8.2.4. Krümmungswiderstand

Der Krümmungswiderstand W_k kann in Gleisbögen mit einem Radius $R > 1000$ m vernachlässigt werden. Er wird sonst nach folgender Formel berechnet:

$$W_k = \frac{336{,}6\,a}{R} \cdot G$$

W	a, R	G
kp	m	Mp

Hierbei bedeuten

W_k Krümmungswiderstand des ganzen Zuges

a Achsstand der Fahrzeuge

R Krümmungsradius

G Last des ganzen Zuges

Daraus folgt für

vierachsige Güterwagen $W_k \approx \frac{424}{R} G$

zweiachsige Güterwagen $W_k \approx \frac{700}{R} G$

D-Zug-Wagen $W_k \approx \frac{600}{R} G$

dreiachsige Reisezugwagen $W_k \approx \frac{1000}{R} G$

8.2.5. Beschleunigungswiderstand

Der Beschleunigungswiderstand W_b hängt von der Größe der umlaufenden Massen der elektrischen Lokomotiven bzw. des ganzen Zuges ab und wird nach folgender Formel berechnet:

$$W_b = [m \cdot b]\, G$$

$$W_b = \left[\frac{102}{G}\,(G + L_z\, 0{,}5\, A)\, b\right] G$$

W, G	L	A	b
kp	%	—	m/s²

Dabei bedeuten

W_b Beschleunigungswiderstand des ganzen Zuges

G Last des ganzen Zuges

L_z Zuschlag für umlaufende Massen des Triebfahrzeugs bei neuen Radreifen. Dieser Wert wird angegeben in % der Last der betriebsfähigen Lokomotive.

Er beträgt

zum Beispiel	für E 04	14,6 %	für E 77	39,3 %
	für E 18	15,6 %	für E 94	26,4 %
	für E 44	25,1 %		

A Achszahl der angehängten Wagen

b Beschleunigung

zum Beispiel $b = 0{,}2$ bis $0{,}3$ m/s² für elektrische Lokomotiven im Streckendienst

8.3. Fahrtechnik

Aus Abschnitt 1.4. ging bereits hervor, daß der elektrische Zugbetrieb in vieler Hinsicht dem Dampfbetrieb überlegen ist. Die elektrische Lokomotive verfügt über eine wesentlich höhere Leistung am Zughaken und kann diese auch ohne weiteres längere Zeit abgeben, da sie ihre Antriebsenergie dem Fahrdraht entnimmt und nicht wie die Dampflokomotive von der Kesselleistung abhängig ist. Da eine elektrische Lokomotive außerdem für kurze Zeit überlastet werden kann und die Anfahrleistung wesentlich über der Dauer- oder Stundenleistung liegt (siehe Abschnitt 3.5.4.), ist sie auch beim Anfahren schwerer Züge oder beim Befahren von Steigungen der Dampflokomotive überlegen. Die hohe Anfahrbeschleunigung, die im Streckendienst mit etwa 0,2 bis 0,3 m/s^2 die einer Dampflokomotive (0,4 bis 0,07 m/s^2 weit übertrifft, ist besonders wertvoll, wenn es sich um dicht befahrene Streckenabschnitte handelt. Freilich muß der Lokomotivführer beim Bedienen der Steuerung darauf achten, daß der durch die Haftreibung bestimmte Grenzwert nicht überschritten wird, da sonst die Treibräder schleudern und die Zugkraft dann beträchtlich zurückgeht. Bei Einzelachsantrieb kann man das Schleudern einer Achse sofort daran erkennen, daß die Stromaufnahme des betreffenden Motors plötzlich stark sinkt. Der Lokomotivführer muß dann für sämtliche Fahrmotoren eine niedrigere Fahrstufe einschalten und darf erst dann, wenn keine Achse mehr schleudert, Sand streuen und erneut hochschalten.
Auch ist zu beachten, daß bei schweren Anfahrten das am Stromwender entstehende Kommutatorfeuer den Kommutator beschädigen kann, wenn der Motorläufer zu lange im Stillstand verharrt.
Der Lokomotivführer hat jedoch nicht nur die Aufgabe, die vorgeschriebene Fahrzeit einzuhalten, sondern er muß auch bestrebt sein, die Zugfahrt so wirtschaftlich wie möglich durchzuführen. Das bedeutet, daß er auf ebener Strecke von der kinetischen Energie des Zuges weitgehend Gebrauch macht, indem er ihn mit abgeschalteten Fahrmotoren möglichst lange auslaufen läßt und auf Gefällestrecken auch die potentielle Energie des Zuges ausnutzt. Dadurch kann man die Bremsklötze und Radreifen schonen und mit der kleinsten Menge Energie aus der Fahrleitung auskommen.
In Bild 317 ist für einen bestimmten Streckenabschnitt AB die richtige, das heißt energiesparende Fahrtechnik, einer falschen gegenübergestellt. Dabei wurden eine elektrische Lokomotive mit einer Stundenleistung von etwa 3000 kW und eine Wagenmasse von etwa 400 t zugrunde gelegt. Auf einen allmählichen Übergang zwischen den einzelnen Abschnitten Anfahren, Fahrt mit Höchstgeschwindigkeit, Auslaufen und Bremsen wurde mit Rücksicht auf eine bessere Übersichtlichkeit bewußt verzichtet. Im Falle 1 fährt der Lokomotivführer mit der größtmöglichen Leistung an und erreicht die für die Strecke vorgesehene Höchstgeschwindigkeit von 110 km/h bereits nach 4 km Weg. Dort stellt er die Steuerung auf eine niedrigere Fahrstufe ein und fährt mit der zulässigen Höchstgeschwindigkeit bis km 7 weiter. An dieser Stelle schaltet er sämtliche Fahrmotoren ab und läßt den Zug auslaufen. Bei km 10,5 fährt er mit einer Geschwindigkeit von etwa 85 km/h in eine Gefällestrecke ein, auf der der Zug wieder bis auf die Höchstgeschwindigkeit be-

schleunigt wird. Auf dem anschließenden ebenen Streckenabschnitt geht die Fahrgeschwindigkeit wieder allmählich zurück und erst bei einer Geschwindigkeit des Zuges von etwa 65 km/h bedient der Lokomotivführer die Bremse. Die Fahrzeit für diesen 19 km langen Streckenabschnitt beträgt nur 12 min, obgleich die Antriebsleistung bereits bei km 7 unterbrochen wurde.

Im Gegensatz dazu ist Fall 2 ein Beispiel für falsche Fahrtechnik. Hier fährt der Lokomotivführer nur langsam an, da er die Fahrmotoren nur bis zur Dauerleistung beansprucht. Die Höchstgeschwindigkeit wird erst nach 7 km erreicht. Dadurch geht

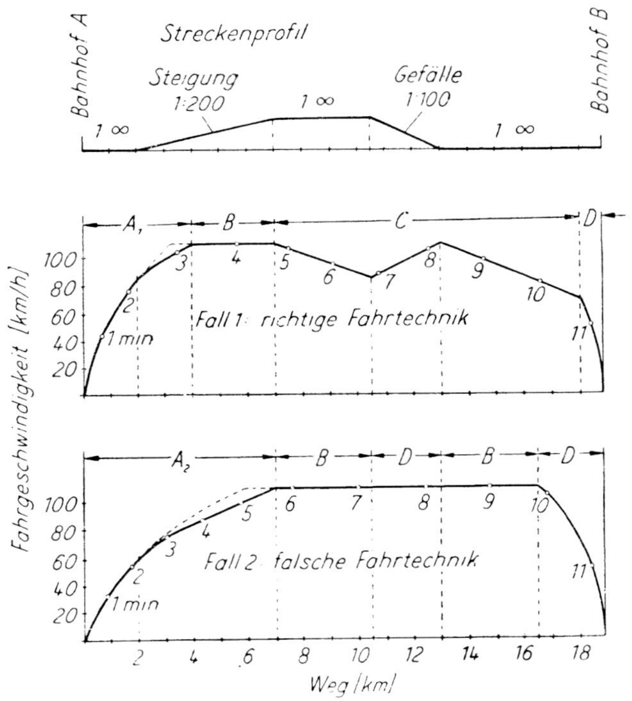

Bild 317.
Fahrzeitdiagramm eines Zuges mit elektrischer Lokomotive
- A_1 Anfahrt mit Anfahrleistung
- A_2 Anfahrt mit Dauerleistung
- B Fahrt mit Höchstgeschwindigkeit
- C Auslauf
- D Bremsen

viel kostbare Zeit verloren, die der Lokomotivführer nur dadurch wieder aufholen kann, daß er bis km 10,5 mit der Höchstgeschwindigkeit weiterfährt. Auf der anschließenden Gefällestrecke betätigt er die Bremse und setzt wertvolle Energie in Wärme um. Auch von km 13 bis 16,5 fährt er mit der Höchstgeschwindigkeit weiter, um die zulässige Fahrzeit nicht zu überschreiten und bremst anschließend den Zug bis zum Stillstand ab. Bei dieser falschen Fahrtechnik ist die Stromentnahme aus dem Netz wesentlich höher, da die elektrische Lokomotive während insgesamt 14,0 km Energie aufnimmt. Dies führt außerdem zu einer stärkeren Erwärmung der Fahrmotoren und des Trafos und zu einem stärkeren Verschleiß der Bremsklötze und Radreifen.

8.4. Unregelmäßigkeiten

Durch sachgemäße Bedienung und sorgfältige Pflege der Lokomotive, durch richtige Auswertung aller Meßergebnisse und sorgfältige Beobachtung aller Unregelmäßigkeiten lassen sich Schäden während des Betriebes oft von vornherein vermeiden. Man darf jedoch nicht übersehen, daß der Aufbau und die Ausrüstung einer elektrischen Lokomotive viel komplizierter sind als die einer Dampflokomotive und auch durch Schäden an der Fahrleitung oder durch Störungen im Kraftwerk der elektrische Zugbetrieb empfindlich beeinträchtigt werden kann.

8.4.1. Störungen an der Fahrleitung

Bei Entgleisungen, Flankenfahrten oder Zusammenstößen auf elektrifizierten Strekken werden häufig nicht nur die Gleise, sondern auch die Fahrleitungen und Fahrleitungsmaste beschädigt. Wenn bei schweren Unfällen auch meist ein gerissener Fahrdraht die Erde oder geerdete Fahrzeugteile berührt und der dadurch hervorgerufene Kurzschluß zu einer Abschaltung des betreffenden Fahrleitungsabschnitts führt, so ist doch in jedem Falle, besonders bei Dunkelheit, eine sorgfältige Prüfung erforderlich. Das Lokomotivpersonal muß bei Gefahr alle Beteiligten vor dem Berühren irgendwelcher spannungsführender Teile warnen und die Fahrleitung unter Zuhilfenahme der auf der Lokomotove mitgeführten Erdungsstangen erden.

8.4.2. Unterbrechung der Stromzuführung

Eine Unterbrechung der Stromzuführung kann auf Störungen im Kraftwerk, Schäden an der Fernleitung, Schaltfehler oder auch auf Mängel an der Lokomotive zurückzuführen sein. Häufig wird auch ein Kurzschluß dadurch verursacht, daß eine elektrische Lokomotive durch Unachtsamkeit des Personals das Signal El 6 (Halt für Fahrzeuge mit Stromabnehmer) überfährt. Auch werden häufig durch Überschläge an verschmutzten Isolatoren, durch Vögel oder Gewitter Kurzschlüsse verursacht. Im allgemeinen dauert die Stromunterbrechung nur kurze Zeit, da der Leistungsschalter im Unterwerk nach Prüfung des betreffenden Abschnitts mit Prüfspannung sofort wieder eingelegt wird. Spricht er ein zweites Mal an, so wird der schadhafte Fahrleitungsabschnitt abgetrennt und die Ursache ermittelt. Da bei einem größeren Netz die einzelnen Kraftwerke und Umformerstationen durch eine Ringleitung miteinander verbunden sind, kann bei Ausfall eines Kraftwerks die fehlende Leistung im allgemeinen von den anderen Speisestellen mit übernommen werden. Störungen in der Stromversorgung können auch dadurch vermieden werden, daß das Lokomotivpersonal auf den einwandfreien Zustand der Fahrleitungen achtet und Schäden an den elektrischen Anlagen sofort meldet.

8.4.3. Schäden an der elektrischen Lokomotive

Es ist auch ohne weiteres möglich, daß der Leistungsschalter im Unterwerk infolge eines Schadens an der elektrischen Lokomotive selbst angesprochen hat. Stellt zum Beispiel der Lokomotivführer in dem Augenblick, in dem die Fahrdrahtspannung

ausbleibt, einen Feuerschein, eine Rauchentwicklung, Brandgeruch oder einen Knall fest, muß er mit einem Kurzschluß im Hochspannungskreis seiner Lokomotive rechnen. Er wird in diesem Falle sofort den Hauptschalter ausschalten und durch Senken beider Stromabnehmer die Lokomotive vom Fahrleitungsnetz trennen. Grundsätzlich ist vor Beginn sämtlicher Untersuchungen und Arbeiten im Maschinenraum der Hauptschalter auszuschalten. Falls ein Schaden an den Stromabnehmern oder an der Dachleitung vorliegt, der vom Lokomotivpersonal selbst behoben werden kann, so wird man versuchen, die Lokomotive auf ein Gleis ohne Fahrleitung zu bringen. Ist dies jedoch nicht möglich, so muß der Lokomotivführer, der nach Umschalten des Streckenfernsprechers mit einem Spezialschlüssel eine direkte Verbindung mit dem Unterwerk erhält, veranlassen, daß der entsprechende Streckenabschnitt durch das Unterwerk abgeschaltet wird.
Daraufhin muß der Lokomotivführer die Fahrleitung unmittelbar vor und hinter der Lokomotive mit Hilfe der beiden mitgeführten Erdungsstangen erden, wobei besonders darauf zu achten ist, daß zuerst die Erdungsklemme mit der Fahrschiene verbunden wird und erst dann die Erdungsstange an den Fahrdraht gehängt wird. Jede Berührung mit dem biegsamen Kupferseil ist zu vermeiden. Erst nach diesen Vorsichtsmaßnahmen darf der Lokomotivführer oder sein Begleiter das Lokomotivdach besteigen, gegebenenfalls den beschädigten Stromabnehmer festbinden und den Dachtrennschalter öffnen. Daraufhin entfernt der Lokomotivführer die Erdungsstangen und veranlaßt das Einschalten der Fahrleitung. Sobald er sich mit Hilfe des Fahrdrahtspannungsmessers davon überzeugt hat, daß dies geschehen ist, kann er die Fahrt fortsetzen.
Bemerkt der Lokomotivführer, daß ein Motorstrommesser nicht mehr anzeigt, und stellt er beim Überprüfen fest, daß das zugehörige Motorüberstromrelais angesprochen hat, so wird er zunächst den Schalter wieder einlegen und vorsichtig anfahren. Spricht das Relais erneut an, so ist damit zu rechnen, daß dieser Motor schadhaft ist. Er wird daraufhin mit Hilfe des zugehörigen Motortrennschützes abgeschaltet, und die Fahrt wird fortgesetzt.
Auch bei Störungen im Niederspannungsstromkreis oder beim Versagen der Hilfseinrichtungen wird das Lokomotivpersonal zunächst versuchen, die Fehlerquelle zu finden und durch Auswechseln der Sicherungen oder dergleichen zu beseitigen. Nur wenn dies nicht innerhalb weniger Minuten möglich ist, wird das Lokomotivpersonal über den Streckenfernsprecher eine Ersatzlokomotive anfordern.

8.5. Gefahren des elektrischen Zugbetriebes und Unfallschutz

Auch wenn der elektrische Zugbetrieb gegenüber dem Dampf- und Dieselbetrieb mancherlei Vorteile aufweist, so darf doch die erhöhte Unfallgefahr keineswegs übersehen werden. Diese ist dann besonders groß, wenn die elektrifizierten Strecken gleichzeitig noch von Dampflokomotiven befahren werden oder wenn irgendwelche Unregelmäßigkeiten im Zugbetrieb auftreten. Das Personal muß die Lokomotive und ihre Einrichtungen genau kennen. Um Unfälle zu vermeiden, wurden zahlreiche Sicherheitsmaßnahmen getroffen.

Unter anderen sind folgende Vorschriften und Dienstanweisungen vom Personal streng zu befolgen:

DA 010	Dienstanweisung für das Personal der Triebfahrzeuge,
Dv 462	Vorläufige Dienstvorschrift für den Dienst auf elektrisch betriebenen Strecken mit Einphasenwechselstrom 15 kV und $16\frac{2}{3}$ Hz (Dv Eb),
Dv 462 a	Betriebssicherheitsvorschrift für den allgemeinen Dienst auf elektrisch betriebenen Strecken mit Einphasenwechselstrom 15 kV und $16\frac{2}{3}$ Hz (BSV Eb),
Dv 953	Vorläufige Dienstvorschrift für elektrische Lokomotiven (Dv Ellok),
Dv 969	Dienstvorschrift für die Sicherheitsfahrschaltung an elektrischen Lokomotiven und Triebwagen (Dv Sel),
	Arbeitsschutzanordnung 351/1.

Diese Vorschriften müssen allen Beteiligten so oft wie möglich in Erinnerung gebracht werden, da immer wieder festgestellt werden muß, daß viele Menschen infolge des täglichen Umgangs die Gefährlichkeit der Hochspannungsanlagen unterschätzen und daher leichtfertig handeln.
Hinzu kommt, daß der menschliche Körper keine Organe besitzt, um unter Spannung stehende Leitungen von solchen, die spannungsfrei sind, unterscheiden zu können. Zu beachten ist auch, daß bei Hochspannungsanlagen (mehr als 250 V gegen Erde) nicht allein die unmittelbare Berührung spannungführender Teile verboten ist, sondern auch eine zu dichte Annäherung an diese Teile mit Lebensgefahr verbunden sein kann, da diese hohen Spannungen auch kurze Luftstrecken oder schlecht leitende Stoffe durchschlagen. Bei allen Arbeiten in der Nähe von Hochspannungsleitungen ist ein Sicherheitsabstand von 1,5 m einzuhalten.
Der menschliche Körper kann nur kleine elektrische Ströme ohne Schaden ertragen. Bei größeren Strömen machen sich starke Einwirkungen auf das Nervensystem bemerkbar, die unter Umständen durch Lähmung des zentralen Nervensystems den sofortigen Tod zur Folge haben können. Hinzu kommen starke Verbrennungen an den Ein- und Austrittsstellen des Stromes.

Um derartige Unfälle zu vermeiden, ist verboten:

1. das Berühren der Fahrleitung und auch herabhängender Teile sowie eine zu dichte Annäherung an diese;
2. das Berühren der Stromabnehmer und anderer spannungführender Einrichtungen an den elektrischen Triebfahrzeugen;
3. der Aufenthalt auf hohen Ladungen, insbesondere auf verladenen Fahrzeugen, Transportgeräten usw.;
4. das Belassen und Ausfahren von Antennen an verladenen Fahrzeugen;
5. das Besteigen von Fahrzeugdächern, hohen Wagenladungen, Laufstegen, Lokomotivkesseln und Tendern;
6. das Berühren von Verunglückten sowie von Gegenständen jeder Art, die noch mit einer Hochspannungsleitung in Verbindung stehen (Äste, Schutzplanen oder dergleichen);

7. das Betreten des Erdreiches in einem Umkreis von 20 m um die Stelle, an der ein gerissener Fahrleitungsdraht den Boden berührt.

Größte Vorsicht ist geboten und ein Sicherheitsabstand von mindestens 1,5 m einzuhalten

1. auf Dampflokomotiven beim Gebrauch der Schürgeräte und des Spritzschlauches sowie beim Vorholen der Kohle und beim Wassernehmen.,
2. bei Arbeiten auf Güterwagen und beim Befestigen von Ladungen beispielsweise mit Bindedraht,
3. beim Anbringen, Abnehmen oder Anzünden der Zugschlußsignale,
4. beim Aufstellen oder Umlegen von Lampenmasten oder Fahnenstangen und beim Besteigen von Fahrleitungsmasten (beispielsweise wegen Anstricharbeiten),
5. bei Feuerlöscharbeiten mit Wasser; der Strahl darf nicht in die unmittelbare Nähe der Fahrleitung kommen.

Außerdem ist zu beachten:

1. starkes Qualmen der Dampflokomotiven sowie der Halt mit dem Schornstein unter Fahrleitungsisolatoren sind verboten.
2. Fahrzeuge mit brennenden Ladungen sind auf Bahnhöfen nach Möglichkeit auf Gleise zu bringen, die nicht mit Fahrleitung überspannt sind oder so zu verschieben, daß sie nicht unter Quertragwerken stehen.
3. Schäden an der Fahrleitung (beispielsweise gerissene Drähte, gebrochene Isolatoren oder dergleichen) sind sofort der nächsten Betriebsstelle oder unmittelbar dem Unterwerk zu melden.

Ist trotz aller Vorsicht ein Unfall geschehen, so muß der Verunglückte so schnell wie möglich der Einwirkung des elektrischen Stromes entzogen werden. Auch in diesem Falle sind die „Betriebssicherheitsvorschrift für den allgemeinen Dienst auf elektrisch betriebenen Strecken mit Einphasenwechselstrom 15 000 V und 16⅔ Hz (Bsv Eb; Dv 462 a)“ und die „Anleitung zur ersten Hilfe bei Unfällen VDE 0134“ streng zu beachten. Die durch elektrischen Strom herbeigeführte Bewußtlosigkeit ähnelt dem Scheintod. Die künstliche Beatmung muß daher so lange fortgesetzt werden, bis entweder das Leben zurückkehrt – nicht selten stellen sich erst nach stundenlanger künstlicher Beatmung Lebenszeichen wieder ein – oder bis sichere Zeichen des Todes vom Arzt festgestellt werden.
Bis zum Einsatz von Beatmungsgeräten verdienen die apparatelosen Methoden einer besonderen Beachtung, da anderenfalls bereits nach wenigen Minuten infolge Sauerstoffmangels eine tödlich wirkende Schädigung des Gehirns eintritt. Auf die jederzeit mögliche Mund-zu-Mund-Beatmung sei besonders hingewiesen.
Außerdem wird empfohlen, dem Verunglückten sobald wie möglich eine reichliche Menge Tee, Saft oder dergleichen zu verabreichen. Besonders geeignet ist eine Lösung von zwei gestrichenen Eßlöffeln Natriumbikarbonat in 1 l Wasser. Die Flüssigkeit wird tassenweise im Abstand von 10 Minuten gegeben.
Auch während des Transportes des Verunglückten ins Krankenhaus sollen die Atemspende und die Alkali-Therapie nach Möglichkeit nicht unterbrochen werden.

Anlagen 1–11

Starkstrom-Wirkschaltplan der Baureihe E 11/E 42 (Anlage 1)

1 Stromabnehmer
2 Dachtrennschalter
3 Hauptschalter
4 Haupttransformator
5 Hauptschaltwerk
6 Regeltransformator
7 Dämpfungswiderstand
8 Feinschaltwerk
9 Zusatztransformator
10 Motortrennschütz
11 Fahrmotor
12 Wendefeldparallelwiderstand
13 Fahrtrichtungswender
14 Oberstrom-Schutzwandler
15 Oberstrom-Meßwandler
16 Differential-Erdstromwandler
17 Überstromwandler für Regeltransformator
18 Motorstromwandler
19 Fortschaltstromwandler
20 Heizstromwandler
21 Zugheizschütz
22 Kupplung für Zugheizung
23 Erdungsdrossel
25 Überspannungsableiter
26 Stromteiler für Feinschaltwerk
29 Kupplung für Mehrfachsteuerung
95 Hauptsicherung für Hilfsbetriebe (198 V)
96 Hauptsicherung für Hilfsbetriebe (138,5 V)
170 Oberspannungswandler
185 Sicherung für Wendezug-Stufenanzeige
186 Spannungswandler für Wendezug-Stufenanzeige

Steuerstrom-Wirkschaltplan der Baureihe E 11/E 42 (Anlage 2)

5 Hauptschaltwerk
8 Feinschaltwerk
10 Motortrennschütz
29 Kupplung für Mehrfachsteuerung
30 Kupplung für Wendezugsteuerung
32 Richtungssteuerwalze
33 Lokabschalter
55 Umschalter für Schaltwerkantrieb
57 Richtungswendertrennkontakt
59 Tastschalter „Schnell Auf"
60 Fahrsteuerwalze
61/1 Steuerrelais „Grob Ab"
61/2 Steuerrelais „Fein Ab"
61/3 Steuerrelais „Grob Auf"
61/4 Steuerrelais „Fein Auf"
62 Steuerungsumschalter
63 Segmentschalter für Fahrsteuerung
64 Hilfsrelais „Schnell Ab"
65 Haltewiderstand zu Hilfsrelais „Schnell Ab"
66 Fortschaltrelais
67 Umschaltschütz
68 Einschalt- und Bremsschütz
69 Zeitrelais für Umschaltschütz
70 Shuntierungsschütz
71 Schaltwerkmotor
72 Vorwiderstand für Schaltwerkmotor
73 Shuntierungswiderstand für Schaltwerkmotor
74 Bremswiderstand für Schaltwerkmotor
163/4 Leitungsschutzschalter für Schaltwerkssteuerung
164/1 Leitungsschutzschalter für Schaltwerkmotor

Leistungstafel BR E 11 (E 11 003)

km/h				40	50	60	70	80	90	100	110	120	30	40	50	60	70	80	90
		Anfahrhöchstlasten		Wagenmasse in t															
Steigung		ohne Fortschaltrelais	mit Fortschaltrelais	Schnellzug									Güterzug						
0 ‰	1:∞	1830	1830																1660
1 ‰	1:1000	1830	1830									1000						1700	1465
2 ‰	1:500	1830	1830									850					1700	1480	1270
3 ‰	1:333	1830	1830								945	730				1650	1470	1290	1135
4 ‰	1:250	1180	1100								825	640						1150	1020
5 ‰	1:200	1080	1000							960	730	565						1035	920
6 ‰	1:166	1000	920							860	650	500						935	845
7 ‰	1:140	930	860							775	585	450						860	780
8 ‰	1:125	870	800							700	535	405					865	790	715
10 ‰	1:100	760	700						735	590	450	345					730	675	620
14 ‰	1:70	600	560					585	555	445	335	260				590	555	520	485
20 ‰	1:50	460	430			450	430	410	395	310	240	180			450	425	400	380	360
25 ‰	1:40	380	350	380	365	350	340	330	320	255	185	140		370	360	345	325	305	290
				ohne Fortschaltrelais		mit Fortschaltrelais							ohne Fortschaltrelais			mit Fortschaltrelais			

Leistungstafel BR E 42 (E 42 001)

km/h				30	40	50	60	70	80	90	100	20	30	40	50	60	70	80	90
		Anfahrhöchstlasten		Wagenmasse in t															
Steigung		ohne Fortschaltrelais	mit Fortschaltrelais	Personenzug								Güterzug							
0 ‰	1 : ∞	2 500	2 500															1900	1340
1 ‰	1 : 1000	2 500	2 500															1600	1170
2 ‰	1 : 500	2 500	2 500								880						2080	1400	1030
3 ‰	1 : 333	2 500	2 500								775				2400	2200	1800	1240	900
4 ‰	1 : 250	1 620	1 165							920	690						1570	1110	815
5 ‰	1 : 200	1 490	1 070							825	630						1400	1000	740
6 ‰	1 : 166	1 400	990						980	740	570						1275	900	675
7 ‰	1 : 140	1 300	920						880	680	520						1165	830	620
8 ‰	1 : 125	1 200	860						800	630	480					1200	1070	760	575
10 ‰	1 : 100	1 050	750					960	690	535	410					1025	900	655	495
14 ‰	1 : 70	840	600					725	525	400	310				840	780	700	500	385
20 ‰	1 : 50	650	460		645	615	585	520	375	290	220			640	600	565	510	370	280
25 ‰	1 : 40	540	380	540	515	490	465	415	295	230	180		535	510	480	455	410	295	225
				ohne Fortschaltrelais					mit Fortschaltrelais			ohne Fortschaltrelais						mit Fortschaltrelais	

Wechselstromlokomotiven der Deutschen Reichsbahn für 16⅔ Hz

Bezeichnung		E 04	E 05	E 17	E 18	E 19	E 44	E 94	E 11	E 42
erstes Baujahr		1933	1933	1928	1935	1939	1932	1940	1960	1963
Achsfolge		1'Co1'	1'Co1'	1'Do1'	1'Do1'	1'Do1'	Bo'Bo'	Co'Co'	Bo'Bo'	Bo'Bo'
Treibrad-Durchmesser	mm	1600	1400	1600	1600	1600	1250	1250	1350	1350
Höchstgeschwindigkeit	km/h	130	110	120	150	180	90	90	120 (140)	100
Antriebsart		Federtopf-Antrieb	Tatzmotor-Antrieb	AEG-Federtopf-Antrieb			Tatzmotor-Antrieb		Kegel-ring-Feder-Antrieb	Tatz-motor-Antrieb
Ges. Länge ü. P.	m	15,12	15,40	15,95	16,92	16,92	15,29	18,60	16,26	16,26
Masse der betriebsfähigen Lok	t	92,0	89,0	111,7	108,5	113,0	77,2	118,5	82,5	82,5
Reibungslast	Mp	61,4	59,2	80,8	78,1	80,8	77,2	118,5	82,5	82,5
Stundenleistung	kW	2190	2160	2800	3040	4000	2200	3300	2920	2920
bei Geschwindigkeit	km/h	98	97	89	117	180	76	68	98	72
Dauerleistung	kW	2010	1785	2300	2840	3720	1860	3000	2740	2740
bei Geschwindigkeit	km/h	102,5	110	97	122	180	86	71	104	76
max. Anfahrzugkraft	Mp	15,5	15,8	24,0	21,0	22,4	20,0	37,0	22,4	30,8
Masse/Leistungseinheit	kg/kW	42,0	41,2	39,9	35,7	28,3	35,1	35,9	28,3	28,3
Bild Nr.		243, 244	245	246, 247	248, 249	250	251, 252	253, 254	255, 256	

Wechselstromlokomotiven der Deutschen Bundesbahn für $16\frac{2}{3}$ Hz

Bezeichnung		E 10 001	E 10 002	E 10 003	E 10 004/5	E 10[1]	E 40	E 41	E 50
Lieferwerk, mech. Teil		Krauß-Maffei	Krupp	Henschel	Henschel				
Lieferwerk, elektr. Ausrüstung		AEG	BBC	SSW	AEG/BBC				
erstes Baujahr		1952	1952	1952	1952	1956	1957	1956	1957
Achsfolge		Bo'Bo'	Bo'Bo'	Bo'Bo'	Bo'Bo'	Bo'Bo'	Bo'Bo'	Bo'Bo'	Co'Co'
Treibrad-Durchmesser	mm	1350	1250	1250	1250	1250	1250	1250	1250
Höchstgeschwindigkeit	km/h	130	130	130	130	150	100	120	100
Antriebsart		Gelenk-stangen-Antrieb	Kardan-scheiben-Antrieb	Gummi-ringfeder-Antrieb	Kardan-Lamellen-Antrieb	SSW-Gummiringfeder-Antrieb[1])			
Ges. Länge ü. P.	m	16,10	16,65	15,90	15,90	16,44	16,44	15,64	19,44
Masse der betriebsfähigen Lok	t	83,3	82,3	80,3	80,0	84,0	84,0	66,4	124,0
Stundenleistung	kW	3800	3280	3570	3420	3700	3700	2400	4500
bei Geschwindigkeit	km/h					120	88	98	79
Dauerleistung	kW	2820	2520	3000	2820	3620	3620	2310	4410
bei Geschwindigkeit	km/h					123	90	102	80
max. Anfahrzugkraft	Mp	22,9	23,5	21,4	22,6	30,0	41,0	22,0	45,0
Masse/Leistungseinheit	kg/kW	21,9	25,1	22,5	23,4	22,7	22,7	27,7	27,6
Bild Nr.						257, 258		259, 260	261, 262

[1]) E 50 001 . . . 025 haben Tatzantrieb

Ausländische Wechselstrom-Lokomotiven für $16\frac{2}{3}$ Hz

Herstellungsland		Schweiz			Österreich		Schweden				Norwegen
Bezeichnung		Re 4/4	Ae 6/6	Ae 8/8	1141	1010	Ra	Rb	Da	Dm	El 11
erstes Baujahr		1963	1952	1959	1955	1955	1955	1962	1952	1953	1951
Achsfolge		Bo'Bo'	Co'Co'	Bo'Bo' + Bo'Bo'	Bo'Bo'	Co'Co'	Bo'Bo'	Bo'Bo'	1'C1'	1'D+D1'	Bo'Bo'
Treibrad-Durchmesser	mm	1260	1260	1250	1300	1300	1300	1300	1530	1530	1060
Höchstgeschwindigkeit	km/h	140	125	125	110	130	150	120 (150)	100	75	100
Antriebsart		BBC-Feder-Antrieb		BBC-Scheiben-Antrieb	SSW-Gummi-ring-Antrieb	BBC-Feder-Antrieb	Kardan-Antrieb	ASEA-Anker-hohlwelle	Stangen-Antrieb		BBC-Feder-Antrieb
Ges. Länge ü. P.	m	14,80	18,40	30,23	15,30	17,80	15,10	15,47	13,00	25,10	14,45
Masse d. betriebsf. Lok	t	75,0	123,0	160,0	80,0	109,8	60,8	74,7	75,0	186,0	62,0
Reibungslast	Mp	75,0	123,0	160,0	80,0	109,8	60,8	74,7	51	152,0	62,0
Stundenleistung	kW	4120	4416	6480	2480	4000	2648	3208	1900	3800	1625
bei Geschwindigkeit	km/h	100	74	75	77	91	113	70	77	58	68
Dauerleistung	kW	3720	3980			3360		3040	1780	3560	1493
bei Geschwindigkeit	km/h	105	78,5			99		72	80	59	71
max. Anfahrzugkraft	Mp	26,0	33,0	48,0	21,0	28,0	16,2	25,0	21,5	57,0	15,6
Masse/Leistungseinheit	kg/kW	18,2	27,9	24,7	32,3	27,5	23,0	23,3	39,5	48,9	38,2
Bild Nr.		265	266		289	270, 271	272, 273	274, 275	276, 277	278	280

Gleichstromlokomotiven

Herstellungsland		DDR f. Polen		Frankreich			Belgien	Italien	ČSSR	UdSSR	
Bezeichnung		E 04	E 05	BB 9000	BB 9400	CC 7100	123	E 646	E 499	WL 23	WL 8
erstes Baujahr		1954	1955	1952	1959	1952	1955	1958	1953	1947	1953
Fahrdrahtspannung	kV	3	3	1,5	1,5	1,5	3	3	3	3,3	3,3
Achsfolge		Bo'Bo'	Co'Co'	Bo'Bo'	B'B'	Co'Co'	Bo'Bo'	Bo'Bo'Bo'	Bo'Bo'	Co'Co'	Bo'Bo' + Bo'Bo'
Treibrad-Durchmesser	mm	1350	1350	1250	1020	1250	1262	1250	1250	1200	1200
Höchstgeschwindigkeit	km/h	110	110	140	130	160	125	145	120	90	90
Antriebsart		Tatzmotor-Antrieb		Kardan-Gummiring-Antrieb			Tatz-motor-Antrieb	Gelenk-stangen-Antrieb	Lamellen-Antrieb	Tatzmotor-Antrieb	
Ges. Länge ü. P.	m	16,32	18,70	16,20	14,40	18,92	18,00	18,25	15,60	16,97	27,52
Masse d. betriebsfähigen Lok	t	86,0	120,0	80,0	60,0	107,0	93,3	108,0	80,0	138,0	184,0
Stundenleistung	kW	2120	3180	3535	2304	3730	1885	3750	2344	3150	4200
bei Geschwindigkeit	km/h	50	50	79	49	80	48	98	59	42,6	42,6
Dauerleistung	kW	1800	2700	3180	2135	3460	1735		2032	2800	3750
bei Geschwindigkeit	km/h			81	50	82	49		68	44	44
max. Anfahrzugkraft	Mp	25,0	36,0	21,8		26,0	20,0	21,0	24,0	28,0	30,0
Masse/Leistungseinheit	kg/kW	40,6	37,7	22,6	26,0	28,7	49,5	28,8	34,1	43,8	43,8
Bild Nr.		281, 282	283, 284	285	287, 288	286	289	290	291	292	293

Ausländische Wechselstromlokomotiven für 50 Hz

Herstellungsland		Frankreich				Frankreich f. UdSSR		ČSSR	UdSSR			Ungarn
Bezeichnung		12 000	13 000	14 000	16 500	Φ 01	Φ π 01	E 479	WL 61	WL 60	WL 80	V 55
erstes Baujahr		1954	1954	1955	1958	1959	1959	1962	1954	1958	1961	1952
Fahrdrahtspannung	kV	25	25	25	25	25	25	25	25	25	25	15
Achsfolge		Bo'Bo'	Bo'Bo'	Co'Co'	B'B'	Co'Co'	Co'Co'	Bo'Bo'	Co'Co'	Co'Co'	Bo'Bo'+ Bo'Bo'	Bo'Co'
Treibrad-Durchmesser	mm	1250	1250	1100	1100	1280	1280	1250	1200	1250	1250	1040
Höchstgeschwindigkeit	km/h	120	120	60	150/90	100	160	100/140	75	110	110	125
Antriebsart		Kardan-Antrieb		Tatzmotor-Antrieb	Gelenkstangen-Antrieb	Tatzmotor-Antrieb	Gelenkstangen-Antrieb	Kardan-Lamellen-Antrieb	Tatzmotor-Antrieb			
Ges. Länge ü. P.	m	15,20	15,20	18,89	14,40	23,06	23,06	16,14		20,40	32,44	14,60
Masse der betriebsfähigen Lokomotive	t	84,0	84,0	126,0	68,0	135,2[1])	126,0	84,0	129,6	138,0	185,0	86,4
Stundenleistung	kW	2650	2135	3030	2650	4640	4640	3000	2700	4050	6200	2955
bei Geschwindigkeit	km/h	46	65	40	76/45	46	74	49/80	41	45	51	125
Dauerleistung	kW	2475	2135	2640	2580	4400	4400	2840	2400	3600		
bei Geschwindigkeit	km/h	48	65	41	82/49	46	74	50/75				
max. Anfahrzugkraft	Mp	24,0	22,0	42,0	19,0/32,0	52,0	32,5			50,0		21,0
Masse/Leistungseinheit	kg/kW	31,7	39,3	41,6	25,7	29,1	27,2	28,0	48,0	34,1	29,7	29,2
Bild Nr.		297	298	299	300, 301	302, 303		304	305, 306	307		308

[1]) einschl. Ballast

Ausländische Wechselstromlokomotiven für 50 Hz

Herstellungsland		Frankreich				Frankreich f. UdSSR		ČSSR	UdSSR			Ungarn
Bezeichnung		12 000	13 000	14 000	16 500	Φ 01	$\Phi\pi$ 01	E 479	WL 61	WL 60	WL 80	V 55
erstes Baujahr		1954	1954	1955	1958	1959	1959	1962	1954	1958	1961	1952
Fahrdrahtspannung	kV	25	25	25	25	25	25	25	25	25	25	15
Achsfolge		Bo'Bo'	Bo'Bo'	Co'Co'	B'B'	Co'Co'	Co'Co'	Bo'Bo'	Co'Co'	Co'Co'	Bo'Bo'+ Bo'Bo'	Bo'Co'
Treibrad-Durchmesser	mm	1250	1250	1100	1100	1280	1280	1250	1200	1250	1250	1040
Höchstgeschwindigkeit	km/h	120	120	60	150/90	100	160	100/140	75	110	110	125
Antriebsart		Kardan-Antrieb		Tatzmotor-Antrieb	Gelenk-stangen-Antrieb	Tatzmotor-Antrieb	Gelenk-stangen-Antrieb	Kardan-Lamellen-Antrieb		Tatzmotor-Antrieb		
Ges. Länge ü. P.	m	15,20	15,20	18,89	14,40	23,06	23,06	16,14		20,40	32,44	14,60
Masse der betriebsfähigen Lokomotive	t	84,0	84,0	126,0	68,0	135,2[1])	126,0	84,0	129,6	138,0	185,0	86,4
Stundenleistung	kW	2650	2135	3030	2650	4640	4640	3000	2700	4050	6200	2955
bei Geschwindigkeit	km/h	46	65	40	76/45	46	74	49/80	41	45	51	125
Dauerleistung	kW	2475	2135	2640	2580	4400	4400	2840	2400	3600		
bei Geschwindigkeit	km/h	48	65	41	82/49	46	74	50/75				
max. Anfahrzugkraft	Mp	24,0	22,0	42,0	19,0/32,0	52,0	32,5			50,0		21,0
Masse/Leistungseinheit	kg/kW	31,7	39,3	41,6	25,7	29,1	27,2	28,0	48,0	34,1	29,7	29,2
Bild Nr.		297	298	299	300, 301	302, 303		304	305, 306	307		308

[1]) einschl. Ballast

		Mehrfrequenzlokomotiven						Mehrstromlokomotiven		
Herstellungsland		DBR			Frankreich			Belgien	Frankreich	
Bezeichnung		E 320 01	E 320 11	E 320 21	BB 20 101	BB 20 103	BB 20 104	BB 150	BB 20 005	CC 27 001
erstes Baujahr		1960	1960	1959	1959	1959	1959	1963	1961	
Fahrdrahtspannung	kV	15/20/25	15/20/25	15/20/25	15/25	15/25	15/25	1,5/3,0/25	1,5/25	1,5/3,0/ 15/25
Frequenz	Hz	$16^2/_3$/50	$16^2/_3$/50	$16^2/_3$/50	$16^2/_3$/50	$16^2/_3$/50	$16^2/_3$/50	–/50	–/50	–/$16^2/_3$/50
Achsfolge		Bo'Bo'	Bo'Bo'	Bo'Bo'	Bo'Bo'	B'B'	B'B'	Bo'Bo'	Bo'Bo'	C'C'
Treibrad-Durchmesser	mm	1250	1250	1250	1250	1250	1250			
Höchstgeschwindigkeit	km/h	120	120	120	160	160	105	150	160	160
Ges. Länge ü. P.	m	16,44	16,44	16,44	16,20	16,20	16,20	17,75	16,20	22,07
Masse der betriebsfähigen Lokomotive	t	82,0	81,5	84,0	84,0	84,0	85,0	84,0	84,0	103,0
Gleichrichter		Silizium	Silizium	Silizium	keine	Silizium	Excitrons			
Fahrmotoren		4 Wellen-strommot.	4 Wellen-strommot.	4 Wellen-strommot.	4 Direkt-motoren	2 Wellen-strommot.	2 Wellen-strommot.			
Stundenleistung	kW	2760	2488	2520	3210/3340	3060/3864	3060/3864	2650	3380/3680	3340
bei Geschwindigkeit	km/h	70,4	56,8	67,0	88,5/90,0	74,5/99,5	49,0/62,5			
max. Anfahrzugkraft	Mp	30,6	28,0		24,0	28,0				
Masse/Leistungseinheit	kg/kW	29,7	32,7	33,3	26,1/25,1	27,4/21,8	27,7/22,0	31,7	24,8/22,8	30,8
Bild-Nr.		–	–	310	–	312	–	314	–	316

QUELLENNACHWEIS

I. Bücher

Bäzold, D./Fiebig, G.: Archiv elektrischer Lokomotiven. TRANSPRESS VEB Verlag für Verkehrswesen, Berlin 1963.

Elektrische Lokomotiven, Lokomotivbetrieb. Josef-Keller-Verlag, Starnberg, 1952.

Elektrische Lokomotiven, Lokomotivkunde. Verlag der Verkehrswissenschaftlichen Lehrmittelgesellschaft, Berlin, 1937.

Elektrische Triebfahrzeuge für Oberleitung. Josef-Keller-Verlag, Starnberg, 1958.

Handbuch der elektrischen Triebfahrzeuge der Deutschen Bundesbahn. Vereinigte Verlagsanstalten GmbH, Düsseldorf und Oberhausen.

Jahrbuch des Eisenbahnwesens, 14. Folge. Hestra-Verlag, Darmstadt, 1963.

Joffe, A. B., Elektrische Lokomotivantriebe. VEB Verlag Technik, Berlin, 1962.

Leitfaden für den Elektro-Lokomotivdienst. Selbstverlag der Österreichischen Bundesbahn, Wien, 1953.

Sachs, K.: Elektrische Triebfahrzeuge, Band 1 und 2. Kommissionsverlag Huber & Co. AG, Frauenfeld, 1953.

Stolte, K.: Die Entwicklung der elektrischen Lokomotiven bei der Deutschen Reichsbahn. VEB Fachbuchverlag, Leipzig, 1956.

Schleif/Kahler: Elektrische Zugförderung. Lehrbrief 1 bis 3 der Hochschule für Verkehrswesen, Dresden.

Deinert, W.: Eisenbahnfahrzeuge. Lehrbrief 9 und 10 der Ingenieurschule für Eisenbahnwesen „Friedrich List", Dresden.

Kahler/Schmidt: Elektrische Ausrüstungen elektrisch angetriebener Fahrzeuge. Lehrbrief 1 (Kahler) und Lehrbrief 2 (Schmidt) der Ingenieurschule für Eisenbahnwesen, Dresden.

II. Dienstvorschriften

Dv 927 Dv für die Bedienung der elektrischen Zugheizung.

Dv 939 c Merkbuch für die Fahrzeuge der Deutschen Reichsbahn, Teil III, Elektrische Lokomotiven, Elektrische Trieb-, Steuer- und Beiwagen.

Dv 953 Vorläufige Dienstvorschrift für elektrische Lokomotiven (Dv Ellok).

Dv 462 Dv für den Dienst auf elektrisch betriebenen Strecken.

Dv 462 a Betriebssicherheitsvorschrift für den allgemeinen Dienst auf elektrisch betriebenen Strecken.

Dv 969 Dv für die Sicherheitsfahrschaltung an elektrischen Lokomotiven und Triebwagen (Dv Sel).
Dv 970 Richtlinien für die Errichtung von Fahrleitungen für Nennspannung 15 kV
Dv 93051 Beschreibung der Baureihe E 44.
Dv 93053 Beschreibung der Baureihe E 18.
Dv 93055 Beschreibung der Baureihe E 94.
Dv 93058 Beschreibung der Baureihe E 04.
Dv 93060 Beschreibung der Baureihe E 11/E 42.
Dv 93092 Beschreibung der Druckgasschalter für elektrische Lokomotiven.
Merkblatt für das Fahren elektrischer Triebfahrzeuge mit nur einem Stromabnehmer bei Nebel und Sprühregen.

III. Fachzeitschriften

Deutsche Eisenbahntechnik, VEB Verlag Technik, Berlin.
Der Modelleisenbahner, TRANSPRESS VEB Verlag für Verkehrswesen, Berlin.
Die Werkstatt, TRANSPRESS VEB Verlag für Verkehrswesen, Berlin.
Die Bundesbahn, Hestra-Verlag, Darmstadt.
Eisenbahntechnische Rundschau, Hestra-Verlag, Darmstadt.
Elektrische Bahnen, Verlag R. Oldenbourg, München.

Bildquellenverzeichnis

„Die Entwicklung der elektrischen Lokomotiven", Karl Stolte, Fachbuchverlag Leipzig. (4)
„Elektrische Bahnen, Siemens-Handbuch 1929". (4)
„Elektrische Lokomotiven, Lokomotivkunde", Berlin 1937. (3)
„Leitfaden für den Elektro-Lokomotivdienst", Selbstverlag der Österr. Bundesbahn, Wien 1953. (3)
„Elektrische Triebfahrzeuge für Oberleitungen", Joseph-Keller-Verlag, Starnberg 1958. (1)
„Deutsche Eisenbahntechnik", VEB Verlag Technik, Berlin. (5)
„Elektrische Bahnen", Zentralblatt für elektrischen Zugbetrieb, Verlag von R. Oldenbourg, München. (33)
„Der Modelleisenbahner", TRANSPRESS VEB Verlag für Verkehrswesen, Berlin. (4)
„Die Werkstatt", TRANSPRESS VEB Verlag für Verkehrswesen, Berlin. (5)
„Die elektrischen Lokomotiven der DR im Bild" 1929. (4)
Lokomotivbau – Elektrotechnische Werke „Hans Beimler", Hennigsdorf. (21)
Illner, Leipzig. (3)
Svenska Aktiebolager Bremsregulator, Malmö. (4)
VEB Berliner Bremsenwerk, Berlin. (1)
VEB Elektromaschinenbau Sachsenwerk, Dresden-Niedersedlitz. (3)

SACHWORTVERZEICHNIS

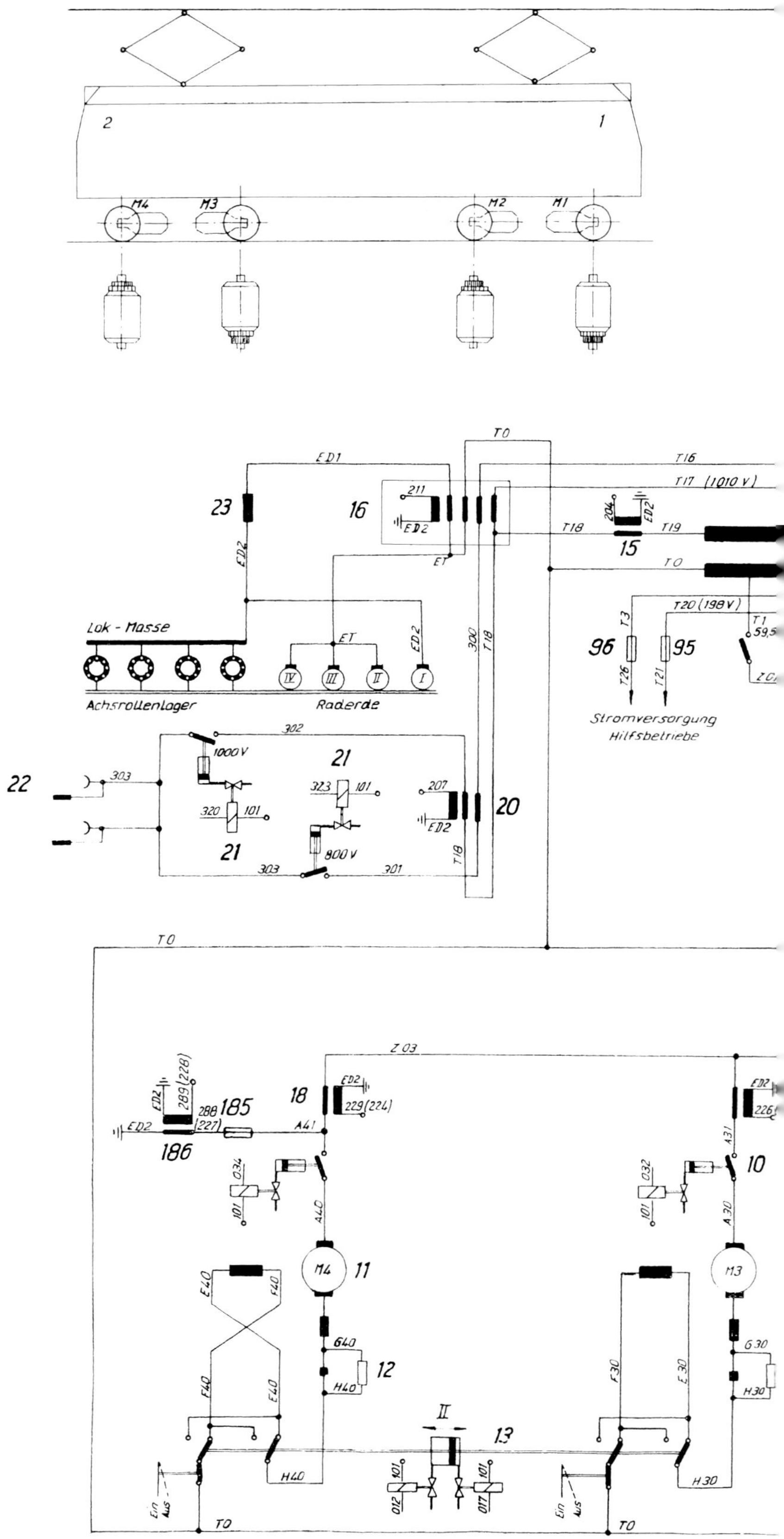

2
1
M4
M3
M2
M1
T0
ED1
T16
T17 (1010 V)
23
16
211
ED2
204
ED2
T18
T19
15
ET
T0
T20 (198 V)
Lok - Masse
300
T18
T3
T1
59,5
96
95
Achsrollenlager
Raderde
T26
T21
Stromversorgung
Hilfsbetriebe
302
1000 V
21
22
303
323
101
207
20
320
101
800 V
21
303
301
T0
Z 03
18
185
289 (228)
288
(227)
186
A41
229 (224)
034
101
A40
M4
11
E40
F40
G40
12
H40
II
13
H40
012
017
Ein
Aus
T0
10
A31
032
A30
M3
F30
E30
G30
H30
H30

Anlage 1 Starkstrom-Wirkschaltplan der Baureihe E 11/E 42

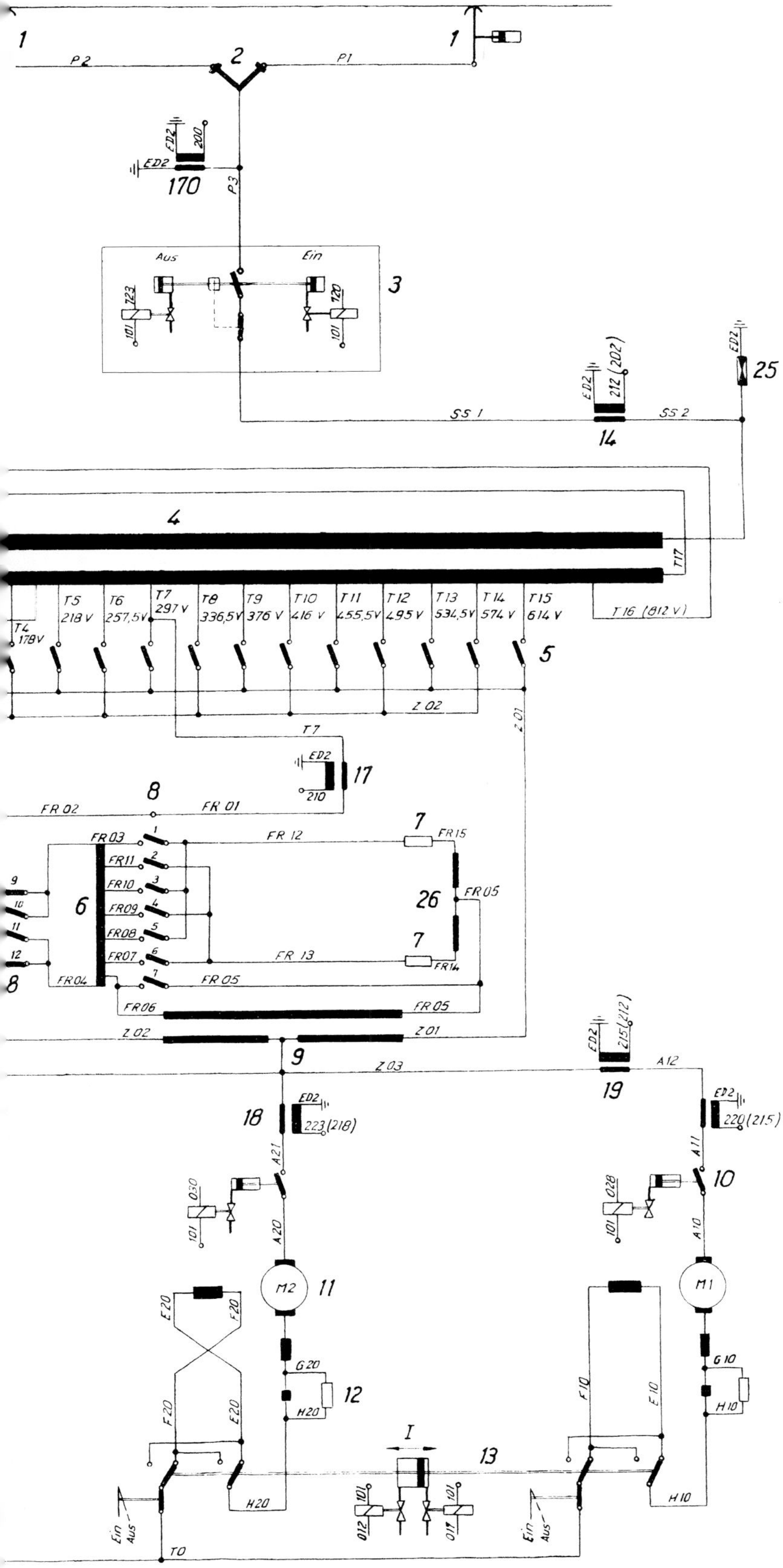

Anlage 2 Steuerstrom-Wirkschaltplan der Baureihe E 11/E 42

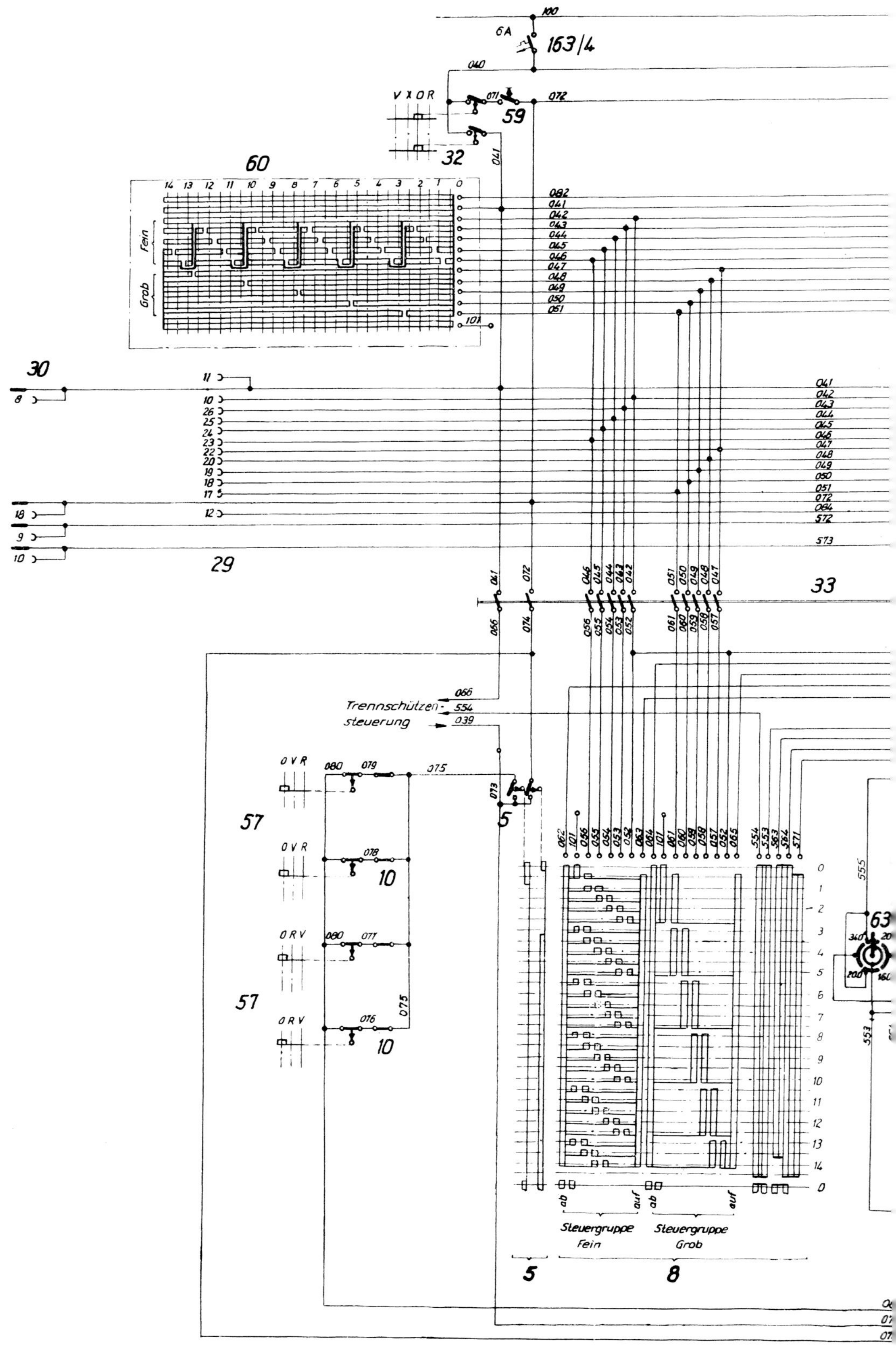

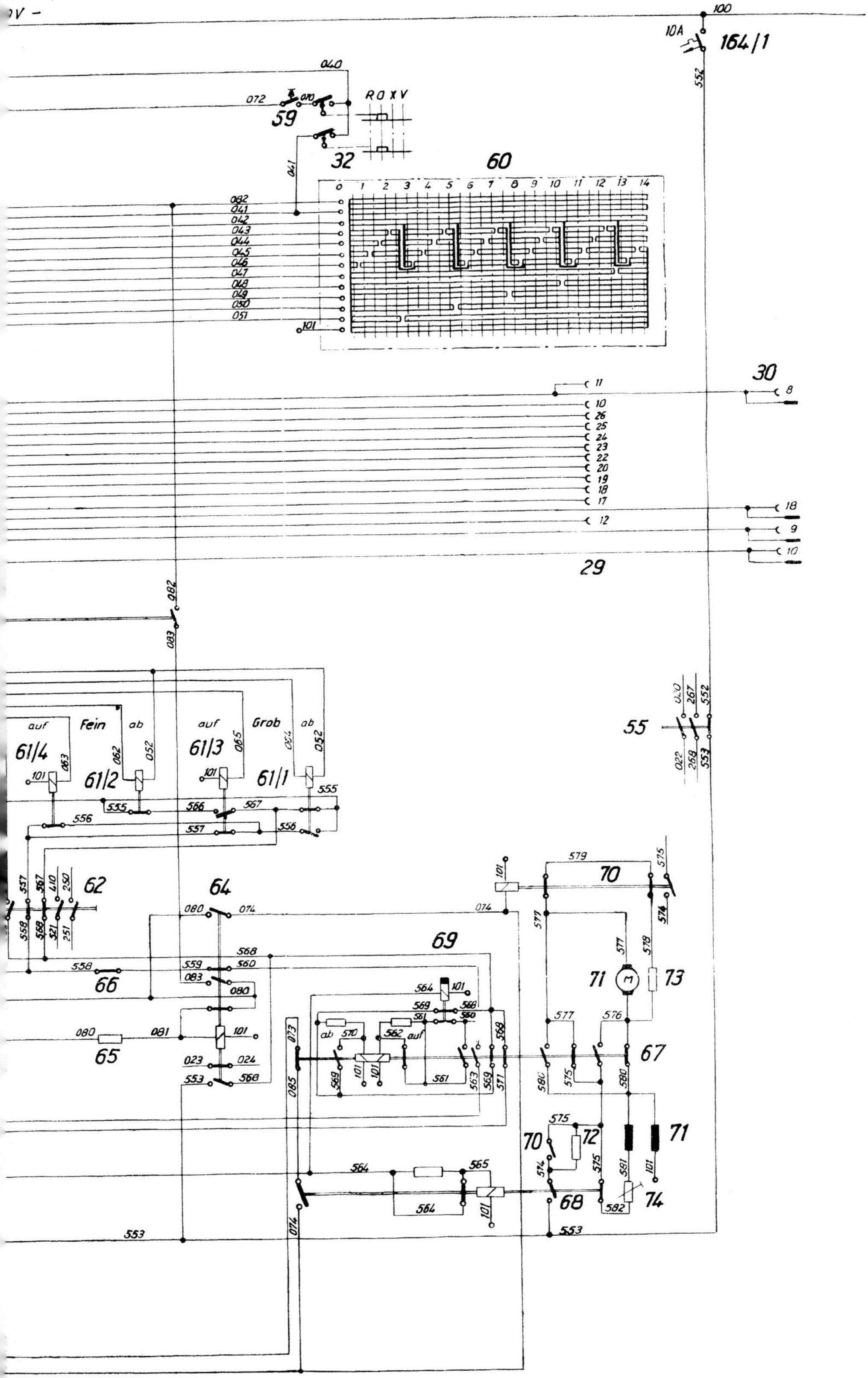

0V –
100
10A
164/1
552
040
072
070
59
32
R O X V
60
0 1 2 3 4 5 6 7 8 9 10 11 12 13 14
082
041
042
043
044
045
046
047
048
049
050
051
101
30
11
8
10
26
25
24
23
22
20
19
18
17
12
18
9
10
29
082
083
55
020
267
552
022
268
553
auf
Fein
ab
auf
Grob
ab
61/4
61/2
61/3
61/1
063
062
052
065
054
052
555
566
567
555
556
557
556
62
557
567
410
250
558
568
521
251
64
080
074
074
579
70
575
577
574
578
577
71
73
69
568
558
559
560
66
083
080
564
101
569
568
561
560
577
576
080
081
101
65
ab
570
562
auf
67
023
024
553
568
073
085
569
101
101
561
563
569
571
580
575
580
575
70
72
71
574
575
581
101
564
565
564
101
68
582
74
074
553
553